普通高等教育“十二五”系列教材

EDA技术与应用

主　编　陈忠平　高金定
副主编　袁碧胜　龚　亮　高见芳　侯玉宝　胡彦伦
编　写　李锐敏　陈建忠　周少华　龙晓庆
主　审　胡凤忠

中国电力出版社
CHINA ELECTRIC POWER PRESS

内 容 提 要

本书为普通高等教育“十二五”系列教材。

本书共10章，主要内容包括EDA技术概述、CPLD/FPGA大规模可编程逻辑器件、VHDL硬件描述语言、Quartus Ⅱ软件的使用、常用数字电路的VHDL实现、LPM宏功能块与IP核应用、SOPC技术、FPGA的显示及键盘控制、FPGA的应用设计实例以及EDA技术实验等。本书根据现代电子系统的设计特点，从实验、实践、实用的角度，通过丰富的实例系统地介绍了EDA技术的理论基础和电子系统的VHDL设计方法。本书内容丰富新颖，结构清晰，理论联系实际，通俗实用，通过大量范例的讲解，便于读者对内容的理解和掌握。

本书可作为高等院校电子信息、电气、通信、自动控制、计算机及相近专业的本科或高职高专的EDA技术教材，也可作为广大电子设计人员的设计参考书或使用手册。

图书在版编目（CIP）数据

EDA技术与应用/陈忠平，高金定主编. —北京：中国电力出版社，2013.11（2024.1重印）

普通高等教育“十二五”规划教材

ISBN 978-7-5123-5035-9

Ⅰ.①E… Ⅱ.①陈…②高… Ⅲ.①电子电路-电路设计-计算机辅助设计-高等学校-教材 Ⅳ.①TN702

中国版本图书馆CIP数据核字（2013）第238793号

中国电力出版社出版、发行

（北京市东城区北京站西街19号 100005 http://www.cepp.sgcc.com.cn）

北京天泽润科贸有限公司印刷

各地新华书店经售

*

2013年11月第一版 2024年1月北京第四次印刷

787毫米×1092毫米 16开本 22.75印张 560千字

定价 **39.00** 元

前　言

EDA 技术是 20 世纪 90 年代初发展起来的，在当今数字化和网络化的信息技术革命大潮中，基于 CPLD/FPGA 的 EDA 技术获得了飞速的发展，EDA 技术已成为电子产品开发研制的动力源和加速器，是现代电子设计的核心。EDA 技术在电子信息、通信、自动控制及计算机等领域的应用非常广泛。目前大多数高等院校已将电路仿真分析融入电子技术基础的教学中，大多高职院校开设印制电路板的设计课程，综合本科开设可编程器件的 EDA 技术。针对电子信息和自动化类培养模式的新需求以及教育部颁布的新学科专业调整方案和高校教材建设目标，力求通俗易懂、简明扼要、便于教学和自学的指导思想编写了本书。

本书共 10 章，分述如下：

第 1 章简要介绍了 EDA 技术及其发展，EDA 的主要内容及主要厂商，EDA 技术设计流程，数字系统的设计模型、方法、准则和步骤，EDA 技术的应用形式与应用场合。

第 2 章首先介绍了 PLD 的发展历程和分类方法及常用 CPLD 和 FPGA 的标识含义，然后分别讲述了 CPLD 和 FPGA 的内部结构与工作原理，接着讲解了 CPLD 和 FPGA 的编程与配置方法，最后对 CPLD 和 FPGA 进行性能比较，并为读者指明了 CPLD 和 FPGA 的选用方法。

第 3 章通过简单的程序示例介绍了 VHDL 程序的基本结构（如库、程序包、实体、结构体、配置）、语言要素（如文字规则、数据对象、数据类型、操作符等）、VHDL 顺序和并行语句（如赋值语句、流程控制语句、并行信号赋值语句、元件例化与映射语句等），通过这些知识的讲解，使读者能够轻松学习 VHDL 语言，并能快速地掌握 VHDL 程序的基本语法。

第 4 章 EDA 技术的核心是利用计算机完成电路设计的全程自动化，掌握 EDA 工具软件的使用，是 EDA 技术学习的重要一环。因此，本章首先对 Quartus Ⅱ进行初步的讲解，然后介绍了 Quartus Ⅱ软件的安装，接着从原理图、文本两方面讲述设计文件的输入，最后讲解了 Quartus Ⅱ设计项目的编译、仿真与编程方法。

第 5 章通过使用硬件描述语言 VHDL 实现的设计实例，介绍了 EDA 技术在组合逻辑电路、时序逻辑电路、存储器电路和状态机等常用数字电路设计中的应用。

第 6 章主要讲解了宏功能模块的使用方法，如 LPM _ COUNTER 计数器宏模块的定制、流水线乘法累加器加法器模块、乘法器模块和锁存器模块的调用、LPM _ RAM 随机存储器宏模块的调用、LPM _ ROM 只读存储器宏模块的调用、LPM _ PLL 锁相环的定制。

第 7 章首先对 SOPC 技术、SOPC Builder 进行了简单介绍，然后讲述了 SOPC 系统设计流程，并对 SOPC 系统架构进行了较详细的叙述。最后以拉幕式与闭幕式的花样灯显示系统为例，详细讲述了基于 Nios Ⅱ的 SOPC 系统开发过程。

第 8 章以单元实践项目形式介绍了 FPGA 的显示及键盘控制的硬件结构原理及其控制电路的 VHDL 的设计实现方法，给出各单元项目在 Quartus Ⅱ软件和 FPGA 实验开发平台上的设计仿真与下载测试的详细操作步骤。通过本章实践项目的训练，读者能够理解常用接口电路的硬件结构原理及其驱动接口电路的 VHDL 设计方法，掌握 Quartus Ⅱ软件和 FPGA 实验开发平台的使用方法，熟悉 FPGA 实现数字控制系统电路的基本设计制作流程。

第 9 章以综合实践项目形式介绍数字控制系统电路的设计原理及其控制电路的 VHDL 代码设计，重点讲述了硬件电路、VHDL 程序设计、波形仿真及硬件验证。通过本章实践项目的学习，读者能够理解与掌握利用 FPGA 实现数字系统控制电路的实用开发技术。

第 10 章介绍了门电路及触发器、逻辑电路、宏功能块与 SOPC 技术、FPGA 综合应用等四大类，共 26 个实验。读者通过本章提供的 26 个实验操作，可以很好地掌握 EDA 的开发设计方法和 Quartus Ⅱ、Nios Ⅱ IDE 等工具软件的使用技能，提高 EDA 技术的应用和实践能力。

本书根据实际电路设计过程安排教学内容，实用性强；实例电路简单，选用软件成熟，取材和编排上，由浅入深，通俗易懂；基础技术内容详尽，实践性强；每章后面附有总结和思考题，便于进一步拓展学习。突出应用，强化学生实践能力。特别说明：本书由于软件原因，一些截图里面的元件符号仍采用旧符号，电路原理图里面的元件符号均采用国际新符号。

本书由陈忠平（湖南工程职业技术学院信息工程系）、高金定（湖南涉外经济学院电子信息科学与技术系）担任主编，袁碧胜（长沙航天工业学校）、龚亮（湖南工程职业技术学院）、高见芳（湖南科技职业技术学院）、侯玉宝（湖南涉外经济学院电子信息科学与技术系）、胡彦伦（湖南衡阳技师学院）担任副主编。湖南航天诚远精密机械有限公司刘琼高工对本书也提出了宝贵意见。湖南工程职业技术学院的李锐敏、陈建忠、周少华、龙晓庆参与了第 1 章、第 10 章的编写工作。

本书由湖南涉外经济学院电子信息科学与技术系的胡凤忠教授（研究员）担任主审，他对本书提出了宝贵意见。同时，在本书编写过程中，参考了相关领域专家、学者的著作和文献。在此一并致谢。

由于编者知识水平和经验有限，书中难免存在缺点和错漏，敬请广大读者批评指正。

编　者

2013 年 7 月

目　　录

1 EDA 技术概述

在当今数字化和网络化的信息技术大潮中，电子技术获得了飞速发展。随着电子技术的快速发展，电子系统的应用领域日益扩大，电子系统的功能和结构也具有更高的综合性、层次性和复杂性。在计算机技术的推动下，电子系统设计所采用的技术越来越先进，同时也使现代电子产品的性能进一步得到提高。因此，利用现代电子技术设计高性能、高可靠性的电子系统已成为设计人员必须掌握的一门技术。

1.1 EDA 技术及其发展

伴随着计算机、集成电路和电子系统设计的发展，融合了计算数学、优化理论、图论和拓扑学等多学科精髓发展起来的电子设计自动化（Electronic Design Automation，EDA）技术，正在成为现代电子设计技术的核心。

1.1.1 EDA 技术的含义

EDA 技术就是依靠功能强大的电子计算机，在 EDA 工具软件平台上，对以硬件描述语言（Hardware Description Language，HDL）为系统逻辑描述手段完成的设计文件，自动地完成逻辑编译、化简、分割、综合、优化和仿真，直至下载到可编程逻辑器件 CPLD/FPGA 或专用集成电路 ASIC 芯片中，实现既定的电子电路设计功能的一门新兴技术，或称为 IES/ASIC 自动设计技术。

EDA 技术是一种实现电子系统或电子产品自动化设计的技术，与电子技术、微电子技术的发展密切相关。同时它吸收了计算机科学领域的大多数最新研究成果，以计算机作为基本工作平台，利用计算机图形学、拓扑逻辑学、计算数学以及人工智能学等多种计算机应用学科的最新成果而开发出来的一整套电子 CAD 通用软件工具，是一种帮助电子设计工程师从事电子组件产品和系统设计的综合技术。EDA 技术的出现，为电子系统设计带来了一场革命性的变化。本书讨论的对象专指狭义的 EDA 技术，除了狭义的 EDA 技术外，广义的 EDA 技术中，还包括计算机辅助分析 CAA 技术（如 PSPICE、Multisim、MATLAB、Proteus 等）和印刷电路板计算机辅助设计 PCB-CAD 技术（如 Protel、Cadence、OrCAD、PADS Layout 等）。在广义的 EDA 技术中，CAA 技术和 PCB-CAD 技术具备逻辑综合和逻辑适配的功能，因此它并不能称为真正意义上的 EDA 技术，所以许多学者及工程师认为将广义的 EDA 技术称为现代电子设计技术更为合适。

1. EDA 技术特点

利用 EDA 技术（特指 IES/ASIC 自动设计技术）进行电子系统的设计，具有以下特点。

（1）用软件的方式对系统进行硬件设计；

（2）用软件方式设计的系统到硬件系统的转换是由开发软件自动完成的；

（3）设计过程中可用有关软件进行各种仿真；

（4）具有高层综合和优化的功能，能在系统级对系统进行综合、优化和仿真；

(5) 采用大规模可编程器件实现系统；

(6) 所设计的系统可现场编程，在线升级；

(7) 提供开放性和标准化的操作环境，可实现资源共享、设计的移植；

(8) 采用平面规划技术，可对逻辑综合和物理版图设计进行联合管理；

(9) 带有嵌入 IP (Intellectual Property，知识产权) 核的 ASIC (Application Specific Integrated Circuit，专用集成电路) 设计，提供软、硬件协同设计工具；

(10) 支持多人的并行设计，适合团队协作、分工设计。

2. EDA 技术的应用要素

EDA 技术的应用要素主要包括以下几个方面。

(1) 大规模可编程逻辑器件。它是应用 EDA 技术完成电子系统设计的载体。

(2) 硬件描述语言。它用来描述系统的结构和功能，是 EDA 技术的主要表达手段。

(3) 软件开发工具。它是进行电子设计的智能化设计工具。

(4) 实验开发平台。它是实现可编程逻辑器件编程下载和硬件验证的工具。

1.1.2 EDA 技术的发展和展望

早在 20 世纪 60 年代中期，人们就开始着眼于开发出各种计算机辅助设计工具来帮助设计人员进行集成电路和电子系统的设计。集成电路技术的发展，不断对 EDA 技术提出新的要求，并促进了 EDA 技术的发展。

1. EDA 技术的发展历程

EDA 技术伴随着计算机、集成电路和电子系统设计的发展，经历了计算机辅助设计 (Computer Assist Design，CAD)、计算机辅助工程设计 (Computer Assist Engineering Design，CAED) 和电子系统设计自动化 (Electronic System Design Automation，ESDA) 这三个阶段。

(1) CAD 阶段。20 世纪 70 年代，随着中小规模集成电路的开发应用，传统的手工制图设计印刷电路板和集成电路的方法已无法满足设计精度和效率的要求，因此工程师们开始进行二维平面图形的计算机辅助设计，以便解脱繁杂、机械的版图设计工作，这就产生了第 1 代 EDA 工具——CAD (计算机辅助设计)。这是 EDA 发展的初级阶段，其主要特征是利用计算机辅助进行电路原理图编辑，PCB 布图布线。它可以减少设计人员的烦琐重复劳动，但自动化程度低，需要人工干预整个设计过程。这类专用软件大多以计算机为工作平台，易于学用，设计中小规模电子系统可靠有效，现仍有很多这类专用软件被广泛应用于工程设计中。

(2) CAED 阶段。20 世纪 80 年代，为适应电子产品在规模和制作上的需要，出现了以计算机仿真和自动布线为核心技术的第 2 代 EDA 技术，即 CAED 计算机辅助工程设计阶段。这一阶段的主要特征是以逻辑模拟、定时分析、故障仿真、自动布局布线为核心，重点解决电路设计的功能检测等问题，使设计能在产品制作之前预知产品的功能与性能，已经具备了自动布局布线、电路的逻辑仿真、电路分析和测试等功能，其作用已不仅仅是辅助设计，而且可以代替人进行某种思维。与 CAD 相比，CAED 除了纯粹的图形绘制功能外，又增加了电路功能设计和结构设计，并且通过电气连接网络表将两者结合在一起，从而实现工程设计。

(3) ESDA 阶段。20 世纪 90 年代，尽管 CAD/CAED 技术取得了巨大的成功，但并没有把人从繁重的设计工作中彻底解放出来。在整个设计过程中，自动化和智能化程度还不高，各种 EDA 软件界面千差万别，学习使用比较困难，并且互不兼容，直接影响到设计环节间的衔接。基于以上不足，EDA 技术继续发展，进入了以支持高级语言描述、可进行系统级仿真和综合技术为特征的第 3 代 EDA 技术——ESDA 电子系统设计自动化阶段。这一阶段采用一种新的设计概念自顶而下（Top-Down）的设计方式和并行工程（Concurrent Engineering）的设计方法，设计者的精力主要集中在所要电子产品的准确定义上，EDA 系统去完成电子产品的系统级至物理级的设计。ESDA 极大地提高了系统设计的效率，使广大的电子设计师开始实现“概念驱动工程”的梦想。设计师们摆脱了大量的辅助设计工作，而把精力集中于创造性的方案与概念构思上，从而极大地提高了设计效率，使设计更复杂的电路和系统成为可能，产品的研制周期大大缩短。

2. EDA 技术的发展趋势

EDA 技术给电子系统设计带来了革命性的变化，在仿真和设计两方面支持标准硬件描述语言的功能强大的 EDA 软件不断更新、增加，使电子 EDA 技术得到了更快的发展。

（1）可编程逻辑器件的发展趋势。可编程逻辑器件已经成为当今世界上最富吸引力的半导体器件，在现代电子系统设计中扮演着越来越重要的角色。过去的几年里，可编程逻辑器件（Programmable Logic Device，PLD）市场的增长主要来自大规模可编程逻辑器件，即复杂可编程逻辑器件（Complex Programmable Logic Device，CPLD）和现场可编程门阵列（Field Programmable Gate Array，FPGA），其未来的发展趋势如下。

1）向高密度、高速度、宽频带方向发展。电子系统的发展必须以电子器件为基础。随着电子系统复杂度的提高，高密度、高速度和宽频带的可编程逻辑产品已经成为主流器件，其规模也不断扩大，从最初的几百门到现在的上百万门，有些已具备了片上系统（System on a Chip，SOC）集成的能力。这些高密度、大规模的可编程逻辑器件的出现，给现代电子系统（复杂系统）的设计与实现带来了巨大的帮助。设计方法和设计效率的飞跃，带来了器件的巨大需求，这种需求又促使器件生产工艺的不断进步，随着每次工艺的改进，可编程逻辑器件的规模都有很大扩展。

2）向系统内可重构的方向发展。系统内可重构是指可编程 ASIC 在置入用户系统后仍具有改变其内部功能的能力。采用在系统内可重构技术，可以像对待软件那样通过编程来配置系统内硬件的功能，从而在电子系统中引入“软硬件”的全新概念。它不仅使电子系统的设计和产品性能的改进和扩充变得十分简便，还使新一代电子系统具有极强的灵活性和适应性，为许多复杂信号的处理和信息加工的实现提供了新的思路和方法。

3）向可预测延时方向发展。当前的数字系统中，由于数据处理量的激增，要求其具有大的数据吞吐量，加之多媒体技术的迅速发展，要求能够对图像进行实时处理，就要求有高速的硬件系统。为了保证高速系统的稳定性，可编程逻辑器件的延时可预测性是十分重要的。用户在进行系统重构的同时，担心的是延时特性会不会因为重新布线而改变，延时特性的改变将导致重构系统的不可靠，这对高速的数字系统而言将是非常可怕的。因此，为了适应未来复杂高速电子系统的要求，可编程逻辑器件的高速可预测延时是非常必要的。

4）向混合可编程技术方向发展。可编程逻辑器件的广泛应用使得电子系统的构成和设计方法均发生了很大的变化。但是，有关可编程器件的研究和开发工作多数都集中在数字逻辑电路上，直到 1999 年 11 月，Lattice 公司推出了在系统可编程模拟电路，为 EDA 技术的应用开拓了更广阔的前景。其允许设计者使用开发软件在计算机中设计、修改模拟电路，进行电路特性仿真，最后通过编程电缆将设计方案下载至芯片中。已有多家公司开展了这方面的研究，并且推出了各自的模拟与数字混合型的可编程器件，相信在未来几年里，模拟电路及数模混合电路可编程技术将得到更大的发展。

5）向低电压、低功耗方面发展。集成技术的飞速发展，工艺水平的不断提高，节能潮流在全世界的兴起，也为半导体工业提出了向降低工作电压、降低功耗的方向发展。可编程ASIC产品作为电子系统的重要组成部分，也不可避免地向3.3V→2.5V→1.8V的标准靠拢，以便适应其他数字器件，扩大应用范围，满足节能的要求。

（2）开发工具的发展趋势。面对当今飞速发展的电子产品市场，电子设计人员需要更加实用、快捷的开发工具，使用统一的集成化设计环境，改变优先考虑具体物理实现方式的传统设计思路，将精力集中到设计构思、方案比较和寻找优化设计等方面，以最快的速度开发出性能优良、质量一流的电子产品。开发工具的发展趋势如下。

1）具有混合信号处理能力。目前，数字集成电路设计的EDA工具远比模拟集成电路的EDA工具多，模拟集成电路EDA工具开发的难度较大。但是，由于物理量本身多以模拟形式存在，实现高性能复杂电子系统的设计必然离不开模拟信号。20世纪90年代以来，EDA工具厂商都比较重视数模混合信号设计工具的开发。美国Cadence、Synopsys等公司开发的EDA工具已经具有了数模混合设计能力，这些EDA开发工具能完成含有模数变换、数字信号处理、专用集成电路宏单元、数模变换和各种压控振荡器在内的混合系统设计。

2）高效的仿真工具。在整个电子系统设计过程中，仿真是花费时间最多的工作，也是占用EDA工具时间最多的一个环节。通常，可以将电子系统设计的仿真过程分为两个阶段，即设计前期的系统级仿真和设计过程中的电路级仿真。系统级仿真主要验证系统的功能，如验证设计的有效性等；电路级仿真主要验证系统的性能，决定怎样实现设计，如测试设计的精度、处理和保证设计要求等。要提高仿真的效率，一方面是要建立合理的仿真算法；另一方面是要更好地解决系统级仿真中，系统模型的建模和电路级仿真中电路模型的建模技术。在未来的EDA技术中，仿真工具将有较大的发展空间。

3）理想的逻辑综合、优化工具。逻辑综合功能是将高层次系统行为设计自动翻译成门级逻辑的电路描述，做到了实际与工艺的独立。优化则是对于上述综合生成的电路网表，根据逻辑方程功能等效的原则，用更小、更快的综合结果替代一些复杂的逻辑电路单元，根据指定目标库映射成新的网表。随着电子系统的集成规模越来越大，几乎不可能直接面向电路图做设计，要将设计者的精力从烦琐的逻辑图设计和分析中转移到设计前期算法开发上。逻辑综合、优化工具就是要把设计者的算法完整高效地生成电路网表。

（3）系统描述方式的发展趋势。

1）描述方式简便化。早期的EDA工具设计输入时普遍采用原理图输入方式，以文字和图形作为设计载体和文件，将设计信息加载到后续的EDA工具，完成设计分析工作。原理图输入方式的优点是直观，能满足以设计分析为主的一般要求，但原理图输入方式不适合用EDA综合工具。

20世纪80年代，电子设计开始采用新的综合工具，设计工作由逻辑图设计描述转向以各种硬件描述语言为主的编程方式。用硬件描述语言描述设计，更接近系统行为描述，且便于综合，更适于传递和修改设计信息，还可以建立独立于工艺的设计文件，不便之处是不太直观，要求设计师具有硬件语言编程能力，但是编程能力需要长时间的培养。

到了20世纪90年代，一些EDA公司相继推出了一批图形化的设计输入工具。这些输入工具允许设计师用他们最方便并熟悉的设计方式（如框图、状态图、真值表和逻辑方程）建立设计文件，然后由EDA工具自动生成综合所需的硬件描述语言文件。图形化的描述方式具有简单直观、容易掌握的优点，是未来主要的发展趋势。

2）描述方式高效化和统一化。C/C++语言是软件工程师在开发商业软件时的标准语言，也是使用最为广泛的高级语言。许多公司已经提出了不少方案，尝试在C语言的基础上设计下一代硬件描述语言。随着算法描述抽象层次的提高，使用C/C++语言设计系统的优势将更加明显，设计者可以快速而简洁地构建功能函数，通过标准库和函数调用技术，创建更庞大、更复杂和更高速的系统。

但是，目前的C/C++语言描述方式与硬件描述语言之间还有一段距离，还有待于更多EDA软件厂家和可编程逻辑器件公司的支持。随着EDA技术的不断成熟，软件和硬件的概念将日益模糊，使用单一的高级语言直接设计整个系统将是一个统一化的发展趋势。

1.2 EDA主要内容及主要EDA厂商

1.2.1 EDA技术的主要内容

作为一门发展迅速，有着广阔应用前景的新技术，EDA技术涉及面广，内容丰富。要系统、全面掌握EDA技术，必须掌握一系列的相关知识和理论。比如作为载体的大规模可编程逻辑器件，作为主要表达手段的硬件描述语言，作为智能化设计工具的软件开发环境和作为下载和硬件验证工具的实验室开发系统等。

1. 大规模可编程逻辑器件

大规模可编程逻辑器件是利用EDA技术进行电子系统设计的载体。可编程逻辑器件是20世纪70年代发展起来的一种由用户编程以实现某种逻辑功能的新型逻辑器件，也是一种半定制的集成电路。

经过多年的发展，可编程逻辑器件已经由最初简单的可编程逻辑阵列（Programmable Logic Array，PLA）、可编程阵列逻辑（Programmable Array Logic，PAL）、通用阵列逻辑（Generic Array Logic，GAL）发展到目前应用最为广泛的CPLD与FPGA。国际上生产CPLD/FPGA的主流公司，并且在国内占据市场份额较大的主要是Xilinx、Altera和Lattice等公司。

FPGA是一种基于查找表LUT（Look Up Table）的可编程逻辑器件，在结构上主要分为可编程逻辑单元、可编程输入/输出单元和可编程连接三个部分。FPGA内部阵列块之间采用分段式进行互连，结构比较灵活，但是延时不可预测；比较适合于触发器多、逻辑相对简单的数据型系统。FPGA保存逻辑功能的物理结构多为SRAM型，即掉电后将丢失原有的逻辑信息，所以在使用中需要为FPGA芯片配置一个专用ROM，将设计好的逻辑信息烧录到此配置芯片中。系统上电时，FPGA就能自动从配置芯片中读取逻辑信息。

CPLD是一种基于乘积项的可编程逻辑器件，主要由可编程逻辑宏单元、可编程输入/输出单元和可编程内部连线组成。CPLD内部采用的固定长度的线进行各逻辑块的互连，因此，与FPGA相比，引脚到引脚的延时时间几乎是固定的，与逻辑设计无关，这使得设计调试比较简单，逻辑设计中的毛刺现象比较容易处理，性价比较高。CPLD 具有很宽的输入结构，比较适合逻辑复杂、输入变量多、对触发器的需求量相对较少的逻辑型系统。另外，CPLD 结构大多为 EEPROM 或 Flash ROM 形式，具有编程后即可固定下载的逻辑功能，掉电后信息不丢失。

相比 PLA、GAL 而言，集成度高、速度快、可靠性好是 CPLD/FPGA 最显著的特点。在集成度方面，CPLD/FPGA 几乎可以将整个系统下载到同一芯片中，实现所谓 SOC 片上系统，大大缩小了产品体积，使之易于管理和屏蔽。在可靠性方面，只要设计得当，CPLD/FPGA 完全不存在类似于 MCU 的复位不可靠和 PC 可能跑飞的问题。CPLD/FPGA 还可将时钟延时缩短至 ns 级，大大提升了产品的系统性能。由于开发工具的通用性、设计语言的标准化以及设计过程与目标芯片的硬件结构的独立性，设计成功的各种逻辑功能块软件可以很好地兼容和移植，从而使得产品设计效率得到了大幅提高。美国 IT 公司认为，一个 ASIC 80%的功能可用于 IP 核等现成逻辑合成。而未来大系统的 FPGA/CPLD 设计仅仅是各类应用逻辑与 IP 核（Core）的拼装，其设计周期将更短。

2. 硬件描述语言

硬件描述语言（Hardware Description Language，HDL）是一种对于数字电路和系统进行性能描述的模拟语言，即利用高级语言来描述硬件电路的功能、信号连接关系以及各器件间的时序关系。

常用的 HDL 主要有 VHDL、Verilog HDL、ABEL、System Verilog 和 System C。学术界自 20 世纪 70 年代已经开始使用 HDL，发展至今已经有三十余年的历史。但是，最初由于各个 EDA 公司均开发支持自己公司产品的硬件描述语言，导致硬件描述语言品种繁多，互相之间不能通用，语言本身的性能也不够完善，影响了这种设计工具的推广。直到 20 世纪 80 年代，开始研究和应用标准化的硬件描述语言，VHDL 和 Verilog HDL 两种硬件描述语言先后成为 IEEE 的标准，采用硬件语言描述的设计方法才得到了广泛的应用。

VHDL 语言主要用于描述数字系统的结构、行为、功能和接口。它作为 IEEE 的工业标准硬件描述语言，在电子工程领域已成为事实上的通用硬件描述语言。

Verilog HDL 语言具有简捷、高效、易学易用、功能强大等特点，支持的 EDA 工具较多，适用于 RTL 级和门电路级的描述，其综合过程较 VHDL 稍简单，但其在高级描述方面不如 VHDL。

ABEL 作为一种支持各种不同输入方式的 HDL，被广泛用于各种可编程逻辑器件的软件功能设计，由于其语言描述的独立性，因此适用于各种不同规模的可编程器件的设计。

随着超大规模的集成电路的集成度越来越高，设计也趋于复杂。传统的设计方法，如原理图输入，HDL 语言描述在进行系统设计时，设计效率往往较低，特别是在算法由软件转换为硬件的环节上，设计者要耗费大量的时间和精力手工进行算法的转换。System C 是一种新的设计方法，也是一个 C++库，可以方便地实现一种软件算法的硬件实现及完成系统级的设计。

VHDL 和 Verilog HDL 作为 IEEE 的工业标准硬件描述语言，承担起几乎全部的数字系统设计任务。在电子工程领域，它们已经成为事实上的通用硬件描述语言。当前，VHDL 和 Verilog HDL 在现在的 EDA 设计中使用得最多，也拥有几乎所有主流 EDA 工具的支持，而 System Verilog 和 System C 还处于完善过程中。而从 EDA 技术的发展趋势来看，采用

System C 是一个发展方向，System C 将逐渐成为一种重要的设计手段。

3. 软件开发工具

软件开发工具是利用 EDA 技术进行电子系统设计的智能化的自动化设计工具，目前比较流行的主流厂家的 EDA 软件工具有 Altera 公司推出的 MAX+plus Ⅱ、Quartus Ⅱ，Lattice 公司推出的 ispEXPERT 和 Xilinx 公司推出的 Foundation、ISE。其中 MAX+plus Ⅱ、Foundation 推出较早，已被其后推出的 Quartus Ⅱ 和 ISE 所代替。另外还有一些第三方 EDA 工具，是指其他厂商提供的软件工具，如由 Model 技术公司开发的目前业界通用的仿真工具 Modelsim，由 Synplicity 公司出品的业界流行的综合工具 Synplify/Synplify Pro 等。

Quartus Ⅱ是 Altera 公司近几年推出的 EDA 软件工具，其设计工具完全支持 VHDL 和 Verilog 的设计流程，其内部嵌有 VHDL、Verilog HDL 逻辑综合器。可以直接调用如 Leonardo Spectrum、Synplify Pro 和 FPGA Compiler Ⅱ等第三方综合工具。同样，Quartus Ⅱ具备仿真功能，也支持第三方的仿真工具，如 Modelsim。此外，Quartus Ⅱ为 Altera SOPC（a System on a Programmable Chip）系统开发包进行系统模型设计提供了集成综合环境，它与 MATLAB 和 DSP Builder 结合可以进行基于 FPGA 的 DSP 系统开发；与 SOPC Builder 结合，实现 SOPC（System on a Programmable Chip）系统开发。

ispEXPERT System 是 ispEXPERT 的主要集成环境。通过它可以进行 VHDL、Verilog HDL 及 ABEL 语言的设计输入、综合、适配、仿真和在系统下载。ispEXPERT System 是目前流行的 EDA 软件中最容易掌握的设计工具之一，它界面友好，操作方便，功能强大，并与第三方 EDA 工具兼容良好。

ISE 是 Xilinx 公司最新集成开发的 EDA 工具。它采用自动化的、完整的集成设计开发环境，提供从设计输入到综合、布线、仿真、下载的全部解决方案，方便同其他 EDA 工具接口，并支持 200MHz 以上的调整存储器接口，是业界强大的 EDA 设计工具之一。

4. 实验室开发系统

实验室硬件开发平台是利用 EDA 技术进行电子系统设计的下载工具及硬件验证工具。硬件开发平台提供 CPLD/FPGA 芯片下载电路及 EDA 实验/开发的外围资源（类似于用于单片机开发的仿真器），供硬件验证用。一般包括：①实验或开发所需的各类基本信号发生模块，包括时钟、脉冲、开关信号等；②CPLD/FPGA 输出信息显示模块，包括数码显示、发光管显示、声响指示等；③监控程序模块，提供“电路重构软配置”；④CPLD/FPGA 目标芯片和编程下载电路；⑤通信接口电路，如 RS-232 接口、USB 接口电路等。

1.2.2 主要 EDA 技术厂商

随着可编程逻辑器件应用的日益广泛，许多 IC 制造厂家涉足 CPLD/FPGA 领域。下面，对主要 EDA 厂商进行简单介绍。

（1）Altera。Altera 公司于 1983 年成立，是专业设计、生产和销售高性能、高密度可编程逻辑器件（PLD）及相应开发工具的一家公司，也是世界上“可编程芯片系统”（System On a Programmable Chip，SOPC）解决方案倡导者。1984 年 Altera 公司推出 EP300 系列——世界上第一个易抹除可编程逻辑器件，成为世界上第一个 PLD 器件供应商，同时也成功开发了第一个基于 PC 机的开发系统。20 世纪 90 年代以后发展很快，它成为最大可编程器件供应商之一。目前，Altera 公司拥有各类封装的 PLD 器件超过 500 种，能够满足用户不同的需要。目前，主流 CPLD 产品为 2004 年年底推出的 MAX Ⅱ，该产品采用 FPGA

结构，0.18μm Flash 工艺，配置芯片集成在内部，和普通 PLD 一样上电即可工作。Altera 的主流 FPGA 分为两大类，一种侧重低成本应用，容量中等，性能可以满足一般的逻辑设计要求，如 Cyclone（飓风）、Cyclone Ⅱ、Cyclone Ⅲ、Cyclone Ⅳ、Cyclone Ⅴ；还有一种侧重于高性能应用，容量大，能满足各类高端应用，如 Startix、Stratix II、Stratix V 等，用户可以根据自己的实际应用要求进行选择。

（2）Xilinx。Xilinx 公司于 1984 年成立，是最大的可编程逻辑器件供应商之一。Xilinx 研发、制造并销售范围广泛的高级集成电路、软件设计工具以及作为预定义系统级功能的 IP（Intellectual Property）核。Xilinx 首创了现场可编程逻辑阵列（FPGA）这一创新性的技术，并于 1985 年首次推出商业化产品。目前 Xilinx 满足了全世界对 FPGA 产品一半以上的需求，其产品已经被广泛应用于从无线电话基站到 DVD 播放机的数字电子应用技术中。目前，主流 CPLD 产品为采用 Flash 工艺的 XC9500 和 1.8V 低功耗产品 CoolRunner-II。Xilinx 的主流 FPGA 分为两大类，一种侧重低成本应用，容量中等，性能可以满足一般的逻辑设计要求，如 Spartan 系列；还有一种侧重于高性能应用，容量大，能满足各类高端应用，如 Virtex 系列，用户可以根据自己的实际应用要求进行选择。

（3）Lattice。Lattice 公司成立于 1983 年，是在线可编程（In System Programmable，ISP）技术的发明者。ISP 技术极大地促进了 PLD 产品的发展。Lattice 公司提供业界最广范围的现场可编程门阵列（FPGA）、可编程逻辑器件（PLD）及其相关软件，包括现场可编程系统芯片（FPSC）、复杂的可编程逻辑器件（CPLD）、可编程混合信号产品（ispPAC）和可编程数字互连器件（ispGDX）。与 Altera 和 Xilinx 相比，Lattice 的开发工具略逊一筹，大规模 CPLD、FPGA 的竞争力还不够强，但其中小规模 CPLD/FPGA 比较有特色，种类齐全，性能不错。1999 年 Lattice 收购 Vantis（原 AMD 子公司）；2001 年收购 Lucent 微电子的 FPGA 部门；2002 年并购了 Agere 公司的 FPGA 部门，是世界第三大可编程逻辑器件供应商。目前主流产品是 ispMACH4000、Mach XO 系列 CPLD 和 Lattice EC/ECP 系列 FPGA。此外，在混合信号芯片上，也有诸多建树，如可编程模拟芯片 ispPAC、可编程电源管理、时钟管理等。

（4）Actel。Actel 公司成立于 1985 年，是现场可编程门阵列器件（FPGA）的专业制造商。Actel 为反熔丝（一次性烧写）PLD 的领导者，由于反熔丝 PLD 抗辐射、耐高低温、功耗低、速度快，所以在军品和宇航领域有较大优势，而 Altera 和 Xilinx 公司一般不涉足军品和宇航级市场。Actel 公司于 1988 年推出第一个抗熔断 FPGA 产品，它的 FPGA 产品被广泛应用于通信、计算机、工业控制、军事、航空和其他电子系统。由于采用了独特的抗熔丝硅体系结构，Actel 公司的 FPGA 产品具有可靠性高、抗辐射强、能够在极端环境条件下使用等特点，因而被美国宇航局的太空飞船、哈勃望远镜修复、火星探测器、国际空间站等项目所采用。Actel 公司的产品主要以 FPGA 为主，其中包括 SX-A 系列、SX 系列、MX 系列、ProASIC 系列、1200XL、3200DX、ACT3 和 ACT1 等。

（5）QuickLogic。QuickLogic 公司成立于 1988 年，是一家集开发与销售 CPLD/FPGA 的公司。以一次性反熔丝工艺为主，有一些集成硬核的 FPGA 比较有特色，但总体上在我国销售量不大。

（6）Atmel。Atmel 公司成立于 1984 年，是世界上高级半导体产品设计、制造和行销的领先者，产品包括了微处理器、可编程逻辑器件、非易失性存储器、安全芯片、混合信号及

RF 射频集成电路。CPLD/FPGA 不是 Atmel 的主要业务，但其中小规模 CPLD 做得不错。FPSLIC（tm）（现场可编程的系统级集成电路）是 Atmel 的一个革命性的产品，它将微控制器的处理能力和 FPGA 的灵活性有机地组合在了一起：AVR 核、外设、SRAM 程序存储器，以及 FPGA 模块。Atmel 也做了一些与 Altera 和 Xilinx 兼容的芯片，但在品质上与原厂家还有一些差距，在高可靠性产品中使用较少，多用在低端产品上。

虽然目前世界上有十几家生产 CPLD/FPGA 的公司，但最大的三家是 Altera、Xilinx 和 Lattice，其中 Altera 和 Xilinx 占有了 60%以上的市场份额。在欧洲，使用 Xilinx 产品的用户较多；在日本和亚太地区，使用 Altera 产品的用户较多；在美国，则平分秋色。全球 CPLD/FPGA 产品 60%以上是由 Altera 和 Xilinx 提供的，可以说 Altera 和 Xilinx 共同决定了 PLD 技术的发展方向。

1.3 EDA 设计流程

1.3.1 CPLD/FPGA 设计流程

CPLD/FPGA 的设计流程包括设计准备、设计输入、设计处理、器件编程和设计完成这 5 个步骤，以及功能仿真、时序仿真和器件测试这 3 个设计验证过程，如图 1-1 所示。

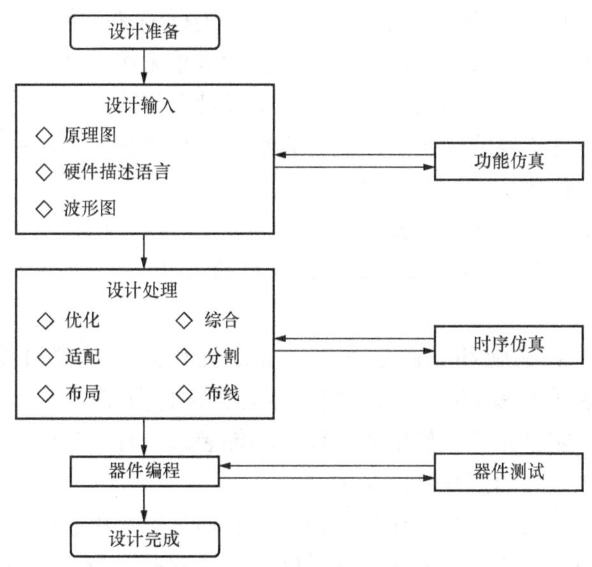

图 1-1 CPLD/FPGA 设计流程

1. 设计准备

设计准备是指设计者在进行设计之前，依据任务要求，确定系统所要完成的功能及复杂程度，器件资源的利用和所需成本等要做的准备工作，如进行方案论证、系统设计和器件选择等。它包括定义 I/O 端口，选择合适的 CPLD/FPGA 器件、对 EDA 项目进行逻辑划分等步骤。

2. 设计输入

设计输入是指将设计的系统或电路按照 EDA 开发软件要求的某种形式表示出来，并输入计算机的过程。设计输入方式有多种，包括图形输入方式、波形图输入方式、采用硬件描述语言的文本输入方式等。

(1) 原理图输入方式。原理图输入是一种最直接的设计输入方式，它使用EDA工具软件提供的元器件库及各种符号和连线画出设计电路的原理图，形成图形输入文件。这种方式适用于设计者对系统及各部分电路很熟悉的情况，或在系统对时间特性要求较高的场合。其优点是容易实现仿真，便于信号的观察和电路的调整。

(2) 硬件描述语言的文本输入方式。硬件描述语言的文本输入是一种普遍性的输入方法，大部分的EDA工具软件都支持文本方式的编辑和编译。目前，常用的高层硬件描述语言有VHDL和Verilog HDL，运用硬件描述语言设计已是当前的趋势。

(3) 波形图输入方式。波形图输入方式主要用于建立和编辑波形设计文件，以及输入仿真向量和功能测试向量。波形图设计输入方式适用于时序逻辑和有重复性的逻辑函数，系统软件可以根据用户定义的输入/输出波形自动生成逻辑关系。

3. 设计处理

在设计处理阶段，编译软件将对设计输入文件进行逻辑化简、综合和优化，并适当地用一片或多片器件自动地进行适配，最后产生编程用的编程文件。设计处理主要包括设计编译和检查、逻辑优化和综合、适配和分割、布局和布线、生成编程数据文件等过程。

(1) 设计编译和检查。设计输入完成之后，立即进行编译。在编译过程中，首先进行语法检验，如检查原理图的信号线是否漏接，信号有无双重来源，文本输入文件中关键字有无错误等各种语法错误，并及时标出错误的位置，供设计者修改。然后进行设计规则检查，检查总的设计有无超出器件资源或规定的限制并将编译报告列出，指明违反规则和潜在不可靠电路的情况以供设计者修改。

(2) 逻辑优化和综合。逻辑优化是化简所有的逻辑方程或用户自建的宏，使设计所占用的资源最少。综合的目的是将多个模块化设计文件合并为一个网表文件，并使图层设计平面化。

(3) 适配和分割。在适配和分割过程中，确定优化以后的逻辑能否与下载目标器件CPLD或FPGA中的宏单元和I/O单元适配，然后将设计分割为多个便于适配的逻辑小块形式映射到器件相应的宏单元中。如果整个设计不能装入一片器件时，可以将整个设计自动分割成多块并装入同一系列的多片器件中去。

(4) 布局和布线。布局和布线工作是在设计检验通过以后由软件自动完成的，它能以最优的方式对逻辑元件布局，并准确地实现元件间的布线互联。布局和布线完成后，软件会自动生成布线报告，提供有关设计中各部分资源的使用情况等信息。

(5) 生成编程数据文件。设计处理的最后一步是产生可供器件编程使用的数据文件。对CPLD来说，是产生JEDEC熔丝图文件（由电子器件工程联合会制定的标准格式，简称JED文件）；对于FPGA来说，是生成比特流数据文件（Bit-steam Generation，BG）。

4. 设计校验

设计校验过程包括功能仿真和时序仿真，这两项工作是在设计处理过程中同时进行的。功能仿真是在设计输入完成之后，选择具体器件进行编译之前进行的逻辑功能验证，因此又称为前仿真。此时的仿真没有延时信息或由系统添加的微小标准延时，这对于初步的功能检测非常方便。仿真前，要先利用波形编辑器或硬件描述语言等建立波形文件或测试向量（即将所关心的输入信号组合成序列），仿真结果将会生成报告文件和输出信号波形，从中便可以观察到各个节点的信号变化。若发现错误，则返回设计输入中修改逻辑设计。

时序仿真是在选择了具体器件并完成布局、布线之后进行的时序关系仿真，因此又称为后仿真或延时仿真。由于不同器件的内部延时不一样，不同的布局、布线方案也给延时造成不同的影响，因此在设计处理以后，对系统和各模块进行时序仿真，分析其时序关系，估计设计的性能及检查和消除竞争冒险等是非常有必要的。

5. 器件编程

编程是指将设计处理中产生的编程数据文件通过软件放到具体的可编程逻辑器件中去。对 CPLD 器件来说是将 JED 文件下载到 CPLD 器件中去，对 FPGA 来说是将比特流数据文件配置到 FPGA 中去。

器件编程需要满足一定的条件，如编程电压、编程时序和编程算法等。普通的 CPLD 器件和一次性编程的 FPGA 需要专用的编程器完成器件的编程工作。基于 SRAM 的 FPGA 可以由 EPROM 或其他存储体进行配置。在系统可编程器件（ISP-PLD）则不需要专门的编程器，只要一根与计算机互联的下载编程电缆就可以了。

6. 器件测试和设计验证

器件在编程完毕之后，可以用编译时产生的文件对器件进行检验、加密等工作，或采用边界扫描测试技术进行功能测试，测试成功后才完成其设计。

设计验证可以在 EDA 硬件开发平台上进行。EDA 硬件开发平台的核心部件是一片可编程逻辑器件 CPLD 或 FPGA，再加一些常用输入/输出器件、时钟源电路等。验证时将编程文件下载到 CPLD 或 FPGA 中，然后进行相应的输入操作，观察和检测输出结果，从而实现对设计电路的功能验证。

1.3.2 ASIC 设计流程

专用集成电路（Application Specific Integrated Circuits，ASIC）是相对于通用集成电路而言的，它主要指用于某一门用途的集成电路。ASIC 大致可分为数字 ASIC、模拟 ASIC 和数/模混合 ASIC。

1. ASIC 的设计方法

对于数字 ASIC，其设计方法有多种，按版图结构及制造方法分为半定制（Semi-custom）和全定制（Full-custom）这两种实现方法，如图 1-2 所示。

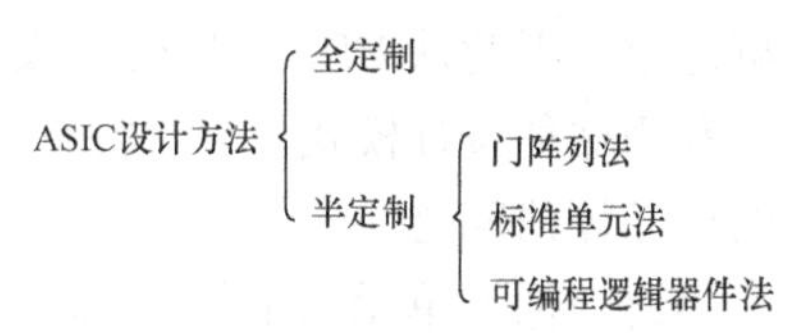

图 1-2 ASIC 分类

全定制是一种基于晶体管级的、手工设计版图的制造方法，设计者需要使用全定制版图设计工具来完成，必须考虑晶体管版图的尺寸、位置、互连线等技术细节，并据此确定整个电路的布局布线，以使设计芯片的性能、面积、功耗、成本等达到最优。这样，使得在全定制设计中，人工参与的工作量大，设计周期较长，并且容易出错。所以，全定制方法在通用中小规模集成电路设计、模拟集成电路、射频级集成器件的设计，以及有特殊性能要求和功耗要求的电路或处理器中的特殊功能模块电路的设计中被广泛应用。

半定制是一种约束性设计方法，约束的目的是简化设计、缩短设计周期、降低设计成本、提高设计正确率。半定制法按逻辑实现的方法不同，进一步分为门阵列法、标准单元法和可编程逻辑器件法。

门阵列法（Gate Array）又称为母片（Master Slice）法，它是使用较早的一种方法。门阵列法预先设计和制造好各种规模的母片，其内部成行成列且等间距地排列着基本单元的阵列；除金属连线及引线孔以外的各层版图图形均固定不变，只剩下一层或两层金属铝连线及孔的掩模需要根据用户电路的不同而定制；每个基本单元由 3 对或 5 对晶体管组成，基本单元的高度、宽度等都是相等的，并按行排列；设计人员只需设计到电路一级，将电路的网表文件交给 IC 厂家即可；IC 厂家根据网表文件描述的电路连接关系，完成母片上电路单元的布局及单元间的连线，然后对这部分金属线及引线孔的图形进行制版、流片。这种设计方式涉及的工艺少，模式规范，设计自动化程度高，设计周期短，造价低，并且适合于小批量的 ASIC 设计。所有这些都依赖于事先制备母片及库单元，并经过验证。其缺点是芯片面积利用率低，灵活性差，对设计限制较多。

标准单元法（Standard Cell）必须预建完善的版图单元库，库中包括以物理版图级表达的各种电路单元和电路模块"标准单元"，可供用户调用以设计不同的芯片。这些单元的逻辑功能、电性能及几何设计规则等都经过分析和验证。与门阵列库单元不同的是，标准单元的物理版图将从最低层至最高层的各层版图设计图形包括在内。在设计布图时，从单元库中调出标准单元按行排列，行与行之间留有布线通道，同行或相邻行相连可通过单元行的上、下通道完成。隔行单元之间的垂直方向互连则必须借用事先预留在标准单元内部的走线道（Feed-through）或在单元间设置的走线道单元（Feed-through Cell）或空单元（Empty Cell）来完成连接。标准单元法的优点主要如下。

（1）比门阵列法具有更加灵活的布图方法。

（2）标准单元预先存在单元库中，可以极大地提高设计效率。

（3）可以从根本上解决布通率问题，达到了 100%布通率。

（4）可以使设计者更多地从设计项目的高层次关注电路的优化和性能问题。

（5）标准单元设计模式自动化程度高，设计周期短，设计效率高，十分适合利用功能强大的 EDA 工具进行 ASIC 的设计。

（6）标准单元法与可编程逻辑器件法的应用具有相似点，它们都是建立在标准单元库的基础之上，因此从 CPLD/FPGA 设计向使用标准单元法设计的 ASIC 设计迁移是十分方便的。利用这种设计模式可以很好地解决直接进行 ASIC 设计中代价高昂的功能验证问题和快速的样品评估问题。

因此，标准单元法是目前 ASIC 设计中应用广泛的设计方法之一。但标准单元法存在的问题是，当工艺更新之后，标准单元要随之更新，这是一项十分繁重的工作。为了解决人工设计单元库费时费力的问题，目前几乎所有在市场上销售的 IC CAD 系统（如 Synopsys、Cadence、Mentor 等）都含有标准单元自动设计工具。此外，设计重用（Design Reuse）技术与用于解决单元库的更新问题。

门阵列法或标准单元法设计 ASIC 有一个共同的缺点，即无法避免冗杂繁复的 IC 制造后向流程，而且与 IC 设计工艺紧密相关，最终的设计也需要集成电路制造厂家来完成，一旦设计有误，将导致巨大的损失；另外，还有设计周期长、基础投入大、更新换代难等方面的缺陷。

可编程逻辑器件法是使用可编程逻辑器件设计用户定制的数字电路系统。可编程逻辑器件芯片实质上是门阵列及标准单元设计的延伸和发展。可编程逻辑器件是一种半定制的逻辑芯片，但与门阵列标准单元法不同，芯片内的硬件资源和连线资源是由厂家预先制定好的，可以方便地通过编程下载获得重新配置。这样，用户就可以借助 EDA 软件和编程器在实验室或车间中自行进行设计、编程或电路更新。如果发现错误，则可以随时更改，完全不必关心器件实现的具体工艺。用可编程逻辑器件法设计 ASIC（或称可编程 ASIC），设计效率大为提高，大大缩短上市的时间。当然，这种用可编程逻辑器件直接实现的 ASIC 在性能、速度和单位成本上，相对于全定制或标准单元法设计的 ASIC，不具备竞争性。此外，也不可能用可编程 ASIC 去取代通用产品，如 CPU、单片机、存储器等的应用。

目前，为了降低单位成本，可以在用可编程逻辑器件实现设计后，通过特殊的方法转化成 ASIC 电路，如 Altera 的部分 FPGA 器件在设计成功后可以通过 HardCopy 技术转化成对应的门阵列 ASIC 产品。

2. ASIC 的一般设计流程

一般的 ASIC 从设计到制造，其工程设计流程如下。

（1）系统规范说明（System Specification）。系统规范说明就是分析并确定整个系统的功能、要求达到的性能、物理尺寸，确定采用何种制造工艺、设计周期和设计费用，最终建立系统的行为模型，进行可行性验证。

（2）系统划分（System Division）。系统划分就是将系统分割成各个功能子模块，给出子模块之间的信号连接关系，并验证各个功能块的模型，确定系统的关键时序。

（3）逻辑设计与综合（Logic Design and Synthesis）。逻辑设计与综合就是将划分的各个子模块用文本（网表或硬件描述语言）、原理图等进行具体逻辑描述。对于硬件描述语言描述的设计模块，需要用综合器进行综合，以获得具体的电路网表文件，对于原理图等描述方式描述的设计模块，经简单编译后可得到逻辑网表文件。

（4）综合后仿真（Simulate after Synthesis）。综合后仿真就是根据逻辑综合后得到网表文件，并进行仿真验证。

（5）版图设计（Layout Design）。版图设计就是将逻辑设计中每一个逻辑元件、电阻、电容等以及它们之间的连线转换成集成电路制造所需要的版图信息。可手工或自动进行版图规划（Floorplanning）、布局（Placement）、布线（Routing）。这一步由于涉及逻辑设计到物理实现的映射，又称为物理设计（Physical Design）。

（6）版图验证（Layout Verification）。版图验证主要包括版图原理图比对（LVS）、设计规则检查（DRC）、电气规则检查（ERC）。在手工版图设计中，这是非常重要的一步。

（7）参数提取与后仿真。版图验证完毕后，需进行版图的电路网表提取（NE）和参数提取（PE），把提取出的参数反注（Back-Annotate）至网表文件，进行最后一步仿真验证工作。

（8）制版、流片。制版、流片是将设计结果送 IC 生产线进行制版、光罩和流片，进行实验性生产。

（9）芯片测试。测试芯片是否符合设计要求，并评估成品率。

1.4 数字系统的设计

EDA 技术研究的对象是电子设计的全过程，由上到下依次包括了系统级、电路级和物理级这 3 个层次。数字系统的设计有多种方法，如模块设计法、自顶向下设计和自底向上设计法等。

1.4.1 数字系统的设计模型

数字系统（Digital System）是指用来对数字信息进行采集、存储、加工、传输、运算和处理的电子系统。通常将逻辑门电路和触发器等单元电路称为逻辑器件，将由这些逻辑器件组成的，并能完成某一特定功能的电路称为逻辑功能部件，将含有控制器和逻辑功能部件、能够按照顺序完成一系列复杂操作的逻辑电路称为数字系统。

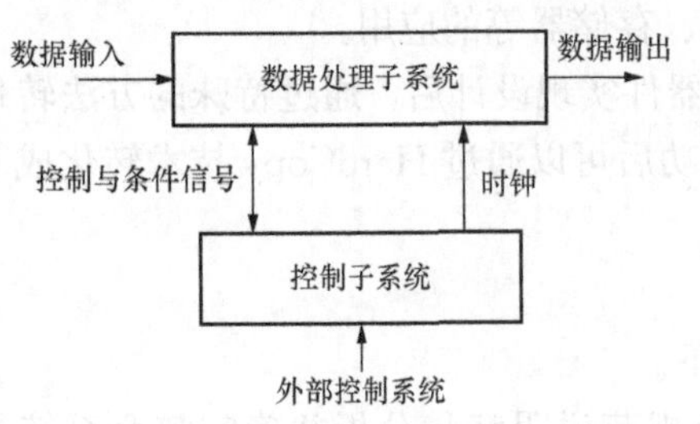

图 1-3 数字系统的设计模型

用于描述数字系统的模型有多种，各种模型描述数字系统的侧重点不同。下面介绍一种普遍采用的模型。这种模型根据数字系统的定义，将整个系统划分为两个模块或两个子系统：数据处理子系统和控制子系统，如图 1-3 所示。

通常，以数字系统实现的功能或算法为依据设计数据处理子系统。数据处理子系统主要由存储器、运算器、数据选择器等功能电路组成。数据处理子系统与外界进行数据交换，在控制子系统（或称控制器）发出的控制信号作用下，数据处理子系统将进行数据的存储和运算等操作。数据处理子系统将接收由控制器发出的控制信号，同时将自己的操作进程或操作结果作为条件信号传送给控制器。

控制子系统是执行数字系统算法的核心，具有记忆功能，因此控制子系统是时序系统。控制子系统由组合逻辑电路和触发器组成，与数据处理子系统共用时钟。控制子系统的输入信号是外部控制信号和由数据处理子系统送来的条件信号，按照数字系统设计方案要求的算法流程，在时钟信号的控制下进行状态的转换，同时产生与状态和条件信号相对应的输出信号，该输出信号将控制数据处理子系统的具体操作。

把数字系统划分成数据处理子系统和控制子系统进行设计，这只是一种手段，不是目的。它用来帮助设计者有层次地理解和处理问题，进而获得清晰、完整正确的电路图。因此，数字系统的划分应当遵循自然、易于理解的原则。

1.4.2 数字系统的设计方法

数字系统的设计方法有很多，如模块设计法、自顶向下设计法和自底向上设计法等。

1. 自底向上设计法

10 多年前，电子设计的基本思路还是选择标准的自底向上（Buttom-Up）设计法来构造出一个新的系统。使用这种设计方法时，设计人员根据系统所要实现的功能和用户要求，依据设计经验，选择最合适的功能部件进行逻辑电路的设计，从而构成系统底层各个独立的单元电路，然后将这些单元电路连接起来组成功能模块或子系统，直到构成整个系统，完成系统的硬件设计为止。

采用这种方法，使用真值表、卡诺图、逻辑方程、状态表和状态图来描述系统的逻辑功能，以电路图来表达设计思想，由通用逻辑器件搭接成电路板，通过对电路板的设计实现系统功能。这种设计方法具有以下几个特点。

(1) 设计方法没有明显的规律可循，采用试探的方法完成系统设计。设计依赖于设计者的经验，不易实现系统化、清晰易懂的设计。

(2) 系统的性能分析和测试、功能验证和仿真只能在系统构成后进行，调试复杂，修改设计比较困难。

(3) 设计依赖于现有的通用元器件，设计实现周期长、灵活性差、费时费用、效率较低。

2. 自顶向下设计法

基于 EDA 技术的设计方法是采用自顶向下（Top-Down）进行设计的。自顶向下是指将数字系统的整体逐步分解为各个子系统和模块，若子系统规模较大，则还需将子系统进一步分解为更小的子系统和模块，层层分解，直至整个系统中各子系统关系合理，并便于逻辑电路级的设计和实现为止。

采用自顶向下的方法设计时，高层设计进行功能和接口描述，说明模块的功能和接口，模块功能的更详细的描述在下一设计层次说明，最低层的设计才涉及具体的寄存器和逻辑门电路等实现方式的描述。

这种设计方法以硬件描述语言来表达设计思想，利用 EDA 工具，采用 PLD 器件，通过设计芯片来完成系统功能。其方案验证与设计、系统逻辑综合、布局布线、功能仿真、器件编程等均由 EDA 工具一体化完成。自顶向下设计法具有以下几个特点。

(1) 自顶向下设计方法是一种模块化设计方法，对设计的描述从上到下逐步由粗略到详细，符合常规的逻辑思维习惯。由于高层设计同器件无关，设计易于在各种集成电路工艺或可编程器件之间移植。

(2) 适合多个设计者同时进行设计。随着技术的不断进步，许多设计由一个设计者已无法完成，必须经过多个设计者分工协作完成一项设计的情况越来越多。在这种情况下，应用自顶向下的设计方法便于由多个设计者同时进行设计，对设计任务进行合理分配，用系统工程的方法对设计进行管理。

(3) 自顶向下的设计方法使得高层设计完全独立于目标器件的结构，在设计的初级阶段，设计人员可以摆脱芯片结构的束缚，将精力集中在可以规避传统设计方法中的再设计风险的环节，缩短了产品的开发周期，降低了成本。

1.4.3 数字系统的设计准则

进行数字系统设计时，通常需要考虑多方面的条件和要求，如设计的功能和性能要求，元器件的资源分配和设计工具的可实现性，系统的开发费用和成本等。虽然具体设计的条件和要求千差万别，实现的方法也各不相同，但数字系统设计还是具备一些共同的方法和准则的。下面介绍其具体的设计准则。

1. 分割准则

自顶向下的设计方法或其他层次化的设计方法，需要对系统功能进行分割，然后用逻辑语言进行描述。分割过程中，若分割过粗，则不易用逻辑语言表达；若分割过细，则带来不必要的重复和繁琐。因此，分割的粗细需要根据具体的设计和设计工具情况而定。掌握分割程度需遵循的原则为：分割后最低层的逻辑块应适合用逻辑语言进行表达；相似的功能应该设计成共享的基本模块；接口信号尽可能少；同层次的模块之间，在资源和 I/O 分配上，尽可能平衡，以使结构匀称；模块的划分和设计，应尽可能做到通用性好，易于移植。

2. 系统的可观测性

在系统设计中，应该同时考虑功能检查和性能的测试，即系统观测性的问题。一些有经验的设计者会自觉地在设计系统的同时设计观测电路，即观测器，指示系统内部的工作状态。

建立观测器，应遵循以下原则：①具有系统的关键点信号，如时钟、同步信号和状态等信号；②具有代表性的节点和线路上的信号；③具备简单的“系统工作是否正常”的判断能力。

3. 同步和异步电路

异步电路会造成较大延时和逻辑竞争，容易引起系统的不稳定，而同步电路则是按照统一的时钟工作，稳定性好。因此在设计时尽可能采用同步电路进行设计，避免使用异步电路。在必须使用异步电路时，应采取措施来避免竞争和增加稳定性。

4. 最优化设计

采用可编程器件进行设计时，由于可编程器件的逻辑资源、连接资源和I/O资源有限，器件的速度和性能也是有限的，用器件设计系统的过程相当于求最优解的过程。因此，需要给定两个约束条件：边界条件和最优化目标。

所谓边界条件，是指器件的资源及性能限制。最优化目标有多种，设计中常见的最优化目标有：器件资源利用率最高；系统工作速度最快，即延时最小；布线最容易，即可实现性最好。具体设计中，各个最优化目标间可能会产生冲突，这时应满足设计的主要要求。

5. 系统设计的艺术

一个系统的设计，通常需要经过反复修改、优化才能达到设计的要求。一个好的设计，应该满足“和谐”的基本特征，对数字系统可以根据几点做出判断：①设计是否总体上流畅，无拖泥带水的感觉；②资源分配、I/O分配是否合理，设计上和性能上是否有瓶颈，系统结构是否协调；③是否具有良好的可观测性；④是否易于修改和移植；⑤器件的特点是否能得到充分的发挥。

1.4.4 数字系统的设计步骤

1. 系统任务分析

在数字系统设计中首先要明确系统的任务。在设计任务书中，可用各种方式提出对整个数字系统的逻辑要求，常用的方式有自然语言、逻辑流程图、时序图或几种方法的结合。当系统较大或逻辑关系较复杂时，系统任务（逻辑要求）逻辑的表述和理解都不是一件容易的工作。所以，分析系统的任务必须细致、全面，不能有理解上的偏差和疏漏。

2. 确定逻辑算法

明确系统任务后，就要确定逻辑算法。实现系统逻辑运算的方法称为逻辑算法，也简称为算法。一个数字系统的逻辑运算往往有多种算法，设计者的任务不但要找出各种算法，还必须比较优劣，取长补短，从中确定最合理的一种。数字系统的算法是逻辑设计的基础，算法不同，则系统的结构也不同，算法的合理与否直接影响系统结构的合理性。确定算法是数字系统设计中最具创造性的一环，也是最难的一步。

3. 建立系统及子系统模型

当算法明确后，应根据算法构造系统的硬件框架（也称为系统框图），将系统划分为若干个部分，各部分分别承担算法中不同的逻辑操作功能。如果某一部分的规模仍嫌大，则需进一步划分。划分后的各个部分应逻辑功能清楚，规模大小合适，便于进行电路级的设计。

4. 系统（或模块）逻辑描述

当系统中各个子系统（指最低层子系统）和模块的逻辑功能和结构确定后，则需采用比较规范的形式来描述系统的逻辑功能。设计方案的描述方法可以有多种，常用的有方框图、流程图和描述语言等。

对系统的逻辑描述可先采用较粗略的逻辑流程图，再将逻辑流程图逐步细化为详细逻辑流程图，最后将详细逻辑流程图表示成与硬件有对应关系的形式，为下一步的电路级设计提供依据。

5. 逻辑电路级设计及系统仿真

电路级设计是指选择合理的器件和连接关系以实现系统逻辑要求。电路级设计的结果常采用两种方式来表达：电路图方式和硬件描述语言方式。EDA 软件允许以这两种方式输入，以便作后续的处理。

当电路设计完成后必须验证设计是否正确。在早期，只能通过搭试硬件电路才能得到设计的结果。目前，数字电路设计的 EDA 软件都具有仿真功能，先通过系统仿真，当系统仿真结果正确后再进行实际电路的测试。由于 EDA 软件验证的结果十分接近实际结果，因此，可极大地提高电路设计的效率。

6. 系统的物理实现

物理实现是指用实际的器件实现数字系统的设计，用仪表测量设计的电路是否符合设计要求。现在的数字系统往往采用大规模和超大规模集成电路，由于器件集成度高、导线密集，故一般在电路设计完成后即设计印刷电路板，在印刷电路板上组装电路进行测试。需要注意的是，印刷电路板本身的物理特性也会影响电路的逻辑关系。

1.5 EDA 技术的应用

1.5.1 EDA 技术的应用形式

随着 EDA 技术的深入发展和 EDA 技术软硬件性价比的不断提高，EDA 技术的应用将向广度和深度两个方面发展。根据利用 EDA 技术所开发的产品的最终主要硬件构成来分，EDA 技术的应用发展将表现为以下几种形式。

(1) CPLD/FPGA 系统：使用 EDA 技术开发 CPLD/FPGA，使自行开发的 CPLD/FPGA 作为电子系统、控制系统、信息处理系统的主体。

(2) “CPLD/FPGA＋MCU” 系统：使用 EDA 技术与单片机技术相结合，将自行开发的 “CPLD/FPGA＋MCU” 作为电子系统、控制系统、信息处理系统的主体。

(3) “CPLD/FPGA＋专用 DSP” 系统：将 EDA 技术与 DSP 专用处理器配合使用，构成一个数字信号处理系统的整体。

(4) 基于 FPGA 实现现代 DSP 系统：基本 SOPC 技术、EDA 技术与 FPGA 技术实现方式的现代数字信号处理系统。

(5) 基于 FPGA 实现现代 SOC 片上系统：使用超大规模的 FPGA 实现的，内含一个或数个嵌入式 CPU 或 DSP，能够实现复杂系统功能的单一芯片系统。

(6) 基于 FPGA 实现的嵌入式系统：使用 CPLD/FPGA 实现的，内含嵌入式处理器，能满足对象系统要求实现特定功能，能够嵌入到宿主系统的专用计算机应用系统。

1.5.2 EDA 技术的应用场合

现在 EDA 技术发展迅猛，应用比较广泛，包括在机械、电子、通信、航空航天、化工、矿产、生物、医学、军事等各个领域都有 EDA 的应用。目前，EDA 技术已在产品设计与制造、教学和科研部门广泛使用，发挥着巨大的作用。

在教学方面，几乎所有理工科（特别是电子信息）类的高校都开设了 EDA 课程。主要是让学生了解 EDA 的基本概念和基本原理、掌握用 HDL 语言编写规范、掌握逻辑综合的理论和算法、使用 CPLD/FPGA 器件进行电子电路课程的模拟仿真实验，并在作毕业设计时从事简单电子系统的设计，既使得实验设备或设计出的电子系统具有高可靠性，又经济、快速，容易实现，修改便利，同时可大大提高学生的实践动手能力、创新能力和计算机应用能力，为今后工作打下基础。

由于可编程逻辑器件价格比的不断提高，开发软件功能的不断完善，EDA 技术设计电子系统具有用软件的方式设计硬件；设计过程中可用有关软件进行各种仿真；系统可现场编程、在线升级；整个系统可集成在一个芯片上等特点，使得可编程器件制造厂商可以按照一定的规格大量生产通用器件，用户可按通用器件从市场上选购，然后按自己的要求通过编程实现专用集成电路的功能。这将使可编程逻辑器件能够广泛应用于专用集成电路和机械、电子、通信、航空航天、化工、矿产、生物、医学、军事等各个领域新产品的开发研制中。

传统机电设备的电器控制系统，如果利用 EDA 技术进行重新设计或进行技术改造，不但设计周期短、设计成本低，而且将提高产品或设备的性能，缩小产品体积，提高产品的技术含量，提高产品的附加值。

小　　结

本章介绍了 EDA 技术的含义及发展过程，详细阐述了 EDA 的主要内容、设计流程，并对数字系统的设计与 EDA 技术的应用做了简单的介绍。

EDA 是电子设计自动化的缩写，其技术包括 HDL 硬件描述语言、EDA 工具软件和 PLD 可编程逻辑器件等内容。EDA 技术的发展主要经历了三个阶段：CAD、CAED 和 ESDA。目前，常用的 HDL 主要是 VHDL 和 Verilog HDL；使用最广泛的 PLD 器件为 CPLD 和 FPGA。生产 PLD 器件的厂家有十几家，但市场份额较大的是 Altera、Xilinx 和 Lattice，使用这 3 家厂商的产品进行编程时，应选择相应的 EDA 工具软件。当前，Altera 推出的 EDA 工具软件是 Quartus Ⅱ；Xilinx 推出的 EDA 工具软件是 ISE；Lattice 推出的 EDA 工具软件是 ispEXPERT。在业界，还有其他厂家推出了一些第三方的软件，主要有 Model 公司的仿真工具 Modelsim 和 Synplicity 公司的综合工具 Synplify/Synplify Pro。

EDA 设计流程包含 CPLD/FPGA 设计流程与 ASIC 设计流程。CPLD/FPGA 的设计流程包括设计准备、设计输入、设计处理、器件编程和设计完成这 5 个步骤，以及功能仿真、时序仿真和器件测试这 3 个设计验证过程。数字 ASIC 的设计方法分为半定制法与全定制法，其设计流程包含 9 个步骤。

数字系统是用来对数字信息进行采集、存储、加工、传输、运算和处理的电子系统。其设计有多种方法，如模块设计法、自顶向下设计和自底向上设计法等。EDA 技术的应用形式有多种，已在产品设计与制造、教学和科研部门广泛使用。

习　　题

1-1　EDA 的英文全称是什么？其中文含义是什么？

1-2　什么是 EDA 技术，其主要包含哪些内容？

1-3　EDA 技术主要经历了哪几个阶段？

1-4　什么是 PLD，从逻辑单元结构上看，复杂 PLD 主要包含哪些器件？

1-5　CPLD 和 FPGA 和中文含义分别是什么？它们分别由哪些部分构成？目前，市场份额最大的 CPLD/FPGA 厂商是哪几家？

1-6　HDL 的中文含义是什么？常用的 HDL 主要包含哪些？

1-7　目前比较流行的、主流厂家的 EDA 工具有哪些？第三方 EDA 工具中，逻辑综合性能最好的是什么软件？仿真功能最强大的又是什么软件？

1-8　CPLD/FPGA 的设计流程主要包含哪些内容？

1-9　ASIC 大致可分为哪几类？

1-10　数字系统的控制子系统由哪些部件构成？

1-11　数字系统的设计方法有哪些？

1-12　EDA 技术的应用形式有哪些？主要应用在哪些场合？

2 CPLD/FPGA 大规模可编程逻辑器件

可编程逻辑器件（Programmable Logic Device，PLD）是 20 世纪 70 年代发展起来的一种由用户编程以实现某种逻辑功能的新型逻辑器件，也是一种半定制的集成电路。大规模可编程逻辑器件结合计算机软件技术（EDA 技术）可以快速、方便地构建数字系统。因此，在进行数字系统的开发前，需对 CPLD/FPGA 硬件知识进行相应的了解。

2.1 可编程逻辑器件概述

逻辑器件分为两大类：固定逻辑器件和可编程逻辑器件。固定逻辑器件中的电路是固定、永久性的，它们能够完成特定的一项或多项任务，器件一旦制造完成，其内部电路就无法改变，如 74 系列、54 系列、CD4000 系列等逻辑器件。可编程逻辑器件（PLD）是能够为客户提供范围广泛的多种逻辑能力、特性、速度和电压特性的标准成品部件，其内部电路功能可由客户通过编程的方式进行改变。一般的 PLD 的集成度很高，足以满足设计一般的数字系统的需要。这样就可以由设计人员自行编程而把一个数字系统“集成”在一片 PLD 上，而不必去请芯片制造厂商设计和制作专用的集成电路芯片了。

2.1.1 PLD 的发展历程

PLD 最早出现在 20 世纪 70 年代初，到目前为止，其主要经历了从可编程只读存储器（Programmable Read Only Memory，PROM）和可编程逻辑阵列（Programmable Logic Array，PLA）、可编程阵列逻辑（Programmable Array Logic，PAL）、通用阵列逻辑（Generic Array Logic，GAL）到采用大规模集成电路技术的 EPLD（Erasable Programmable Logic Device），直至到目前应用最为广泛的 CPLD 与 FPGA 的发展过程，在结构、工艺、集成度、功能、速度和灵活性方面都有很大的改进和提高。其演变过程如下。

（1）20 世纪 70 年代，主要是熔丝编程的 PROM 和 PLA 器件。在 PROM 中，与门阵列是固定的，或门阵列是可编程的，器件采用熔丝工艺，一次性编程使用。PLA 由与阵列和或阵列构成，这两个阵列均可编程。

（2）20 世纪 70 年代末，对 PLA 进行了改造，AMD 公司推出 PAL 器件。在 PAL 器件中，与门阵列是可编程的，或门阵列是固定连接的，它有多种输出和反馈结构，为数字逻辑设计带来了一定的灵活性。但 PAL 仍采用熔丝工艺，一次性编程使用。

（3）20 世纪 80 年代初，Lattice 公司发明了电可擦写的、比 PAL 使用更灵活的 GAL 器件。GAL 器件和 PAL 一样，它的与门阵列是可编程的，或门阵列是固定的。但由于采用了高速电可擦 CMOS 工艺，可以反复擦除和改写，很适用于样机的研制。它具有 CMOS 低功耗特性，且速度可以与 TTL 可编程器件相比。特别是在结构上采用了“输出逻辑宏单元”电路，为用户提供了逻辑设计和使用上的较大灵活性。

（4）20 世纪 80 年代中期，Xilinx 公司提出现场可编程概念，同时生产出了世界上第一片 FPGA 器件。同一时期，Altera 公司推出了 EPLD 器件，将 GAL 器件有更高的集成度，可以用紫外线或电擦除。

（5）20 世纪 80 年代末，Lattice 公司又提出了在系统可编程技术（In System Programmable，ISP），并且推出了一系列具备在系统可编程能力的 CPLD 器件，将可编程逻辑器件的性能和应用技术推向了一个全新的高度。

（6）进入 20 世纪 90 年代后，可编程逻辑集成电路技术进入了飞速发展时期，器件的可用逻辑门数超过了百万门，并出现了内嵌复杂功能模块（如加法器、乘法器、RAM、CPU 核、DPS 核、PLL 等）的可编程片上系统 SOPC（System on a Programmable Chip）。

2.1.2　PLD 的分类方法

可编程逻辑器件的种类很多，几乎每个大的可编程逻辑器件供应商都能提供具有自身结构特点的 PLD 器件。常见的 PLD 产品有：PROM、EPROM、EEPROM、PLA、EPLA、PAL、GAL、CPLD、EPLD、EEPLD、HDPLD、FPGA、pLSI、ispLSI、ispGAL 和 ispGDS 等。由于历史原因，可编程逻辑器件有许多不同的分类方法，下面主要介绍 4 种。

1. 按集成度进行分类

按集成度的不同，一般可将 PLD 分为简单 PLD 和复杂 PLD（CPLD），或分为低密度 PLD 和高密度 PLD（HDPLD），如图 2 - 1 所示。通常，当 PLD 中的等效门数超过 500 门时，则认为它是高密度 PLD。传统的 PAL 和 GAL 是典型的低密度 PLD，其余（如 EPLD、FPGA 和 pLSI/ispLSI 等）则称为 HDPLD 或 CPLD。这种分类方法比较粗糙，在具体区分时，早期多以 GAL22V10 作为比对，集成度大于 GAL22V10 的称为复杂 PLD，反之归类为简单 PLD。到目前为止，其分类仍无统一标准，但划界标准已远非 500 门了。

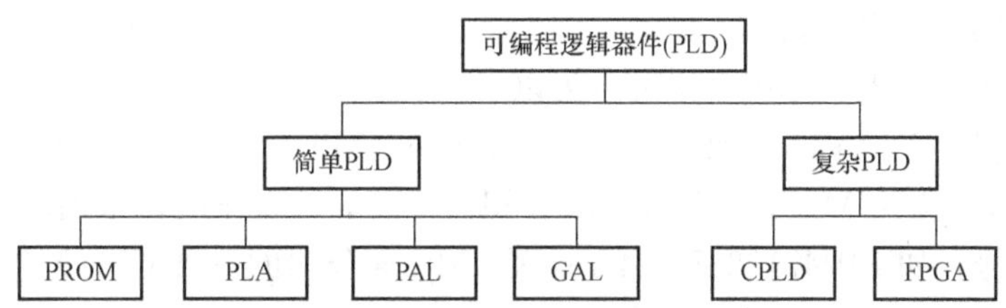

图 2 - 1　PLD 按集成度分类

2. 按结构分类

PLD 器件从结构上可分为乘积项结构器件和查找表结构器件。乘积项结构器件的基本结构为“与-或”阵列的器件，大部分简单 PLD 和 CPLD 都属于这个范畴；查找表结构器件由简单的查找表组成可编程门，再构成阵列形式，大多数 FPGA 是属于此类器件。

3. 按编程次数分类

按编程次数的不同，可将 PLD 分为一次可编程和重复可编程两类。一次可编程的典型产品是 PROM、PAL 和熔丝型 FPGA，其他大多是重复可编程的。其中，用紫外线擦除的产品的编程次数一般在几十次的量级，采用电擦除方式的产品的编程次数稍多些，采用 E^2CMOS工艺的产品，擦写次数可达上千次，而采用 SRAM（静态随机存取存储器）结构产品，则被认为可实现无限次的编程。

4. 按编程工艺分类

按编程工艺划分，PLD 可分为熔丝型、反熔丝型、EPROM 型、EEPROM 型、SRAM 型和 Flash 型。

（1）熔丝型（Fuse）器件。早期的 PROM 器件就是采用熔丝结构的，编程过程是根据设计的熔丝图文件来烧断对应的熔丝，达到编程和逻辑构建的目的。

（2）反熔丝型（Antifuse）器件。它是对熔丝技术的改进，在编程处通过击穿漏层使得两点之间获得导通，这与熔丝烧断获得开路正好相反。

（3）EPROM 型。它称为紫外线擦除电可编程逻辑器件，是用较高的编程电压进行编程，当需要再次编程时，用紫外线进行擦除。

（4）EEPROM 型。即电可擦写编程软件，现有部分 CPLD 及 GAL 器件采用此类结构。它是对 EPROM 的工艺改进，不需要紫外线擦除，而是直接用电擦除。

（5）SRAM 型。即 SRAM 查找表结构的器件，大部分 FPGA 器件都采用此种编程工艺，如 Xilinx 和 Altera 的 FPGA 器件。这种方式在编程速度、编程要求上要优于前四种器件，不过 SRAM 型器件的编程信息存放在 RAM 中，在断电后就丢失了，再次上电需要再次编程（配置），因而需要专用的器件来完成这类配置操作。

（6）Flash 型。Actel 公司为了解决上述反熔丝器件的不足之处，推出了采用 Flash 工艺的 FPGA，可以实现多次可编写，同时做到掉电后不需要重新配置，现在 Xilinx 和 Altera 的多个系列 CPLD 也采用 Flash 型。

2.1.3　常用 CPLD 和 FPGA 标识的含义

CPLD/FPGA 生产厂家多，系列、品种更多，各生产厂家命名、分类不一，给 CPLD/FPGA 的应用带来了一定的困难，但其标识也是有一定的规律的。下面对常用 CPLD/FPGA 标识进行说明。

1. CPLD/FPGA 标识概说

CPLD/FPGA 产品上的标识大概可分为以下几类。

（1）用于说明生产厂家的，如：Altera，Lattice，Xilinx 是其公司名称。

（2）注册商标，如：MAX 是为 Altera 公司其 CPLD 产品 MAX 系列注册的商标。

（3）产品型号，如 EPM7128SLC84-15，是 Altera 公司的一种 CPLD（EPLD）的型号，是需要重点掌握的。

（4）产品序列号，是说明产品生产过程中的编号，是产品身份的标志，相当于人的身份证。

（5）产地与其他说明，由于跨国公司跨国经营，世界日益全球化，有些产品还有产地说明，如：made in China（中国制造）。

2. CPLD/FPGA 产品型号标识组成

CPLD/FPGA 产品型号标识通常由以下几部分组成。

（1）产品系列代码：如 Altera 公司的 FLEX 器件系列代码为 EPF。

（2）品种代码：如 Altera 公司的 FLEX10K，10K 即是其品种代码。

（3）特征代码：即集成度，CPLD 产品一般以逻辑宏单元数描述，而 FPGA 一般以有效逻辑门来描述。如 Altera 公司的 EPF10K10 中后一个 10，代表典型产品集成度是 10K。要注意有效门与可用门不同。

（4）封装代码：如 Altera 公司的 EPM7128SLC84 中的 LC，表示采用 PLCC 封装（Plastic Leaded Chip Carrier，塑料方形扁平封装）。PLD 封装除 PLCC 外，还有 BGA（Ball Grid Array，球形网状阵列）、C/JLCC（Ceramic/J-leaded Chip Carrier,）、C/M/P/TQFP

（Ceramic/Metal/Plastic/Thin Quard Flat Package）、PDIP/DIP（Plastic Double In line Package）、PGA（Ceramic Pin Grid Array）等多以其缩写来描述，但要注意各公司稍有差别，如 PLCC，ATERA 公司用 LC 描述，Xilinx 公司用 PC 描述，Lattice 公司用 J 来描述。

（5）参数说明：如 Altera 公司的 EPM7128SLC84 中的 LC84-15，84 代表有 84 个引脚，15 代表速度等级为 15ns。但有的产品直接用系统频率来表示速度，如 ispLSI1016-60，60 代表最大频率 60MHz。

（6）改进型描述：一般产品设计都在后续进行改进设计，改进设计型号一般在原型号后用字母表示，如 A、B、C 等按先后顺序编号，有些不从 A、B、C 按先后顺序编号，则有特定的含义，如 D 表示低成本型（Down）、E 表示增强型（Ehanced）、L 表示低功耗型（Low）、H 表示高引脚型（High）、X 表示扩展型（eXtended）等。

（7）适用的环境等级描述：一般在型号最后以字母描述，C（Commercial）表示商用级（0℃至 85℃），I（Industrial）表示工业级（−40℃至 100℃），M（Material）表示军工级（−55℃至 125℃）。

3. 几种典型产品型号

（1）Altera 公司的 CPLD 产品和 FPGA 产品。Altera 公司的产品一般以 EP 开头，代表可重复编程。

1）Altera 公司的 MAX 系列 CPLD 产品，系列代码为 EPM，典型产品型号含义如下。

EPM7128SLC84-15：MAX7000S 系列 CPLD，逻辑宏单元数 128，采用 PLCC 封装，84 个引脚，引脚间延时为 15ns。

2）Altera 公司的 FPGA 产品系列代码为 EP 或 EPF，典型产品型号含义如下。

EPF10K10：FLEX10K 系列 FPGA，典型逻辑规模是 10K 有效逻辑门。

EPF10K30E：FLEX10KE 系列 FPGA，逻辑规模是 EPF10K10 的 3 倍。

EPF20K200E：APEX20KE 系列 FPGA，逻辑规模是 EPF10K10 的 20 倍。

EP1K30：ACEX1K 系列 FPGA，逻辑规模是 EPF10K10 的 3 倍。

EP1S30：STRATIX 系列 FPGA，逻辑规模是 EPF10K10 的 3 倍。

3）Altera 公司的 FPGA 配置器件系列代码为 EPC，典型产品型号含义如下。

EPC1：为 1 型 FPGA 配置器件。

（2）Xilinx 公司的 CPLD 和 FPGA 器件系列。Xilinx 公司的产品一般以 XC 开头，代表 Xilinx 公司的产品。典型产品型号含义如下。

XC95108-7 PQ 160C：XC9500 系列 CPLD，逻辑宏单元数 108，引脚间延时为 7ns，采用 PQFP 封装，160 个引脚，商用。

XC2064：XC2000 系列 FPGA，可配置逻辑块（Configurable Logic Block，CLB）为 64 个（只此型号以 CLB 为特征）。

XC2018：XC2000 系列 FPGA，典型逻辑规模是有效门 1800。

XC3020：XC2000 系列 FPGA，典型逻辑规模是有效门 2000。

XC4002A：XC4000A 系列 FPGA，典型逻辑规模是 2K 有效门。

XCS10：Spartan 系列 FPGA，典型逻辑规模是 10K。

XCS30：Spartan 系列 FPGA，典型逻辑规模是 XCS10 的 3 倍。

（3）Lattice 公司 CPLD 产品。Lattice 公司的 CPLD、FPGA 产品以其发明的 isp 开头，

系列代号有ispLSI、ispMACH、ispPAC及新开发的ispXPGA、ispXPLD，其中ispPAC为模拟可编程器件，以ispLSI、ispXPGA系列产品型号为例说明如下。

ispLSI1016-60：ispLSI1000系列CPLD，通用逻辑块GLB数（只1000系列以此为特征）为16个，工作频率最大60MHz。

ispLSI1032E-125 LJ：ispLSI1000E系列CPLD，通用逻辑块GLB数为32个（相当逻辑宏单元数128），工作频率最大125MHz，PLCC84封装，低电压型商用产品。

ispLSI2032：ispLSI2000系列CPLD，逻辑宏单元数32。

ispLSI3256：ispLSI3000系列CPLD，逻辑宏单元数256。

ispLSI6192：ispLSI6000系列CPLD，逻辑宏单元数192。

ispLSI8840：ispLSI8000系列CPLD，逻辑宏单元数840。

ispXPGA1200：ispXPGA1200系列FPGA，典型逻辑规模是1200K系统门。

2.2 CPLD/FPGA结构与工作原理

2.2.1 CPLD结构与工作原理

CPLD是随着半导体工艺的不断完善、用户对器件集成度要求不断提高而发展起来的。在流行的CPLD中，Altera的MAX7000系列器件具有一定的典型性。MAX7000系列器件是Altera公司销售量最大的产品，采用多阵列矩阵MAX（Multiple Array Matrix）结构，属于高性能、高密度的CPLD。下面就以此为例介绍CPLD的结构和工作原理。

MAX7000的结构示意如图2-2所示，从整体结构上看，器件主要由逻辑阵列块（Logic Array Block，LAB）、I/O控制模块和可编程互连阵列（Programmable Interconnect Array，PIA）这3部分组成。

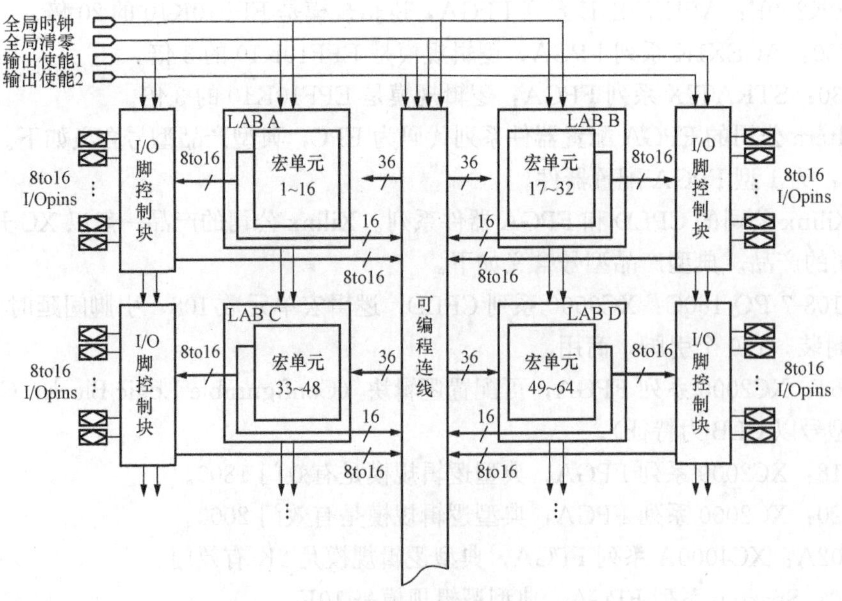

图2-2 MAX7000系列器件结构示意图

每个 LAB 由 16 个宏单元（Macrocell）组成，每个宏单元含有一个可编程和与阵列和固定的或阵列，以及一个可配置寄存器。每个宏单元共享扩展乘积项和高速并联扩展乘积项，它们可向每个宏单元提供最多 32 个乘积项，以构成复杂的逻辑函数。

多个 LAB 通过 PIA 可编程连线阵列和全局总线连接在一起。PIA 可以将器件中的任何一个信号源连接到任何一个目的地，起到了全局总线的作用。它包括了从所有的专用输入、I/O 引脚和逻辑宏单元引入的信号。其中，专用输入包括 4 个，为所有 I/O 引脚和逻辑宏单元提供全局、高速控制信号，即全局时钟、全局清 0 和两个使能控制信号；每个 I/O 引脚通过 I/O 控制模块直接引入到 PIA 的一个信号通道；PIA 布线到逻辑宏单元的 36 个通用逻辑输入信号通道，以及每个逻辑宏单元输出引入到 PIA 的一个信号通道。

I/O 控制模块是 I/O 引脚与 LAB 及 PIA 之间进行信息交互的桥梁。所有 I/O 引脚都有一个三态缓冲器，通过对三态缓冲器使能控制端的选择，I/O 控制模块允许每个 I/O 引脚单独被配置为输入、输出或双向工作方式。

MAX7000 系列包含 600～5000 个可用逻辑门、32～256 个宏单元、44～208 个用户 I/O 引脚、引脚到引脚最短延迟为 5.0ns，计数器最高工作频率可达 178.6MHz。MAX7000 系列包含 MAX7000、MAX7000E、MAX7000S，其中 MAX7000E 比 MAX7000 功能强，而 MAX7000S 又比 MAX7000E 的功能强。MAX7000、MAX7000E 产品特性见表 2 - 1；MAX7000S 产品特性见表 2 - 2。

表 2 - 1　MAX7000、MAX7000E 系列产品特性

特性	EPM7032	EPM7064	EPM7096	EPM7128E	EPM7160E	EPM7192E	EPM7256E
可用逻辑门	600	1250	1800	2500	3200	3750	5000
宏单元	32	64	96	128	160	192	256
逻辑阵列块	2	4	6	8	10	12	16
用户 I/O 引脚	36	68	76	100	104	124	164
最大全局时钟频率（MHz）	151.5	151.5	125.0	125.0	100.0	90.0	90.0

表 2 - 2　MAX7000S 系列产品特性

特性	EPM7032S	EPM7064S	EPM7128	EPM7160	EPM7192S	EPM7256S
可用逻辑门	600	1250	2500	3200	3750	5000
宏单元	32	64	128	160	192	256
逻辑阵列块	2	4	8	10	12	16
用户 I/O 引脚	36	68	100	104	12	164
最大全局时钟频率（MHz）	175.4	175.4	147.1	149.3	125.0	128.2

1. MAX7000 的逻辑阵列块结构

MAX7000 系列器件的逻辑宏单元是器件实现逻辑功能的主体，每个宏单元由 3 个功能块组成：逻辑阵列、乘积项选择矩阵和可编程寄存器，如图 2 - 3 所示。每一个宏单元可以被单独地配置为时序逻辑或组成逻辑工作方式。

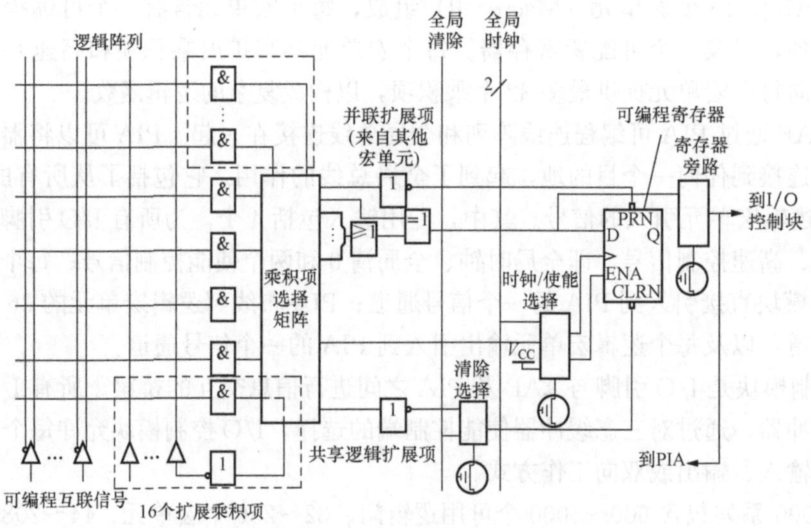

图 2-3 MAX7000 系列器件的逻辑宏单元结构

(1) 逻辑阵列功能块。逻辑阵列实现组合逻辑功能，可给每个宏单元提供 5 个乘积项；乘积项选择矩阵分配这些乘积项作为主要逻辑输入，以实现组合逻辑函数。每个宏单元上都有一个乘积项可以反相，再回送到逻辑阵列，这个乘积项能够连到同一个 LAB 中任何其他乘积项上。

每个宏单元中有一个共享扩展乘积项经非门后反馈到逻辑阵列中，宏单元中还存在并行扩展乘积项，从邻近宏单元借位而来。

由于宏单元只有 5 个乘积项，要实现多个 5 个乘积项的逻辑函数时，就需要扩展乘积项。扩展乘积项是利用可编程开关将一些宏单元中没有使用的乘积项提供给邻近的宏单元使用，可以提高资源的利用率，MAX7000 系列最多可扩展 20 个乘积项。需要注意的是，使用并联扩展乘积项会引入传输延时，而且借用的级数越多，相应的传输延时也会成倍增加。

(2) 乘积项选择矩阵功能模块。每一个逻辑宏单元内部都有一个乘积项选择矩阵，它接收来自逻辑阵列传送给本逻辑宏单元的 5 个乘积项，本逻辑宏单元可以使用的最多 16 个共享乘积项以及可以使用的最多 15 个并联扩展乘积项。这些乘积项经过选择后，一部分乘积项传送到或门的输入，形成组合逻辑函数的输出；一部分乘积项作为控制信号，传送到可编程寄存器功能模块，作为寄存器的置位、复位、时钟和时钟使能信号。

(3) 可编程寄存器功能模块。可编程寄存器功能模块主要由可编程配置寄存器和时钟选择多路选择器、快速输入选择多路选择器、复位选择多路选择器、寄存器旁路选择多路选择器等组成。宏单元中的可配置寄存器可以单独地被配置为带有可编程时钟控制和 D、T、JK 或 SR 触发器工作方式，也可以将寄存器旁路掉，以实现组合逻辑工作方式。

2. MAX7000 的可编程互连阵列

PIA 的作用是在 LAB 之间以及 LAB 和 I/O 单元之间提供互连网络。各 LAB 通过 PIA 接收来自专用输入或输出端的信号，并将宏单元处理后的信号反馈到其需要到达的 I/O 单元或其他宏单元。不同的 LAB 通过在可编程连线阵列（PLA）上布线，以相互连接构成所需的逻辑。这个全局总线是一种可编程的通道，可以把器件上任何信号连接到用户希望的目的地。所有 MAX7000S 器件的专用输入、I/O 引脚和逻辑宏单元输出都连接到 PIA，而 PIA 可把这些信号送到整个器件内的各个地方。只有每个 LAB 需要的信号才布置从 PIA 到该 LAB 的连线。图 2 - 4 所示图中通过 EEPROM 单元控制与门的一个输入端，以选择驱动 LAB 的 PIA 信号。由于 MAX7000 的 PIA 有固定的延时，能够消除信号之间的时间偏移，使得整个器件的时间性能容易预测。

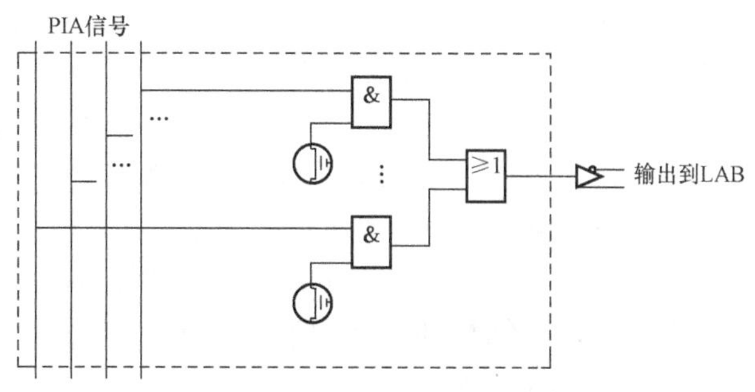

图 2 - 4 PIA 布线到 LAB 的方式

3. MAX7000 的 I/O 控制模块

I/O 控制模块允许每个 I/O 引脚单独被配置为输入、输出和双向三种工作方式。所有 I/O 引脚都有一个三态缓冲器，它的控制端信号来自一个多路选择器，可以选择用全局输出使能信号其中之一进行控制，或者直接连到地 (GND) 或电源 (V_{CC}) 上。图 2 - 5 所示为 MAX7000 系列器件的 I/O 控制模块的工作原理。

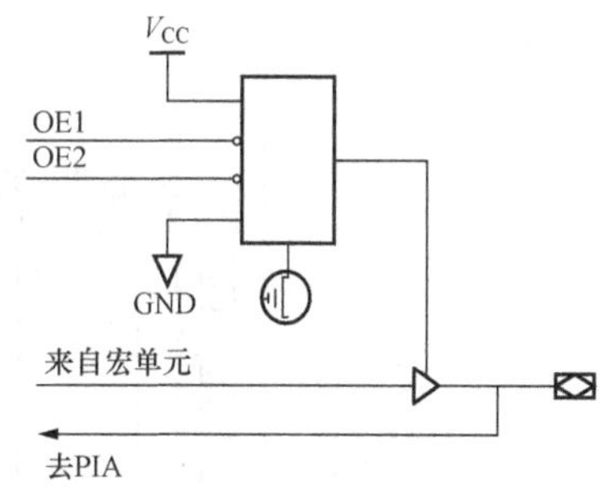

图 2 - 5 MAX7000 系列 I/O 控制模块

当三态缓冲器的控制端接地时，其输出为高阻态。这是 I/O 引脚可作为专用输入引脚使用。当三态缓冲器控制端接电源 V_{CC} 时，输出被一直使能，为普通输出引脚。MAX7000 结构提供双 I/O 反馈，其逻辑宏单元和 I/O 引脚的反馈是独立的。当 I/O 引脚被配置成输入引脚时，与其相连的宏单元可以作为隐埋逻辑使用。

2.2.2 FPGA 结构与工作原理

FPGA 器件具有高密度、高速率、系列化、标准化、小型化、多功能、低功耗、低成本，设计灵活方便，可无限次反复编程，并可现场模拟调试验证等特点。目前，主流的 FPGA 仍是基于查找表（Look Up Table，LUT）技术。

1. 查找表逻辑结构

LUT 是可编程的最小逻辑构成单元。大部分 FPGA 采用 SRAM（静态随机存储器）的查找表逻辑形成结构，即用 SRAM 来构成逻辑函数发生器。一个 N 输入 LUT 可以实现 N 个输入变量的任何逻辑功能，如 N 输入“与”、N 输入“异或”等，如图 2 - 6 所示为 4 输入 LUT，其内部结构如图 2 - 7 所示。

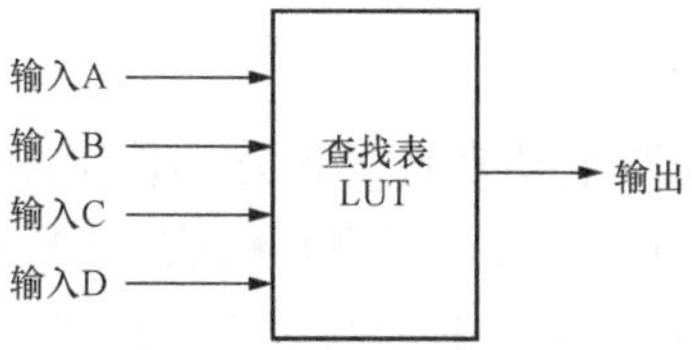

输入A 输入B 输入C 输入D → 查找表 LUT → 输出

图 2 - 6 FPGA 查找表单元

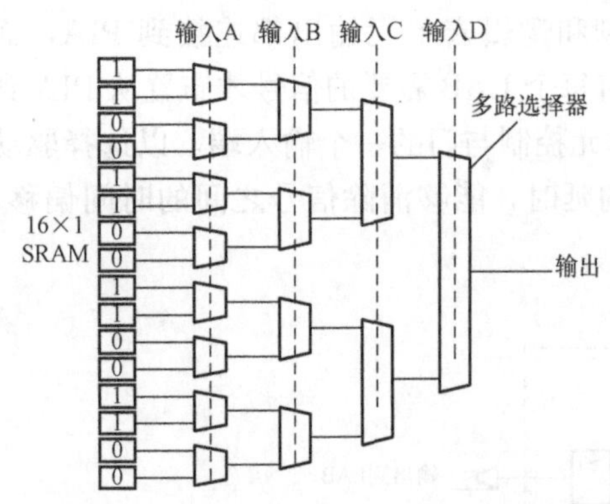

图 2-7　FPGA 查找表单元内部结构

一个 N 输入的查找表，需要 SRAM 存储 N 个输入构成的真值表，需要用 $2n$ 位的 SRAM 单元。显然 N 不可能很大，否则 LUT 和利用率很低，输入多于 N 个的逻辑函数，必须用数个查找表分开实现。

Xilinx 的 Virtex-6 系列、Spartan-3E 系列、Spartan-6 系列，Altera 的 Cyclone、Cyclone 2/3/4/5、Stratix-3、Stratix-4 等系列都是采用 SRAM 查找表构成，是典型的 FPGA 器件。

2. Cyclone Ⅲ系列器件的结构与原理

Cyclone Ⅲ系列器件是由 Altera 公司推出的一款低功耗、高性价比的 FPGA，其结构和工作原理在 FPGA 器件中具有典型性。下面以此类器件为例介绍 FPGA 的结构与工作原理。

(1) 器件平面结构图。Cyclone Ⅲ器件主要由逻辑阵列块（LAB)、嵌入式存储器块、嵌入式乘法器、I/O 单元和 PLL 等模块构成，如图 2-8 所示。在各个模块之间存在着丰富的互联线和时钟网络。

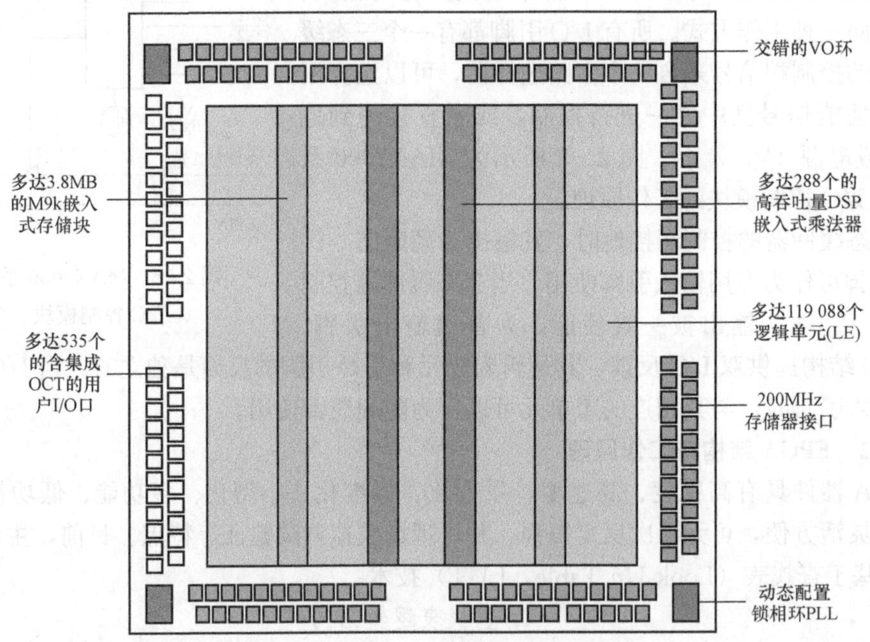

图 2-8　Cyclone Ⅲ器件平面结构图

(2) 逻辑单元和逻辑阵列块。Cyclone Ⅲ器件的可编程资源主要来自逻辑阵列块 LAB，而每个 LAB 都由多个逻辑宏单元 LE（Logic Elememt）或 LC（Logic Cell）构成。LE 是 Cyclone Ⅲ FPGA 器件中最基本的可编程单元，它主要由一个 4 输入的查找表 LUT、进位链逻辑、寄存器链逻辑和一个可编程的寄存器构成，如图 2-9 所示。其中 4 输入的 LUT 可以完成所有的 4 输入 1 输出的组合逻辑功能。每一个 LE 的输出都可以连接到行、列、直连通路、进位链、寄存器链等布线资源。

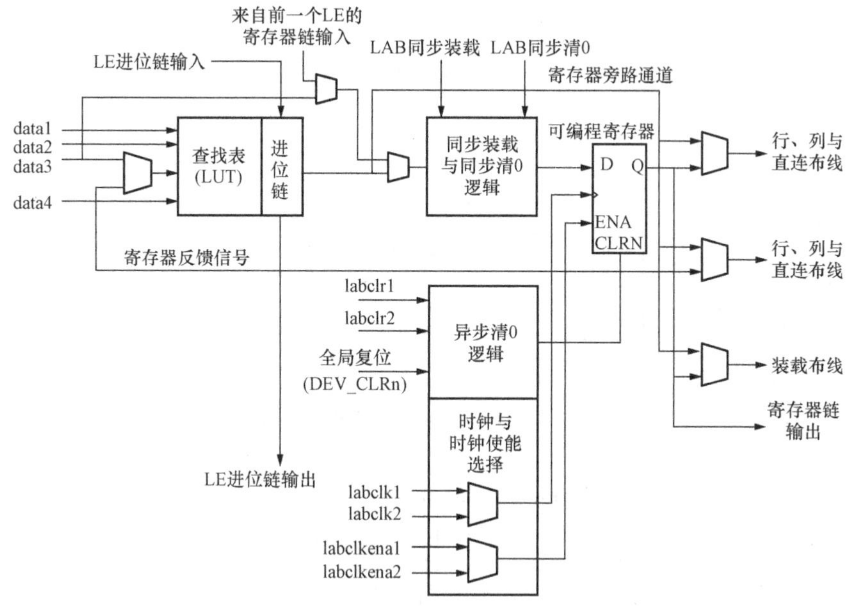

图 2-9 Cyclone Ⅲ LE 结构图

每个 LE 中的可编程寄存器都可以被配置成 D 触发器、T 触发器、JK 触发器和 RS 寄存器模式。每个可编程寄存器都具有数据、时钟、时钟使能、清 0 输入信号。全局时钟网络、通用 I/O 口以及内部逻辑可以灵活配置寄存器的时钟和清 0 信号。任何一个通用 I/O 口内部逻辑都可以驱动时钟使能信号。在一些只需要组合电路的应用中，对于组合逻辑的，可将该配置寄存器旁路，LUT 的输出可作为 LE 的输出。

LE 有三个输出驱动内部互连，一个驱动局部互连，另两个驱动行或列的互连资源。LUT 和寄存器的输出可以单独控制，进而实现了在一个 LE 中，LUT 驱动一个输出，而寄存器驱动另一个输出（这种技术称为寄存器打包）。因而在一个 LE 中的寄存器和 LUT 能够用来完成不相关的功能，因此能够提高 LE 的资源利用率。

寄存器反馈模式允许在一个 LE 中将寄存器的输出作为反馈信号，加到 LUT 的一个输入上，在一个 LE 中就可完成反馈。

除上述的三个输出外，在一个逻辑阵列中的 LE 还可以通过寄存器链进行级联。在同一个 LAB 中的 LE 里的寄存器可以通过寄存器链级联在一起，构成一个移位寄存器，那些 LE 中的 LUT 资源可以单独实现组合逻辑功能，两者互不相关。

Cyclone Ⅲ的 LE 可以工作在两种操作模式下，即普通模式和算术模式。在不同的 LE 操作模式下，LE 的内部结构和 LE 之间的互连有些差异，图 2-10 和图 2-11 所示分别是 Cyclone Ⅲ LE 在普通模式和算术模式下的结构和连接图。

普通模式下的 LE 适合通用逻辑应用和组合逻辑的实现。在该模式下，来自 LAB 局部互连的 4 个输入将作为一个 4 输入 1 输出的 LUT 的输入端口。可以选择进位输入（cin）信号或者 data3 信号作为 LUT 中的一个输入信号。每一个 LE 都可以通过 LUT 链直接连接到（在同一个 LAB 中的）下一个 LE。在普通模式下，LE 的输入信号可以作为 LE 中寄存器的

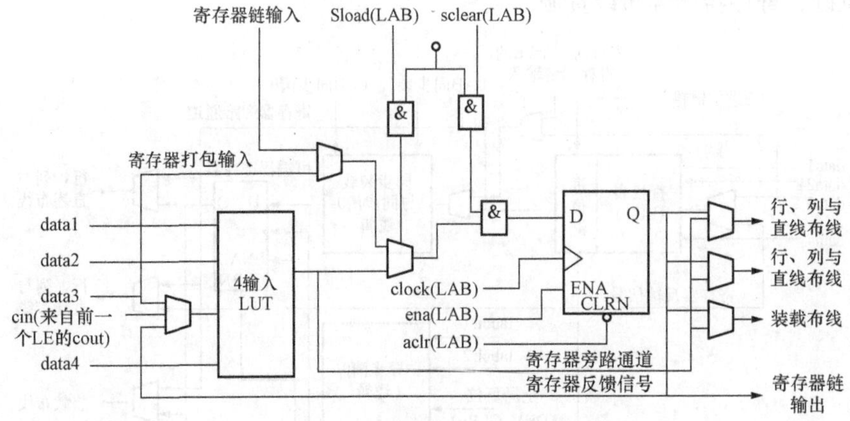

图 2-10　Cyclone Ⅲ LE 普通模式

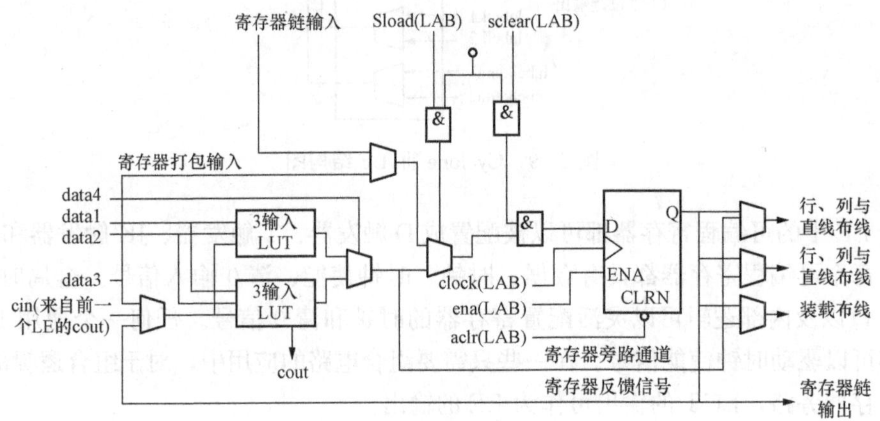

图 2-11　Cyclone Ⅲ LE 算术模式

异步装载信号。普通模式下的 LE 也支持寄存器打包与寄存器反馈。

算术模式下的 LE 可以更好地实现加法器、计数器、累加器和比较器。在算术模式下的单个 LE 内有两个 3 输入 LUT，可被配置成一位全加器和基本进位链结构。其中一个 3 输入 LUT 用于计算，另外一个 3 输入 LUT 用来输出信号 cout。在算术模式下，LE 支持寄存器打包与寄存器反馈。

逻辑阵列块 LAB 是由一系列相邻的 LE 构成的。每个 Cyclone Ⅲ LAB 包含 16 个 LE，在 LAB 中、LAB 之间存在着行互连、列互连、直连通路互连、LAB 局部互连、LE 进位链和寄存链。图 2-12 所示为 Cyclone Ⅲ LAB 的结构图。

每个 LAB 都由专用的逻辑来生成 LE 的控制信号，这些 LE 的控制信号包括两个时钟信号、两个时钟使能信号、两个异步清 0、同步清 0、异步预置/装载信号、同步装载和加/减控制信号。图 2-13 所示为 LAB 控制信号生成的逻辑图。

(3) 多轨道互连。在 Cyclone Ⅲ 中，通过多轨道互连的直接驱动技术来提供 LE、M9K 存储器、嵌入式乘法器、输入输出 I/O 引脚之间的连接。多轨道互连包括固定短距离的行互连（direct link，R4 and R24）和列互连（register chain，C4 and C16）。图 2-14 所示为

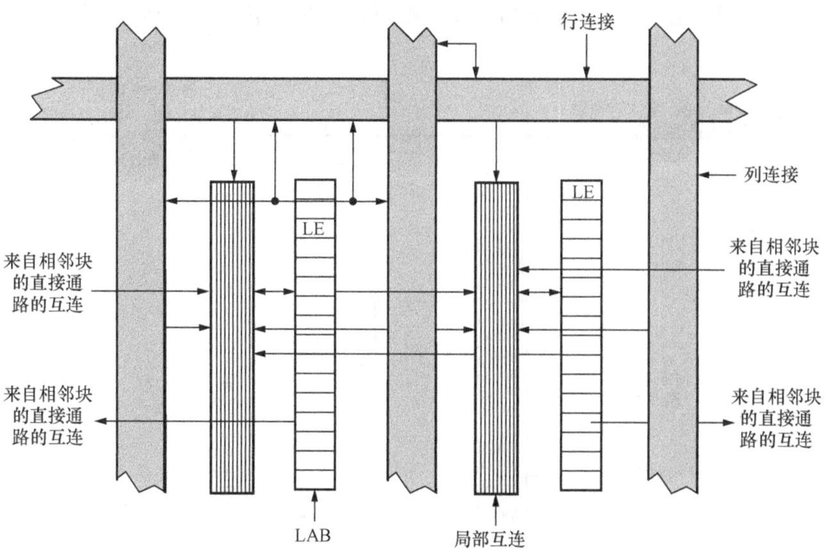

图 2-12 Cyclone Ⅲ LAB结构

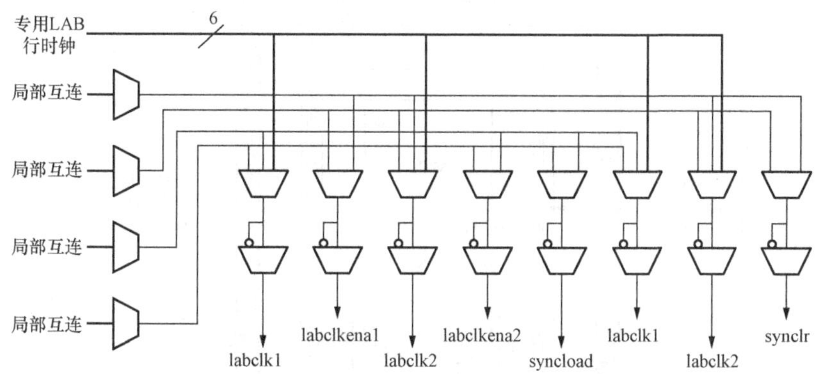

图 2-13 Cyclone Ⅲ LAB控制信号生成的逻辑图

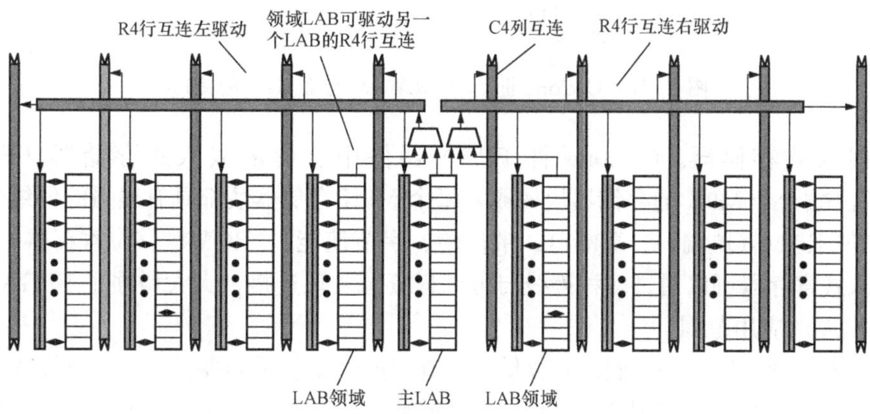

图 2-14 Cyclone Ⅲ R4 互连连接

Cyclone R4 互连连接；图 2-15 所示为 LAB 阵列间互连；图 2-16 所示为 M9K RAM 块与 LAB 行的接口。

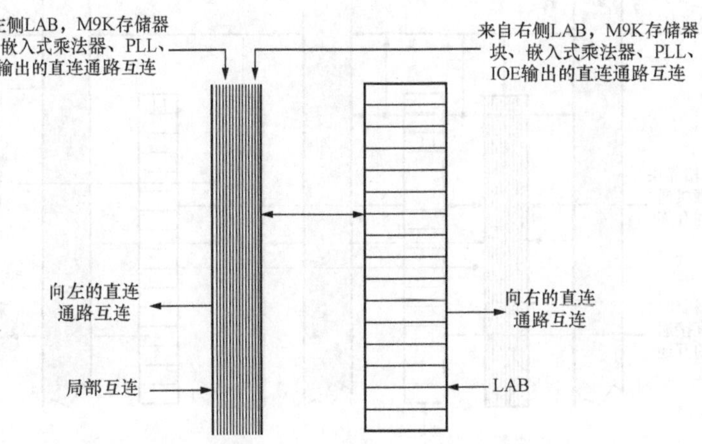

图 2-15 Cyclone Ⅲ LAB 阵列互连

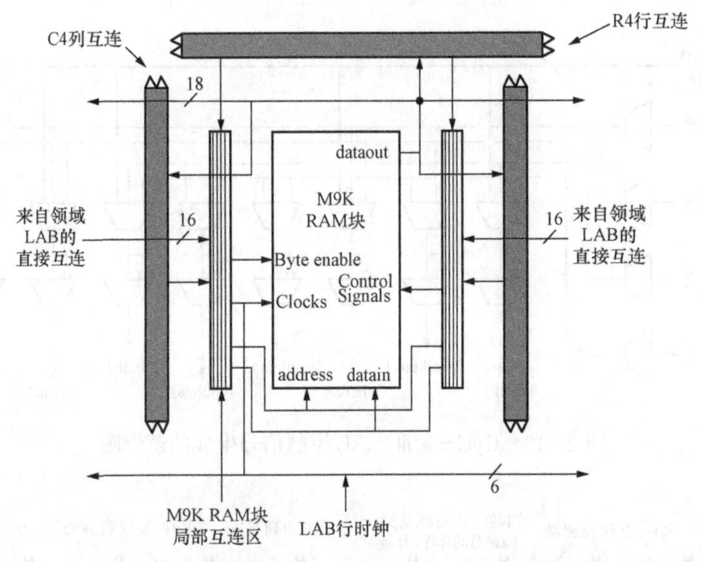

图 2-16 Cyclone Ⅲ M9K RAM 块与 LAB 行的接口

(4) 嵌入式存储器。Cyclone Ⅲ FPGA 器件中所含的嵌入式存储器（Embedded Memory）由数十个 M9K 的存储器块构成，每个 M9K 存储器块都具有很强的伸缩性，可以实现 8192 位 RAM（单端口、双端口、带校验、字节使能）、ROM、移位寄存器、FIFO 等功能。嵌入式寄存器可以通过多种连线与可编程资源实现连接，大大增强了 FPGA 的功能，扩大了 FPGA 的应用范围。

(5) 嵌入式乘法器。除了嵌入式存储器，在 Cyclone Ⅲ系列器件中还含有嵌入式乘法器（Embedded Multiplier），如图 2-17 所示。这种硬件乘法器的存在可以大大提高 FPGA 处理 DSP（数字信号处理）任务的能力。Cyclone Ⅲ 系列器件的嵌入式乘法器具有的特点为：可以实现 9×9 乘法器或者 18×18 乘法器；乘法器的输入与输出可以选择是寄存的还是非寄存的（即组合输入输出）；可以与 FPGA 中的其他资源灵活地构成适合 DSP 算法的 MAC（乘加单元）。

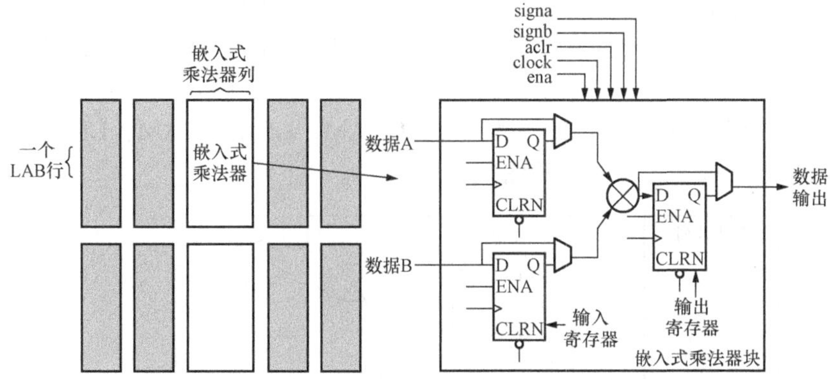

图 2-17 嵌入式乘法器

（6）时钟网络和锁相环。在 Cyclone Ⅲ 器件中设置有全局控制信号，由于系统的时钟延时会严重影响系统的性能，因此在 Cyclone Ⅲ 中设置了复杂的全局时钟网络（如图 2-18 所示），以减少时钟信号的传输延迟。另外，在 Cyclone Ⅲ FPGA 中还有 2～4 个独立的嵌入式锁相环 PLL，可以用来调整时钟信号的波形、频率和相位，如图 2-19 所示。

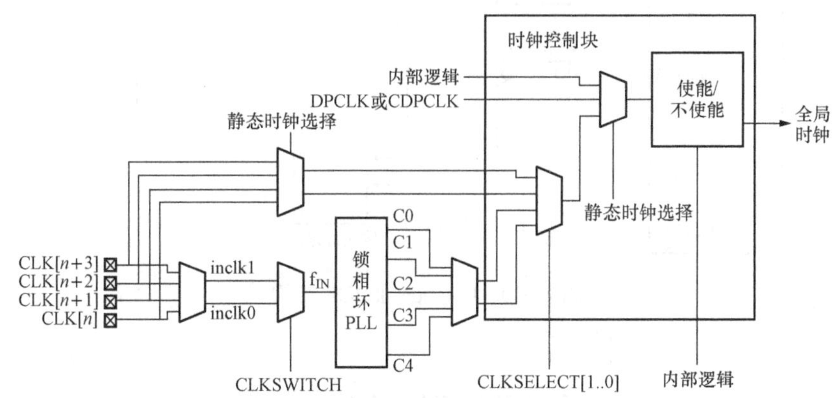

图 2-18 时钟网络的时钟控制

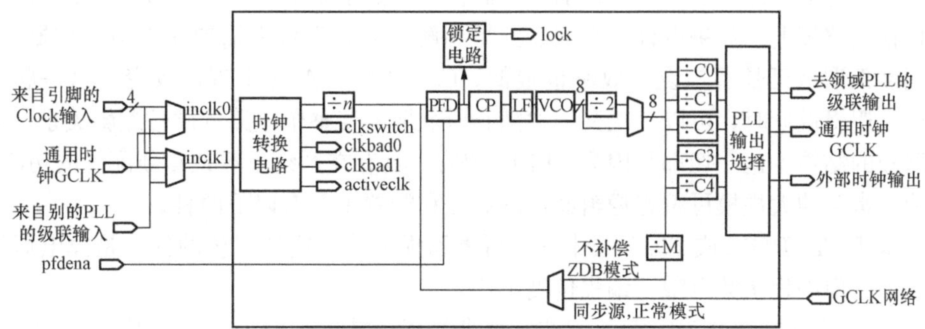

图 2-19 Cyclone Ⅲ PLL

(7) I/O 接口单元。Cyclone Ⅲ 的 I/O 支持多种的 I/O 接口，符合多种的 I/O 标准，可以支持差分的 I/O 标准，比如 LVDS（低压差分串行）和 RSDS（去抖动差分信号）、SSTL-2、SSTL-18、HSTL-18、HSTL-15、HSTL-12、PPDS、差分 LVPECL，当然也支持普通单端的 I/O 标准，比如 LVTTL、LVCOMS、PCI 和 PCI-X I/O 等，通过这些常用的端口与板上的其他芯片沟通。Cyclone Ⅲ系列器件除了片上的嵌入式存储器资源外，还可以外接多种外部存储器，如 SRAM、NAND、SDRAM、DDRSDRAM、DDR2 SDRAM 等。图 2-20 所示为 Cyclone Ⅲ IOE 结构图。

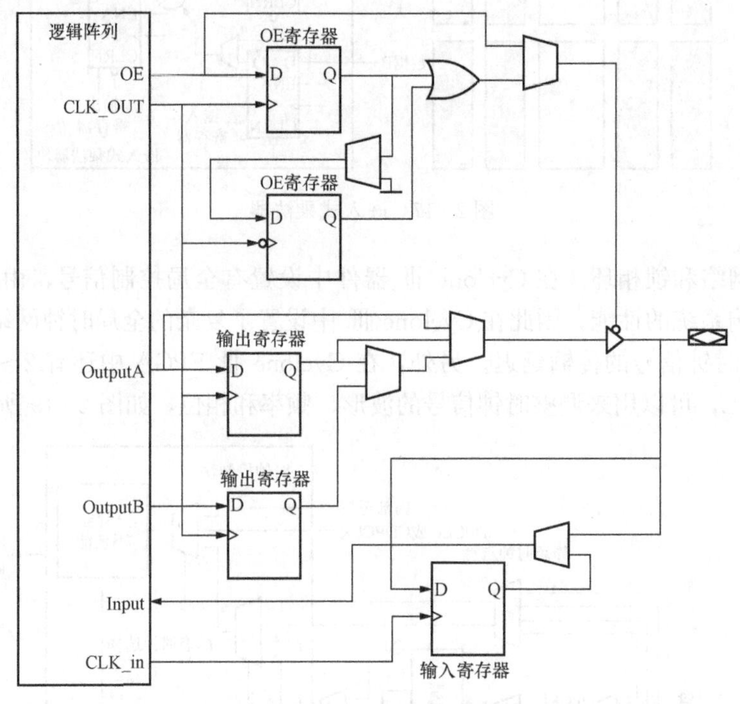

图 2-20 Cyclone Ⅲ IOE 结构

2.3 CPLD/FPGA 的编程与配置

在大规模可编程逻辑器件出现以前，人们在设计数字系统时，其最后一个步骤通常是将器件焊接在电路板上。如果设计存在问题并得到解决后，设计者需要重新设计印刷电路板，设计周期被无谓地延长了，设计效率也很低。CPLD/FPGA 的出现，改变了这一状态。现在，人们在逻辑设计时，可以一次又一次随心所欲地改变整个电路的硬件逻辑关系，而不必改变电路板的结构。这一切都是因为 CPLD/FPGA 具有在系统下载或重新配置的功能。

目前，常见的大规模可编程逻辑器件的编程和配置工艺有以下两种。

(1) 基于 EEPROM 或 Flash 技术的电可擦编程工艺。这种工艺的优点是掉电后编程信息不会丢失，但编程次数有限，编程速度不快。

(2) 基于 SRAM 查找表的编程工艺。这种编程工艺，编程信息是保持在 SRAM 中的，SRAM 在掉电后编程信息立即丢失，在下次上电后，需要重新载入编程信息。通常将编程数据下载到可编程逻辑芯片的过程，对于CPLD来讲称之为编程，而对于FPGA来讲称之为配置（Configure）。

相比之下，电可擦除编程工艺的优点是编程后信息不会因掉电而丢失，但编程次数有限，编程的速度不快。对于SRAM型FPGA而言，理论上其配置次数是无限的，在加电时可随时更改逻辑，但掉电后芯片中的信息即丢失，每次上电时必须重新载入信息，下载信息的保密性也不如前者。

2.3.1　CPLD/FPGA的下载接口

目前可用的下载接口有主要专用接口和通用接口，其中专用接口包括Lattice早期的ISP接口（ispLSI1000系列）、Altera的PS接口等；通用接口有JTAG接口。

Altera的ByteBlaster接口是一个10芯的混合接口，有PS和JTAG两种模式，都属于串行接口，其引脚对应的关系如图2-21所示，名称见表2-3。

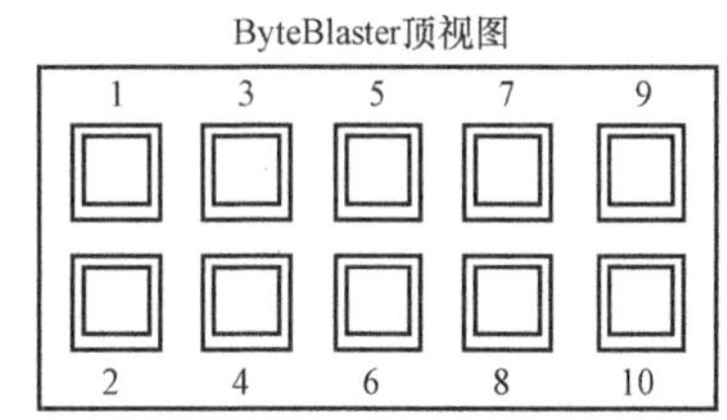

图2-21　ByteBlaster信号接口排列图

表2-3　**ByteBlaster接口信号名称表**

引脚	1	2	3	4	5	6	7	8	9	10
PS模式	DCK	GND	CONF DONE	VCC	CONFIG	NA	nSTATUS	NA	DATA0	GND
JTAG模式	TCK	GND	TDO	VCC	TMS	NA	NA	NA	TDI	GND

PLD芯片，尤其是FPGA芯片，其下载模式有几种，分别对应于不同格式的数据文件，不同的配置模式又要有不同的接口，如Xilinx公司的FPGA器件有8种配置模式，Altera的FPGA器件有6种配置模式。配置模式的选择是通过FPGA器件上模式选择引脚来实现的，Xilinx公司的FPGA器件有M0、M1、M2三只配置引脚，Altera和FPGA器件有MSEL0、MSEL1两只配置引脚。但各系列也有差别，设计时需参考相应的数据手册。

2.3.2　CPLD的ISP编程

在系统可编程（ISP）就是当系统上电并正常工作时，计算机通过系统中的CPLD所拥有的ISP接口直接对其进行编程，器件在编程后立即进入正常工作状态。这种CPLD编程方法的出现，改变了传统的使用专用编程器编程方法的诸多不便。图2-22所示为Altera CPLD器件的ISP编程连接图。

必须指出，Altera的MAX7000系列CPLD是采用IEEE 1149.1 JTAG接口方式对器件进行在系统编程的，在图2-22中与ByteBlaster的10芯接口相连的是TCK、TDO、TMS和TDI这四条JATG信号线。JTAG接口本来是用来做边界扫描测试（BST）的，把它用作编程接口则可以省去专用的编程接口，减少系统的引出线。由于JTAG是工业标准的IEEE1149.1边界扫描测试的访问接口，用作编程功能有利于各可编程逻辑器件编程接口的统一。据此，便产生了IEEE编程标准IEEE 1532，对JTAG编程方式进行标准化统一。

对于多个支持JTAG接口ISP的CPLD器件，也可以使用JTAG链进行编程，当然也可以进行测试。图2-23所示图中就用了JTAG对多个器件进行ISP在系统编程。JTAG链

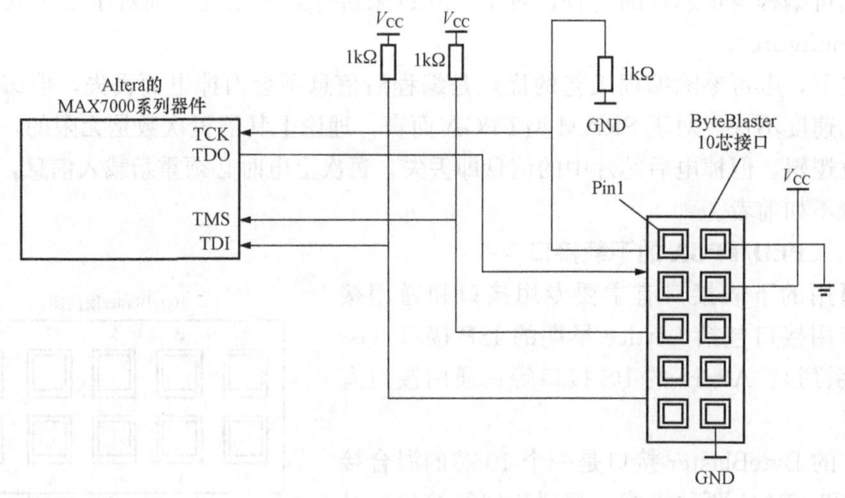

图 2-22 CPLD 的 ISP 编程下载连接图

使得对各个公司生产的不同 ISP 器件进行统一的编程成为可能。有的公司提供了相应的软件，如 Altera 的 Jam Player 可进行不同公司支持 JTAG 的 ISP 器件混合编程。有些早期的 ISP 器件，比如最早引入 ISP 概念的 Lattice 的 ispLSI1000 系列（新的器件支持 JTAG ISP，如 1000EA 系列）采用专用的 ISP 接口，也支持多器件下载。

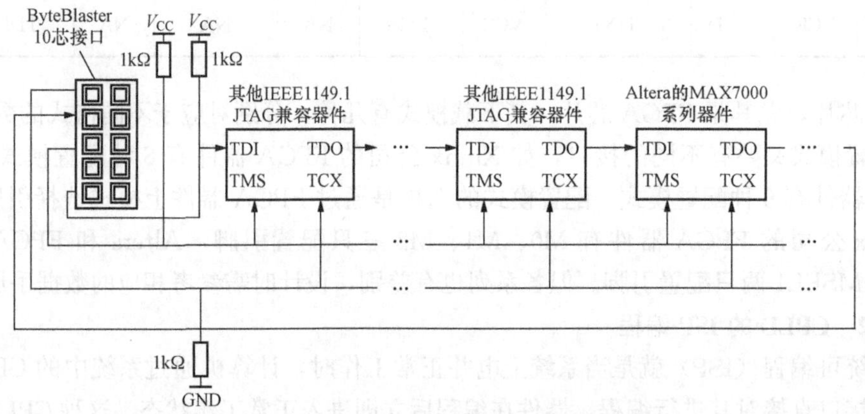

图 2-23 多 CPLD 芯片 ISP 编程逻辑方式

JTAG 链使得对各个公司生产的不同 ISP 器件进行统一的编程成为可能。有的公司提供了相应的软件，如 Altera 的 Jam Player 可进行不同公司支持 JTAG 的 ISP 器件混合编程。有些早期的 ISP 器件，比如最早引入 ISP 概念的 Lattice 的 ispLSI1000 系列（新的器件支持 JTAG ISP，如 1000EA 系列）采用专用的 ISP 接口，也支持多器件下载。

2.3.3 FPGA 的 JTAG 在线配置

对于基于 SRAM 查找表 LUT 结构的 FPGA 器件，由于是易失性器件，没有 ISP 的概念，代之以 ICR（In-Circuit Reconfigurability），即在线可重配置方式。FPGA 特殊的结构使之需要在上电后必须进行一次配置。电路可重配置是指在器件已经配置好的情况下进行重新配置，以改变电路逻辑结构和功能。在利用 FPGA 进行设计时可以利用 FPGA 的 ICR 特性，通过连接 PC 机的下载电缆快速地下载设计文件至 FPGA 进行硬件验证。

Altera 的 SRAM LUT 结构的器件中，FPGA 可使用六种配置模式，这些模式通过 FPGA 上的两个模式选择引脚 MSEL1 和 MSEL0 上设定的电平来决定。

(1) 配置器件，如用 EPC 器件进行配置。

(2) PS (Passive Serial，被动串行) 模式：MSEL1=0、MSEL0=0。

(3) PPS (Passive Parallel Synchronous，被动并行同步) 模式：MSEL1=1、MSEL0=0。

(4) PPA (Passive Parallel Asynchronous，被动并行异步) 模式：MSEL1 = 1、MSEL0=1。

(5) PSA (Passive Serial Asynchronous，被动串行异步) 模式：MSEL1=1、MSEL0=0。

(6) JTAG 模式：MSEL1=0、MSEL0=0。

JTAG 实际上是一种国际标准测试协议 (IEEE1149.1 兼容)，主要用于芯片内部测试及对系统进行仿真、调试。现在多数的高级器件都支持 JTAG 协议。

在电路调试时，可以使用 PS 配置模式或 JTAG 模式进行。PS 模式是利用 PC 机通过 Byteblaster 下载电缆对 Altera 器件应用 ICR。JTAG 模式是通过 PC 的打印机接口使用 ByteBlaster Ⅱ，或使用 PC 的 USB 接口使用 ByteBlaster 进行 FPGA 配置，如图 2-24 所示。使用 JTAG 配置时，需注意 MSEL 上电平的选择，要都设置为 0，才能用 JTAG 进行配置。

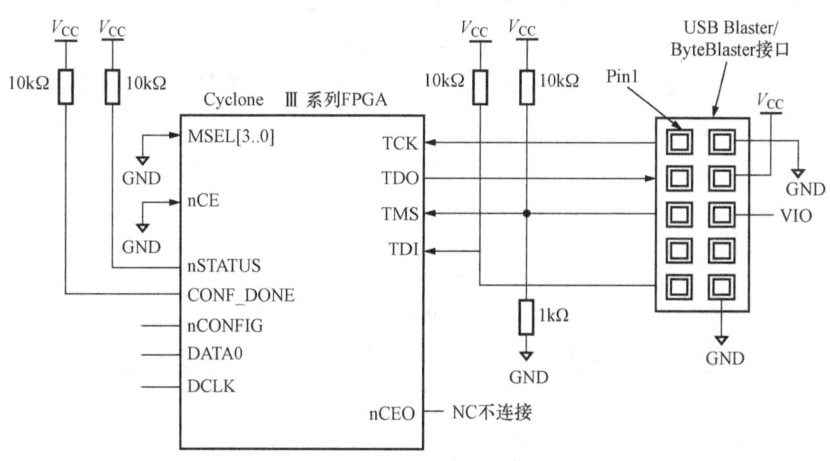

图 2-24 单片 FPGA 芯片的 JTAG 配置电路

当设计的数字系统比较大，需要不止一个 FPGA 器件时，若为每个 FPGA 器件都设置一个下载口显然是不经济的。Altrera 器件的 PS 模式支持多个器件进行配置。对于 PC 机而言，只是在软件上加以设置支持多器件外，再通过一条 ByteBlaster 下载电缆即可对多个 FPGA 器件进行配置。图 2-25 所示电路给出了 PC 机用 ByteBlaster 下载电缆对多个器件进行配置的原理图。

2.3.4 FPGA 专用配置器件

通用 PC 机对 FPGA 进行 ICR 在系统重配置，虽然在调试时非常方便，但当数字系统设计完毕需要正式投入使用时，在应用现场（比如车间）不可能在 FPGA 每次加电后，用

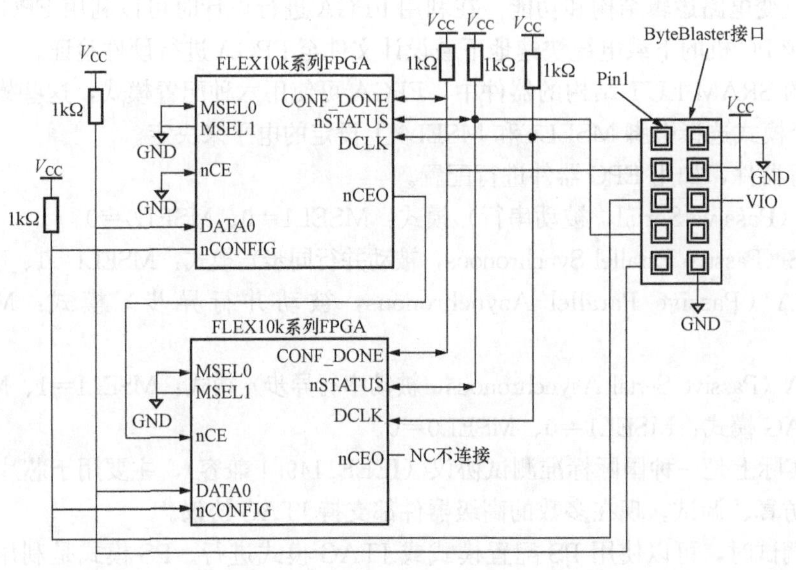

图 2-25 多片 FPGA 芯片 JTAG 配置电路

一台 PC 手动地去进行配置。上电后，自动加载配置对于 FPGA 应用来说是必需的，FPGA 上电自动配置，有许多解决方法，如 EPROM 配置、用专用配置器件配置、单片机控制配置或 FlashROM 配置等。这里首先介绍专用配置芯片配置。

专用配置器件通常是串行的 PROM 器件。大容量的 PROM 器件也提供并行接口，按可编程次数分为两类：一类是 OTP（一次可编程）器件；另一类是多次可编程的。比如 Alter FPGA 常用配置器件 EPC1441 和 EPC1 是 OTP 型串行 PROM；EPC2 是 EEPROM 型多次可编程串行 PROM。图 2-26 所示是采用单个 EPC2 配置器件配置单个 FPGA 的配置电路原理图。

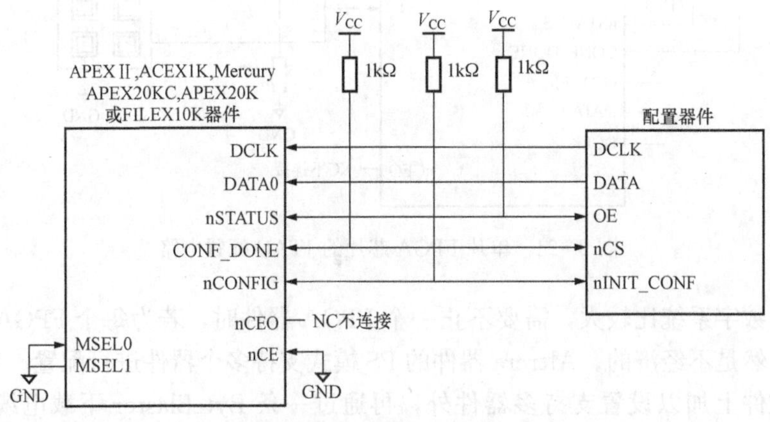

图 2-26 EPC2 配置器件配置单个 FPGA 的配置电路原理图

对于配置器件，Altera 的 FPGA 允许多个配置器件配置单个 FPGA 器件，因为对于像 APEX Ⅱ类的器件，最大的配置器件 EPC16 的容量还是不够的，因此允许多个配置器件配置多个 FPGA 器件，甚至同时配置不同系列的 FPGA。

在实际应用中，常常希望能随时更新其中的内容，但又不希望把配置器件从电路板上取下来编程。Altera 的可重复编程配置器件，如 EPSC4、EPC2 就提供了在系统编程的能力。图 2-27 所示是 EPC2 的编程和配置电路。图中，EPC2 本身的编程由 JTAG 接口来完成，FPGA 的配置既可由 ByteBlaster（MV）进行，也可由 EPC2 进行，这时，ByteBlaster 端口的任务是对 EPC2 进行 ISP 方式下载。

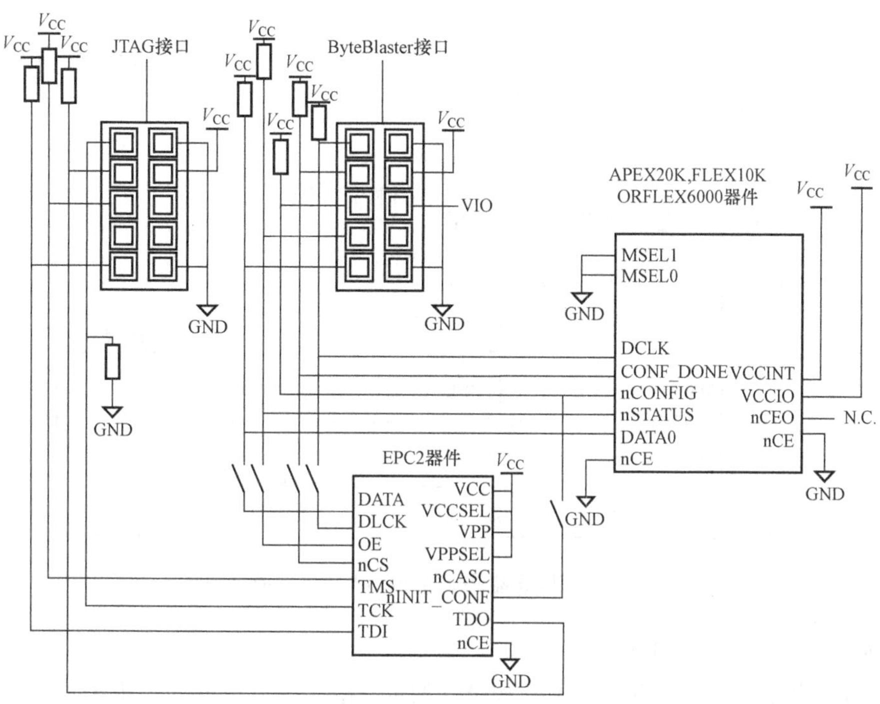

图 2-27 EPC2 的编程配置 FPGA 电路原理图

EPC2 器件（图 2-27 所示）允许通过额外的 nINIT _ CONF 引脚对 APEX 器件配置进行初始化。此引脚可以和要配置器件的 nCONFIG 引脚相连。JTAG 指令使 EPC2 器件将 nINIT _ CONF 置低电平，接着将 nCONFIG 置低电平，然后 EPC2 将 nINIT _ CONF 置高电平并开始配置。当 JTAG 状态机退出这个状态时，nINIT _ CONF 释放 nCONFIG 引脚的控制，配置过程开始初始化。

APEX20、FLEX10K 器件可以由 EPC2、EPC1 和 EPC1441 配置。FLEX 6000 器件可以由 EPC1 或 EPC1441 配置。EPC2、EPC1 和 EPC1441 器件将配置数据存放于 EPROM 中，并按照内部晶振产生的时钟频率将数据输出 OE、nCS 和 DCLK 引脚提供了地址计数器和三态缓存的控制信号。配置器件将配置数据按串行的比特流由 DATA 引脚输出。一个 EPC1441 器件可以配置 EPF10K10 或 EPF10K20 器件。

当配置数据大于单个 EPC2 或 EPC1 器件的容量时，可以级联使用多个此类器件（EPC1441 不支持级联）。在这种情况下，由 nCASC 和 nCS 引脚提供各个器件间的握手信号。

当使用级联的 EPC2 和 EPC1 器件来配置 APEX 和 FLEX 器件时，级联链中配置器件的位置决定了它的操作。当配置器件链中的第一个器件或主器件加电或复位时，nCS 置低电平，主器件控制配置过程。在配置期间，主器件为所有的 APEX 和 FLEX 器件以及后序的配置器件提供时钟脉冲。在多器件配置过程中，主配置器件也提供了第一个数据流。在主配置器件配置完毕后，它将 nCASC 置低电平，同时将第一个从配置器件的 nCS 引脚置低电平。这样就选中了该器件，并开始向其发送配置数据。多个配置器件同样可以为多个器件进行配置。

对于 Cyclone/Ⅱ/Ⅲ/Ⅳ/系列 FPGA，也可以使用 FPCS 系列配置器件进行配置。EPCS 系列配置器件需要使用 AS 模式或 JTAG 间接编程模式来编程。图 2-28 所示为 EPCS 系列器件与 Cyclone FPGA 构成的配置电路原理图。

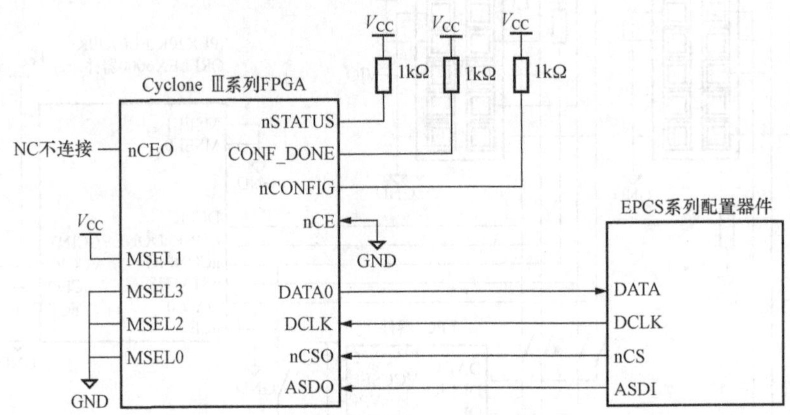

图 2-28 EPCS 器件配置 FPGA 的电路原理图

2.3.5 使用单片机配置 FPGA

在 FPGA 实际应用中，设计的保密和设计的可升级是十分重要的。用单片机来配置 FPGA 可以较好地解决上述两个问题。

对于单片机配置 FPGA 器件，Altera 的基于 SRAM LUT 的 FPGA 提供了多种配置模式，除以上多次提及的 PS 模式可以用单片机配置外，PPS 被动并行同步模式、PSA 被动串行异步模式、PPA 被动并行异步模式和 JTAG 模式都能适用于单片机配置。

用单片机配置 FPGA 器件，关键在于产生合适的时序。由于篇幅限制，这里仅对两种模式进行介绍。图 2-29 所示是单片机用 PPS 模式配置 FPGA 器件的电路。图中的单片机可以选用常见的单片机，如 MCS51 系列、MCS96 系列、AVR 系列等；图中的 ROM 可以用 EPROM 或者 Flash ROM，配置的数据就放置在器件内。单片机在这里只起产生配置时序的作用。

有时出于设计保密、减少芯片的使用数等考虑，对于配置器件容量不大的情况，把配置数据也置于单片机的程序存储区。图 2-30 所示就是一个典型的应用示例。图中的单片机采用常见的 STC89C52，FLEX10K 的配置模式选为 PS 模式。由于 STC89C52 的程序存储器是内建于芯片的 FlashROM，设计的保密性较好，还有很大的扩展余地。如果把图中的“其他功能模块”换成无线接收模块，还可以实现系统的无线升级。

利用单片机或 CPLD 对 FPGA 进行配置，除了可以取代昂贵的专用 OTP 配置 ROM 外，还有许多其他实际应用，如可对多家厂商的单片机进行仿真器设计、多功能虚拟仪器设计、多任务通信设备设计或 EDA 实验系统设计。方法是在图 2-29 中的 ROM 内按不同地

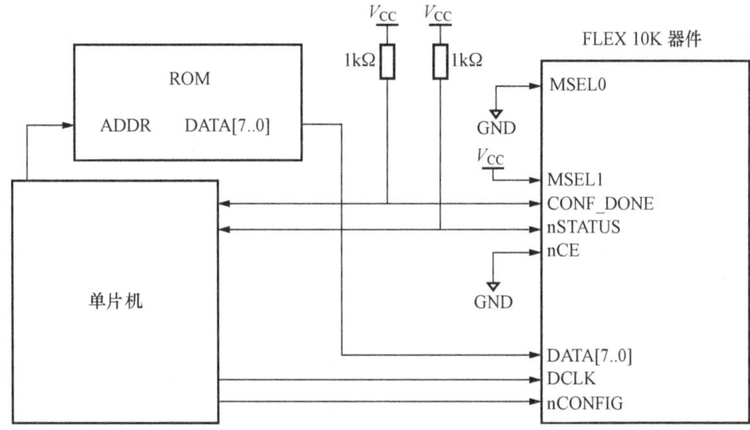

图 2-29　单片机用 PPS 模式配置 FPGA 电路

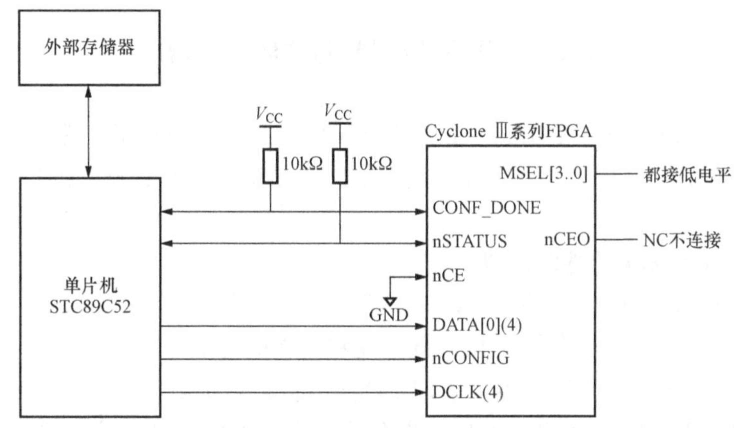

图 2-30　使用 STC89C52 单片机进行配置

址放置多个针对不同功能要求设计好的 FPGA 的配置文件，然后由单片机接受不同的命令，以选择不同的地址控制，从而使所需要的配置下载于 FPGA 中。这就是“多任务电路结构重配置”技术。这种设计方式可以极大地提高电路系统的硬件功能灵活性。因为从表面上看，同一电路系统没有发生任何外在结构上的改变，但通过来自外部不同的命令信号，系统内部将对应的配置信息加载于系统的 FPGA，电路系统的结构和功能将在瞬间发生巨大的改变，从而使单一电路系统具备许多不同电路结构的功能。

2.3.6　使用 CPLD 配置 FPGA

使用单片机进行配置时，也有一定的缺点：①速度慢，不适用于大规模 FPGA 和高可靠的应用；②容量小，单片机引脚少，不适用接大的 ROM 以存储较大的配置文件；③体积大，成本和功耗都不利于相关的设计。

所以，如果用 CPLD 直接取代单片机将是一个较好的选择，原来单片机中有配置控制程序可以用状态机来取代，其电路如图 2-31 所示。

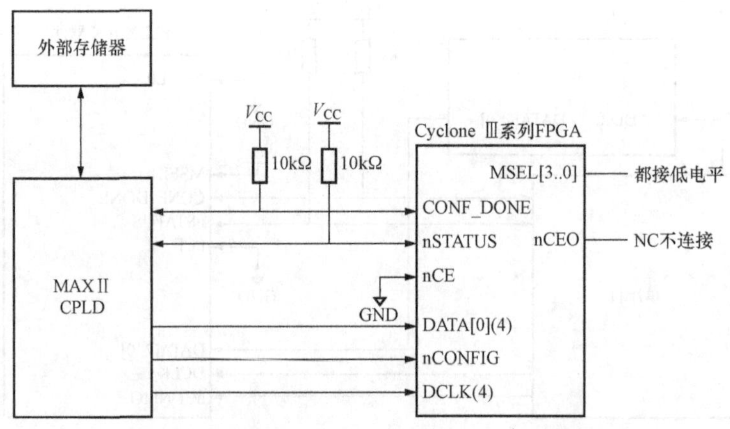

图 2-31　用 MAX Ⅱ CPLD 进行配置 FPGA 电路

2.4　CPLD/FPGA 的比较和选用

PLD 制造公司的 CPLD/FPGA 产品在价格、性能、逻辑规模和封装、对应的 EDA 软件性能等方面各有千秋。对于一个项目，究竟是选择 FPGA 还是选择 CPLD，主要取决于项目本身的需求。

2.4.1　CPLD/FPGA 的性能比较

尽管 FPGA 和 CPLD 都是可编程 ASIC 器件，有很多共同特点，但由于 CPLD 和 FPGA 结构上的差异，所以它们的性能又有所不同，现将两者的性能比较如下。

(1) CPLD 是“逻辑丰富”型器件，CPLD 的门资源多而触发器资源较 FPGA 少，适合完成各种算法和组合逻辑；而 FPGA 是“寄存器丰富”型的（即其寄存器与逻辑门的比例高）器件，FPGA 触发器资源丰富而门资源比 CPLD 少，更适合于完成时序逻辑。换句话说，FPGA 更适合于触发器丰富的结构，而 CPLD 更适合于触发器有限而乘积项丰富的结构。

(2) CPLD 的连续式布线结构决定了它的时序延迟是均匀的和可预测的，而 FPGA 的分段式布线结构决定了其延迟的不可预测性。

(3) 在编程上 FPGA 比 CPLD 具有更大的灵活性。CPLD 通过修改具有固定内部连线电路的逻辑功能来编程，FPGA 主要通过改变内部连线的布线来编程；FPGA 可在逻辑门下编程，而 CPLD 是在逻辑块下编程。

(4) FPGA 相对 CPLD 而言，其集成度比 CPLD 高，它的规模也比 CPLD 要大，并且 FPGA 具有更复杂的布线结构和逻辑实现。注意，CPLD 和 FPGA 的门数的定义不一样，实际上对门没有统一的定义。不能认为 CPLD 的 10000 门的规模就比 FPGA 的 5000 门的规模大，我们比较能接受的是在 ASIC 中定义一个与非门为一个门。

(5) CPLD 比 FPGA 使用起来更方便。CPLD 的编程采用 E^2PROM 或 Fast Flash 技术，无需外部存储器芯片，使用简单。而 FPGA 的编程信息需存放在外部存储器上，使用方法复杂。

(6) CPLD 的运行速度比 FPGA 快，并且具有较大的时间可预测性。这是因为 FPGA 采用门级编程，并且可配置逻辑模块 CLB (Configurable Logic Block) 之间采用分布式互联，这意味着每个逻辑单元间存在延迟。如果将少量的逻辑紧密排列在一起，FPGA 的速度相当快。然而，随着设计密度的增加，信号不得不通过许多开关，路由延迟也不断增加，从而大大降低了 FPGA 的整体运行速度。而 CPLD 是逻辑块级编程，并且其逻辑块之间的互联是集总式的，这意味着进出器件的路径经过较少的开关，相应地延迟也小。

(7) 在编程方式上，CPLD 主要是基于 E^2PROM 或 Fast Flash 存储器编程，编程次数可达 1 万次，其特点是系统断电时编程信息不丢失。FPGA 大部分是基于 SRAM 编程，编程信息在系统断电时丢失，每次上电时，需从器件外部将编程数据重新写入 SRAM 中，其特点是可以编程任意次，可在工作中快速编程，从而实现板级和系统级的动态配置。

(8) CPLD 保密性好，FPGA 保密性差。

(9) 一般情况下，CPLD 的功耗要比 FPGA 大，且集成度越高越明显。

2.4.2 CPLD/FPGA 的开发应用选择

由于 PLD 制造公司的 FPGA/CPLD 产品在价格、性能、逻辑规模和封装、对应的 EDA 软件性能等方面各有千秋，不同的开发项目，必须作出最佳的选择。在应用开发中选择器件时，应从以下方面来考虑。

1. 从器件逻辑资源量的多少进行考虑

开发一个项目，首先要考虑的是所选的器件的逻辑资源量是否满足本系统的要求。由于大规模的 CPLD/FPGA 器件的应用，大都是先将其安装在电路板上后再设计其逻辑功能，而且在实现调试前很难准确确定芯片可能耗费的资源，考虑到系统设计完成后，有可能要增加某些新功能，以及后期的硬件升级可能性，因此，适当估测一下功能资源以确定使用什么样的器件，对于提高产品的性能价格比是有好处的。

对于普通规模，且产量不是很大的产品项目，通常使用 CPLD 比较好。对于大规模的 ASIC 设计或单片系统设计，则多采用 FGPA。

2. 从器件的运行速度方面进行考虑

随着可编程逻辑器件集成技术的不断提高，FPGA 和 CPLD 的工作速度也不断提高，pin to pin 延时已达 ns 级，在一般使用中，器件的工作频率已足够了。目前，Altera 和 Xilinx公司的器件标称工作频率最高都可超过 300MHz。具体设计中应对芯片速度的选择有一综合考虑，并不是速度越高越好。芯片速度的选择应与所设计的系统的最高工作速度相一致。使用了速度过高的器件将加大电路板设计的难度。这是因为器件的高速性能越好，则对外界微小毛刺信号的反映灵敏性越高，若电路处理不当，或编程前的配置选择不当，极易使系统处于不稳定的工作状态，其中包括输入引脚端的所谓“glitch”干扰。通常 CPLD 的运行速度比 FPGA 快，并且具有较大的时间可预测性。

3. 从器件的功耗方面进行考虑

由于在线编程的需要，CPLD 的工作电压多为 5V，而 FPGA 的工作电压的流行趋势是越来越低，3.3V 和 2.5V 的低工作电压的 FPGA 的使用已十分普遍。因此，就低功耗、高集成度方面，FPGA 具有绝对的优势。相对而言，Xilinx 公司的器件的性能较稳定，功耗较小，用户 I/O 利用率高。例如，XC3000 系列器件一般只用两个电源线、两个地线，而密度大体相当的 Altera 器件可能有 8 个电源线、8 个地线。

4. 从器件厂商方面进行考虑

Lattice、Altera、Xilinx 为 3 家 PLD 主流公司，在这 3 家 PLD 主流公司的产品中，Altera和 Xilinx 的设计较为灵活，器件利用率较高，器件价格较便宜，品种和封装形式较丰富。但 Xilinx 的 FPGA 产品需要外加编程器件和初始化时间，保密性较差，延时较难事先确定，信号等延时较难实现。Lattice 公司将其独特的 ISP（In System Programmable）技术应用到高密度可编程逻辑器件中，该技术极大地促进了 PLD 产品的发展。与 Altera 和 Xilinx相比，Lattice 的开发工具略逊一筹，大规模 CPLD、FPGA 的竞争力还不够强，但其中小规模 PLD 比较有特色。

通常来说，在欧洲用 Xilinx 器件的人多，在日本和亚太地区用 Altera 器件的人多，在美国则是平分秋色。全球 CPLD/FPGA 产品 60%以上是由 Altera 和 Xilinx 提供的。

小　结

本章首先讲述了可编程逻辑器件的发展历程、分类方法与标识含义，其次分别讲解了 CPLD 与 FPGA 的结构及工作原理，再次讲解了 CPLD/FPGA 的编程与配置，最后讲解了 CPLD/FPGA 的比较和选择。

可编程逻辑器件经历了从 PROM、PLA、PAL、GAL 到 EPLD、CPLD、FPGA 的发展过程。其中 PROM、PLA、PAL、GAL 为简单 PLD 器件，内部主要由输入电路、与阵列、或阵列和输出电路组成，采用“积之和”形式实现简单逻辑功能。CPLD 是在 PAL、GAL 基础上发展起来的高密度 PLD 器件，大多采用 E^2PROM 工艺制造，主要由逻辑阵列块、I/O 控制模块和可编程互连阵列组成，可完成较为复杂、较高速度的逻辑功能电路。FPGA 是在 CPLD 基础上发展起来的新型高性能 PLD 器件，一般采用基于查找表逻辑结构的 SRAM 工艺制造，主要由逻辑阵列块（LAB）、嵌入式存储器块、嵌入式乘法器、I/O 单元和 PLL 等模块构成，可完成高速、复杂的时序逻辑电路设计。

CPLD 通常采用 ISP 方式编程，当系统上电并正常工作时，计算机通过系统中的 CPLD 所拥有的 ISP 接口直接对其进行编程。对于多个支持 JTAG 接口 ISP 的 CPLD 器件，也可以使用 JTAG 链进行编程。FPGA 采用在线可重配置方式，可使用六种配置模式。

CPLD/FPGA 产品在价格、性能、逻辑规模和封装等均有所不同，设计者在选用器件时，应根据项目的实际需求进行选择。

习　题

2-1　PLD 有哪几种分类方法？

2-2　CPLD 和 FPGA 是如何进行标识的？举例进行说明。

2-3　CPLD 的结构由哪几部分组成？每一部分的作用如何？

2-4　FPGA 的结构主要由哪几部分组成？每一部分的作用如何？

2-5　目前常见的大规模可编程逻辑器件的编程和配置工艺主要有哪些？

2-6　什么是 ISP 编程?

2-7　什么是在线可重配置? FPGA 的配置有哪几种模式?

2-8　CPLD 与 FPGA 的性能如何?

2-9　设计者根据什么来对 CPLD 与 FPGA 进行选择利用?

3 VHDL 硬件描述语言

数字系统的设计分为硬件设计与软件设计，但随着计算机技术、超大规模集成电路的发展和硬件描述语言（Hardware Description Language，HDL）的出现，使得现代数字系统的设计打破了软、硬件间的界限，现代数字系统的设计可以用软件方式来实现，因此，只要掌握了 HDL 语言就可以设计出各种各样的数字逻辑电路。

3.1 硬件描述语言概述

作为 IEEE 标准硬件描述语言，使用 VHDL 与 Verilog HDL 进行系统行为级设计已成为 CPLD/FPGA 设计的主流。使用 VHDL，不仅可以快速地描述和综合 CPLD/FPGA 设计，还具有许多强大的性能，如代码设计灵活，可移植性强，不依赖于器件的设计和上市时间快、成本低等。

3.1.1 常用硬件描述语言简介

目前最常用的硬件描述语言是 VHDL 和 Verilog HDL。VHDL 发展较早，语法严格，而 Verilog HDL 是在 C 语言的基础上发展起来的一种硬件描述语言，语法较自由。VHDL 和 Verilog HDL 这两者可以从以下几个方面进行对比。

（1）逻辑描述层次：一般的硬件描述语言可以在 3 层次上进行电路描述，其层次由高到低可分为行为级、寄存器传输级（Register Transfer Level，RTL）和门电路级。VHDL 语言是一种高级描述语言，可以使用这 3 个层次进行电路描述，适用于行为级和 RTL 级的描述，但最适于描述电路的行为。Verilog HDL 是一种较低级的描述语言，不能描述电路的行为级，适用于 RTL 级和门电路级的描述，最适于描述门级电路。

（2）设计要求：VHDL 进行电子系统设计时，可以不了解电路的结构细节，设计者所做的工作较少；Verilog HDL 进行电子系统设计时，需要了解电路的结构细节，设计者需做大量的工作。

（3）综合过程：任何一种语言源程序，最终都要转换成门电路级才能被布线器或适配器所接受。因此，VHDL 语言源程序的综合通常要经过行为级→RTL 级→门电路级的转换，VHDL 几乎不能直接控制门电路的生成。而 Verilog HDL 源程序的综合过程要稍简单，即经过 RTL 级→门电路级的转化，易于控制电路资源。

（4）对综合器的要求：VHDL 描述语言层次较高，不易控制底层电路，因而对综合器的性能要求较高，Verilog HDL 对综合器的要求较低。

3.1.2 VHDL 及其优点

1. 什么是 VHDL

VHDL 的英文全称为 Very High Speed Integrated Circuit Hardware Description Language，即超高速集成电路硬件描述语言。它的诞生源于美国国防部 20 世纪 70 年代末提出的 VHSIC（Very High Speed Integrated Circuit，超高速集成电路）计划。该计划的目标之

一是为更加复杂的集成电路的生产和设计建立一项新的描述方法。为了增强设计的可移植性和再开发性，便于信息交换和设计维护，美国国防部委托 IBM 和 Texas Instrument（德州仪器）公司联合并在 1981 年提出了一种硬件描述语言 VHSIC Hardware Description Language，取此项目的名称的第一个字母将这种硬件描述语言命名为 VHDL。在这个语言首次开发出来时，其目标仅是使电路文本化的一种标准，为了使人们采用文本方式描述的设计，能够被其他人所理解。同时，它也被用来作为模型语言，用于实行仿真验证模拟。

1987 年 12 月，VHDL 被 IEEE（The Institute of Electrical and Electronics Engineers，电气和电子工程师协会）和美国国防部确认为标准硬件描述语言，并颁布了 VHDL 的标准版本 IEEE-1076。从此，VHDL 在电子设计领域得到了广泛的认同，各大 EDA 公司相继推出了自己的 VHDL 设计环境，或宣布自己的设计工具和 VHDL 接口，非标准硬件描述语言开始逐渐被 VHDL 所取代。1988 年，Milstd454 规定所有为（美国）国防部设计的 ASIC 产品必须采用 VHDL 来描述。

经过不断更改和完善，IEEE 在 1993 年对 VHDL 进行了修订，从更高的抽象层次和系统描述能力上扩展了 VHDL 的内容，公布了新版本 VHDL，即 IEEE 标准的 1076—1993 版本。1996 年，结合电路合成的程序标准规格，发表了 IEEE1164.3 标准。现在，VHDL 作为 IEEE 的工业标准硬件描述语言，得到了众多 EDA 公司的支持，如 Synopsys、Mentor Graphic、Cadence、Altera 等，在电子工程领域，已成为事实上的通用硬件描述语言。

在现代数字系统设计中，硬件描述语言已经成为了设计者和 EDA 工具之间的桥梁。VHDL 采用软件的方式设计系统，即便工程师不懂电路也可以设计出一个硬件系统。就像我们已经习以为常地用 C、C++代替汇编语言一样，在硬件描述领域也可以用 VHDL 来取代原理图、逻辑状态图等。如果采用传统的电路原理图设计方法进行系统设计，则必须给出完整的具体电路结构图，且原理图的描述与实现紧密相连，一旦功能发生微小的改变则可能要重新设计整个电路，造成了不必要的资源浪费，降低了工作效率。而 VHDL 具有较强的抽象描述能力，可以对系统进行行为级描述，且与实现无关，使整个设计过程变得高效简捷。

正如几十年前 VHSIC 计划预期的那样，EDA 工具和 VHDL 语言的流行，使得数字系统向集成化、大规模和高速度等方向发展。

VHDL 主要用于描述数字系统的结构、行为、功能和接口。除了含有许多具有硬件特征的语句外，VHDL 的语言形式和描述风格与语法十分类似于一般的计算机高级语言。VHDL 的程序结构特点是将一项工程设计，或称设计实体（可以是一个元件、一个电路模块或一个系统）分成外部（或称可视部分，即端口）和内部（或称不可视部分），即设计实体的内部功能和算法完成部分。在对一个设计实体定义了外部界面后，一旦其内部开发完成后，其他的设计就可以直接调用这个实体。这种将设计实体分成内外部分的概念是 VHDL 系统设计的基本点。

2. VHDL 的优点

VHDL 语言能够成为标准化的硬件描述语言并获得广泛应用，它自身必然具有很多其他硬件描述语言所不具备的优点。归纳起来，VHDL 语言主要具有以下优点。

（1）功能强大，灵活性强。VHDL 具有功能强大的语言结构，可用简洁明确的 VHDL 语言程序代码描述来进行复杂控制逻辑的设计。为了有效控制设计的实现，它还具有多层次的设计描述功能。此外，VHDL 语言能够同时支持同步电路、异步电路和随机电路的设计实现，这是其他硬件描述语言所不能比拟的。VHDL 语言设计方法灵活多样，既支持自顶向下的设计方式，也支持自底向上的设计方法；既支持模块化设计方法，也支持层次化设计方法。

(2) 具有强大的硬件描述能力。VHDL 语言具有多层次的电路设计描述功能，既可描述系统级电路，也可以描述门级电路；描述方式既可以采用行为描述、寄存器传输描述或者结构描述，也可以采用三者的混合描述方式。同时，VHDL 语言也支持惯性延迟和传输延迟，这样可以准确地建立硬件电路的模型。VHDL 语言的强大描述能力还体现在它具有丰富的数据类型。VHDL 语言既支持标准定义的数据类型，也支持用户定义的数据类型，这样便会给硬件描述带来较大的自由度。

(3) 不依赖于器件设计。VHDL 允许设计人员生成一个设计，而并不需要首先选择一个用来实现设计的器件。对于同一个设计描述，可以采用多种不同的器件结构来实现其功能。若需对设计进行资源利用和性能方面的优化，也并不是要求设计者非常熟悉器件的结构才行。相反，设计者可以集中精力从事其本人的设计构思，当然，这并不是说设计者可以忽略电路结构。

(4) 可移植性好。VHDL 的可移植能力（portability）允许设计者对需要综合的设计描述进行模拟。在综合前对一个数千门的设计描述进行模拟，这样可以节约设计者可观的时间。在对设计进行模拟时，若发现设计上的瑕疵，就能够在设计实现之前给予纠正。因为 VHDL 是一个标准语言，故 VHDL 的设计描述可以被不同的工具所支持，可以从一个模拟工具移植到另一个模拟工具，从一个综合工具移植到另一个综合工具，从一个工作平台移植到另一个工作平台去执行。

(5) 具有性能评估能力。不依赖器件的设计和可移植能力允许设计者采用不同的器件结构和不同的综合工具来评估设计。在设计人员开始设计之前，无需了解将采用何种器件。设计者可以进行一个完整的设计描述，并且对其进行综合，生成选定的器件结构的逻辑功能，然后评估结果，选用最适合设计人员设计需求的器件。为了衡量综合的质量，同样可用不同的综合工具所得到的综合结果来进行分析、评估。

(6) 易于共享和复用。VHDL 语言采用基于库（library）的设计方法。在设计过程中，设计人员可以建立各种可再次利用的模块，一个大规模的硬件电路的设计不可能从门级电路开始一步步地进行设计，而是一些模块的累加。这些模块可以预先设计或者使用以前设计中的存档模块，将这些模块存放在库中，就可以在以后的设计中进行复用。

3.1.3 VHDL 程序设计约定

为了便于程序的阅读和测试，本书对 VHDL 程序设计特作如下约定。

(1) 语句结构描述中方括号“[]”中的内容为可选内容。

(2) 对于 VHDL 的编译器和综合器来说，程序文字的大小写通常不区分，但特殊情况除外。

(3) 为了便于程序的阅读与调试，书写和输入程序时，使用层次缩进格式，同一层次的对齐，低层次的比较高层次缩进两个字符。

(4) 考虑到 Quartus II 要求源程序文件的名字与实体名必须一致，因此为了使同一个 VHDL 源程序文件能适应各个 EDA 开发软件上的使用要求，建议各个源程序文件的命名均与其实体名一致。

3.2 VHDL 程序结构

3.2.1 VHDL 程序框架结构

一个相对完整的 VHDL 程序（或称为设计实体）可由库（library）、程序包（package）、实体（entity）、结构体（architecture）和配置（configuration）这 5 部分组成，其程序框架结构如图 3-1 所示。

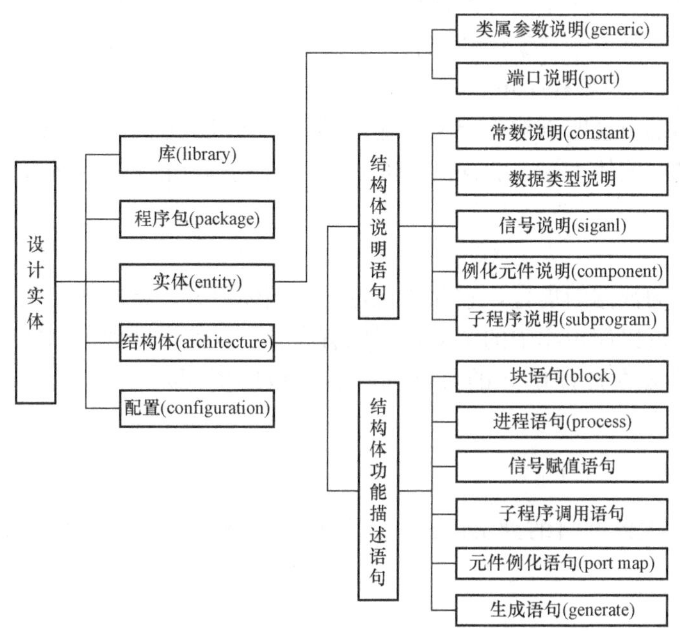

图 3-1 VHDL 程序框架结构图

库用于存放已编译的实体、结构体、包集合和配置；包集合是用来存放各设计模块能共享的数据类型、常数和子程序等；实体用于描述设计实体的外部接口信号（即输入/输出信号）；结构体用于描述设计实体的内部电路；配置用于从库中选取所需元件安装到设计单元的实体中。

并非所有的 VHDL 程序都必须具备这 5 个部分，在工程设计中，库和程序包根据需要进行调用，实体和结构体是需要进行设计的主要部分，而配置部分仅在一个实体对应有多个结构体时才需要编写。由于模块化概念日益加深，一个模块只完成一个特定的功能，所以一般不需要编写配置。在此，以两输入的“与非门”电路的 VHDL 程序为例，讲述 VHDL 的程序结构，其程序清单如下。

```
--2 输入"与非门"电路 VHDL 程序                    --第 1 行
Library  ieee;                                    --第 2 行
use  ieee.std_logic_1164.all;                     --第 3 行
entity  ex_2nand_1  is                            --第 4 行
  port(  A,B:in  std_logic;                       --第 5 行
```

```
        Y:out  std_logic);                              --第6行
end  ex_2nand_1;                                        --第7行
architecture  ex_2nand of ex_2nand_1 is                 --第8行
  begin                                                 --第9行
    Y<=not(A  AND  B);                                  --第10行
end  ex_2nand;                                          --第11行
```

此程序的作用是先将输入 A 和输入 B 两者进行逻辑“与”操作，再取反，然后将结果由 Y 输出，下面简单分析这个 VHDL 程序源代码的结构。

第 1 行为注释行，程序中的注释使用双横线“——”。在 VHDL 程序的任何一行中，双横线“——”的文字都不参加编译和综合。第 2 行为调用 IEEE 库。第 3 行是使用 IEEE 库中的 STD_LOGIC_1164 程序包。第 4 行至第 7 行为实体部分，其实体名为ex_2nand_1，第 5 行和第 6 行为端口说明语句，定义了输入端口 A 和 B，输出端口 Y。第 8 行至第 11 行为结构体部分，其结构体为 ex_2nand，第 10 行为结构体功能描述语句，描述了 Y 与 A 和 B 的关系。

3.2.2 库

库是经编译后的数据的集合，它存放包定义、实体定义、结构体定义和配置定义等。在设计单元内的语句可以使用库中的结果，所以有库就可以使设计者可以共享编译后的设计结果。库的说明总是放在设计单元的最前面，表示该库资源对以下单元开放，库语句格式如下。

```
library  库名;
```

VHDL 中的库大致可归纳为 IEEE 库、STD 库、WORK 库、VITAL 库和用户定义库 5 种。

1. IEEE 库

IEEE 库是 VHDL 设计中最常用的资源库，它包含有 IEEE 标准的程序包和其他一些支持工业标准的程序包。IEEE 库中的标准程序包主要包括 STD_LOGIC_1164、NUMERIC_BIT 和 NUMERIC_STD 等程序包。其中，STD_LOGIC_1164 是最重要和最常用的程序包，大部分基于数字系统设计的程序包都是以此程序包中设定的标准为基础。

此外还有一些程序包虽非 IEEE 标准，但由于其已成事实上的工业标准，也都并入了 IEEE 库。这些程序包中，最常用的是 Synopsys 公司的 STD_LOGIC_ARITH、STD_LOGIC_SIGNED 和 STD_LOGIC_UNSIGNED 程序包。

目前，流行于我国的大多数 EDA 工具都支持 Synopsys 公司的程序包。一般基于大规模可编程逻辑器件的数字系统设计，IEEE 库中的四个程序包 STD_LOGIC_1164、STD_LOGIC_ARITH、STD_LOGIC_SIGNED 和 STD_LOGIC_UNSIGNED 已足够使用，另外需要注意的是，在 IEEE 库中符合 IEEE 标准的程序包并非符合 VHDL 语言标准，如 STD_LOGIC_1164 程序包，因此在使用 VHDL 设计实体的前面必须以显式表达出来。

2. STD 库

STD 库是 VHDL 的标准库，在该库中包含了 STANDARD 和 TEXTIO 这两个程序包。只要在 VHDL 应用环境中，就可随时调用这两个程序包中的所有内容，即 VHDL 在编译过程中会自动调用这个库，所以使用时不需要用语句另外说明。

3. WORK 库

WORK 库是用户（程序设计者）的 VHDL 设计的现行工作库，用于存放用户设计和定义的一些设计单元和程序包。WORK 库对所有设计都是隐含可见的，因此使用该库时无需进行任何说明。

4. VITAL 库

VITAL 库是各 CPLD/FPGA 生产厂商提供的面向 ASIC 的逻辑门库。使用 VITAL 库，可以提高 VHDL 门级时序模拟的精度，因而只在 VHDL 仿真器中使用。库中包含时序程序包 VITAL_TIMING 和 VITAL_PRIMITIVES。VITAL 程序包已经成为 IEEE 标准，在当前的 VHDL 仿真器的库中，VITAL 库中的程序包都已经并到 IEEE 库中。实际上，由于各 CPLD/FPGA 生产厂商的适配工具（如 ispEXPERT Compiler）都能为各自的芯片生成带时序信息的 VHDL 门级网表，用 VHDL 仿真器仿真该网表可以得到非常精确的时序仿真结果。因此，基于实用的观点，在 CPLD/FPGA 设计开发过程中，一般并不需要 VITAL 库中的程序包。

5. 用户定义库

用户（程序设计者）定义库简称用户库，是由用户自己创建并定义的库。设计者可以把自己经常使用的非标准（一般是自己开发的）包集合和实体等汇集在一起定义成一个库，作为对 VHDL 标准库的补充。用户定义库在使用时同样要首先进行说明。

3.2.3 程序包

程序包是用 VHDL 语言编写的一段程序，可以供其他设计单元调用和共享，相当于公用的“工具箱”，各类数据类型、子程序等一旦放入了程序包，就成为共享的“工具”，类似于 C 语言的头文件，使用它可以减少代码的输入量，使程序结构清晰。

在一个设计实体中，实体部分所定义的数据类型、常量和子程序可以在相应的结构体中使用，但在一个实体的声明部分和结构体部分中定义的数据类型、常量及子程序却不能被其他设计单元使用。所以，程序包的作用是可以使一组数据类型、常量和子程序能够被多个设计单元使用。

程序包分为包头和包体两部分。包头（又称为程序包说明）是对包中使用的数据类型、元件、函数和子程序进行定义，其形式与实体定义类似。包体规定了程序包的实际功能，存放函数和过程的程序体，而且还允许建立内部的子程序、内部变量和数据类型。包头、包体均以关键字 PACKAGE 开头。程序包格式如下，其使用示例请参见 3.4.9 节中的 [例 3-19]。

```
包头格式:package  程序包名  is
            [包头说明语句]
         end  程序包名;
包体格式:package body 程序包名 is
            [包体说明语句]
         end  程序包名;
```

常用的预定义的程序包有以下四种。

1. STD_LOGIC_1164 程序包

它是 IEEE 库中最常用的程序包，是 IEEE 的标准程序包。该程序包中包含了一些数据类型、子类型和函数的定义，这些定义将 VHDL 扩展为一个能描述多值逻辑（即除具有

“0”和“1”以外还有其他的逻辑量，如高阻态“Z”、不定态“X”等）的硬件描述语言，很好地满足了实际数字系统的设计需求。该程序包中包含的数据类型有STD_ULONGIC、STD_ULONG_VECTOR、STD_LOGIC和STD_LOGIC_VECTOR，其中用得最多和最广的是定义了满足工业标准的两个数据类型STD_LOGIC和STD_LOGIC_VECTOR，它们非常适合于CPLD/FPGA器件中的多值逻辑设计结构。

2. STD_LOGIC_ARITH程序包

它预先编译在IEEE库中，是Synopsys公司的程序包。此程序包是在STD_LOGIC_1164程序包的基础上扩展了三个数据类型：UNSIGNED、SIGNED和SMALL_INT，并为其定义了相关的算术运算符和转换函数。

3. STD_LOGIC_UNSIGNED和STD_LOGIC_SIGNED程序包

这两个程序包都是Synopsys公司的程序包，都预先编译在IEEE库中。这些程序包重载了可用于INTEGER型及STD_LOGIC和STD_LOGIC_VECTOR型混合运算的运算符，并定义了一个由STD_LOGIC_VECTOR型到INTEGER型的转换函数。这两个程序包的区别是，STD_LOGIC_SIGNED中定义的运算符考虑到了符号，是有符号数的运算，而STD_LOGIC_UNSIGNED则正好相反。

程序包STD_LOGIC_ARITH、STD_LOGIC_UNSIGNED和STD_LOGIC_SIGNED虽然未成为IEEE标准，但已经成为事实上的工业标准，绝大多数的VHDL综合器和VHDL仿真器都支持它们。

4. STANDARD和TEXTIO程序包

这两个程序包是STD库中的预编译程序包。STANDARD程序包中定义了许多基本的数据类型、子类型和函数。它是VHDL标准程序包，实际应用中已隐性地打开了，故不必再用USE语句另作声明。TEXTIO程序包定义了支持文本文件操作的许多类型和子程序。在使用本程序包之前，需加语句USE STD. TEXTIO. ALL。

TEXTIO程序包主要供仿真器使用。可以用文本编辑器建立一个数据文件，文件中包含仿真时需要的数据，仿真时用TEXTIO程序包中的子程序存取这些数据。综合器中，此程序包被忽略。

调用程序包的通用模式为：use 库名．程序包名．all;

一般来说调用IEEE库中的STD_LOGIC_1164、STD_LOGIC_UNSIGNED、STD_LOGIC_ARITH这3个程序包，足以应付大部分的VHDL程序设计。调用库和程序包的语句本身，在综合时并不消耗更多资源。因此，在每个程序的开始处都可以写以下代码。

```
library  ieee;
use  ieee.std_logic_1164.all;
use  ieee.std_logic_unsigned.all;
use  ieee.std_logic_arith.all;
```

3.2.4 实体

实体（entity）是VHDL设计中最基本的组成部分，其功能是对这个设计实体与外部电路进行接口描述。一个电路系统的程序设计只有一个实体。它规定了设计单元的输入、输出端口信号或引脚，给出了设计模块与外界的通信接口，但并不描述电路的具体构造和实现的功能。

1. 实体语句格式

实体语句的格式如下。

```
entity 实体名 is
  [类属参数说明;]
  [端口说明;]
end  [实体名];
```

实体语句必须以“entity 实体名 is”开始，以语句“end [实体名];”结束，其中实体名是设计者自己给设计实体的命名，可作为其他设计实体对该设计实体进行调用时用。中间在方括号内的语句描述，设计者可根据实际情况的需求而决定是否写上。

2. 类属参数说明

类属参数说明（generic）是一种端口界面常数，常以一种说明的形式放在实体或块结构体前的说明部分。类属参数说明为设计实体和其他外部环境的静态信息提供通道，特别是用来规定端口的大小、实体中子元件的数目、实体的定时特性等，其类属的值可以由设计实体外部提供。而常数只能从设计实体的内部得到赋值，且不能改变。利用类属参数说明的这一点，设计者可以从外面通过类属参量的重新设定而容易地改变一个设计实体或一个元件的内部电路结构和规模。

在实体中，类属参数说明语句不是必需的，有时可以省略，其语句格式如下。

```
generic(常数名: 数据类型 [:设定值];
        常数名: 数据类型 [:设定值]);
```

类属参数说明以关键词 generic 引导一个类属参量表（参量表即“常数名：数据类型 [：设定值];”语句），在表中提供时间参数或总线宽度等静态信息。类属参数表说明用于确定设计实体和其外部环境通信的参数，传递静态的信息。类属参数说明在所定义的环境中的地位十分接近常数，但却能从环境（如设计实体）外部动态地接受赋值，其行为又有点类似于端口 port。因此，通常就像以上的实体定义语句那样，将类属参数说明放在其中，且放在端口说明语句的前面。

在一个实体中定义的、可以通过 generic 参数类属的说明，为它创建多个行为不同的逻辑结构。比较常见的情况是选用类属来动态规定一个实体端口的大小，或设计实体的物理特性，或结构体中的总线宽度，或设计实体中、底层中同种元件的例化数量等。

一般在结构体中，类属的应用与常数是一样的。例如，当用实体例化一个设计实体的器件时，可以用类属表中的参数项定制这个器件，如可以将一个实体的传输延时、上升和下降延时等参数加到类属参数表中，然后根据这些参数进行定制，这对于系统仿真控制是十分方便的。类属中的常数名是由设计者确定的类属常数名；数据类型通常取 integer 或 time 等类型，设定值即为常数名所代表的数值。但需注意，VHDL 综合器仅支持数据类型为整数的类属值。

【例 3-1】 有类属参数说明的二输入或非门的实体描述。

```
entity  or_gate  is
  generic(t_rise: time: = 2ns;
```

```
        t_fall: time: = 1ns);
port  (a, b: in std_logic;                          - - 定义 a、b 作为输入
        y: out std_logic);                           - - 定义 y 输出
 end  or_gate;
```

在［例 3 - 1］中，generic 类属参数说明语句中对二输入或非门的实体的上升沿时间（t _ rise）和下降沿时间（t _ fall）做了定义，对于类属值 t _ rise、t _ fall 的改变将改变这个设计实体的进行仿真时的结果。对于本例来说，改变类属值并不会改变整个设计实体的硬件结构，因为 VHDL 综合器仅仅支持数据类型为整数的类属值，也就是说数据类型为 time 的类属语句不能被综合而得到与之相应的硬件结构，在综合时会被忽略。但是数据类型为整数的类属语句是可以被综合的，因此对于这样的设计实体，如果改变类属值就会改变整个设计实体的硬件结构，如［例 3 - 2］所示。

【例 3 - 2】 N 输入或非门的实体描述。

```
entity  n_or_gate  is
 generic(n: integer);
 port  (  a: in std_logic_vector(n - 1 downto 0);   - - 定义 n 个输入
          y: out std_logic);                          - - 定义 y 输出
 end  n_or_gate;
```

在［例 3 - 2］中，generic 类属说明语句中定义了一个 n 输入或非门实体的输入端口，对于类属变量 n，没有在类属参数说明语句中规定它的取值，它的取值可以在应用时利用类属映射语句"generic map（类属表）"指定，如以此为基础要求一个 4 输入或非门，则在结构体的功能描述语句中书写以下语句即可。

```
n_or_gate  generic map  (n = >4);                     - - n 的取值为 4
```

类属映射语句描述了相应元件类属参数间的衔接和传送方式，利用类属参数说明语句和类属映射语句，可以方便而迅速地改变电路结构及规模，详细的使用方法请见 3. 5. 4 节。

3. 端口说明

端口说明（port）是对设计实体中输入和输出端口的描述，为实体与外部环境的动态通信提供通道，其语句格式如下。

```
port(端口名: 端口模式  数据类型;
      端口名: 端口模式  数据类型);
```

其中，端口名是设计者为实体的每一个对外通道所取的名字；端口模式是指这些通道上的数据流动方式，如输入或输出等；数据类型是指端口上流动的数据的表达格式或取值类型，其相关内容将在 3. 3. 3 节中讲述。

VHDL 是一种强类型语言，它对语句中的所有操作数的数据类型都有严格的规定。一个实体通常有一个或多个端口，端口类似于原理图部件符号上的管脚。实体与外界交流的信息必须通过端口通道流入或流出。

IEEE 1076 标准包中定义了四种常用的端口模式，各端口模式的功能及符号见表 3 - 1。

表 3-1 **端口模式说明**

端口模式	IN	OUT	BUFFER	INOUT
符号				
含义	输入	输出（结构体内部不可读）	缓冲输出（结构体内部可读）	双向（输入/输出）

IN 相当于只可输入的引脚，规定为单向只读模式，即信号只能从外部流向该设计实体内部，而不能反向，可以将变量或信号信息通过该端口读入。

OUT 相当于只可输出的引脚，规定为单向输出模式，即信号只能从该端口流出设计实体，而不能反向，可以将信号通过该端口输出。

BUFFER 相当于带输出缓冲器并可以回读的引脚（与 TRI 引脚不同）。缓冲模式的驱动源既可以是其他实体的缓冲端口，也可以是被设计实体内部的信号源。缓冲模式从本质上仍然是一个输出模式，只是在内部结构中能够将在端口上输出至外部的信号反馈的功能，即允许内部回读输出的信号。

INOUT 相当于双向引脚（即 BIDIR 引脚），既允许信号从外部流向该设计实体内部，也允许信号从该端口流出设计实体，即通过这个端口既可以读入数据，也可以对此端口赋值，它满足了设计实体数据流中双向数据的要求。它可以引入内部反馈，是一种比较完备的模式，可以替代其他三种模式，但是为了识别信号的用途和任务，一般不做这种替代。

BUFFER 与 INOUT 的区别在于，BUFFER 只能接受一个驱动源，不允许多重驱动。此外，INOUT 双向模式的反馈信号是从外部读入的，而缓冲模式反馈的信号是由内部产生并向外输出的信号。通常设计者有两种方法实现内部反馈：利用 BUFFER 模式建立一个缓冲端口，或者在结构体中定义一个内部节点信号，再将它利用输出端口输出。

4. 实体描述举例

【例 3-3】 4 输入与或非门电路的实体描述。

```
entity EX_4AND_OR_NOT  is
    port  (A :  in  bit;
           B :  in  bit;
           C :  in  bit;
           D :  in  bit;
           Y :  out  bit);
end  EX_4AND_OR_NOT;
```

[例 3-3] 中，实体名为 EX_4AND_OR_NOT，定义 A、B、C、D 为输入端口，Y 为输出端口，这些 I/O 端口的数据类型均为 bit。电路元件符号如图 3-2 所示。

【例 3-4】 2 选 1 选择器的实体描述。

```
entity EX_2TO1 is
    port  (S,B,A :  in  std_logic;
```

```
        Y :  out  std_logic);
end  EX_2TO1;
```

［例 3-4］中，实体名为 EX_2TO1，定义 S、B、A 为输入端口，Y 为输出端口，这些 I/O 端口的数据类型均为 std_logic。电路元件符号如图 3-3 所示。

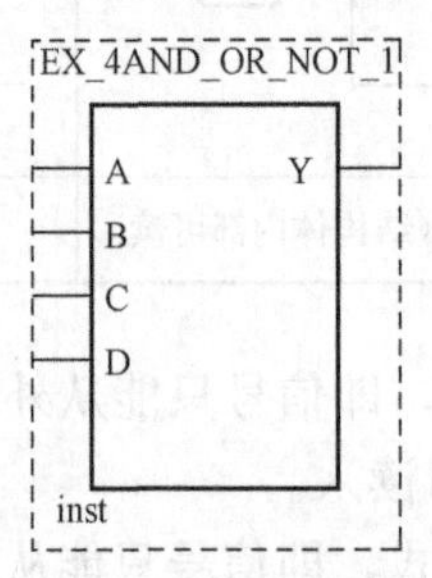

图 3-2　4 输入与或非门模块符号

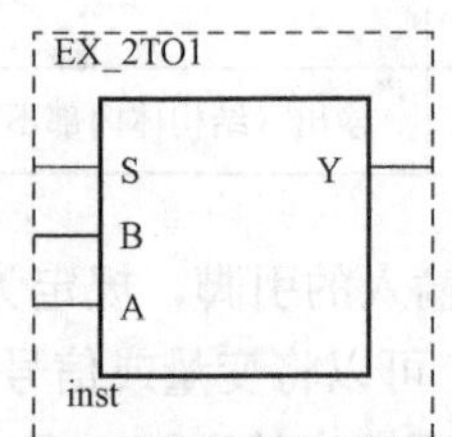

图 3-3　2 选 1 选择器模块符号

【例 3-5】 如图 3-4（a）所示为 3-8 译码器元件符号，用 VHDL 描述其实体程序。

```
entity  EX3_8  IS
  port(  G:in std_logic;
         A0,A1,A2:in  Std_logic_vector;
        Y0,Y1,Y2,Y3,Y4,Y5,Y6,Y7: out std_logic);
end  EX3_8;
```

如果将［例 3-5］中输入、输出数据用总线形式表示，其元件符号如图 3-4（b）所示时，应使用 downto 作为表示数组下标序列由高至低，VHDL 描述实体程序如下。

```
entity  EX3_8a IS
  port(  A:in std_logic_vector(2 downto 0);
         G:in std_logic;
         Y:out std_logic_vector(7 downto 0));
end  EX3_8a;
```

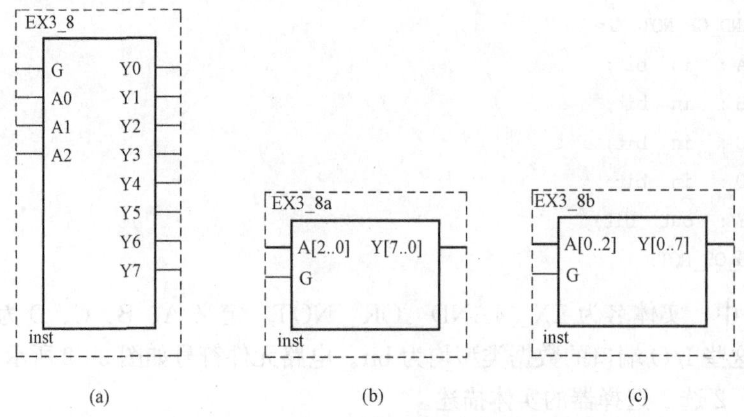

图 3-4　3-8 译码器模块符号

（a）未采用总线表示；（b）由高到低总线表示；（c）由低到高总线表示

在［例 3 - 5］中，其元件符号如图 3 - 4（c）所示时，应使用 to 作为表示数组下标序列由低至高，VHDL 描述实体程序如下。

```
entity  EX3_8b IS
  port(  A:in std_logic_vector(0 to 2);
         G:in std_logic;
         Y:out std_logic_vector(0 to 7));
end  EX3_8b;
```

［例 3 - 3］～［例 3 - 5］中可以看出，进行端口定义时，元件符号中端子的排列与实体中端口定义的书写顺序有关。

3.2.5 结构体

结构体又称为构造体，它是描述设计实体的内部结构和外部设计实体端口间的逻辑关系。一般地，一个完整的结构体由两个基本层次组成。

（1）对数据类型、常数、信号、子程序和元件等结构体元素的说明部分。

（2）描述实体逻辑行为的、以各种不同的描述网格表达的功能描述语句。

结构体也是 VHDL 设计中最基本的组成部分，将具体实现一个设计实体。每个设计实体可以有多个结构体，每个结构体对应着实体不同结构和算法实现方案，其间的各个结构体的地位是同等的，它们完整地实现了实体的行为，但同一结构体不能为不同的实体所拥有。

结构体不能单独存在，它必须有一个界面说明，即一个实体。对于具有多个结构体的实体，必须用 CONFIGURATION 配置语句指明用于综合的结构体和用于仿真的结构体，即在综合后的可映射于硬件电路的设计实体中，一个实体只对应一个结构体。在电路中，如果实体代表一个器件符号，则结构体描述了这个符号的内部行为。当把这个符号例化成一个实际的器件安装到电路上时，则需配置语句为这个例化的器件指定一个结构体（即指定一种实现方案），或由编译器自动选一个结构体。

1. 结构体语句格式

结构体语句格式如下。

```
architecture  结构体名  of  实体名  is
  [结构体说明语句;]
begin
  [结构体功能描述语句;]
end  [architecture]  [结构体名];
```

结构体语句必须以“architecture 结构体名 of 实体名 is”开始，以语句“end [architecture] [结构体名];”结束。实体名必须是所在设计实体的名字，而结构体名由设计者自己命名，允许与实体名相同。但是，当一个实体中同时拥有多个结构体时，每个结构体都应有自己的名字，且不能相同。

2. 结构体说明语句

结构体中的说明语句是对结构体的功能描述语句中将要用到的信号（signal）、数据类型定义（type）、常数（constant）、元件（component）、函数（function）和过程（procedure）等加以说明的语句。但在一个结构体中说明和定义的数据类型、常数、元件、函数和过程只能用于这个结构体中，若希望其能用于其他的实体或结构体中，则需要将其作为程序包来处理。

【例3-6】 结构体说明语句。

```
architecture  one  of  LED  is                      --LED彩灯程序的结构体
  type  state  is(s0,s1,s2,s3,s4,s5,s6);            --定义数据类型state含s0～s6这7种状态
  signal s_state,next_state:state;                  --定义信号s_state和next_state的均为state
begin
  ……
end one;
```

在［例3-6］中，结构体名为one，实体名为LED；自定义的数据类型为state，它包含s0～s6这7种状态；定义信号s _ state和next _ state，两者的数据类型为state。

3. 结构体功能描述语句

结构体功能描述语句用于描述设计实体的功能、具体行为。按照语句执行的方式不同，它包含顺序语句和并行语句。

(1) 顺序语句是以顺序执行方式工作的语句，它总是在进程语句（process）的内部。从仿真的角度看，该语句是按书写顺序执行的。顺序语句主要包括if语句、case语句、loop语句等。

(2) 并行语句又称为并发语句，是以并行方式工作的语句，该语句的执行与书写顺序无关。并行语句在结构体中的执行都是同时进行的，这种并行性是由硬件本身的并行性决定的，一旦电路接通电源，各部分就会按照事先设计好的方案同时工作。并行语句主要包含并行信号赋值语句、块（block）语句、进程（process）语句、子程序调用语句、元件例化语句、生成语句等。

【例3-7】 设计一个比较器，要求当两个输入位的内容相同时，输出结果为0，否则输出为1。

分析： 根据任务要求，如果用A、B作为两个输入位，Y作为输出位，则可得到如表3-2所示的真值表，即Y为A和B的同或结果，即Y=B⊙A。其内部结构如图3-5所示。

表3-2　“同或门”电路的逻辑符号与真值表

符　号	输　入		输　出
	B	A	Y
（逻辑符号：输入A、B，“=”，输出Y）	0	0	1
	0	1	0
	1	0	0
	1	1	1

在VHDL中，实现该电路功能的结构体描述方式有多种，如最低层次的门电路级描述、次低层次的寄存器传输级描述和系统行为级描述等。

(1) 门电路级描述，用基本的“与、或、非”逻辑运算描述内部电路结构，其VHDL程序如下。

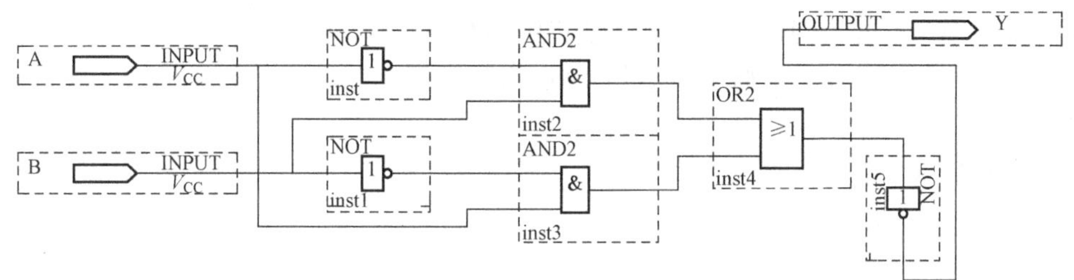

图 3-5 内部结构图

```
library  ieee;
use  ieee.std_logic_1164.all;
entity  ex_comp  is
  port(A,B: in  std_logic;
        Y:out  std_logic);
end  ex_comp;
architecture  one  of  ex_comp  is
  signal  temp1,temp2,temp3: std_logic;  --定义信号 temp1、tmep2 和 temp3,数据类型均为 std_logic
begin
  temp1<=(not  A)and  B;               --将 A 取反后和 B 进行逻辑"与",结果暂存 temp1
  temp2<=A and(not  B);                --将 B 取反后和 A 进行逻辑"与",结果暂存 temp2
  temp3<=temp1 or temp2;               --将 temp1 和 temp2 进行逻辑"或",结果暂存 temp3
  Y<=not  temp3;                       --temp3 取反后由 Y 输出
end  one;
```

(2) 寄存器传输级描述，直接用“同或”运算符即可，其结构体描述如下。

```
architecture  two  of  ex_comp  is
begin
  Y<=A xnor B;
end  one;
```

(3) 系统行为级描述，描述逻辑行为，其结构体描述如下。

```
architecture  three  of  ex_comp  is
begin
  Y<='1'  when  a=b  else  '0';        --当 A=B 时,Y 输出逻辑电平'1',否则输出逻辑电平'0'
end  one;
```

通过［例 3-7］也可以看出，使用门电路级和 RTL 寄存器传输级描述电路功能时，设计者需对电路结构进行相应了解，而使用系统行为级描述功能时，设计者对电路内部结构细节可以不了解。

3.2.6 配置

配置是把元件具体安装到实体的设计单元，用于描述层与层之间的连接关系或者实体与结构体之间的连接关系。在分层次的设计中，配置可以用来把特定的设计实体关联到元件实例（component），或把特定的结构体（architecture）关联到一个确定的实体。当一个实体存在多个结构时，设计者可以为同一实体指定或配置不同的结构体，以使设计者比较不同结构体的仿真差别。或者为例化元件实体配置指定的结构体，从而形成一个所希望的例化元件层次构成的设计实体。如果省略配置语句，则 VHDL 编译器将自动为实体选一个最新编译的结构。

配置语句的基本书写格式如下。

```
configuration 配置名 of 实体名 is
  [说明语句]
end 配置名;
```

配置名由设计者自行命名，配置说明语句部分根据不同的情况而有所区别。默认情况下，配置语句的格式如下。

```
configuration 配置名 of 实体名 is
  for 为实体选配的结构体名
end for;
end 配置名;
```

这种配置用于选择不包含块语句（block）和元件（component）的结构体，在配置语句中，只包含有为要进行配置的实体所选配的结构体名，通过选择不同的结构体来组成设计实体，以体现不同的实现方案。

【例 3-8】 默认配置格式的 1 位全加器 VHDL 程序。

```
library ieee;
use ieee.std_logic_1164.all;
entity ex_fulladd is
  port(a,b,ci: in std_logic;
        s,co:out std_logic);
end ex_fulladd;
architecture one of ex_fulladd is                    --1 位全加器结构体数据流描述
  begin
    s<=a xor b xor ci;
    co<=(a and b)or(b and ci)or(a and ci);
end one;
architecture two of ex_fulladd is                    --1 位全加器结构体行为描述
  begin
    s<='1' when(a='0' and b='1' and ci='0')else
          '1' when(a='1' and b='0' and ci='0')else
          '1' when(a='0' and b='0' and ci='1')else
          '1' when(a='1' and b='1' and ci='1')else
          '0';
  co<='1' when(a='1' and b='1' and ci='0')else
        '1' when(a='1' and b='0' and ci='1')else
        '1' when(a='0' and b='1' and ci='1')else
        '1' when(a='1' and b='1' and ci='1')else
        '0';
```

```
end two;
configuration  con1 of ex_fulladd  is               - -结构体的配置
  for one                                           - -选择结构体 one
end for;
end con1;
```

在［例 3-8］中 1 位全加器的描述采用了两种不同的结构体实现，其中结构体 one 使用数据流描述（即 RTL 寄存器传输级描述）；结构体 two 使用行为描述。虽然描述方式不同，但它们完成的任务是相同的。在结构体配置中使用了“for one”表示为实体选择结构体 one。如果要为实体选择结构体 two 时，其配置语句如下。

```
configuration  con2 of ex_fulladd  is               - -结构体的配置
  for  two                                          - -选择结构体 two
end for;
end con2;
```

在［例 3-8］中，如果没有配置语句部分，则综合器将采用默认配置，即为实体配置的是最后一个编译的结构体 two。

3.3 VHDL 语言要素

作为编程语句的基本单元，VHDL 的语言要素反映了其重要的语言特点。VHDL 的语言要素主要有数据对象、数据类型和各类操作符。和其他语言一样，VHDL 也有自己的文字规则。

3.3.1 VHDL 文字规则

使用 VHDL 硬件描述语言进行数字系统设计时，必须在编写代码过程中严格遵守 VHDL 的文字规则。VHDL 文字主要包括数值和标识符，其中数值型文字主要数字型、字符串型和位串型。

1. 数字型文字

数字型文字主要有整数文字、实数文字和以数制基数表示的文字等。

（1）整数文字。整数文字都是以十进制表示的数。例如：3，45，0，318E2(=31800)，6_123_456_789(=6123456789) 等。其中 318E2 是以科学计数法表示的数；下划线并无实质意义，只是为了提高文字的可读性，相当于一个空格符，不影响文字本身的数值。

（2）实数文字。实数与整数一样，也是十进制表示的数，只不过实数必须带有小数点。如 3.12，0.0，3.5E−2(=0.035)，123_234.456_987(=123234.456987) 等。

（3）以数制基数表示的文字。这种表示方法的文字由五部分组成。第一部分，用十进制数标明数制进位的基数，如八进制为 8；十六进制为 16。第二部分，数制隔离符号“#”。第三部分，表达的文字。第四部分，指数隔离符号“#”。第五部分，指数部分，如果这一部分为 0，则可以省略不写。举例如下。

```
10#315#                    - -(十进制数表示,等于 315)
2#1011_0010#               - -(二进制数表示,等于十进制数 178)
8#456#                     - -(八进制数表示,等于十进制数 302)
```

```
16#B#E2                  --(十六进制数表示,等于十进制数 11×16² = 2816)
16#C.03#E+2              --(十六进制数表示,等于十进制数 3075.00)
```

2. 字符串型文字（文字串和数位串）

字符是用单引号引起来的 ASCII 字符，既可以是字符，也可以是符号或字母，如'b'，'C'、'@' 等。而字符串是用双引号引起来的一维字符数组，它包含文字字符串和数位字符串。

(1) 文字字符串。文字字符串是用双引号引起来的一串文字，如："ERROR"，"GOOD"，"thank you"，"C" 等。

(2) 数位字符串。数位字符串又称为位矢量，是预定义的数据类型 bit 的一维数组。它们所代表的是二进制、八进制、十六进制的数组，其位矢量的长度即为等值的二进制数的位数。数位字符串的表示首先要计算基数，然后将该基数表示的值放在双引号中，基数符号以"B""O" 和 "X" 表示，并放在字符串的前面，它们的含义分别如下。

1) B：二进制基数符号，表示二进制数位 0 或 1，在字符串中每一个位表示一个 bit。

2) O：八进制基数符号，在字符串中每一个数代表一个八进制数，即代表一个 3 位（bit）的二进制数。

3) X：十六进制基数符号，在字符串中每一个数代表一个十六进制数，即代表一个 4 位（bit）的二进制数。

数位字符串的格式为：基数符号 "数值"，举例如下。

```
B"1010_0101"             --二进制数数组,矢量长度为 8
O"34"                    --八进制数数组,矢量长度为 6
X"123"                   --十六进制数组,矢量长度为 12
```

3. 标识符

标识符是设计者用来定义常数、变量、信号、端口、子程序或参数的名字。在 VHDL 中，标识符的书写规范规定了 VHDL 语言中符号书写的一般规则。VHDL 的基本标识符书写时应遵循以下规则。

(1) 以英文字母开头，不以下划线结尾；

(2) 不连续使用下划线，且前面必须为英文字母及数字；

(3) 有效字符为 26 个英文字母（'a' ～ 'z' 或 'A' ～ 'Z'）、数字（'0' ～ '9'）及下划线（'_'）；

(4) 保留字（关键字）不能作为标识符（常用的标识符见附录）。

合法的标识符：ex_3，ok_2_f，return_1 等。不合法的标识符：entity、_ex3、3ex、sign#2、ex-3、ex3_、ex__3。

4. 下标名及下标段名

下标名用于指示数组型变量或信号的某一元素，其语句格式如下。

```
数组类型信号名或变量名(表达式);
```

其中，数组类型信号名或变量名由设计者定义，表达式所代表的值必须是数组元素下标范围以内的值，可以是计算的，也可以是不可计算的。不可计算的值有时可能不被综合，或者综合时消耗资源较大。

下标段名则用于指示数组型变量或信号的某一段元素。其语句格式如下。

```
数组类型信号名或变量名(表达式 1 [to/downto] 表达式 2);
```

其中，表达式 1 与表达式 2 的数值必须在数组元素下标号范围以内，并且必须是可计算的。to 表示数组下标序列由低到高，如 0 to 3；downto 表示下标序列由高到低，如 7 downto 4。

【例 3-9】 下标名及下标段名的使用示例。

```
signal  A: bit_vector(0 to 7);              --定义信号 A,位矢量长度为 8,含下标名 A(0)、A(1)……A(7)
signal  B: std_logic_vector(7 downto 0);    --定义信号 B,矢量长度为 8,含下标名 B(7)、B(6)……B(0)
signal  C: std_logic_vector(9 downto 2);    --定义信号 C,矢量长度为 8,含下标名 C(9)、C(8)……C(2)
signal  D,E: std_logic;                     --定义信号 D、E,数据类型为 std_logic
signal  m: integer range 0 to 7             --定义信号 m,数据类型为整数,取值范围为 0~7
……
D<=A(2);                                    --将下标名 A(2)中的值送 D,可计算型下标表示
E<=A(m);                                    --将下标名 A(m)中的值送 E,不可计算型下标表示
A(0 to 3)<=B(7 downto 4);                   --将 B 的高 4 位传送到 A 的低 4 位,不可计算型下标表示
B(3 downto 0)<=C(6 downto 2);               --传送错误,左右位矢量长度不等,不可计算型下标表示
C(9)<=E;                                    --传送正确,左右位矢量长度均为 1,可计算型下标表示
```

3.3.2 VHDL 数据对象

在 VHDL 中，数据对象（data object）类型于一种容器，它接受不同数据类型的赋值。在数字系统设计中，常用的数据对象有常量（constant）、变量（variable）和信号（signal）这 3 种，它们都可以通过赋值来更新内容。其中，变量和信号都能被连续赋值，而常量只能在说明的时候赋值，且只能赋值一次。

1. 常量

常量（constant）的定义和设置是为了使设计实体中的常数更容易阅读和修改，它代表了数字电路中的电源、地及恒定逻辑值等常数。例如，模块中需要多次使用某一个固定值，就可以定义一个常量；当设计者想改变这个固定值时，只需要修改常量定义后重新编译程序，即可方便地改变设计实体的硬件结构。

在程序中，常量在使用前必须要加以定义说明，一旦说明赋值后，程序中的常量值将不再改变，因而具有全局意义。常量定义的一般格式如下。

```
constant 常量名 : 数据类型 := 表达式;
```

其中，常量名是由设计者自行命名的合法标识符；数据类型必须与表达式的数据类型一致，可以标量类型或者复合类型，但不能是文件类型（file）或者存取类型（access）。举例如下。

```
constant  delay: time:=12ns;        --定义延时常量 delay 为 12ns
constant  width: integer :=8;       --定义寄存器宽度常量 width 为 8
constant  vcc: real :=5.0;          --定义电压值为 5V
```

常量可以在程序包、实体、结构体、块、子程序或进行的说明区域进行定义，其使用范围取决于它在何处被定义。在程序包中定义的常量具有最大全局化特征，可以用在调用此程

序包的所有设计实体中；定义在设计实体中的常量，其有效范围为这个实体定义的所有的结构体；定义在设计实体的某一结构体中的常量，则只能用于此结构体；定义在结构体的某一单元的常量，如一个进程中，则这个常量只能用在这一进程中。

2. 变量

变量（variable）是一个局部量，是一种可以在程序中改变数值的数据对象，主要用于进程和子程序中，进行暂时信息的存储。变量仅在定义的当前设计单元有效，不能将信息带出对它作出定义的当前设计单元，不能用于进程或子程序间的传递信息。变量的赋值是一种理想化的数据传输，是立即发生，不存在任何延时的行为。VHDL 语言规则不支持变量附加延时语句。变量常用在实现某种算法的赋值语句中。变量定义的一般格式如下。

```
variable  变量名: 数据类型 := 初始值;
```

其中，变量名由设计者自行命名的合法标识符，允许同时有多个变量名，在变量名间用逗号（“,”）隔开；初始值可以是一个与变量具有相同数据类型的常数值，也可以是一个与变量与具有相同数据类型的全局静态表达式，初始值不必非要在声明时给出，且只在仿真中有效，综合时将被综合器所忽略。举例如下。

```
variable  temp: real := 2.5;                          --定义实数变量 temp,初值为 2.5
variable  a,b: integer;                               --定义两个整数变量 a、b
variable  data1: std_logic_vector(7 downto 0);        --定义 8 位标准逻辑矢量的变量 data1
```

变量数值的改变是通过变量赋值来实现的，其赋值语句格式如下。

```
目标变量名 := 表达式;
```

3. 信号

信号（signal）是 VHDL 语言特有的数据对象，它代表物理设计中的某一条硬件连接线，包括了输入、输出端口。信号一般在程序包、实体和结构体中说明使用；在进程和子程序中不能定义，只能使用。信号的定义格式如下。

```
signal 信号名: 数据类型 := 初始值;
```

其中，信号名是设计者自行命名的合法标识符，允许同时有多个信号名，在信号名之间用逗号（“,”）隔开；初始值的设计不是必须的，且仅在行为仿真中有效。举例如下。

```
signal  a,b: std_logic_vector(0 to 3);       --定义两个信号 a、b,其类型为标准逻辑矢量
signal  s1:std_logic:='0';                   --定义信号 s1,类型为标准逻辑,初值为'0'
```

信号数据对象的硬件特性十分显著，它不但可以保存当前值，也可以保存历史值，这与触发器的特点十分类似。在 VHDL 中，信号与信号赋值语句、决断函数等可以很好地描述硬件系统的许多基本特性，如信号传输过程的惯性延时等。

与变量相比，信号具有全局性特性。例如，在程序包中定义的信号，对于所有调用此程序包的设计实体都是可见的；在实体中定义的信号，在其对应的结构体中都是可见的。在结构体中定义的信号，整个结构体所有子结构均可使用。

事实上，除了没有方向说明以外，信号与实体的端口（port）概念是一致的。相对于端口来说，其区别只是输出端口不能读入数据，输入端口不能被赋值。信号可以看成是实体内

部的端口。反之，实体的端口只是一种隐形的信号，端口的定义实际上是作了隐式的信号定义，并附加了数据流动的方向。信号本身的定义是一种显式的定义，因此，在实体中定义的端口，在其结构体中都可以看成是一个信号，并加以使用而不必另作定义。

信号可以有多个驱动源，或者说赋值信号源，但必须将此信号的数据类型定义为决断性数据类型。在进程中，只能将信号列入敏感表，而不能将变量列入敏感表。可见进程只对信号敏感，而对变量不敏感。当定义了信号的数据类型和表达方式后，在 VHDL 设计中就能对信号进行赋值了。信号的赋值语句表达式如下。

```
目标信号名 <= 表达式;
```

【例 3 - 10】 常量、信号、变量的使用示例。

```
architecture  one  of  ex  is
  constant  pi: real: = 3.14;                    - - 定义常量 PI,值为 3.14
  signal  sum: real;                             - - 定义信号 sum,数据类型为实数
  signal  a,b: std_logic_vector(7 downto 0);     - - 定义信号 a、b
  signal  s1,s2: std_logic;                      - - 定义信号 s1、s2
  … …
begin
  a<=" 10110010" ;                               - - 赋值给信号 a
  sum<=pi * 3;                                   - - pi 乘 3 的结果赋给信号 sum
  … …
  process(din)
    variable  v1,v2: std_logic;                  - - 定义两个变量 v1、v2
    begin
      v1 := '1';                                 - - 立即将 v1 置位为 1
      v2 := '1';                                 - - 立即将 v2 置位为 1
      s1<='1';                                   - - S1 被赋值为 1
      s2<='1';                 - - 由于本进程中 s2 在下面被重新赋值,所以在此不执行赋值操作
      b(0)<=v1;                                  - - 将 v1 的内容'1'赋给 b(0)
      b(1)<=v2;                                  - - 将 v2 的内容'1'赋给 b(1)
      b(2)<=s1;                                  - - 将 s1 的内容'1'赋给 b(2)
      b(3)<=s2;                                  - - 将 s2 的内容'0'(下面的赋值)赋给 b(3)
      v1 := '0';                                 - - 立即将 v1 置位为 0
      v2 := '0';                                 - - 立即将 v2 置位为 0
      s2<='1';                   - - 由于这是本进程中 s2 最后一次赋值,所以在此执行赋值操作
      b(4)<=v1;                                  - - 将 v1 的内容'0'赋给 b(4)
      b(5)<=v2;                                  - - 将 v2 的内容'0'赋给 b(5)
      b(6)<=s1;                                  - - 将 s1 的内容'1'赋给 b(6)
      b(7)<=s2;                                  - - 将 s2 的内容'0'赋给 b(7)
      … …
  end process;
… …
end  one;
```

4. 数据对象的比较

常量、变量和信号是三种常用的数据对象，就其说明场合而言，常量是全局量，对说明场合没有特殊的限制；变量是局部量，可用于进程、函数和子程序；信号也是全局量，可用于实体、结构体和程序包。在使用上，这三者具有以下区别。

(1) 从硬件电路系统来看，常量相当于电路中的恒定电平，如 GND 或 VCC 接口，而变量和信号则相当于组合电路系统中门与门间的连接及其连线上的信号值。

(2) 从行为仿真和 VHDL 语句功能上看，二者的区别主要表现在接受和保持信号的方式、信息保持与传递的区域大小上。例如信号可以设置延时量，而变量则不能；变量只能作为局部的信息载体，而信号则可作为模块间的信息载体。变量的设置有时只是一种过渡，最后的信息传输和界面间的通信都靠信号来完成。

(3) 从综合后所对应的硬件电路结构来看，信号一般将对应更多的硬件结构，但在许多情况下，信号和变量并没有什么区别。例如在满足一定条件的进程中，综合后它们都能引入寄存器。这时它们都具有能够接受赋值这一重要的共性，而 VHDL 综合器并不理会它们在接受赋值时存在的延时特性。

(4) 虽然 VHDL 仿真器允许变量和信号设置初始值，但在实际应用中，VHDL 综合器并不会把这些信息综合进去。这是因为实际的 FPGA/CPLD 芯片在上电后，并不能确保其初始状态的取向。因此，对于时序仿真来说，设置的初始值在综合时是没有实际意义的。

3.3.3 VHDL 数据类型

VHDL 是一种强类型语言，要求设计实体中的每一个常数、信号、变量、函数以及设定的各种参量都必须具有确定的数据类型，并且只有数据类型相同的量才能互相传递和作用。VHDL 作为强类型语言的好处是能使 VHDL 编译或综合工具确定而无歧义的结果去综合，保证设计硬件的唯一性。

VHDL 中的数据类型按照数据类型的构成，可以分成标量类型、复合类型、存取类型和文件类型这四大类。

(1) 标量型（scalar type）：属单元素的最基本的数据类型，通常用于描述一个单值数据对象或枚举状况下的枚举值，能代表某个数值。它包括实数类型、整数类型、枚举类型和时间类型。

(2) 复合类型（composite type）：可以由一个或多个基本数据类型（如标量型数据类型）复合而成的数据类型，它能提供一个组合值。复合类型主要有数组型（array）和记录型（record）。

(3) 存取类型（access type）：即指针类型，在 VHDL 中用于创建间接寻址的数据，为给定的数据类型的数据对象提供存取方式。

(4) 文件类型（files type）：用于提供包含数据序列的对象，即文件。这种数据类型对于编写测试台（testbench）非常有用。

VHDL 中的数据类型按照是否可以直接使用分成两大类：在现成程序包中可以随时获得的预定义数据类型和用户自定义数据类型。预定义的 VHDL 数据类型是 VHDL 最常用、最基本的数据类型。这些数据类型都已在 VHDL 的标准程序包 standard 和 std_logic_1164 及其他的标准程序包中作了定义，可在设计中随时调用。用户自定义的数据类型以及子类型，其基本元素一般仍属 VHDL 的预定义数据类型，但使用前必须进行声明。

在 VHDL 仿真和综合中，尽管 VHDL 仿真器支持所有的数据类型，但 VHDL 综合器并不支持所有的预定义数据类型和用户自定义数据类型。如 real、time、file、access 等数据类型。在综合中，它们将被忽略，不能产生与之对应的硬件电路或结构。

1. VHDL 预定义数据类型

VHDL 的预定义数据类型都是在 VHDL 标准程序包 standard 中定义的，在实际使用中，已自动包含在 VHDL 的源文件中，不必通过 use 语句加以显示调用。预定义的数据类型主要包括整数类型（integer）、实数类型（real）、位类型（bit）、位矢量类型（bit _ vector）、字符类型（character）、字符串类型（string）、布尔类型（boolean）、时间类型（time）、错误等级类型（severity level）等。

（1）整数类型（integer）。整数类型的数包括正整数、负整数和零。在 VHDL 中，整数的取值范围是$-(2^{31}-1)\sim+2^{31}$。通常所有预定义的算术运算，如加、减、乘、除都适用于整数类型。在实际应用中，VHDL 仿真器通常将 integer 类型作为有符号数处理，而 VHDL 综合器则将 integer 作为无符号数处理。在使用整数时，VHDL 综合器要求用 range 子句来限定所定义的整数范围，然后根据所限定的范围来决定表示此信号或变量的二进制数的位数，因为 VHDL 综合器无法综合未限定的整数类型的信号或变量。使用整数数据类型的举例如下。

```
constant  width: integer: = 8;            - - 定义整数常量 with,值为 8
signal  sum: integer range 0 to 100;      - - 定义信号 sum,类型为整数,取值范围为 0～100
variable  ave: integer : = 4;             - - 定义变量 ave,类型为整数,初值为 4
```

整数数据类型还包括了两个子类型：自然数（natural）和正整数（positive）。其中，自然数是非负的整数，包括零和正整数；正整数即整数中非零和非负的部分。这两者的使用如下。

```
signal  count: natural;                   - - 定义信号 count,类型为自然数
variable  cnt: positive: = 5;             - - 定义变量 cnt,类型为正整数,初值为 5
```

（2）实数类型（real）。实数类型又称为浮点类型（float），其预定义的实数的取值范围为$-1.0E38\sim+1.0E38$。由于实数的硬件实现非常复杂，因此 VHDL 综合器不支持实数类型。实数类型仅在 VHDL 仿真器中使用，作为有符号数处理。与整数一样，也可以采用 range 子句来限定实数范围。使用实数数据类型的举例如下。

```
constant  cir: real: = 5.62;              - - 定义实数常量 cir,值为 5.62
signal  vdd: real range - 2.5 to 2.5      - - 定义信号 vdd,类型为实数,取值范围为 - 2.5～2.5
```

（3）位类型（bit）。位数据类型又属于枚举型，取值只能是 1 或 0，用来表示逻辑电平 0 和逻辑电平 1。位数据类型的数据对象为变量、信号等，可以参与逻辑运算，运算结果仍是位的数据类型。综合器是一位二进制数来表示位类型的变量或信号（0 或 1）。使用位类型的举例如下。

```
signal  a,b,c: bit;                       - - 定义信号 a、b、c,数据类型均为 bit
variable s1,s2:bit;                       - - 定义变量 s1、s2,数据类型均为 bit
c< = a and b;
```

（4）位矢量类型（bit _ vector）。位矢量是基于位类型的数据类型，是一个由位类型数据元素构成的数组，如“10110010”，X“1011”等。位矢量在使用时要注明位宽，即数组长度和方向。使用位矢量类型的举例如下。

```
signal  a,b: bit_vector(7 downto 0);          - - 定义信号 a、b,数据类型均为 bit_vector,位宽为 8
a(7 downto 4)<="1010";                         - - 将 a 的高 4 位赋值为"1010"
b(3 downto 0)<=a(7 downto 4);                  - - 将 a 的高 4 位值赋给 b 的低 4 位
```

（5）字符类型（character）。字符类型通常用单引号引起来，如‘A’。字符类型区分大小写，如‘B’不同于‘b’。字符类型已在 standard 程序包中作了定义。使用字符类型举例如下。

```
variable temp: character := 'X';               - - 定义变量 temp,其类型为字符,初值为字符 X
```

（6）字符串类型（string）。字符串数据类型是字符数据类型的一个非约束型数组，或称为字符串数组。字符串必须用双引号标明。举例如下。

```
variable str1: string(0 to 3): = "VHDL";
variable st2: string(1 to 7);
str2: = "A B C D";
```

（7）布尔类型（boolean）。布尔数据类型实际上是一个二值枚举型数据类型，它的取值有 FALSE 和 TRUE 两种。它不能用于运算，只能通过如相等（=）、比较（>或<）等关系运算获得，表示一些逻辑结构或逻辑状态。综合器用一位二进制来表示一个布尔型变量或信号（1 或 0）。它和位数据之间可以进行转换。

（8）时间类型（time）。VHDL 中唯一的预定义物理类型是时间。完整的时间类型包括整数和物理量单位两部分，整数和单位之间至少留一个空格，如 55 ms，20 ns。预定义的时间类型的量纲有：fs（10^{-15}s，飞秒）、ps（10^{-12}s，皮秒）、ns（10^{-9}s，纳秒）、us（10^{-6}s，微秒）、ms（10^{-3}s，毫秒）、sec（s，秒）、min（min，分）、hr（h，时）。使用时间类型举例如下。

```
constant delay1: time: = 20 ns;               - - 定义常量 delay1,其类型为时间
```

除了时间，距离、电压、电流等也被定义为物理类型。综合时，所有的物理类型数据都将被 VHDL 综合器忽略。物理类型必须预定义后才能使用，使用规范的时间类型一样。物理类型定义格式如下。

```
type  物理类型名  is  range
units  基本单位;
       单位;
end  units;
```

（9）错误等级类型（severity level）。错误等级类型是一种特殊的数据类型。在 VHDL 仿真器中，错误等级用来指示设计系统的工作状态，它有四种可能的状态值：note（注意）、warning（警告）、error（出错）、failure（失败）。在仿真过程中，可输出这四种值来提示被仿真系统当前的工作情况。举例如下。

```
assert(flag = '1')                             - - 出现错误
```

```
  report " this project  is failure!"        - -输出错误提示语句
severity failure;                            - -错误等级为 failure
```

2. IEEE 预定义标准逻辑位与矢量

在 IEEE 库的程序包 std _ logic _ 1164 中，定义了两个非常重要的数据类型，即标准逻辑位 std _ logic 和标准逻辑矢量 std _ logic _ vector。

(1) 标准逻辑位类型 (std _ logic)。标准逻辑位类型是对标准位数据类型 (bit) 的扩展，共定义了 9 种取值：U (未初始化的)、X (强未知的)、0 (强 0)、1 (强 1)、Z (高阻态)、W (弱未知的)、L (弱 0)、H (弱 1)、一 (忽略)。这意味着，对于定义为数据类型是标准逻辑位 std _ logic 的数据对象，其可能的取值已非传统的 bit 那样只有 0 和 1 两种取值，而是如上定义的那样有 9 种可能的取值。目前在设计中一般只使用 IEEE 的 std _ logic 标准逻辑的位数据类型，bit 型则很少使用。

标准逻辑位类型是在 IEEE 的 std _ logic _ 1164 程序包中定义的，使用标准逻辑位类型时，必须在程序的开头声明这个程序包。该程序包还定义了 std _ logic 型逻辑运算符 (AND、NAND、OR、NOR、XOR 和 NOT 等)，以及用于 bit 与 std _ logic 之间的相互转换函数。因此，在程序中使用 std _ logic 时，必须在程序的开头加入以下语句。

```
library  ieee;
use  ieee.std_logic_1164.all;
```

由于标准逻辑位数据类型的多值性，在编程时应当特别注意。因为在条件语句中，如果未考虑到 std _ logic 的所有可能的取值情况，综合器可能会插入不希望的锁存器。在仿真和综合中，std _ logic 值是非常重要的，它可以使设计者精确模拟一些未知和高阻态的线路情况。对于综合器，高阻态和"—"忽略态可用于三态的描述。但就综合而言，std _ logic 型数据能够在数字器件中实现的只有其中的 4 种值，即"—""0""1"和"Z"。当然，这并不表明其余的 5 种值不存在。使用标准逻辑位类型的举例如下。

```
signal  a,b,c: std_logic;                    - -定义信号 a、b、c,数据类型均为 std_logic
variable s1,s2: std_logic;                   - -定义变量 s1、s2,数据类型均为 std_logic
c<=a and b;
```

(2) 标准逻辑矢量类型 (std _ logic _ vector)。标准逻辑矢量是基于标准逻辑位类型的数据类型，是一个由标准逻辑位类型数据元素组成的数组。标准逻辑位矢量在使用时要注明位宽，即数组长度和方向。同样，在程序中使用 std _ logic _ vector 时，必须在程序的开头声明 std _ logic _ 1164 这个程序包。

std _ logic _ vector 数据类型的数据对象赋值的原则是：同位宽、同数据类型的矢量间才能进行赋值。使用标准逻辑位矢量类型的举例如下。

```
signal  a,b: std_logic_vector(7 downto 0);
a(7 downto 4)<=" 1010" ;                     - -将 a 的高 4 位赋值为" 1010"
b(3 downto 0)<=a(7 downto 4);                - -将 a 的高 4 位值赋给 b 的低 4 位
```

3. 其他预定义标准数据类型

VHDL 综合工具配带的扩展程序包中，定义了一些有用的类型。如 Synopsys 公司在 IEEE 库中加入的程序包 STD _ LOGIC _ ARITH 中定义了如下的数据类型：无符号型

(unsigned)、有符号型(signed)和小整型(small _ int)。

如果将信号或变量定义为这几个数据类型，就可以使用 STD _ LOGIC _ ARITH 程序包中定义的运算符。在使用之前，必须加入下面的语句。

```
library  ieee;
use  ieee.std_logic_arith.all;
```

unsigned 类型和 signed 类型是用来设计可综合的数学运算程序的重要类型，其中 unsigned 用于无符号数的运算；signed 用于有符号数的运算。在实际应用中，大多数运算都需要用到它们。

在 IEEE 程序包中，UNMERIC _ STD 和 NUMERIC _ BIT 程序包中也定义了 unsigned 型及 signed 型，NUMERIC _ STD 是针对于 std _ logic 型定义的，而 NUMERIC _ BIT 是针对于 bit 型定义的。在程序包中还定义了相应的运算符重载函数。有些综合器没有附带STD _ LOGIC _ ARITH 程序包，此时只能使用 NUMBER _ STD 和 NUMERIC _ BIT 程序包。

在 STANDARD 程序包中没有定义 std _ logic _ vector 的运算符，而整数类型一般只在仿真的时候用来描述算法，或作数组下标运算，因此 unsigned 和 signed 的使用率是很高的。

(1) 无符号数据类型(unsigned)。unsigned 数据类型代表一个无符号的数值，在综合器中，这个数值被解释为一个二进制数，这个二进制数的最左位是其最高位。例如，十进制的 9 可以表示为：unsigned(“1001”)。如果要定义一个变量或信号的数据类型为 unsigned，则其位矢长度越长，所能代表的数值就越大。如一个 4 位变量的最大值为 15，一个 8 位变量的最大值则为 255，0 是其最小值。unsigned 不能用来定义负数。使用无符号数据类型的举例如下。

```
signal   s1: unsigned(7 downto 0);          - - 定义信号 s1 为无符号数据类型,位宽为 8
variable s2: unsigned(0 to 3);              - - 定义变量 s2 为无符号数据类型,位宽为 4
```

(2) 有符号数据类型(signed)。signed 数据类型表示一个有符号的数值，综合器将其解释为补码，此数的最高位是符号位，例如：signed(“0101”)代表+5，即 5；signed(“1011”)代表−5。使用有符号数据类型的举例如下。

```
signal   s3: signed(0 to 7);                - - 定义信号 s3 为有符号数据类型,位宽为 8
variable s4: signed(4 downto 1);            - - 定义变量 s4 为有符号数据类型,位宽为 4
```

除了上述两种常用的数据类型 STANDARD 程序包中还定义了小整型(small _ int)，其定义为 small _ int：0 to 1。

4. 用户自定义数据类型方式

VHDL 允许用户自行定义新的数据类型，它们可以有多种，如枚举类型(enumeration type)、整数类型(integer type)、数组类型(array type)、记录类型(record type)、时间类型(time type)、实数类型(real type)等。用户自定义数据类型的关键字是类型定义语句 type 和子类型定义语句 subtype。

(1) 类型定义语句(type)。type 语句格式如下。

```
type 数据类型名  is  数据类型定义 [of 基本数据类型];
```

其中，数据类型名由设计者自行定义的合法标识符；数据类型定义部分用来描述所定义的数据类型的表达方式和表达内容；关键词 of 后的基本数据类型是指数据类型定义中所定义的元素的基本数据类型，一般都是取已有的预定义数据类型，如 bit、std _ logic 或 integer 等。使用 type 定义数据类型的举例如下。

```
type cnt is array(0 to 15)of std_logic;
type week is(sun,mon,tue,wed,thu,fri,sat);
```

第一句定义的数据类型 cnt 是一个具有 16 个元素的数组型数据类型，数组中的每一个元素的数据类型都是 std _ logic 型；第二句所定义的数据类型 week 是由一组文字表示的，而其中每个文字都代表一个具体的值，如可令 sun= “1010”；

在 VHDL 中，任一数据对象（signal、varialbe、constant）都必须归属某一数据类型，只有同数据类型的数据对象才能进行相互作用。利用 type 语句可以完成各种形式的自定义数据类型以供不同类型的数据对象间的相互作用和计算。

（2）子类型定义语句（subtype）。子类型 subtype 是由 type 定义的原数据类型的一个子集，它满足原数据类型的所有约束条件。原数据类型称为基本数据类型，子类型的定义只在基本数据类型上作一些约束，并没有定义新的数据类型。子类型定义中的基本数据类型必须在前面已通过 type 定义的类型，包括已在 VHDL 预定义程序包中用 type 定义过的类型。子类型定义语句格式如下。

```
subtype 子类型名 is 基本数据类型  range  约束范围;
```

使用 subtype 定义子类型的举例如下。

```
subtype  digits  integer  range  0  to  99;
```

在该定义语句中，integer 是标准程序包中已定义过的数据类型，子类型 digits 只是将 integer 约束到只含 100 个值的数据类型。注意，不能用 subtype 来定义一种新的数据类型，如“subtype cnt is array（0 to 15） of std _ logic;”这样的类型定义语句是错误的。

由于子类型与其基本数据类型属同一数据类型，因此属于子类型的和属于基本数据类型的数据对象间的赋值和被赋值可以直接进行，不必进行数据类型的转换。

利用子类型定义数据对象的好处是，除了使程序提高可读性和易处理外，其实质性的好处在于有利于提高综合的优化效率，这是因为综合器可以根据子类型所设的约束范围，有效地推知参与综合的寄存器的最合适的数目。

5. 枚举类型

VHDL 中的枚举数据类型是用文字符号来表示一组实际的二进制数的类型，若直接用数值来定义，则必须使用单引号。枚举类型的定义语句格式如下。

```
type 数据类型名 is(枚举值);
```

在数字系统设计中，枚举类型应用较广泛。例如，状态机的每一状态在实际电路虽是以一组触发器的当前二进制数位的组合来表示的，但设计者在状态机的设计中，为了更便于阅读和编译，往往将表征每一状态的二进制数组用文字符号来代表。枚举数据类型的定义举例如下。

```
type state is(st0,st1,st2,st3,st4,st5,st6,st7);
signal s_state,next_state: state;
```

第一句所定义的枚举类型 state 是包含 st0～st7 这 8 个枚举元素，在第二句中定义信号 s _ state 和 next _ state，其类型为 state，即这两个信号的取值范围为 st0～st7 这 8 个枚举元素。

在综合过程中，枚举类型文字元素的编码通常是自动的，编码顺序是默认的，一般将第一个枚举量（最左边的量）编码为 0，以后的依次加 1。综合器在编码过程中自动将第一枚举元素转变成位矢量，位矢的长度将取所需表达的所有枚举元素的最小值。如上例中用于表达 8 个状态的位矢长度应该为 3，编码默认值为如下方式。

```
st0 = '000'; st1 = '001'; st2 = '010'; st3 = '011'; st4 = '100'; st5 = '100'; st6 = '101'; st7 = '110'
```

于是它们的数值顺序便成为 st0＜st1＜st2＜st3＜st4＜st5＜st6＜st7。一般而言，编码方法因综合器不同而不同。

6. 数组类型

数组类型属复合类型，是将一组具有相同数据类型的元素集合在一起，作为一个数据对象来处理的数据类型。数组可以是一维（每个元素只有一个下标）数组或多维数组（每个元素有多个下标）。VHDL 仿真器支持多维数组，但 VHDL 综合器只支持一维数组。

数组的元素可以是任何一种数据类型，用以定义数组元素的下标范围子句决定了数组中元素的个数，以及元素的排序方向，即下标数是由低到高，或是由高到低。如子句“0 to 7”是由低到高排序的 8 个元素；“15 downto 0”是由高到低排序的 16 个元素。

VHDL 允许定义两种不同类型的数组，即限定性数组和非限定性数组。它们的区别是，限定性数组下标的取值范围在数组定义时就被确定了，而非限定性数组下标的取值范围需留待随后根据具体数据对象再确定。

限定性数组的声明格式如下。

```
type 数组名 is array (数组范围)of 数据类型;
```

其中，数组名是设计者自行定义的数组名称；数组范围可以使用关键字 to 或 downto，以增量或减量的方式来给定，以整数来表示；数据类型即指数组各元素的数据类型。

非定性数组的声明格式如下。

```
type 数组名 is array (数组下标名 range <>)of 数据类型;
```

其中，数组下标名是以整数类型设定的一个数组下标名称，符号<>是下标范围待定符号，用到该数组类型时再填入具体的数据范围。注意，符号<>间不能有空格。

数组类型定义举例如下。

（1）限定性数组。

```
type din  is array(7 downto 0)of std_logic;
type m  is(LOW,HIGH);
type dout  is array(0 to 7)of bit;
```

第一句中定义的数组类型名称是 din，它有 8 个元素，它的下标排序是 7，6，5，4，3，2，1，0，各元素的排序是 din(7)，din(6)，……，din(1)，din(0)。第二句中定义 m 为两元素的枚举数据类型，然后在第三句中将 dout 定义为一个数组类型，其中每一元素的数据类型是 bit。

（2）非限定性数组。

```
type bit_vector is array(natural  range <>)of bit;
variable temp: bit_vector(2 to 8);              --限定范围
```

7. 记录类型

记录类型也是一种复合数据类型，是由已定义的、数据类型不同的对象元素构成的数组称为记录类型的对象。定义记录类型的语句格式如下。

```
type 记录类型名 is record
  元素名: 数据类型名;
  元素名: 数据类型名;
……
end record [记录类型名];
```

其中，记录类型名是由设计者自行定义的数据类型名称。声明语句中的基本类型为 VHDL 定义的类型或设计者已经定义好的其他类型。记录类型的使用举例如下。

```
type  record_data1  is  record
  A: std_logic;
  B: integer range  (0 to 9);
  C: std_logic_vector(7 downto 0);
end record;
```

在上例中声明了一个包含 3 个元素的记录类型 record _ data1。这 3 个元素的类型分别为标准逻辑位型、有约束范围的整数类型和标准逻辑矢量类型。定义这一复合数据类型后，可以使用它来定义信号、变量等。

对于记录类型的数据对象赋值的方式，可以是整体赋值或对其中的单个元素进行赋值。在使用整体赋值方式时，可以采用位置关联或名字关联方式。如果使用位置关联时，则默认为元素赋值的顺序与记录类型声明时的顺序相同。如果使用了 others 选项，则至少应有一个元素被赋值，如果有两个或多个的元素由 others 选项来赋值，则这些元素必须具有相同的类型。此外，如果有两个或多个元素具有相同的子类型，就可以以记录类型的方式放在一起定义。举例如下。

```
variable  record1: record_data1: = ('X',12," 10110010" );
```

上述语句等价于以下语句。

```
record_data1.A<='X';
record_data1.B<=12;
record_data1.C<=" 10110010" ;
```

8. 数据类型转换

由于 VHDL 是一种强类型语言，这就意味着即使对于非常接近的数据类型的数据对象，在相互操作时，也需要进行数据类型转换。

（1）使用类型标识符进行类型转换。使用类型标识符进行类型转换时，其一般格式如下。

数据类型标识符(表达式);

这种类型转换方式，一般只用于数据类型相互间的关联性比较大的数据类型之间。如标记 real 就能将整数类型的数据对象转换成实数类型；反之，标记 integer 就能将实数类型的数据转换成整数类型。举例如下。

```
variable  A,B: integer;            --定义变量 A、B 均为整数类型
variable  C:real;                  --定义变量 C 为实数类型
……
A: = integer(C * real(B));
```

在上述最后一条语句中，将 B 由整数类型转换为实数类型后与实数 C 相乘，乘积结果由实数类型转换为整数类型，然后赋值给 A。

一般情况下，使用类型标识符进行类型转换仅限于非常关联（数据类型相互间的关联性非常大）的数据类型之间，必须遵循以下规则。

1）所有的抽象数字类型是非常关联的类型（如整型、浮点型），如果浮点数转换为整数，则转换结果是最接近的一个整型数。

2）如果两个数组有相同的维数，且两个数组的元素是同一类型，并且在各处的下标范围内索引是同一类型或非常接近的类型，那么这两个数组是非常关联类型。

3）类型和其子类型之间不需要类型转换。

4）枚举型不能被转换。

如果类型标识符所指的是非限定数组，则转换的结果会将被转换的数组的下标范围去掉，即成为非限定数组。如果类型标识符所指的是限定性数组，则转换后的数组的下标范围与类型标识符所指的下标范围相同。转换结束后，数组中元素的值等价于原数组中的元素值。

(2) 使用类型转换函数实现类型转换。类型转换函数的作用就是将一种属于某种数据类型的数据对象转换成属于另一种数据类型的数据对象。

在 IEEE 库的 std_logic_1164、std_logic_arith 和 std_logic_unsigned 程序包中，都有预定义好的类型转换函数，见表 3-3。

表 3-3　　转换函数表

程序包	函数	说明
std_logic_1164	to_std_logic_vector(A)	将 A 由 bit_vector 类型转换成 std_logic_vector 类型
	to_bit_vector(A)	将 A 由 std_logic_vector 类型转换成 bit_vector 类型
	to_logic(A)	将 A 由 bit 类型转换为 std_logic 类型
	to_bit(A)	将 A 由 std_logic 类型转换为 bit 类型
std_logic_arith	conv_std_logic_vector(A,位长)	将 A 由 integer，unsigned，和 signed 转换成指定位长的 std_logic_vector 类型
	conv_integer(A)	将 A 由 unsigned 和 signed 转换成 integer 类型
std_logic_unsigned	conv_integer(A)	将 A 由 std_logic_vector 类型转换为 integer 类型

在 VHDL 程序设计中，要使用程序包中预定义的类型转换函数，必须在程序开头声明相应的程序包。

3.3.4 VHDL 操作符

在 VHDL 语言中，表达式由操作符和操作数组成。其中，操作符又称为运算符，规定了运算的方式；操作数又称为运算对象。一个 VHDL 操作符可以通过名称、功能、操作数（即运算对象）、操作数的类型及结果值的类型来定义。操作数的类型必须和运算符的类型相匹配。

1. 操作符的种类及优先级

在 VHDL 中，一般有四类操作符，即逻辑操作符（Logical Operator）、关系操作符（Relational Operator）、算术操作符（Arithmetic Operator）和符号操作符（Sign Operator），前三类操作符是完成逻辑和算术运算的最基本的操作符的单元。此外还有重载操作符（Overloading Operator），它是对基本操作符作了重新定义的函数型操作符。各操作符所要求的操作数类型见表 3-4，各操作符之间运算的优先级见表 3-5。

表 3-4　　VHDL 操作符列表

类型	操作符	功能	操作数数据类型
算术操作符	+	加	整数
	−	减	整数
	&	并置	一维数组
	*	乘	整数和实数
	/	除	整数和实数
	MOD	取模	整数
	REM	取余	整数
	SLL	逻辑左移	bit 或布尔型一维数组
	SRL	逻辑右移	bit 或布尔型一维数组
	SLA	算术左移	bit 或布尔型一维数组
	SRA	算术右移	bit 或布尔型一维数组
	ROL	循环左移	bit 或布尔型一维数组
	ROR	循环右移	bit 或布尔型一维数组
	**	乘方	整数
	ABS	取绝对值	整数
	+	正	整数
	−	负	整数
关系操作符	=	等于	任何数据类型
	/=	不等于	任何数据类型
	<	小于	枚举与整数类型，及对应的一维数组
	>	大于	枚举与整数类型，及对应的一维数组
	<=	小于等于	枚举与整数类型，及对应的一维数组
	>=	大于等于	枚举与整数类型，及对应的一维数组

续表

类型	操作符	功能	操作数数据类型
逻辑操作符	AND	与	bit，boolean 和 std _ logic
	OR	或	bit，boolean 和 std _ logic
	NAND	与非	bit，boolean 和 std _ logic
	NOR	或非	bit，boolean 和 std _ logic
	XOR	异或	bit，boolean 和 std _ logic
	XNOR	同或（异或非）	bit，boolean 和 std _ logic
	NOT	非	bit，boolean 和 std _ logic

表 3-5　VHDL 操作符运算优先级

运　算　符	优　先　级
NOT，ABS，**	最高优先级
*，/，MOD，REM	↑
+（正号），-（负号）	↑
+，-，&	↑
SLL，SLA，SRL，SRA，ROL，ROR	↑
=，/=，<，<=，>，>=	↑
AND，OR，NAND，NOR，XOR，XNOR	最低优先级

2. 算术操作符

算术操作符是用来处理整数或位矢量的数据类型，它又分为求和操作符、符号操作符、求积操作符、混合操作符和移位操作符。

(1) 求和操作符。求和操作符包括加法操作符（+）、减法操作符（-）和并置操作符（&）。VHDL 规定求和操作符中，"+"（加）、"-"（减）操作数的数据类型为整数，操作规则与常规的加、减法相同。当"+"（加）、"-"（减）操作数的位宽大于 4 位时，VHDL 综合器将调用库元件进行综合。一般加减操作符的数据对象为信号或变量时，经综合后所消耗的硬件资源比较多；而其中的一个操作数或两个操作数为常量时，经综合后所消耗的硬件资源比较少。

并置操作符是一个比较特殊的求和操作符，它的两个操作数的数据类型必须都是一维数组，其作用是将普通操作数或数组连接起来构成新的数组。在应用中，要注意并置操作后数组的矢量长度应与赋值对象数组的长度保持一致。并置操作符的使用举例如下。

```
signal  a: std_logic_vector(3 downto 0): ="1011";     --定义信号 a 标准逻辑矢量,长度为 4
signal  b: std_logic_vector(3 downto 0): ="0110";     --定义信号 b 标准逻辑矢量,长度为 4
signal  c,d: std_logic;                               --定义信号 c、d 标准逻辑位
signal  e,f: std_logic_vector(4 downto 0);            --定义信号 e、f 标准逻辑矢量,长度为 5
signal  m,n: std_loigc_vector(7 downto 0);            --定义信号 m、n 标准逻辑矢量,长度为 8
……
c<='1';                                               --信号 c 赋值为'1'
```

```
d<='0';                                  --信号 d 赋值为'0'
e<=a&c;                                  --a 并置 c 的结果("10111")赋值给 e
f<=d&b;                                  --d 并置 b 的结果("00110")赋值给 f
m<=a&b;                                  --a 并置 b 的结果("10110110")赋值给 m
n<=a&b;                                  --b 并置 a 的结果("01101011")赋值给 n
```

(2) 符号操作符。符号操作符包括“+”(正)、“−”(负) 两种操作符。符号操作符的操作数只有 1 个，操作数的数据类型为整数类型。“+”对操作数不作任何改变；“−”操作符作用于操作数后的结果是对该操作数取负。

(3) 求积操作符。求积操作符包括“*”(乘)、“/”(除)、MOD (取模)、REM (取余) 这 4 种操作符。“*”(乘) 和“/”(除) 的两个操作数的数据类型为整数或实数类型，在一定条件下也可以对物理类型的数据对象进行操作；MOD (取模) 和 REM (取余) 的两个操作符的数据类型为整数类型。

注意，乘除运算通常消耗很多的硬件资源，为节省资源，通常很少直接使用乘除运算操作，而改用移位操作以达到乘除的目的。取模和取余操作的本质与除法操作一致，可综合的取模和取余操作要求操作数必须是以 2 为底的数。

(4) 混合操作符。混合操作符包括“**”(乘方)、ABS (取绝对值) 两种操作符，这两种操作符的操作数的数据类型一般为整数类型。乘方操作符的左边可以是整数或实数，但右边必须为整数，而且只有左边为实数时，其右边才可以为负数。通常乘方操作符作用的操作数的底数为 2 时，综合器才可以综合。

(5) 移位操作符。移位操作符包括 SLL (逻辑左移)、SRL (逻辑右移)、SLA (算术左移)、SRA (算术右移)、ROL (循环左移) 和 ROR (循环右移) 这 6 种操作符。这 6 种移位操作符都是 VHDL 93 标准新增加的操作符，其操作数的数据类型都是一维数据，并且，数组中的元素必须都是 bit 或 boolean 的数据类型，移位的位数必须是整数。

逻辑移位操作符 SLL 和 SRL 在进行移位操作时，空缺位补 0；算术移位操作符 SLA 和 SRA 在进行移位操作时，空缺位用当前位补充；循环移位操作符 ROL 和 ROR 在进行移位操作时，空缺位用移出位填充。移位操作符的使用举例如下。

```
signal  a: bit_vector(7 downto 0):="10011011";       --定义信号 a 位矢量,长度为 8
signal  b: bit_vector(7 downto 0):="01010101";       --定义信号 b 位矢量,长度为 8
signal  c,d,e,f,m,n: bit_vector(7 downto 0);         --定义信号 c、d、e、f、m、n 位矢量,长度为 8
……
c<= a SLL 2;        --a 逻辑左移 2 位的结果("01101100")赋值给 c(c="01101100")
d<= b SRL 3;        --b 逻辑右移 3 位的结果("00001010")赋值给 d(c="00001010")
e<= a SLA 2;        --a 算术左移 2 位的结果("01101111")赋值给 e(e="01101111")
f<= e SRA 2;        --e 算术右移 2 位的结果("00011011")赋值给 f(f="00011011")
m<= a ROL 2;        --a 循环左移 2 位的结果("01101110")赋值给 m(m="01101110")
n<= b ROR 3;        --b 循环右移 2 位的结果("10101010")赋值给 n(n="10101010")
```

3. 关系操作符

关系操作符是将相同的数据类型的数据对象进行数值比较或关系排序判断，并将结果以 boolean 类型的数据表示出来，即结果为 TURE 或 FALSE。在 VHDL 中有 6 种关系操作符，其中“=”和“/=”（不等于）用于数值比较，“>”“<”“>=”和“<=”用于关系排序判断。

对于数值比较操作，其数据对象可以是任意数据类型构成的操作数；对于关系排序判断操作，其数据对象的数据类型有一定的限制，支持的数据类型有枚举类型、整数类型以及由枚举或整数类型数据元素构成的一维数组。

进行关系运算，要求左右两边数据对象的数据类型相同，但是位长度可以不同。在利用关系操作符对位矢量数据进行比较时，不管其数据方向是向上（to）还是向下（downto），比较过程都是从最左边的位开始，自左向右按位进行比较，并将自左向右的比较结果作为关系运算的结果。如果两个位矢量数据长度不同，且较短的位矢量数据与较长的位矢量数据前面部分相同，则认为较短的位矢量数据小于较长的位矢量数据。

4. 逻辑操作符

逻辑操作符的功能就是对操作数进行逻辑运算。在 VHDL 中有 7 种逻辑操作符：AND（逻辑与）、OR（逻辑或）、NAND（逻辑与非）、NOR（逻辑或非）、XOR（异或）、XNOR（同或）、NOT（逻辑非）。

逻辑运算的操作数必须具有相同的数据类型，VHDL 标准逻辑运算符允许的操作数类型有位类型（bit）、布尔类型（boolean）以及位矢量类型（bit_vector）。在 IEEE 库有 std_logic_1164 程序包中对逻辑运算符进行了重新定义，也可以用于标准逻辑位类型（std_logic）和标准逻辑位矢量类型（std_logic_vector）数据的逻辑运算。但是应用于这两种数据类型，必须事先声明 std_logic_1164 程序包。逻辑运算表达式的结果数据类型与操作数数据类型相同。

5. 重载操作符

为了方便各种不同数据间的运算，VHDL 允许用户对原有的基本操作符重新定义，赋予新的含义和功能，从而构成一种新的操作符，这就是重载操作符。重载后的操作符允许新的数据类型时进行操作，或者允许不同数据类型的数据之间使用该操作符进行运算。定义这种操作符的函数称为重载函数。

Synopsys 的程序包 std_logic_arith、std_logic_unsigned 和 std_logic_signed 中已经为许多类型的运算重载了算术运算符和关系运算符，因此只要引用这些程序包，signed、unsigned、std_logic 和 integer 之间即可进行混合运算，integer、std_logic 和 std_logic_vector 之间也可以进行混合运算。

3.4 VHDL 顺序语句

从语句的执行方式上看，VHDL 语句可分为顺序描述语句（简称顺序语句）和并行描述语句（简称并行语句）两大类。顺序语句是相对于并行语句而言，其特点是每一条语句在行为仿真中的顺序与它们在代码中的书写顺序相对应，并且这些语句只能在进程（process）或子程序（包括过程和函数）中。在数字系统设计中，可以利用顺序语句来描述逻辑系统的组合逻辑、时序逻辑等。VHDL 中的顺序描述语句主要包括：赋值语句、流程控制语句（if、case、loop 语句等）、等待语句、子程序调用语句、返回语句和控操作语句等。

3.4.1 进程语句

process 语句为进程语句，它是结构体行为描述中使用最频繁的复合语句，也最具有 VHDL 语言特色的语句。进程语句格式如下。

```
[标号:]  process(敏感信号表)[is]
  [说明语句;]
begin
  [顺序语句;]
end process;
```

标号为设计者自行定义的合法标识符，在程序中它不是必须的，可以省略。通常，如果程序中只使用一个进程时，进程标号省略；如果程序中有多个进程时，每个进程加上相应的标号，以提高程序的可读性。

进程语句中的敏感信号表是进程赖以启动的敏感表，对于表中列出的任何信号的改变，都将启动进程，执行进程内相应的顺序语句。如果一个进程中有多个敏感信号时，各敏感信号前用逗号分开。进程中，敏感信号的添加是非常重要的，添加一不必要的信号到敏感信号表中，可能会意外启动进程，得到意料不到的结果。如果遗漏敏感信号，则有可能得不到想要的结果。通常，如果进程描述的是组合电路，那么所有的输入量都必须作为敏感信号；如果进程描述的是时序电路，时钟信号和异步控制信号必须作为敏感信号。

进程的说明语句部分用于定义该进程所需的一些局部数据环境。可包括数据类型、常数、变量属性、子程序等。但是，在进程说明语句部分中不允许定义信号和共享变量，在此说明的变量，只有在此进程内才可以对其进行存取。

进程的顺序语句部分是一段顺序执行的语句，描述该进程的行为。可分为赋值语句、进程启动语句、子程序调用语句、顺序描述语句和进程跳出语句等。

（1）信号赋值语句：即在进程中将计算或处理的结果向信号（signal）赋值。

（2）变量赋值语句：即在进程中以变量（variable）的形式存储计算的中间值。

（3）进程启动语句：当 process 的敏感信号参数表中没有列出任何敏感量时，进程的启动只能通过进程启动语句 wait 语句。这时可以利用 wait 语句监视信号的变化情况，以便决定是否启动进程。wait 语句可以看成是一种隐式的敏感信号表。

（4）子程序调用语句：对已定义的过程和函数进行调用，并参与计算。

（5）顺序描述语句：包括 if 语句、case 语句、loop 语句和 null 语句等。

（6）进程跳出语句：包括 exit 语句和 exit 语句。

进行进程设计时，要注意以下几点。

1）进程为一个独立的无限循环语句，它只有执行或等待（又称挂起）两种状态。满足条件则进入执行状态；执行到 end process 语句时，该进程暂停执行，自动返回到起始语句 process，进入等待状态。

2）一个结构体中可以包含多个进程，各进程之间是并行运行的，但同一进程中的顺序语句是顺序运行的，因而在进程中只能设置顺序语句。

3）进程的激活必须由敏感信号表中定义的敏感信号的变化来启动，否则必须由一个显式的 wait 语句来激活。但是，在一个使用了敏感表的进程（或者由该进程所调用的子程序）中不能含有任何等待语句。

4）同一设计中的所有进程都是并行运行的，每个进程根据自己的敏感信号独立运行。进程之间依靠信号量（signal）来传递数据。

5）在同一进程中只能放置一个含有时钟边沿检测的条件语句。

6）同一进程中，对同一信号多次赋值，只有最后一次赋值有效；不同进程中，不能对同一信号赋值。

3.4.2 赋值语句

赋值语句的功能是将一个值或一个表达式的运算结果传递给某一数据对象。如信号或变量，或由此组成的数组。对于 VHDL 设计实体内的数据传递以及对端口界面外部数据的读/写都必须通过赋值语句的运行来实现。

VHDL 中的赋值语句有两种：信号赋值语句和变量赋值语句。每一种赋值语句都由三个基本元素组成，即赋值对象（又称赋值目标）、赋值符号和赋值源。赋值对象是所赋值的受体，它的基本元素只能是信号或变量，但表现形式可以有多种，如文字、标识符、数组等。赋值符号只有两种，信号赋值符号是"＜＝"；变量赋值符号是"：＝"。赋值源是赋值的主体，它可以是一个数值，也可以是一个逻辑或运算表达式。VHDL 规定赋值对象与赋值源的数据类型必须一致。信号赋值语句和变量赋值语句的语法格式分别如下。

```
信号赋值对象 <= 表达式;
变量赋值对象 := 表达式;
```

变量赋值与信号赋值的区别在于，变量具有局部特征，它的有效只局限于所定义的一个进程中，或一个子程序中，它是一个局部的、暂时性数据对象（在某些情况下）。对于它的赋值是立即发生的（假设进程已启动），即是一种时间延迟为零的赋值行为。信号则不同，信号具有全局性特征，它不但可以作为一个设计实体内部各单元之间数据传送的载体，而且可通过信号与其他的实体进行通信（端口本质上也是一种信号）。赋值过程总是有某种延时的，它反映了硬件系统并不是立即发生的，它发生在一个过程结束时。赋值过程的延时反映了硬件系统的重要特性，综合后可以找到与信号对应的硬件结构，如一根传输导线、一个输入输出端口或一个 D 触发器等。在信号赋值中，当在同一进程中，同一信号赋值目标有多个赋值源时，信号赋值目标获得的是最后一个赋值源的赋值，其前面相同的赋值目标不作任何变化。

3.4.3 IF 语句

if 语句属于流程控制语句，它是根据语句中所设置的一种或多种条件，有选择地执行指定的顺序语句，其语句格式有以下 3 种基本形式。

1. 形式一

```
if 条件表达式 then
  顺序语句;
end if;
```

在这种结构形式中，如果条件表达式的布尔值为真，则执行 if 语句中的顺序语句；否则程序将跳过 if 语句中的顺序语句部分，而顺序执行 end if 语句后其他语句。

【例 3-11】 使用 if 语句描述一个上升沿触发的基本 D 触发器。

```
library ieee;
```

```
use ieee.std_logic_1164.all;
entity ex_dff is
  port(CP,D: in std_logic;                    --CP为时钟脉冲端;D为输入信号端
        Q,QB: out std_logic);                 --Q为输出端口;QB为反相输出端口
end ex_dff;
architecture one of ex_dff is
begin
  process(CP)                                 --process为进程语句,CP为敏感信号
    begin
      if rising_edge(CP)then                  --判断CP是否为上升沿
        Q<=D;                                 --CP为上升沿执行Q、QB赋值语句
        QB<=not D;
      end if;
  end process;
end one;
```

这个程序用来描述时钟信号边沿触发的基本 D 触发器时序逻辑电路。进程（process）中的 CP 为敏感信号，CP 变化时，进程就要执行一次。条件表达式 rising _ edge（CP）用来判断 CP 是否发生上升沿跳变，若发生上升沿跳变，则执行给 Q、QB 赋值的语句，否则 Q、QB 保持不变。

2. 形式二

```
if 条件表达式 then
  顺序语句 1;
else
  顺序语句 2;
end if;
```

在这种结构形式中，如果条件表达式的布尔值为真，则执行 if 语句中的顺序语句 1 部分，执行完后跳转到 end if 语句执行后面的其他语句；否则程序执行 if 语句中的顺序语句 2 部分，执行完后顺序执行 end if 语句后其他语句。

【例 3-12】 使用 if 语句也可以实现［例 3-7］中的比较器，其程序如下。

```
library  ieee;
use  ieee.std_logic_1164.all;
entity  ex_comp  is
  port(A,B: in  std_logic;
        Y:out  std_logic);
end  ex_comp;
architecture  one  of  ex_comp  is
begin
  process(A,B)
    begin
    if  A=B then                              --判断A和B是否相等
      Y<='1';                                 --A和B相等,则Y输出为1
```

```
    else
      Y<='0';                              --A和B不相等,Y输出为0
    end if;
  end process;
end one;
```

3. 形式三

```
if 条件表达式 1 then
  顺序语句 1;
elsif  条件表达式 2  then
  顺序语句 2;
elsif  条件表达式 3  then
  顺序语句 3;
……
elsif  条件表达式 n  then
  顺序语句 n;
else
  顺序语句 n+1;
end if;
```

在这种结构形式中，按顺序进行条件判断。首先判断条件表达式 1，如果条件表达式 1 的布尔值为真，则执行顺序语句 1 部分，执行完后，直接跳转到 end if 语句执行后面的其他语句；否则，如果条件表达式 2 的布尔值为真，则执行顺序语句 2 部分，执行完后，直接跳转到 end if 语句执行后面的其他语句；否则，如果条件表达式 3 的布尔值为真，则执行顺序语句 3 部分，执行完后，直接跳转到 end if 语句执行后面的其他语句；……；否则，如果条件表达式 n 的布尔值为真，则执行顺序语句 n 部分，执行完后，直接跳转到 end if 语句执行后面的其他语句；否则，上述表达式均不成立，则执行顺序语句 $n+1$ 部分，执行完后顺序执行 end if 语句后其他语句。

【例 3-13】 使用 if 语句编写 4 线-2 线优先编码器的 VHDL 程序。

4 线-2 线优先编码器有 4 个输入端 A3～A0 和两个输出 Y1、Y0 及输出使能 EO。A0 的级别最高，A3 的级别最低，当有多个有效输入信号时，则 Y1 和 Y0 输出为最高优先级的有效输入编码。如果没有有效输入信号时，EO 输出为电平，否则 EO 输出为高电平。4 线-2 线优先编码器的符号与真值表见表 3-6。

表 3-6　　4 线-2 线优先编码器的符号与真值表

符号	输入				输出		
	A3	A2	A1	A0	Y1	Y0	EO
A3 A2 A1 A0 / Y1 Y0 EO	0	0	0	0	0	0	0
	×	×	×	1	1	1	1
	×	×	1	0	1	0	1
	×	1	0	0	0	1	1
	1	0	0	0	0	0	1

根据 4 线-2 线优先编码器电路的真值表，也可采用寄存器传输描述方式，但由于目前的 VHDL 还不能描述任意项，因此最好使用 IF 条件判断语句实现此功能，编写的 VHDL 程序如下。

```
library ieee;
use ieee.std_logic_1164.all;
entity ex_4to2 is
  port(A3,A2,A1,A0:in std_logic;
            Y1,Y0:out std_logic;
              E0:out std_logic);
end ex_4to2;
architecture one of ex_4to2 is
  begin
  process(A3,A2,A1,A0)
    begin
      if A0 = '1' then
        Y1<='1'; Y0<='1'; E0<='1';
      elsif A1 = '1' then
        Y1<='1'; Y0<='0'; E0<='1';
      elsif A2 = '1' then
        Y1<='0'; Y0<='1'; E0<='1';
      elsif A3 = '1' then
        Y1<='0'; Y0<='0'; E0<='1';
      elsif A3 = '0' and A2 = '0' and A1 = '0' and A0 = '0'then
        Y1<='0'; Y0<='0'; E0<='0';
      end if;
  end process;
end one;
```

在该程序中，A3、A2、A1、A0 都作为进程中的敏感信号，从优先级别上看，A0 的优先级最高，其次为 A1，再次为 A2，然后为 A3，最后为 A3、A2、A1、A0 同时为 0 的表达式为最低。由于程序中没有 else 分支，使其成为一个不完整条件句，从而在综合时综合器引入 D 触发器，综合后的 RTL 电路截图如图 3-6 所示。

除了上述 3 种基本结构形式外，if 语句还有嵌套使用的形式。如果 if 语句中又包含一个或多个 if 语句时，这种情况称为 if 语句的嵌套。if 语句的嵌套基本形式如下。

```
                 ┌if 条件表达式 1  then
                 │  if 条件表达式 1  then┐
                 │    顺序语句 1;        │
外层嵌套 if 语句 ┤  else                 ├内层嵌套 if 语句
                 │    顺序语句 2;        ┘
                 │end if;
                 └else
```

```
    if 条件表达式 3  then
      顺序语句 3;
    else                      内层嵌套 if 语句
      顺序语句 4;
    end if;
  end if;
```

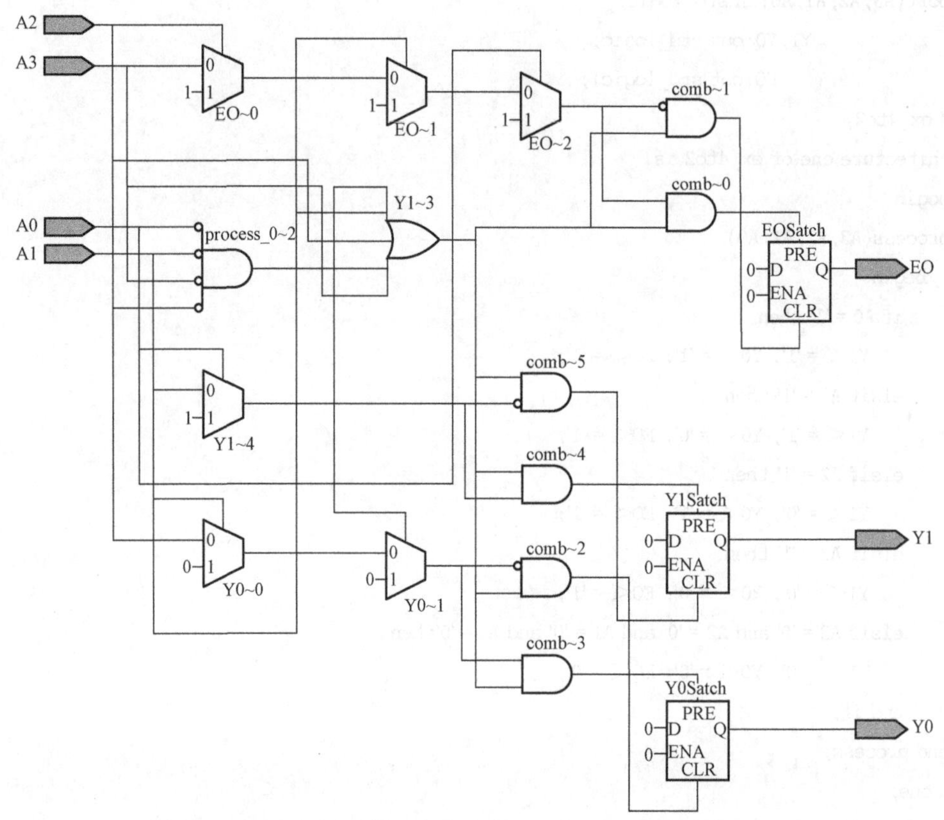

图 3-6 4 线-2 线优先编码器综合后的 RTL 电路截图

3.4.4 CASE 语句

在实际使用中，通常会碰到多分支选择问题，此时可以使用 if 嵌套语句来实现，但是，如果分支很多的话，if 语句的层数太多、程序冗长，可读性降低，而且很容易出错。基于此，在 VHDL 中使用 case 语句可以很好地解决多重 if 嵌套容易出现的问题。case 语句是另一种多分支选择语句，是用来实现多方向条件分支的语句。case 语句也属于流程控制语句，其完整的书写规范如下。

```
case  表达式  is
  when  条件选择值 1   => 顺序语句 1;
  when  条件选择值 2   => 顺序语句 2;
  when  条件选择值 3   => 顺序语句 3;
    ……;
```

```
  when  others   => 顺序语句 n;
end case;
```

执行 case 语句时，先计算 case 和 is 之间表达式的值，当表达式的值与某一条件选择值相同（或在其范围内）时，程序将执行对应的顺序语句。表达式可以是一个整数类型或枚举类型的值，也可以是由这些数据类型的值构成的数值。其中，符号"=>"不是操作符，它只相当于关键词 then。case 语句中各 when 语句之间是互相并列的，并且每个 when 语句后面的条件选择值必须是互相排斥的，即任意两个条件表达式的值不可能在同一时刻同时为真。when 的条件选择值有以下几种形式。

（1）单个数值，如 when 4。

（2）并列数值，如 when 2 | 3，表示取值 2 或 3。

（3）数值选择范围，如 when（2 to 4），表示取值为 2、3 或者 4。

（4）其他取值情况，如 when others，常出现在 end case 之前，代表已给出各条件选择值中未能列出的其他可能取值。

使用 case 语句时，需注意以下几点。

（1）条件句中的选择值必须在表达式的取值范围内。

（2）除非所有条件句中的选择值能完整覆盖 case 语句中表达式的取值，否则最末一个条件句中的选择必须用"others"表示。它代表已给的所有条件句中未能列出的其他可能的取值。关键词"others"只能出现一次，且只能作为最后一种条件取值。使用"others"是为了使条件句中的所有选择值能涵盖表达式的所有取值，以免综合器插入不必要的锁存器。这一点对于定义为 std_logic 和 std_logic_vector 数据类型的值尤为重要，因为这些数据对象的取值除了 1 和 0 以外，还可能有其他的取值，如高阻态 Z、不定态 X 等。

（3）case 语句中每一条件语句的选择只能出现一次，不能有相同选择值的条件语句出现。

（4）case 语句执行中必须选中，且只能选中所列条件语句中的一条。这表明 case 语句中至少要包含一个条件语句。

【例 3-14】 使用 case 语句编写 4 选 1 的 VHDL 程序如下，综合后的 RTL 电路如图 3-7所示。

```
library ieee;
use ieee.std_logic_1164.all;
entity  ex_4to1  is
  port(s1,s2:in std_logic;
        a,b,c,d:in std_logic;
        y:out std_logic);
end ex_4to1;
architecture  one  of  ex_4to1  is
  signal s:std_logic_vector(1 downto 0);
  begin
  s<=s2&s1;
  process(s)
    begin
```

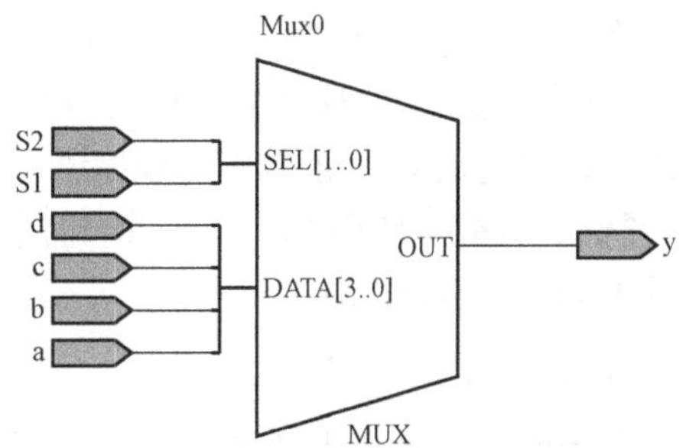

图 3-7　4 选 1 综合后的 RTL 电路图

```
      case s is
        when "00" =>y<=a;
        when "01" =>y<=b;
        when "10" =>y<=c;
        when "11" =>y<=d;
        when others =>null;
      end case;
    end process;
  end one;
```

3.4.5 LOOP 语句

Loop 语句是循环语句，也属于流程控制语句，它可以使所包含的一组顺序语句被循环执行，其执行次数由设定的循环参数决定。loop 语句的表达方式有以下 3 种。

(1) 单个 loop 语句，其语法格式如下。

```
[loop 标号: ] loop
  顺序语句;
end loop [loop 标号];
```

单个 loop 语句是最简单的循环方式之一，需要引入其他控制语句（如 exit）才能确定循环的方式。举例如下。

```
……
L2: loop
  sum = sum + 1;
  exit L2 when sum>100;                 - - 当 sum 大于 100 时跳出循环
end loop L2;
```

(2) for _ loop 语句，其语法格式如下。

```
[loop 标号: ] for 循环变量 in 循环次数范围 loop
  顺序语句;
end loop [loop 标号: ]
```

在 for _ loop 语句中，循环变量是 loop 内部的一个临时变量，属于 loop 语句的局部变量，不必事先定义。这个变量只能作为赋值源，不能被赋值，它由 loop 语句自动定义。循环次数范围规定 loop 语句中的顺序语句被重复执行的次数，由关键字 to 或 downto 引导。

【例 3 - 15】 使用 for _ loop 语句描述 8 位奇偶校验逻辑电路的 VHDL 程序如下，综合后的 RTL 电路如图 3 - 8 所示。

```
library ieee;
use ieee.std_logic_1164.all;
entity  ex_p_check  is
  port(a:in std_logic_vector(7 downto 0);
        y:out std_logic);
end ex_p_check;
architecture one of ex_p_check is
```

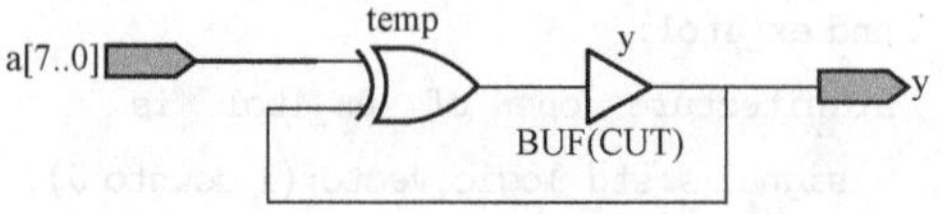

图 3 - 8 for _ loop 语句描述 8 位奇偶校验综合后的 RTL 电路

```
  signal temp :std_logic;                --定义信号 temp
  begin
  process(a)
    begin
      temp<='0';                         --给 temp 赋初值
      for i in 0 to 7 loop               --设定循环次数
        temp<=temp xor a(i);             --依次对 a 的各位进行异或
      end loop;
      y<=temp;                           --输出校验结果
  end process;
end one;
```

（3）while_loop 语句，其语法格式如下。

```
[loop 标号:] while 循环控制条件 loop
  顺序语句;
end loop [loop 标号:]
```

while_loop 语句中的循环控制条件必须为布尔量，一旦计算判断出循环控制条件的值为 ture，就循环执行 while_loop 语句中的顺序语句，否则就终止循环。

【例 3-16】 使用 while_loop 语句描述 8 位奇偶校验逻辑电路的 VHDL 程序如下，综合后的 RTL 电路如图 3-9 所示。

```
library ieee;
use ieee.std_logic_1164.all;
entity  ex_p_check  is
  port(a:in std_logic_vector(7 downto 0);
        y:out std_logic);
end ex_p_check;
architecture one of ex_p_check is
  begin
  process(a)
  variable temp :std_logic;
  variable i:integer range 0 to 8;
    begin
      temp:='0';
      i:=0;
      while i<8 loop
        temp:=temp xor a(i);
        i:=i+1;
      end loop;
      y<=temp;
  end process;
end one;
```

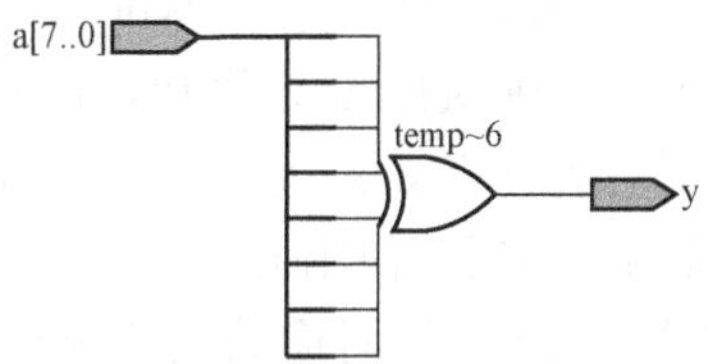

图 3-9 while_loop 语句描述 8 位奇偶校验综合后的 RTL 电路

从［例 3-16］中可以看出，虽然使用 while_loop 语句也可以完成 8 位奇偶校验逻辑电路的设计，但是 while _ loop 和 for _ loop 语句在程序设计中存在着较大的区别。在 while _ loop 中虽然循环变量 i 也是一个整数变量，但是在程序中必须在变量定义语句中说明才能使用，而 for _ loop 中循环变量 i 不需要说明。在 while _ loop 中 i 的自增 1 需要相应的语句来完成，而 for _ loop 中只需用 to 即可完成 i 的自增 1。

while _ loop 和 for _ loop 语句都可以用来编写循环语句，并都可以进行逻辑综合，但是一般不采用 while _ loop 语句进行 RTL 的描述。

3.4.6 NEXT 语句

next 语句主要用于 loop 语句执行中进行有条件的或无条件的转向控制，类似于 C 语言中的 continue 语句，用于跳出本次循环，而执行下一次新的循环，是一种循环内部的控制语句。next 语句有以下 3 种语句格式。

```
next;                                   --第一种语句格式
next  loop标号;                          --第二种语句格式
next  loop标号  when  条件表达式;          --第三种语句格式
```

对于第一种语句格式，当 loop 内的顺序语句执行到 next 语句时，即刻无条件终止当前的循环，跳回到本次循环 loop 语句处，开始下一次循环。

对于第二种语句格式，即在 next 旁加“loop 标号”后的语句功能与未加 loop 标号的功能是基本相同的，只是当有多重 loop 语句嵌套时，前者可以跳转到指定标号的 loop 语句处，重新开始执行循环操作。

第三种语句格式中，“when 条件表达式”是执行 next 语句的条件，如果条件表达式的值为 ture，则执行 next 语句，进入跳转操作，否则继续向下执行，但当只有单层 loop 循环语句时，关键字 next 与 when 之间的“loop 标号”可以省略。

【例 3-17】 使用 next 指令和 for _ loop 指令对两个 8 位数据的各位进行比较，如果相同位的值相同，则对应的比较输出结果位为 1，否则输出 0，编写的 VHDL 程序如下。

```
library ieee;
use ieee.std_logic_1164.all;
entity ex_next  is
  port(a,b:in std_logic_vector(7 downto 0);
      y:out std_logic_vector(7 downto 0));
end ex_next;
architecture one of ex_next is
  signal temp:std_logic_vector(7 downto 0);     --定义信号,用于暂存比较输出结果
  begin
    process(a,b)
      begin
        L1: for i in 0 to 7 loop
          s1:temp(i)<='1';                      --相同位的值相同,则该位输出为1
          next when(a(i)=b(i));                 --两数值相应位比较
          s2:temp(i)<='0';                      --相同位的值不相同,则该位输出为0
        end loop L1;
    end process;
```

```
    y<=temp;
end one;
```

在［例 3-17］中，当程序执行到 next 语句时，如果条件表达式 a(i)=b(i) 的结果为 ture，则执行 next 语句——返回到 L1，使 i 加 1，然后执行 s1 开始的赋值语句；反之，将执行 s2 开始的赋值语句。

3.4.7 EXIT 语句

exit 语句与 next 语句具有十分相似的语句格式和跳转功能，它们都是 loop 语句的内部循环控制语句，和 C 语言中的 break 语句类似，即提前结束循环，接着执行循环后面的语句。exit 语句有以下 3 种语句格式。

```
exit;                                   --第一种语句格式
exit  loop标号;                         --第二种语句格式
exit  loop标号  when  条件表达式;       --第三种语句格式
```

exit 的每一种语句格式与对应的 next 语句的格式和操作功能非常相似，唯一的区别是 next 语句跳转的方向是 loop 标号指定的 loop 语句处，当没有 loop 标号时，跳转到当前 loop 语句的循环起始点，而 exit 语句的跳转方向是 loop 标号指定的 loop 循环语句的结束处，即完全跳出指定的循环，并开始执行此循环外的语句。

【例 3-18】 使用 exit 指令和 for _ loop 指令对两个 8 位数据的大小进行比较，如果 a 大于 b，则输出结果为 1，否则为 0，编写的 VHDL 程序如下。

```
library ieee;
use ieee.std_logic_1164.all;
entity ex_comp  is
port(a,b:in std_logic_vector(7 downto 0);
      y:out std_logic);
end ex_comp;
architecture one of ex_comp is
  signal temp:std_logic:='0';               --定义信号 temp,并赋初值为 0
  begin
    process(a,b)
      begin
        for i in 7 downto 0 loop
          if(a(i)='1' and b(i)='0')then
            temp<='1';                      --a>b,则 temp 为 1
            exit;                           --使用 exit 语句跳出循环
          elsif(a(i)='0' and b(i)='1')then
            temp<='0';                      --a<b,则 temp 为 0
            exit;                           --使用 exit 语句跳出循环
          else
            null;                           --null 为空操作
          end if;
        end loop;
```

```
    end process;
    y<= temp;
end one;
```

在［例3-18］中进行大小比较时，首先从最高位进行比较，如果a的最高位大于b的最高位，即a（7）为1，b（7）为0，说明a大于b，比较结果输出为1，执行exit指令不需再对其他位进行比较。如果a的最高位小于b的最高位，即a（7）为0，b（7）为1，说明a小于b，比较结果输出为0，执行exit指令不需再对其他位进行比较，否则执行null语句进行空操作。然后再依此方法对次高位进行比较，……，依次类推。

3.4.8 WAIT语句

进程在执行过程中总是处于执行或等待状态，进程中的敏感信号能够触发进程执行，wait语句也能起到与敏感信号同样的作用。当执行到wait语句时，运行的程序处于等待状态，直到满足此语句设置的结束等待条件后，将重新开始执行进程或过程中的程序。由于进程的执行是由敏感信号列表来触发的，因此VHDL规定：在已列出敏感表的进程中不能使用任何形式的wait语句。

wait语句可以设置成4种不同的条件：无限等待、等待敏感信号变化、等待条件满足和超时等待，这些条件可以并列使用。

（1）无限等待，其语句格式如下。

```
wait;
```

在进程中没有设置停止等待条件的表达式时，进程将进入无限等待状态，其使用方法如下。

```
……
signal a:std_logic;
process
  variable b:integer;
  begin
    a<='1';
    b:=b+1;
    wait;
end process;
```

此进程中的wait在电路仿真时表现为死机状态，因此在程序设计中应当避免这种情况发生。

（2）等待敏感信号变化，其语句格式如下。

```
wait on 信号表;
```

信号表内可以是一个或者多个敏感信号，有多个敏感信号时，各敏感信号间用逗号隔开。当进程执行到wait on语句时，进程将被挂起，然后等待指定的敏感信号发生变化。当处于等待状态时，如果这些敏感信号中的任何一个的状态发生了变化，将结束等待状态，再次启动进程，继续执行wait on语句后面的语句。其应用举例如下。

```
singal temp1,temp2: std_logic;
```

```
begin
process
  begin
    … …
    wait on temp1,temp2;
end process;
```

在上例中，当进程执行 wait on 语句时，进入挂起状态，如果敏感信号 temp1 或 temp2 的状态发生了变化，则立即结束挂起，继续执行进程。注意，VHDL 规定，已列出敏感量的进程中不能使用任何形式的 wait 语句，因此在上例中 process 的后面不能添加“（temp1，temp2）”。

（3）等待条件满足，其语句格式如下。

wait until 条件表达式；

在 wait until 语句中，条件表达式实质上隐含了一个敏感信号表，当表中的任何一个信号发生变化，就立即对表达式进行一次逻辑计算。如果逻辑计算的结果为 true 值，则进程将被启动；否则进程将进入等待状态。因此，wait until 相对 wait on 语句而言，该语句格式中多了一种重新启动进程的积极合作的条件，即被此语句挂起的进程需顺序满足以下两个条件，进程才能被启动。

1）条件表达式提供的隐含敏感信号列表中的信号发生变化；

2）此敏感信号发生改变后，且满足 wait 语句所设的条件。

对于 wait until 语句而言，以上两个条件不但缺一不可，而且必须依照以上顺序来完成。其应用举例如下，这两种表达方式是等效的。

a）wait until 结构。

```
… …
process
  begin
    … …
    wait until enable = '1';
end process;
```

b）wait on 结构。

```
… …
process
  begin
    … …
    L1: loop
      wait on enable;
      exit when enable = '1';
    end loop L1;
end process;
```

如果设 clk 为时钟信号输入端，以下 4 条 wait until 语句所设的进程启动条件都是时钟上升沿，所以它们对应的硬件结构是一样的。

```
wait until  clk = '1';
wait until  rising_edge(clk);
wait until  not clk'stable and clk = '1';
wait until  clk'event and clk = '1';
```

上述 4 条 wait until 语句中隐含了敏感信号 clk，在实际使用时可以作为进程中的敏感信号使用，例如以下两种方式描述 D 触发器的功能是等效的。

a）使用 wait 结构。

```
……
process
  begin
    wait until clk'event and clk = '1';
    Q< = D;
    QB< = not D;
end process;
```

b）不使用 wait 结构。

```
……
process(clk)
  begin
    if(clk'event and clk = '1')then
      Q< = D;
      QB< = not D;
    end if;
  end process;
```

（4）超时等待，其语句格式如下。

```
wait for 时间表达式;
```

wait for 语句后面的时间表达式是一个物理量，它表示需要等待的时间。从执行到当前的 wait 语句开始，在这个时间段内进程处于被挂起状态，而超过这段时间后，进程开始执行 wait for 后的语句。举例如下。

```
wait for 20 ns;                    --等待 20ns 后启动进程
```

上面提到的 4 种形式的 wait 语句也能同时使用，构成多条件 wait 语句。当多个条件同时出现时，只要其中一个成立，则终止等待。举例如下。

```
wait for 10 us on temp1,temp2  until  n<8;
```

当进程执行到该语句时则进入等待状态，一旦 wait 语句等待了 10μs，或者 temp1 或者 temp2 的状态发生变化，或者条件表达式 n<8 逻辑值为 true，则等待结束。

3.4.9 子程序调用语句

在 VHDL 程序的结构体或程序包中允许对子程序进行调用。对子程序的调用语句是也属于顺序语句的一部分，其中子程序包括过程（procedure）和函数（function）这两种类型。站在硬件角度上看，一个子程序的调用类似于一个元件模块的例化，也就是说 VHDL 综合器为子程序（过程和函数）的每一次调用都生成一个电路逻辑块，所不同的是元件的例化将产生一个新设计层次，而子程序调用只对应于当前层次的一个部分。

子程序的结构像程序包一样，也有子程序的说明部分（子程序首）和实际定义部分（子程序体）。将子程序分成子程序首和子程序体两部分，这样在一个大系统的开发过程中，子程序的界面，即子程序首是在公共程序包中定义的，使得一部分开发者可以开发子程序体，而另一部分开发者可以使用对应的公共子程序，即可以对程序包中的子程序作修改，而不会影响对程序包说明部分的使用。这是因为，对子程序体的修改，并不会改变子程序首的各种界面参数和出入口方式的定义，子程序体的修改也不会改变调用子程序的源程序的结构。

1. 过程

在 VHDL 中，过程（procedure）分为过程首和过程体，分别放置在程序包首和程序包体中，供 VHDL 程序共享。其中过程首定义了主程序调用过程时的接口，过程体描述该过程具有逻辑功能的实现。过程的语句格式如下。

```
procedure 过程名(参数表);              --过程首
```

```
procedure 过程名(参数表)is                    --过程体开始
  [说明部分];
begin
  [顺序语句];
end procedure 过程名;
```

过程首不是必须的，过程体可以独立存在和使用，即在进程或结构体中不必定义过程首，可以直接定义过程并使用，而在程序中必须定义过程首。

(1) 过程首。过程首由过程名和参数表组成，参数表可以对常数、变量和信号三类数据对象目标作出说明，并用关键字 in、out 和 inout 定义这些参数的工作模式，即信息的流向。如果只定义了 in 模式，而未定义目标参量类型，即默认为常量；如果只定义了 inout 或 out，则默认目标参量类型是变量。过程首的定义举例如下。

```
procedure ex1(variable a,b: inout real);                              --第 1 行
procedure ex2(constant m:in integer; variable n:out integer);         --第 2 行
procedure ex3(signal temp inout bit);                                 --第 3 行
```

在以上的过程首定义举例中定义了 3 个过程，分别为 ex1、ex2 和 ex3。其中第 1 行的过程名为 ex1，它定义了两个双向的实数变量 a 和 b；第 2 行的过程名为 ex2，它定义了 1 个输入的整数类型常量 m 和 1 个输出的整数类型变量 n；第 3 行的过程名为 ex3，它定义了 1 个双向的位类型信号 temp。

(2) 过程体。过程体是由顺序语句组成的，过程的调用即启动了对这部分顺序语句的执行。过程体中的说明部分只是局部的，其中的各种定义只能用于过程体内部。过程体的顺序语句部分可以包含任何顺序执行语句，包括 wait 语句。但是，如果一个过程是在进程中调用的，且这个进程已列出了敏感参量表，则不能在此进程中使用 wait 语句。将标准逻辑位矢量转换为整数的过程体的声明如下。

```
procedure bit_vector_to_integer(a:in std_logic_vector;   --定义 bit_vector_to_integer 过程体
          flag:out std_logic;                            --flag 为输出的标准逻辑位
          y:inout integer)is                             --y 为双向的整数类型
begin
    y: = 0;                                              --y 赋初值为 0
  flag: = '0';                                           --flag 赋初值为低电平
  for i in a'range loop                                  --定义循环次数
    y: = y * 2;
    if(a(i) = '1')then                                   --高电平就累加 1
      y: = y + 1;
        elsif(y(i)/ = '0')then                           --非低电平时,flag 为高电平
          flag = '1';
        end if;
      end loop;
    end bit_vector_to_integer;
```

(3) 过程调用。过程调用就是执行一个给定名字和参数的过程。过程调用的语句格式如下。

过程名(参数表);

在不同的环境中，可以使用两种不同的语句方式进行过程调用，即顺序语句方式或并行语句方式。在一般的顺序语句自然执行过程中，一个过程被执行，则属于顺序语句方式；当某个过程处于并行语句环境中时，其过程体中定义的任一 in 或 inout 的目标参量发生改变时，将启动过程的调用，这时的调用是属于并行语句方式。过程可以重复调用或嵌套式调用，综合器一般不支持含有 wait 语句的过程。

【例 3-19】 使用过程调用，设计一个 8 输入的与或非门逻辑电路的 VHDL 如下，其 RTL 电路截图如图 3-10 所示。该例是通过两次调用程序 ex 中的过程 ex _ 4and _ or _ not (4 输入与或非门)，实现了一个 8 输入的与或非门。

```
library ieee;
use ieee.std_logic_1164.all;
package ex is                    --过程首定义
  procedure ex_4and_or_not
    (signal a,b,c,d: in std_logic;
     signal y: out std_logic);
END ex;
package body ex IS               --过程体定义
  procedure ex_4and_or_not
    (signal a,b,c,d: in std_logic;
     signal y: out std_logic)IS
     begin
       y <= NOT((a AND b)OR(c AND d));
       return;
     end ex_4and_or_not;
END ex;
library ieee;                                              --对定义过程调用的主程序
use ieee.std_logic_1164.all;
use work.ex.all;
entity ex_8and_or_not IS
  port(a1, a2, a3, a4: in std_logic;
           a5, a6, a7, a8: in std_logic;
                         y: out std_logic);
END ex_8and_or_not;
ARCHITECTURE one OF ex_8and_or_not IS
    signal temp1, temp2: STD_LOGIC;
    begin
    ex_4and_or_not(a1, a2, a3, a4, temp1);                 --并行过程调用
    ex_4and_or_not(a5, a6, a7, a8, temp2);                 --并行过程调用
    y <= temp1 OR temp2;
END one;
```

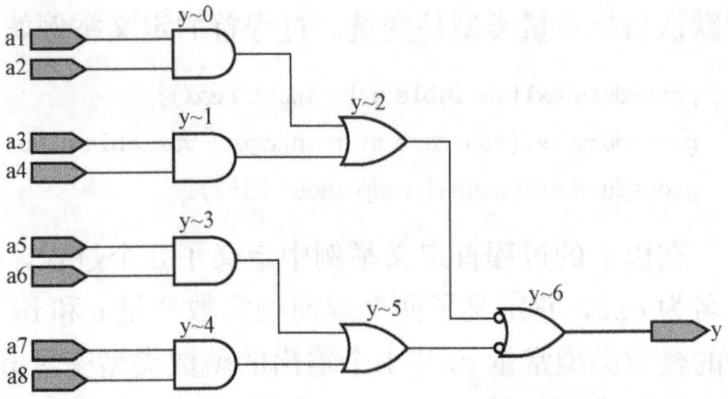

图 3-10 8 输入与或非门的 RTL 电路截图

2. 函数

函数 (function) 也是描述结构复杂的电路模块的一种手段，在 VHLD 中有多种函数形

式，如用于不同目的的用户自定义函数和在库中现成的具有专用功能的预定义函数，例如转换函数和决断函数。转换函数用于从一种数据类型到另一种数据类型的转换，如在元件例化语句中利用转换函数可允许不同数据类型的信号和端口间进行映射；决断函数用于在多驱动信号时解决信号竞争问题。

函数可以无返回值，也可以带回一个返回值，其参数列表都是输入信号。函数包括函数首和函数体两部分。函数首定义了主程序调用函数时的接口参数，包括输入参数或输入信号；函数体则描述了该函数具体逻辑功能的实现。在进程或结构体中可以不需要定义函数首，但是在程序包中必须定义函数首。函数的语法格式如下。

```
function 函数名(参数表)  return  数据类型;              --函数首
function 函数名(参数表)  return  数据类型 is            --函数体开始
  [说明部分];
begin
  [顺序语句];
end function 函数名;
```

（1）函数首。函数首由函数名、参数表和返回值的数据类型这 3 部分组成。函数首的名称即为函数的名称，需放在关键字 function 之后，它可以是普通的标识符，也可以是运算符，此时运算符必须加上双引号，这就是所谓的运算符重载。函数的参数表指定函数的输入参数，可以是常量或信号，它们可以是任何可综合的数据类型。参数名需放在关键字 constant 或 signal 之后，如果没有特别说明，则参数被默认为常数。函数的参数表也是可选的，如果有的函数不需要输入参数，则可以省略参数表。变量是不可以作为函数的参数的。

如果要将一个已编制好的函数并入程序包，那么函数首必须放在程序的说明部分，而函数体需要放在程序包的包体内。由此可见，函数首的作用只是作为程序包的有关此函数的一个接口界面。如果只是在一个结构体中定义并调用函数，则仅需要函数体即可。函数首的定义举例如下。

```
function  ex1(a,b,c: integet)return integer;            --第1行
function  "*" (a,b: real)return real;                   --第2行
function  ex2(signal a,b:integer)return integer;        --第3行
```

在以上的函数首举例中定义了 3 个函数，它们都放在某一程序包的说明部分。其中第 1 行的函数首名称为 ex1，它定义 3 个整数参量，返回值的数据类型为整数；第 2 行的函数名是用引号括起来的运算符“*”，它定义了 a 和 b 两个实数类型的参量；第 3 行的函数首名称为 ex2，它定义了 a 和 b 两个整数类型的信号参量。

（2）函数体。函数体是函数具有实质性内容的部分，包含一个数据类型、常数、变量等的局部说明，以及用以完成规定算法或转换的顺序语句部分，并以关键词 end function 以及函数名结尾。一旦函数被调用，就将执行这部分语句。在程序包中定义的求最小值函数体 min 如下。

```
package body pack_ex is
  function  min(a,b: std_logic_vector)                  --定义函数体
    return std_logic_vector;
     begin
```

```
        if a<b return a;
        else return b;
        end if;
    end function min;
end pack_ex;
```

（3）函数调用。函数不能从所在的结构体中直接读取信号值或者向信号赋值，只能通过函数调用与函数端口界面进行通信。函数一旦被调用，就将执行函数体中的这部分语句，并将计算或转换结果用函数名返回。

函数在结构体的描述中，通常是作为表达式或语句的一部分，其调用格式如下。

```
函数名(实参数表);
```

在不同的环境中，可以使用两种不同的语句方式进行函数调用，即顺序语句方式或并行语句方式。

【例 3-20】 使用函数调用，将 4 个输入的 8 位最小数值输出，编写的 VHDL 程序如下，其 RTL 电路如图 3-11 所示。

```
library ieee;
use ieee.std_logic_1164.all;
entity ex_func IS
  port(data1,data2: in std_logic_vector(7 downto 0);
       data3,data4: in std_logic_vector(7 downto 0);
       data:out std_logic_vector(7 downto 0));
end ex_func;
architecture one of ex_func is
  signal temp1,temp2:std_logic_vector(7 downto 0);
  function min(a,b:std_logic_vector)return std_logic_vector is
    begin
      if a<b then return a;
      else return b;
      end if;
```

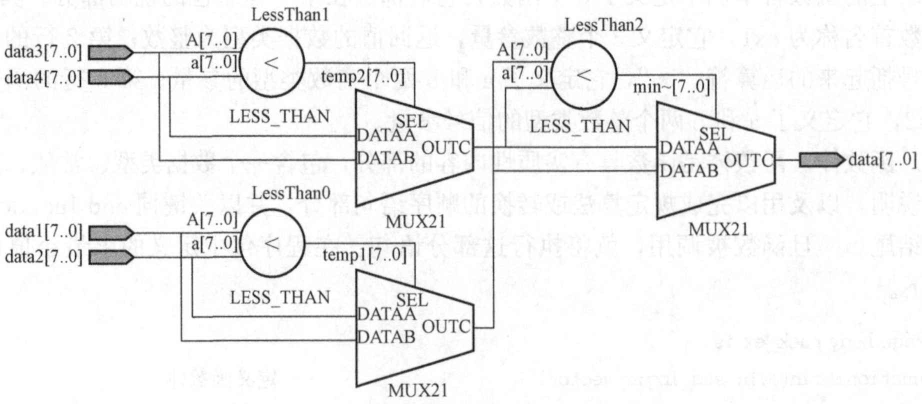

图 3-11　4 个最小数值输出的 RTL 电路图

```
  end function min;
  begin
  process(data1,data2)
    begin
    temp1<=min(data1,data2);
    temp2<=min(data3,data4);
    data<=min(temp1,temp2);
  end process;
end one;
```

3.4.10 RETURN 语句

return 为返回语句，用来结束当前子程序执行，并返回主程序。该语句只能用于子程序体中。其语句格式如下。

```
return [表达式];
```

当表达式为空时，只能用于过程，它只是结束过程，并不返回任何值；当有表达式时，只能用于函数，并且必须返回一个值。用于函数的语句中的表达式提供函数返回值。每一函数必须至少包含一个返回语句，并可以拥有多个返回语句，但是在函数调用时，只有其中一个返回语句可以将值传递出来。

return 语句在过程中的应用举例如下。

```
procedure RS(signal s,r:in std_logic;
            signal Q,QB:out std_logic)is
  begin
    if(s='1' and r='1')then
      report "there is an error!" ;                        --此语句不可综合
    else
      Q<=s and QB;
      QB<=s and Q;
    end if;
end procedure RS;
```

上例在过程中使用了 return 语句，描述了一个 RS 触发器，当 s 和 r 同时为 1 时，return语句将中断过程，不返回任何值。

return 语句在函数中的应用举例如下。

```
function  mux(signal en,a,b:std_logic)  return  std_logic  is
  begin
    if(en='1')then
      return(a and b);                                     --函数的返回值为(a and b)
    else
      return(a or b);                                      --函数的返回值为(a or b)
    end if;
end function mux;
```

上例在函数中使用了 return 语句，在该函数中使用了两个 return 语句，但是在函数调用时，只有一个 return 语句会被执行。

3.4.11 NULL 语句

null 为空操作语句，该语句将执行一个空操作，或者为对应的信号赋一个空值，其功能是使逻辑运行流程跨入下一步语句。其语句格式如下。

```
null;
```

这种空操作语句在 VHDL 的描述中是非常有用的，例如应用 case 语句必须覆盖所有条件，但是具体模块中许多条件都是可以忽略的，这时使用空操作语句可以起到很好的效果。null 语句的应用举例如下。

```
process(s)
  begin
    case s is
      when"00" =>y<=a;
      when"01" =>y<=b;
      when"10" =>y<=c;
      when"11" =>y<=d;
      when others=>null;
    end case;
end process;
```

3.4.12 其他语句和说明

1. report 报告语句

VHDL 中的 report 报告语句类似于 C 语言中的 printf 语句，其功能是在程序运行过程中向编程人员报告程序的运行状态。report 语句格式如下。

```
report 字符串;
report 字符串 severity 出错等级;
```

其中，report 后面的输出字符串必须用双引号括起来，severity 后面的出错等级共有 4 级：failure（失败）、error（错误）、warning（警告）、note（注意）。note 可以在仿真时传递信息；waring 用于非正常的情况，此时结果可能是未知的；error 用在仿真过程已经无法继续执行的情形；failure 则发生在仿真必须立即停止，出现致命错误的时候。

report 语句不增加硬件的任何负担，仅仅在仿真时提高程序的可读性，便于程序的修改维护，为程序的调试带来了方便。report 语句在程序的应用如下。

```
if(cnt<100)then
  cnt<=cnt+1;
  report"Everything is OK now";                    --不带错误等级的 report
else
  sum<=cnt;
  report"Waring!" severity waring;                 --带警告的 report
end if;
```

2. assert 断言语句

断言语句只能在 VHDL 仿真器中使用，综合器通常忽略此语句。但在仿真时 assert 语句却是很有用的 VHDL 语句。assert 语句和 report 语句十分相似，也可为设计者报告一个文本字符串，它们之间的区别是 assert 语句是有条件的，其语句格式如下。

```
assert 条件表达式
report 字符串
severity 出错等级 [severity_level];
```

关键字 assert 后跟一个布尔值的条件表达式，它的条件决定 report 子句所规定的字符串是否输出。当条件表达式为 true 时，assert 语句不执行任何动作，如果为 false，则输出一个用户规定的字符串到标准输出终端。

assert 语句也具有以下 4 种错误等级：failure（失败）、error（错误）、warning（警告）、note（注意）。assert 语句有两个可选的子句：report 子句允许设计者输出指定的字符串，如果不指定 report 语句，则默认值是 assertion violation。severity 子句允许设计者指定断言语句的严重级别，如果没指定 severity 语句，则其默认值是 error。assert 语句在程序中的应用如下。

```
assert(flag = '1')
report " this argument has been visited!"
severity waring;                                --条件为真,执行该断言语句
y< = 'Z';                                       --条件为假,则直接给 y 赋值为高阻态
```

assert 语句可以作为顺序语句使用，也可以作为并行语句使用。作为并行语句时，assert 语句可看成为一个被动进程。assert 语句的条件以静态表达式定义时，它就等价于一个没有敏感信号的以 wait 语句结束的进程，它在仿真开始时执行一次，然后无限等待下去。

3. 属性描述与定义

在 VHDL 中有一些预先定义好的属性（称为 VHDL 中预定义属性），这些属性的使用有的是程序中必要的，有的会增加程序的可读性，有的会使程序的设计更为方便。VHDL 中可以具有属性的项目有：类型、子类型；过程、函数；信号、变量、常量；实体、结构体、配置、程序包；元件；语句标号。

属性是以上各类项目的特性，某一项目的特定属性或特征通常可以用一个值或一个表达式来表示，通过 VHDL 的预定义属性描述语句就可以加以访问。

属性的值与对象（信号、变量和常量）的值完全不同，在任一给定的时刻，一个对象只能具有一个值，但却可以具有多个属性。VHDL 还允许设计者自己定义属性。

常用的预定义属性见表 3 - 7。其中，综合器支持的属性有 LEFT、RIGHT、HIGH、LOW、RANGE、REVERSE _ RANGE、LENGTH、EVENT 和 STABLE 等。

预定义属性描述语句实际上是一个内部预定义函数，其语句格式如下。

```
属性测试项目名'属性标识符
```

属性测试项目即属性对象，可由相应的标识符表示；属性标识符就是列于表 3 - 7 中的有关属性名。以下仅就可综合的属性项目使用方法进行说明。

表 3-7　　预定义的属性函数功能表

属性名	功 能 与 含 义	适用范围
left[(n)]	返回类型或者子类型的左边界，用于数组时，n 表示二维数组行序号	类型、子类型
right[(n)]	返回类型或者子类型的右边界，用于数组时，n 表示二维数组行序号	类型、子类型
high[(n)]	返回类型或者子类型的上限值，用于数组时，n 表示二维数组行序号	类型、子类型
low[(n)]	返回类型或者子类型的下限值，用于数组时，n 表示二维数组行序号	类型、子类型
length[(n)]	返回数组范围的总长度（范围个数），用于数组时，n 表示二维数组行序号	数组
structure[(n)]	如果块或结构体只含有元件具体装配语句或被动进程时，属性'structure 返回 true	块、构造
behavior	如果由块标志指定块或者由构造名指定结构体，又不含有元件具体装配语句，则'behavior 返回 true	块、构造
pos(value)	参数 value 的位置序号	枚举类型
val(value)	参数 value 的位置值	枚举类型
succ(value)	比 value 的位置序号大的一个相邻位置值	枚举类型
pred(value)	比 value 的位置序号小的一个相邻位置值	枚举类型
leftof(value)	在 value 左边位置的相邻值	枚举类型
rightof(value)	在 value 右边位置的相邻值	枚举类型
event	如果当前的 Δ 期间内发生了事件，则返回 true，否则返回 false	信号
active	如果当前的 Δ 期间内信号有效，则返回 true，否则返回 false	信号
last_event	从信号最近一次的发生事件至今所经历的时间	信号
last_value	最近一次事件发生之前信号的值	信号
delayed[(time)]	建立和参考信号同类型的信号，该信号紧跟着参考信号之后，并有一个可选的时间表达式指定延迟时间	信号
stable[(time)]	每当在可选的时间表达式指定的时间内信号无事件时，该属性建立一个值为 true 的布尔型信号	信号
quiet[(time)]	每当参考信号在可选的时间内信号无事项处理时，该属性建立一个值为 true 的布尔型信号	信号
transaction	在此信号上有事件发生，或每个事项处理中，它的值翻转时，该属性建立一个 bit 型的信号（每次信号有效时，重复返回 0 和 1 的值）	信号
range[(n)]	返回按指定排序范围，参数 n 指定二维数组的第 n 行	数组
reverse_range[(n)]	返回按指定逆序范围，参数 n 指定二维数组的第 n 行	数组

(1) 信号类属性。信号类属性中，最常用的是 event，例如，语句“clk'event”就是对以 clk 为标识符的信号，在当前的一个极小的时间段内发生事件的情况进行检测。所谓发生事件，就是电平发生变化，从一种电平方式转变到另一种电平方式。如果在此时间段内，clk 由 0 变成 1 或由 1 变成 0，则都认为发生了事件，于是这句测试事件发生与否的表达式将向测试语句（如 if 语句），返回一个 boolean 值 true，否则为 false。event 属性的使用举例如下。

```
process(clk)
  begin
    if  clk'event and clk = '0'then
      cnt< = cnt + 1;
    end if;
end process;
```

本例是对 clk 信号上升沿的测试，即一旦测试到 clk 有一个上升沿时，此表达式就返回一个布尔值 true。

属性 stable 的测试功能恰好与 event 相反，它是若信号在 Δ 时间段内无事件发生时，则返还 true 值，否则为 false。以下两语句的功能是一样的。

```
not clk'stable and clk = '1'                    - - 不可综合
clk'event and clk = '1'
```

在实际应用中，属性 event 比 stable 更常用。对于目前常用的 VHDL 综合器来说，event属性只能用于 if 语句和 wait 语句。

还需注意的是，对于普通的 bit 数据类型的 clk，它只是有 1 和 0 两种取值，因而语句"clk'event and clk= '1'"的表述作为对信号上升沿到来与否的测试是正确的。但如果 clk 的数据类型已定义为 std _ logic，则其可能的值有 9 种。这样一来，就不能从"(clk='1')= true"来推断 Δ 时刻前 clk 一定是 0。对于这种数据类型的时钟信号边沿检测，可用表达式"rising _ edge (clk)"完成。

rising _ edge () 是 VHDL 在 ieee 库中标准程序包内的预定义函数，这条语句只能用于标准位数据类型的信号，其用法为如"if rising _ edge (clk) then"或"wait rising _ edge (clk)"。

(2) 数据区间类属性。数据区间类属性有'range [(n)] 和'reverse _ range [(n)]，这类属性函数主要对属性项目取值区间进行测试，返回的内容不是一个具体值，而是一个区间。对于同一属性项目，属性'range 和'reverse _ range 返回的区间次序相反，前者与原项目次序相同，后者相反，用于返回有限制的指定数组类型的范围。数据区间类属性的使用举例如下。

```
… …
signal range1: in std_logic_vector(0 to 15);
… …
for i in range1'range loop
… …
```

本例中的 for _ loop 语句与语句"for i in 0 to 15 loop"的功能是一样的，这说明 range1'range 返回的区间即为位矢量 range1 定义的元素的范围。如果用'reverse _ range，则返回的区间正好相反。

(3) 数值类型属性。在 VHDL 中的数值类属性测试函数主要有'left、'right、'high、'low，它们主要用于对属性目标的一些数值特性进行测试，返回一个数据类型或是一个子类型的最左边、最右边、或上限或下限的数值。数值类型属性的使用举例如下。

```
type   obj   is arrary(0 to 15)of bit;
signal s1,s2,s3,s4:integer;
process(clk,a,b)
    begin
    s1<=obj'left;
    s2<=obj'right;
    s3<=obj'hight;
    s4<=obj'low;
  ……
```

(4) 数值数组属性。数值数组属性函数中是对数组的宽度或元素的个数进行测定，返回指定数组的长度。其使用举例如下。

```
type arrary1 array(0 to 7)of bit;
variable with1 integer;
with1:=arrayl'length;                          --with1=8
```

(5) 用户自定义属性。用户也可以自定义 ieee 规范中没定义的新属性。属性与属性值的自定义格式如下。

```
attribute 属性名:数据类型;
attribute 属性名 of 对象名:对象类型 is 值;
```

VHDL 综合器和仿真器通常使用自定义的属性实现一些特殊的功能。由综合器和仿真器支持的一些特殊的属性一般都包括在 EDA 工具厂商的程序包里。例如，Synplify 综合器支持的特殊属性都在 synplify. attributes 程序包中，使用之前加入以下语句即可。

```
library synplify;
use synplify.attributes.all;
```

又如在 DATA I/O 公司的 VHDL 综合器中，可以使用属性 pinnum 为端口锁定芯片引脚。

自定义属性的 VHDL 代码可以包括在程序包中，也可以直接包括在用户的 VHDL 设计描述中。一旦属性已经被定义了，并且给定了一个属性名，在设计描述中如果需要就可以引用它。

3.5 VHDL 并行语句

在 VHDL 中，并行语句有多种语句格式，各种并行语句在结构体中的执行是同步进行的（即并行运行），其执行方式与书写顺序无关。在执行中，并行语句之间可以有信息往来，也可以是互为独立、互不相关。每一并行语句内部的语句运行方式可以是并行执行，也可以是顺序执行方式。结构体中的并行语句主要有进程语句、块语句、并行信号赋值语句、并行过程调用语句、元件例化语句和生成语句等。

process 的详细内容在 3.4.1 节中已进行了叙述，在此对其再作简要说明。process 进程是用顺序语句描述的一种进行过程，即进程是用来描述顺序事件。process 语句结构包含了一个代表着设计实体中部分逻辑行为的、独立的顺序语句描述的进程。一个结构体中可以有多个并行运行的进程结构，而每一个进程的内部结构却是由一系列顺序语句来构成的。process 结构中的顺序语句及其所谓的顺序执行过程只是相对于计算机中的软件行为仿真的模拟过程而言的，这个过程与硬件结构中实现的对应的逻辑行为是不相同的。process 结构中既可以有时序逻辑的描述，也可以有组合逻辑的描述，它们都可以用顺序语句来表达。然而，硬件中的组合逻辑具有最典型的并行逻辑功能，而硬件中的时序逻辑也并非都是以顺序方式工作的。

3.5.1 块语句

block 为块语句，它是一种将结构体中的并行描述语句进行组合的方法，其主要目的是改善并行语句及其结构的可读性，或是利用 block 的保护表达式关闭某些信号。block 语句的书写格式如下。

```
块标号: block
    [说明语句;]
  begin
    [并行语句;]
  end block [块标号];
```

块标号为设计者自行定义的合法标识符。说明语句可以是接口说明语句或类属说明语句，其中接口说明语句主要用于信号的映射及参数的定义，类似于实体的定义部分，它可以包含由关键词 port、generic、port map 和 generic map 引导的接口说明等语句，对 block 的接口设置以及外界信号的连接状态加以说明。

块的类属说明和接口说明部分只在当前的 block 中有效，因此，所有在 block 内部的说明对于这个块的外部来说是完全不透明的，即不能适用于外部环境，但对于嵌套于内层的块却是透明的。块的说明语句与结构体的说明语句相同，主要是对该块所有用到的客体加以说明。可以定义的项目主要有：use 语句、子程序、数据类型、子类型、常数、信号、元件等。

块的并行语句它可以包含结构体中的任何并行语句部分，block 语句本身属于并行语句，即 block 语句中所包含的语句也是并行语句。

【例 3-21】 包含了 3-8 译码器和 8-3 编码器的混合 ASIC 的 VHDL 描述程序，在该程序中使用了两个 block。

```
library ieee;
use ieee.std_logic_1164.all;
entity ex_code_decode is
  port(code_a:in std_logic_vector(7 downto 0);
        decode_a:in std_logic_vector(2 downto 0);
        code_b:out std_logic_vector(2 downto 0);
        decode_b:out std_logic_vector(7 downto 0));
end ex_code_decode;
architecture one of ex_code_decode is
  begin
```

```
code:block
  begin
    process(code_a)
    begin
      case code_a is
        when"11111110" =>code_b<="000";
        when"11111101" =>code_b<="001";
        when"11111011" =>code_b<="010";
        when"11110111" =>code_b<="011";
        when"11101111" =>code_b<="100";
        when"11011111" =>code_b<="101";
        when"10111111" =>code_b<="110";
        when"01111111" =>code_b<="111";
        when others=>code_b<="XXX";
      end case;
    end process;
  end block code;
  decode:block
  begin
    process(decode_a)
    begin
      case decode_a is
        when"000" =>decode_b<="11111110";
        when"001" =>decode_b<="11111101";
        when"010" =>decode_b<="11111011";
        when"011" =>decode_b<="11110111";
        when"100" =>decode_b<="11101111";
        when"101" =>decode_b<="11011111";
        when"110" =>decode_b<="10111111";
        when"111" =>decode_b<="01111111";
        when others=>decode_b<="XXXXXXXX";
      end case;
    end process;
  end block decode;
end one;
```

3.5.2 并行赋值语句

并行赋值语句有 3 种形式：简单信号赋值语句、条件信号赋值语句和选择信号赋值语句。这 3 种信号赋值语句都可以仿真硬件比较器、加法器、乘法器、除法器和各种逻辑电路的输出，所以在信号赋值语句符号“<=”的右边可以用算术运算表达式，也可以用逻辑运算表达式和关系运算表达式。它们的共同点是：赋值目标必须都是信号；所有赋值语句与其他并行语句一样，在结构体内的执行是同时发生的，与书写顺序无关；每一信号赋值语句都相当于一条缩写的进程语句，而这条语句的所有输入信号都被隐性地列入此过程的敏感信号

表中。因此，任何信号的变化都将启动相关并行语句的赋值操作，而这种启动完全是独立于其他语句的，它们都可以直接出现在结构体中。

1. 简单信号赋值语句

简单信号赋值语句作为并行赋值语句的一种，是并行语句结构中最基本的单元。其基本语句格式如下。

```
信号赋值目标<=表达式;
```

其中，信号赋值目标的数据类型必须与赋值符号右边表达式的数据类型一致。简单的信号赋值在前面各示例中已多次出现，在此不再赘述。

2. 条件信号赋值语句

与 if 语句一样，条件信号赋值语句也是分支语句的一种，它可以根据不同条件将不同的表达式值代入目的信号量。但是，if 语句是顺序语句，只能用于 process 和子程序内部；条件信号赋值语句属于并行语句，用于结构体中的 process 之外。条件信号赋值语句的书写格式如下。

```
信号赋值目标 <= 表达式1  when  赋值条件1  else
                表达式2  when  赋值条件2  else
                  ……
                表达式n  when  赋值条件n  else
                表达式n+1;
```

在执行条件信号赋值语句时，每一赋值条件是按书写的先后关系逐项测定的，一旦发现赋值条件为 true，即将表达式的值赋给赋值目标；如果该语句的所有条件表达式都不成立，则把信号量表达式 $n+1$ 的值赋给赋值目标。

【例 3-22】 使用条件信号赋值语句编写 4 选 1 的 VHDL 程序如下，综合后的 RTL 电路截图如图 3-12 所示。

```
library ieee;
use ieee.std_logic_1164.all;
entity  ex_4to1  is
  port(s1,s2:in std_logic;
        a,b,c,d:in std_logic;
        y:out std_logic);
end ex_4to1;
architecture  one  of  ex_4to1  is
  signal s:std_logic_vector(1 downto 0);
  begin
  s<=s2&s1;
  y<=a when s="00" else
       b when s="01" else
       c when s="10" else
       d when s="11" else
       'Z';
end one;
```

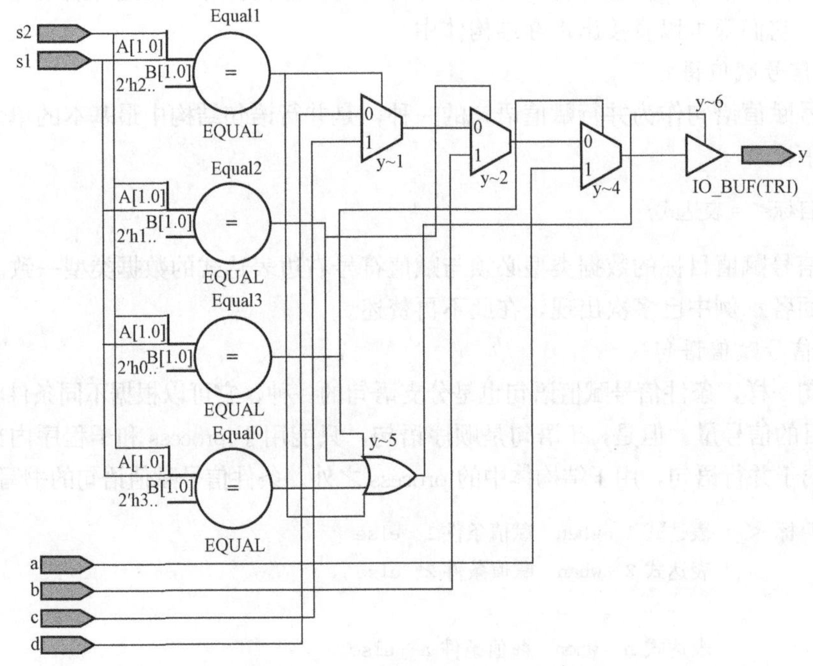

图 3-12　4 选 1 综合后的 RTL 电路截图

由［例 3-22］可以看出，条件信号赋值语句由于赋值条件的顺序性，第一句具有最高赋值优先级，第二句其次，优先级依次降低。条件信号赋值语句与进程中的 if 语句等价，完成相同的功能，所不同的是，在整个条件赋值语句中至少要有一个 else 子句，而 if 语句是没有这个要求的，它可以有单个 if 语句。

需要注意的是，条件信号赋值语句是不能嵌套的，不能把自身赋值给目的信号，所以不能用条件信号赋值语句设计锁存器。另外用条件信号赋值语句描述的电路和实际逻辑电路的工作情况比较贴近，使用这类语句就像使用汇编语言编程一样，需要编程人员有较多的硬件设计经验，从而使一般编程人员难于掌握，不建议使用，只有当用进程语句、if 语句、case 语句难以描述时才使用条件信号赋值语句。

3. 选择信号赋值语句

选择信号赋值语句类似于 case 语句，它对表达式进行测试，当表达式取值不同时，将使不同的值代入信号量，其语句格式如下。

```
with 选择表达式 select
信号赋值目标 <= 表达式 1   when   选择值 1,
               表达式 2   when   选择值 2,
               … …
               表达式 n   when   选择值 n;
```

选择信号赋值语句本身不能在 process 中应用，但该语句中也有敏感量，即关键词 with 旁的选择表达式。每当选择表达式的值发生变化时，就将启动此语句对各子句的选择值进行测试对比，当发现有满足条件的语句子句的选择值时，就将此子句表达式中的值赋给赋值目标信号。与 case 语句相类似，选择赋值语句对于子句选择值的测试具有同期性，不像条件信号赋值语句那样按照子句的书写顺序从上至下逐条测试，因此，选择赋值语句不允许有条件重叠的现象，也不允许存在条件涵盖不全的情况。

【例 3-23】 使用选择信号赋值语句编写 4 选 1 的 VHDL 程序如下，综合后的 RTL 电路截图如图 3-13 所示。

```
library ieee;
use ieee.std_logic_1164.all;
entity  ex_4to1  is
  port(s1,s2:in std_logic;
        a,b,c,d:in std_logic;
        y:out std_logic);
end ex_4to1;
architecture  one  of  ex_4to1  is
  signal s:std_logic_vector(1 downto 0);
  begin
  s<=s2&s1;
  with s select
  y<=a when "00",
      b when "01",
      c when "10",
      d when "11",
      'Z' when others;
end one;
```

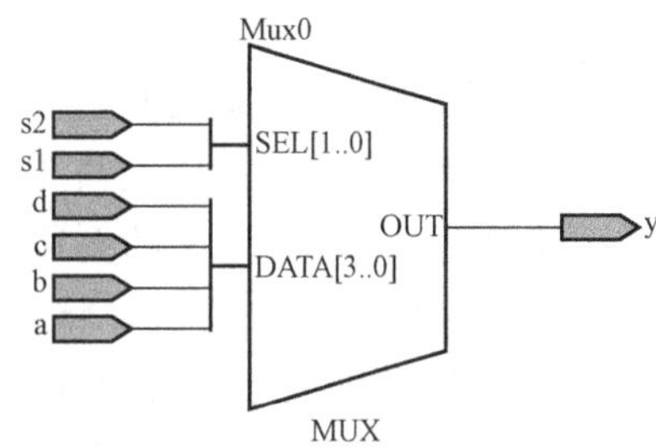

图 3-13　4 选 1 综合后的 RTL 电路截图

3.5.3 元件例化语句

元件例化就是将预先设计好的设计实体定义为一个元件，然后利用特定的语句将此元件与当前的设计实体中的指定端口相连接，从而为当前设计实体引入一个新的低一级的设计层次。在这里，当前设计实体相当于一个较大的电路系统，所定义的例化元件相当于一个要插在这个电路系统板上的芯片，而当前设计实体中指定的端口则相当于这块电路板上准备接受此芯片的一个插座。元件例化是使 VHDL 设计实体构成自上而下层次化设计的一种重要途径。

元件例化语句又称为端口映射语句，它由两部分组成，前一部分（component）是将一个现成的设计实体定义为一个元件，通常位于结构体说明语句部分，后一部分（port map）是将此元件与当前设计实体中连接说明，通常位于结构体功能描述语句部分。其语句格式如下。

```
component 例化元件名 is              }
  generic(类属表);                   }
  port(例化元件端口名表);            } 元件定义语句
end component 例化元件名;            }
元件例化名:例化元件名 port map(      }
    [端口名=>连接实体端口名,……]);   } 元件例化语句
```

其中，元件定义语句相当于对一个现成的设计实体进行封装，使其只留出外面的接口界面。就像一个集成芯片只留几个引脚在外一样，它的类属表可列出端口的数据类型和参数，例化元件端口名表可列出对外通信的各端口名。元件例化的第二部分语句即为元件例化语句，其中的元件例化名是必须存在的，它类似于标在当前系统（电路板）中的一个插座名，而例化元件名则是准备在此插座上插入的、已定义好的元件名。port map 是端口映射的意思，其中的例化元件端口名是在元件定义语句中的端口名表中已定义好的例化元件端口的名字，连接实体端口名则是当前系统与准备接入的例化元件对应端口相连的通信端口，相当于插座上各插针的引脚名。以上两部分在元件例化中都是必需的。

元件例化语句中所定义的例化元件的端口名与当前系统的连接实体端口名的接口表达有两种方式：①名字关联方式，将例化元件的端口名与关联端口名通过关联（连接）符号“=>”一一对应地联系起来的方式；②位置关联方式，按例化元件端口的定义顺序将例化元件的对应的连接实体端口名一一列出的方式。在名字关联方式下，例化元件的端口名和关联（连接）符号“=>”两者都是必须存在的，而例化元件端口名与连接实体端口名的对应式，在 port map 句中的位置可以是任意的。在位置关联方式下，port map 子句中只要按例化元件的端口定义顺序列出当前系统中的连接实体端口名就行了。

【例 3-24】 使用元件例化语句，编写 1 位全加器的 VHDL 程序。

分析：在两个一位二进制数 A 和 B 相加时，如果考虑相邻低位的进位 CI，即将两个一位二进制数相加的同时，再加上来自低位的进位信号，这种运算电路称为全加器。全加器有两个输出 SO 和 CO，其中 SO 为全加器的和，CO 为进位输出。全加器的符号及真值表见表 3-8，其内部构成如图 3-14 所示。图 3-14 中 ex_hadd 为半加器，其内部电路如图 3-15 所示。

表 3-8　　全加器的符号和真值表

符　号	输　入			输　出	
	A	B	CI	SO	CO
	0	0	0	0	0
	0	0	1	1	0
A　CO B　SO CI	0	1	0	1	0
	0	1	1	0	1
	1	0	0	1	0
	1	0	1	0	1
	1	1	0	0	1
	1	1	1	1	1

从图 3-14 可以看出，全加器由两个相同的半加器构成，因此使用元件例化语句编写全加器程序时，由两个程序构成：ex_fadd 和 ex_hadd。其中 ex_hadd 用来描述半加器；ex_fadd用来描述全加器内部电路的功能，该程序首先在结构体的说明语句部分使用 component语句声明调用 ex_hadd，然后在结构体的功能描述部分使用 port map 语句描述 ex_hadd与设计实体的连接关系。全加器的 VHDL 程序编写如下。

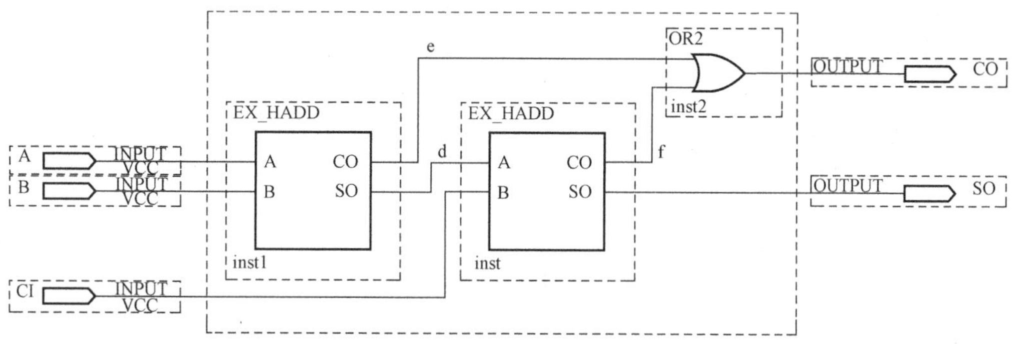

图 3 - 14 全加器内部电路的构成

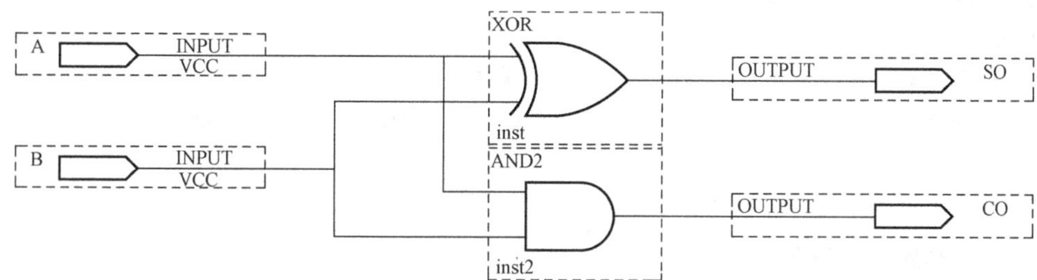

图 3 - 15 半加器的内部图

```
library ieee;
use ieee.std_logic_1164.all;
entity ex_hadd is                          --半加器实体定义
  port(a,b:in std_logic;
        co,so:out std_logic);
end ex_hadd;
architecture one of ex_hadd is
  signal s,cso:std_logic_vector(1 downto 0);
  begin
    s<=a&b;
    process(s)
      begin
        case s is
          when "00" =>cso<="00";
          when "01" =>cso<="10";
          when "10" =>cso<="10";
          when "11" =>cso<="01";
          when others=>null;
        end case;
    end process;
    so<=cso(1);   co<=cso(1);
end one;
```

```
library ieee;
use ieee.std_logic_1164.all;
entity ex_fadd is                    --全加器实体定义
  port(a,b,ci:in std_logic;
        co,so:out std_logic);
end ex_fadd;
architecture top of ex_fadd is
  component ex_hadd is               --声明调用 ex_hadd
    port(a,b:in std_logic;
        co,so:out std_logic);
  end component ex_hadd;
  signal d,e,f:std_logic;            --定义信号 d,e,f 作为 ex_hadd 相应端口与设计实体的连接
  begin
    u1:ex_hadd port map(a,b,e,d);     --位置关联
    u2:ex_hadd port map(a=>d,b=>ci,co=>f,so=>so);     --名字关联
    co<=e or f;
end top;
```

3.5.4 类属映射语句

类属映射语句可用于设计从外部端口改变元件内部参数或结构规模的元件，或称类属元件，这些元件在例化中特别方便，在改变电路结构或元件升级方面显得尤为便捷。其语句格式如下。

```
generic map(类属表);
```

类属映射语句与端口映射语句 port map 语句具有相似的功能和使用方法，它描述相应元件类属参数间的衔接和传送方式，它的类属参数衔接方式同样有名字关联方式和位置关联方式。

【例 3-25】 使用类属映射和端口映射语句编写的 n 输入端口的“或门”和“与门”的 VHDL 程序如下，综合后的 RTL 电路如图 3-16 所示。

```
library ieee;
use ieee.std_logic_1164.all;
entity ex_or is
  generic(n:integer);
  port(a:in std_logic_vector(n-1 downto 0);
        c:out std_logic);
end ex_or;
architecture one of ex_or is
  signal temp:std_logic:='0';
  begin
   process(a)
    begin
      for i in n-1 downto 0 loop
        temp<=temp or a(i);
```

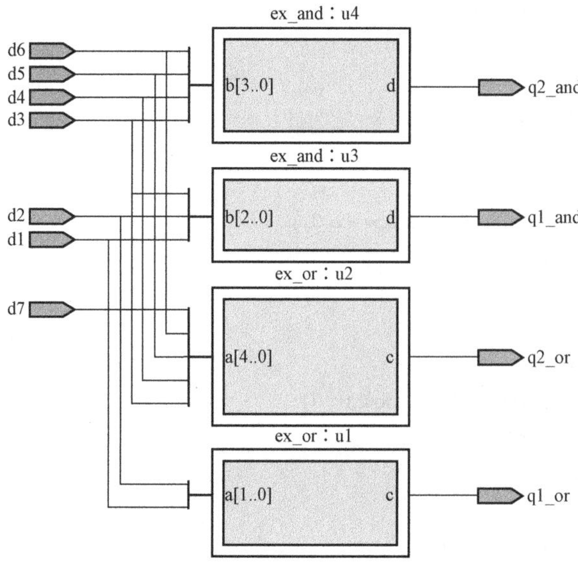

图 3-16 n位“或门”和“与门”综合后的 RTL 电路图

```
        end loop;
    end process;
    c<=temp;
end one;
library ieee;
use ieee.std_logic_1164.all;
entity ex_and is
    generic(n:integer);
    port(b:in std_logic_vector(n-1 downto 0);
         d:out std_logic);
end ex_and;
architecture two of ex_and is
    signal temp:std_logic:='0';
    begin
     process(b)
      begin
        for i in n-1 downto 0 loop
          temp<=temp and b(i);
        end loop;
    end process;
    d<=temp;
end two;
library ieee;
use ieee.std_logic_1164.all;
entity ex_orn_andn is
    port(d1,d2,d3,d4,d5,d6,d7:in std_logic;
```

```
        q1_or,q2_or:out std_logic;
        q1_and,q2_and:out std_logic);
end ex_orn_andn;
architecture top of ex_orn_andn is
  component ex_or is
    generic(n:integer);
    port(a:in std_logic_vector(n-1 downto 0);
         c:out std_logic);
  end component ex_or;
  component ex_and is
    generic(n:integer);
    port(b:in std_logic_vector(n-1 downto 0);
         d:out std_logic);
  end component ex_and;
  begin
    u1:ex_or generic map(n=>2)
        port map(a(0)=>d1,a(1)=>d2,c=>q1_or);
    u2:ex_or generic map(n=>5)
        port map(a(0)=>d3,a(1)=>d4,a(2)=>d5,
                 a(3)=>d6,a(4)=>d7,c=>q2_or);
    u3:ex_and generic map(n=>3)
        port map(b(0)=>d1,b(1)=>d2,
                 b(2)=>d3,d=>q1_and);
    u4:ex_and generic map(n=>4)
        port map(b(0)=>d3,b(1)=>d4,b(2)=>d5,
                 b(3)=>d6,d=>q2_and);
end top;
```

在［例 3-25］中，端口映射语句描述了在结构体对外部元件的调用和连接过程中元件间端口的衔接方式，类属映射语句具有相似的功能，它描述的是相应元件类属参数间的衔接和传送方式。

由此可见，利用 generic map 语句可以灵活地改变参数来满足实际系统设计中的需求，这也正是类属映射语句的关键用途。

3.5.5 生成语句

生成语句用来产生多个相同的电路结构，它可以简化有规则设计结构的逻辑描述。在设计中，只要根据某些条件，设定好某一元件或者设计单元，就可以利用生成语句赋值一组完全相同的并行元件或者设计单元电路结构。它的典型应用场合是生成存储器阵列和寄存器阵列等，另一种应用是用于仿真状态的编译。生成语句有两种不同的语句格式，分别为 for-generate 和 if-generate 结构。

```
[标号:] for 循环变量 in 取值范围 generate ┐
        说明;                              │
    begin                                  ├ for-generate 结构
        并行语句;                          │
end generate [标号];                       ┘
```

```
[标号:] if 条件 generate ⎫
        说明;             ⎪
    begin                 ⎬if-generate 结构
        并行语句;         ⎪
end generate [标号];      ⎭
```

这两种语句格式都由以下 4 部分组成。

（1）生成方式：有 for 语句结构或 if 语句结构，用于规定并行语句的复制方式。

（2）说明部分：包括对元件数据类型、子程序数据对象等作一些局部说明。

（3）并行语句：生成语句结构中的并行语句是用来“copy”的基本单元，主要包括元件、进程语句、块语句、并行过程调用语句、并行信号赋值语句、生成语句等。这表示生成语句允许存在嵌套结构，所以可用于生成元件的多维阵列结构。

（4）标号：生成语句中的标号并不是必需的，但如果是嵌套的生成语句结构那么就必不可少。

对于 for 语句结构，主要是用来描述设计中的一些有规律的单元结构的，其生成参数及其取值范围的含义和运行方式与 loop 语句十分相似。但需注意，从软件运行的角度看，for 语句格式中生成参数（循环变量）的递增方式具有顺序的性质，但是最后生成的设计结构却是完全并行的，这就是必须用并行语句来作为生成设计单元的缘故。

生成参数（循环变量）是自动产生的，它是一个局部变量，根据取值范围自动递增或递减。取值范围的语句格式与 loop 语句是相同的，有以下两种形式。

```
表达式  to     表达式;                  --递增方式,如 0 to 7
表达式 downto 表达式;                   --递减方式,如 7 downto 0
```

其中的表达式必须是整数。

【例 3-26】 使用生成语句，编写的 4 位全加器 VHDL 程序如下，综合后的 RTL 电路如图 3-17 所示。

```
library ieee;
use ieee.std_logic_1164.all;
entity ex_hadd is                         --半加器实体定义
  port(a,b:in std_logic;
        co,so:out std_logic);
end ex_hadd;
architecture one of ex_hadd is
  signal s,cso:std_logic_vector(1 downto 0);
  begin
    s<=a&b;
    process(s)
      begin
        case s is
          when "00" =>cso<="00";
          when "01" =>cso<="10";
          when "10" =>cso<="10";
```

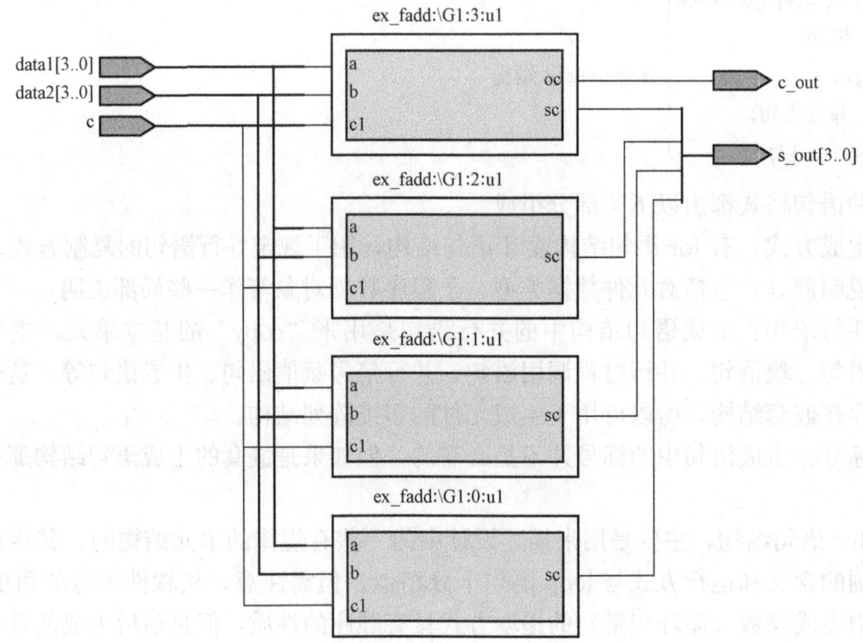

图 3-17　4 位全加器综合后的 RTL 电路图

```
            when "11" =>cso<="01";
            when others =>null;
          end case;
      end process;
      so<=cso(1);   co<=cso(1);
end one;
library ieee;
use ieee.std_logic_1164.all;
entity ex_fadd is                          --全加器实体定义
  port(a,b,ci:in std_logic;
        co,so:out std_logic);
end ex_fadd;
architecture two of ex_fadd is
  component ex_hadd is                     --声明调用 ex_hadd
    port(a,b:in std_logic;
          co,so:out std_logic);
  end component ex_hadd;
  signal d,e,f:std_logic;                  --定义信号 d,e,f 作为 ex_hadd 相应端口与设计实体的连接
  begin
    u1:ex_hadd port map(a,b,e,d);          --位置关联
    u2:ex_hadd port map(a=>d,b=>ci,co=>f,so=>so);      --名字关联
    co<=e or f;
end two;
library ieee;
```

```
use ieee.std_logic_1164.all;
entity ex_4add is
  port(data1,data2:IN STD_LOGIC_vector(3 downto 0);
          c:in std_logic;
        c_out: OUT STD_LOGIC;
        s_out:out std_logic_vector(3 downto 0));
end ex_4add;
architecture one of ex_4add is
component ex_fadd is
  port(a,b,ci:in std_logic;
          co,so:out std_logic);
end component ex_fadd;
signal d:std_logic_vector(4 downto 0);
begin
  d(0)<=c;
  G1:for i in 0 to 3 generate
    begin
    u1: ex_fadd port map(a=>data1(i),b=>data2(i),
          ci=>c,co=>d(i+1),so=>s_out(i));
  end generate G1;
  c_out<=d(4);
end one;
```

细心的读者可能会对 for-loop 语句和 for-generate 语句的异同发生疑问。它们两者的语法格式和循环变量变化的方式是相同的，但是两者在性质上有本质的区别：前者属于顺序语句，其内部是顺序描述的；而后者是并行语句，内部是并行描述的。同样的，if 语句和 if-generate 语句之间也有所区别，if-generate 语句没有类似于 if 语句的 else 或 elsif 分支语句，且 if 语句属于顺序语句，if-generate 语句属于并行语句。

小　　结

VHDL 语言十分类似于计算机高级语言，但又不同于一般的计算机高级语言。它具有系统硬件描述能力强、设计灵活、可读性和通用性好，并与工艺无关，编程、语言标准规范等特点。

VHDL 程序由实体（Entity）、结构体（Architecture）、库（Library）、程序包（Package）和配置（Configuration）5 个部分组成。实体、结构体和库共同构成 VHDL 程序的基本组成部分，程序包和配置则可根据需要选用。库语句是用来定义程序中要用到的元件库。程序包用来定义使用哪些自定义元件库。配置用来选择实体的多个结构体的哪一个被使用。

VHDL 的端口模式有输入（in）、输出（out）、双向（inout）和缓冲（buffer）4 种类型。buffer 与 out 的区别是：out 模式规定信号只能从实体内部输出，buffer 模式规定信号不仅可以从实体内部输出，而且可以通过该端口在实体内部反馈使用。

VHDL 语言要素是编程语句的基本元素，主要包含 VHDL 的文字规则、数据对象、数据类型、操作符。掌握好语言要素的正确使用是学好 VHDL 语言的基础。数据对象包括信号、常量和变量，在使用前必须加以说明；数据类型常用的有 bit、bit _ vector、std _ logic、std _ logic _ vector、boolean、整数和实数；运算操作符有逻辑操作符、关系操作符、算术操作符、符号操作符、赋值运算符等。

VHDL 的主要描述语句分为顺序语句和并行语句两类。顺序语句在执行时是顺序进行的，只能出现在进程或子程序中；并行语句之间的关系是并行的，可以放在结构体中的任何位置。顺序语句包括控制语句（IF、CASE、LOOP、NEXT、EXIT）、等待语句（WAIT）、返回语句（RETURN）、空操作语句（NULL）等，这些顺序语句通常是在进程语句（process）中使用。并行语句包括进程语句（PROCESS）、块语句（BLOCK）、并行信号赋值语句、条件信号赋值语句（when-else）、选择信号赋值语句（with-select-when）、元件例化语句（component）、类属映射语句（generic map）和生成语句（generate）等。断言语句（assert）和报告语句（report）用于仿真时给出一些信息。

习　　题

3-1　采用 VHDL 进行数字系统设计有哪些特点？

3-2　VHDL 的基本程序结构由哪几部分组成？各部分的功能是什么？

3-3　说明端口模式 buffer 与 inout 的异同点。

3-4　按照执行方式的不同，VHDL 语句可分为哪几种语句？各有何特点？

3-5　在 VHDL 中，配置有何作用？

3-6　简述信号与变量的异同点。

3-7　说明下列各定义的意义。

```
signal  a,b,c:in std_logic;
constant in1,in2:integer;
variable  tmp,tmp2:bit:='1';
```

3-8　分别写出图 3-18（a）、（b）所示的元件符号的实体描述。

3-9　画出下列两个实体描述所对应的元件符号。

```
entity  ex_hadd  is
  port(a,b:in std_logic;
       co,so:out std_logic);
end  ex_hadd;
entity  ex_music  is
  port(clk,rst:in std_logic;
       sel:in std_logic_vector(1 downto 0);
       mic:out std_logic);
end  ex_music;
entity  cnt  is
  port(clk,rst,en:in std_logic;
       dir,sel:in std_logic;
```

```
        datain:in std_logic_vector(7 downto 0);
        cs:out std_logic_vector(3 downto 0);
        code:out std_logic_vector(7 downto 0));
end  cnt;
```

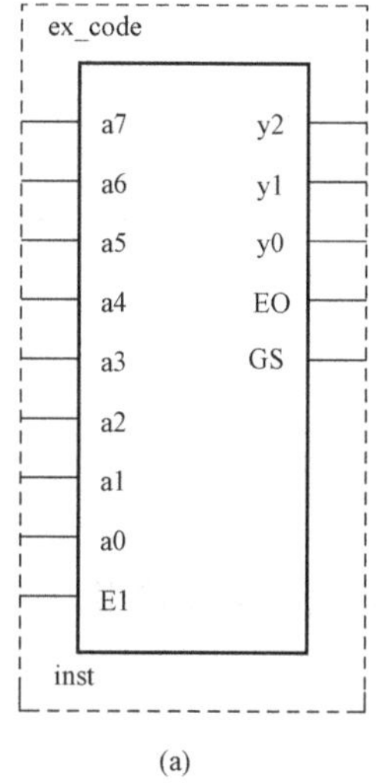

(a)

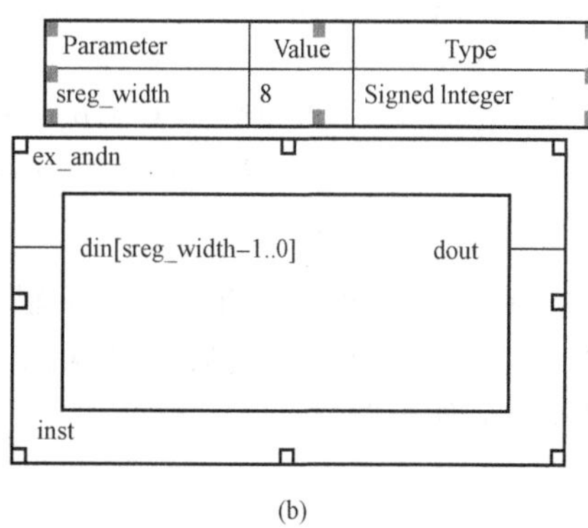

(b)

图 3-18　习题 3-8 图

3-10　分别写出描述图 3-19（a）、（b）所示电路的 VHDL 程序。

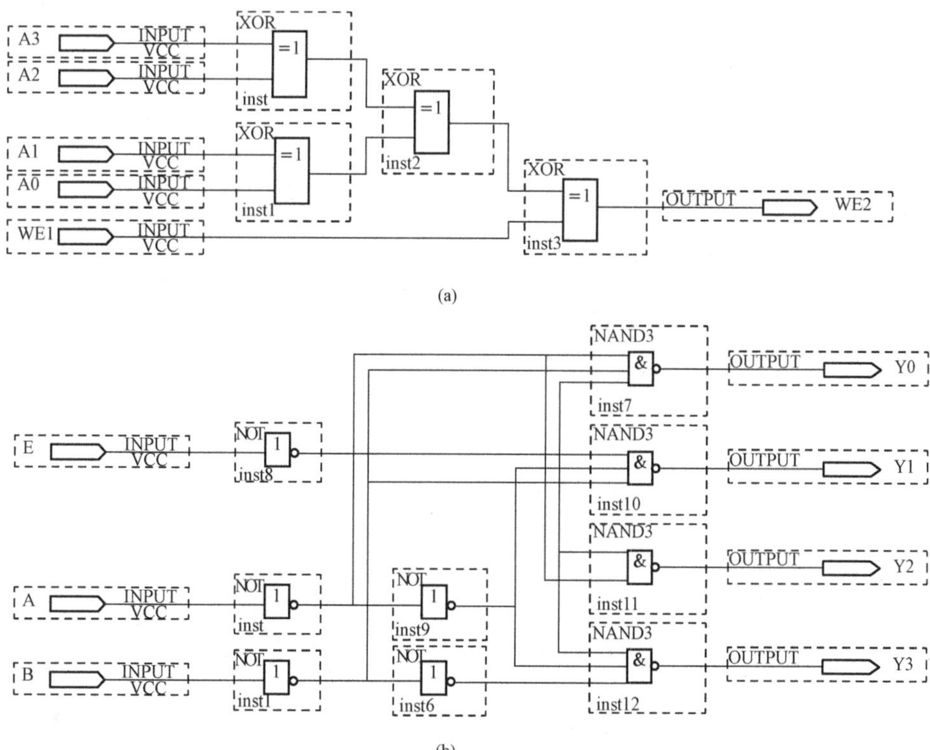

图 3-19　习题 3-10 图

3-11 下面是一个简单的 VHDL 程序，请画出其实体对应的原理图符号，并画出与结构体相对应的电路原理图。

```
entity  ex_74ls20  is
  port(I1A,I1B,I1C,I1D:in std_logic;
       I2A,I2B,I2C,I2D:in std_logic;
       O1,O2:out std_logic);
end  ex_74ls20;
architecture one of ex_74ls20 is
  begin
    O1<= not(I1A  and  I1B  and  I1C  and  I1D);
    O2<= not(I2A  and  I2B  and  I2C  and  I2D);
    end  one;
```

3-12 使用 VHDL 语言描述一个 5 输入的多数表决器。

3-13 使用 VHDL 语言描述一个双 4 选 1 的数据选择器，其地址信号共用，且各有一个低电平有效的使用端。

4 Quartus Ⅱ软件的使用

利用硬件描述语言完成电路的设计后，还需要借助 EDA 工具中的综合器、适配器和编程器等 EDA 软件工具处理，才能下载到 CPLD/FPGA 中进行硬件的实现。Quartus Ⅱ软件包是 Altera 公司专有知识产权的 EDA 开发软件，适用于大规模逻辑电路设计。其界面友好，集成化程度高，易学、易用，深受业界人士好评，设计者可以方便地完成数字系统的全过程。

4.1 Quartus Ⅱ的初步认识

Altera 公司推出的 Quartus Ⅱ软件提供完整的多平台设计环境，可以容易地满足特定的设计需求。Quartus Ⅱ软件包含了整个可编程逻辑器件设计阶段的所有解决方案，提供了完整的图形用户界面，可以完成可编程片上系统（SOPC）的整个开发流程的各个阶段。

4.1.1 Quartus Ⅱ的特点

Max+plus Ⅱ作为 Altera 的上一代 PLD 设计软件，由于其出色的易用性而得到了广泛的应用。目前 Altera 已经停止了对 Max+plus Ⅱ的更新支持。Quartus Ⅱ是 Altera 公司继 Max+plus Ⅱ之后开发的一种针对其公司生产的系列 CPLD/PGFA 器件的综合性开发软件，该软件有如下几个显著的特点。

1. Quartus Ⅱ的优点

Quartus Ⅱ界面友好，使用便捷，功能强大，是一个完全集成化的可编程逻辑设计环境，是先进的 EDA 工具软件。该软件具有开放性、与结构无关、多平台、完全集成化、丰富的设计库、模块化工具等特点，支持原理图、VHDL、VerilogHDL 以及 AHDL（Altera Hardware Description Language）等多种设计输入形式，内嵌自有的综合器以及仿真器，可以完成从设计输入到硬件配置的完整 PLD 设计流程。

Quartus Ⅱ 可以在 Win7、XP、Linux 以及 UNIX 上使用，除了可以使用 TCL 脚本完成设计流程外，提供了完善的用户图形界面设计方式。具有运行速度快，界面统一，功能集中，易学易用等特点。

2. Quartus Ⅱ对器件的支持

Quartus Ⅱ支持 Altera 公司的 MAX 3000A 系列、MAX 7000 系列、MAX 9000 系列、ACEX 1K 系列、APEX 20K 系列、APEX Ⅱ系列、FLEX 6000 系列、FLEX 10K 系列，支持 MAX7000/MAX3000 等乘积项器件。支持 MAX Ⅱ CPLD 系列、Cyclone 系列、Cyclone Ⅱ、Stratix Ⅱ系列、Stratix GX 系列等。支持 IP 核，包含了 LPM/MegaFunction 宏功能模块库，用户可以充分利用成熟的模块，简化了设计的复杂性、加快了设计速度。此外，Quartus Ⅱ通过和 DSP Builder 工具与 Matlab/Simulink 相结合，可以方便地实现各种 DSP 应用系统；支持 Altera 的片上可编程系统（SOPC）开发，集系统级设计、嵌入式软件开发、可编程逻辑设计于一体，是一种综合性的开发平台。

3. Quartus Ⅱ对第三方 EDA 工具的支持

对第三方 EDA 工具的良好支持也使用户可以在设计流程的各个阶段使用熟悉的第三方 EDA 工具。Altera 的 Quartus Ⅱ可编程逻辑软件属于第四代 PLD 开发平台。该平台支持一个工作组环境下的设计要求，其中包括支持基于 Internet 的协作设计。Quartus 平台与 Cadence、ExemplarLogic、MentorGraphics、Synopsys 和 Synplicity 等 EDA 供应商的开发工具相兼容。改进了软件的 LogicLock 模块设计功能，增添了 FastFit 编译选项，推进了网络编辑性能，而且提升了调试能力。

Quartus Ⅱ软件的版本更新较快，目前最新版本为 Quartus Ⅱ 13.0。Quartus Ⅱ 9.1 及以前版本的软件自带仿真组件，可以直接进行波形仿真，而之后的版本不再包含此组件，因此之后的版本进行仿真时，必须安装第三方仿真软件 Modelsim。Quartus Ⅱ 9.1 及以前版本的软件自带硬件库，不需要额外下载安装，而之后的版本需要额外下载硬件库，另外选择安装。Quartus Ⅱ 11.0 之前版本的软件需要额外下载安装 Nios Ⅱ组件，而从 Quartus Ⅱ 11.0 版本开始软件自带 Nios Ⅱ组件。Quartus Ⅱ 9.1 之前的软件自带 SOPC 组件，而 Quartus Ⅱ 10.0 自带 SOPC 以及 Qsys 两个组件，但之后的版本只包含 Qsys 组件。Quartus Ⅱ 10.1 之前软件包括时钟综合器，即 Settings 中包含 TimeQuest Timing Analyzer，以及 Classis Timing Analyzer，但 Quartus Ⅱ 10.1 以后版本只包含了 TimeQuset Timing Analyzer。虽然版本不同，但其主要的操作方法基本相同，所以本章以 Quartus Ⅱ 9.1 为例讲述 Quartus Ⅱ软件的使用方法。

4.1.2 Quartus Ⅱ的设计流程

Quartus Ⅱ软件拥有 FPGA 和 CPLD 设计的所有阶段的解决方案。Quartus Ⅱ软件允许在设计流程的每个阶段使用 Quartus Ⅱ图形用户界面、EDA 工具界面或命令行界面。Quartus Ⅱ设计的流程图如图 4-1 所示，可以使用 Quartus Ⅱ软件完成设计流程的所有阶段。其设计流程主要包含设计输入、综合、布局布线、仿真、时序分析、仿真、编程和配置。

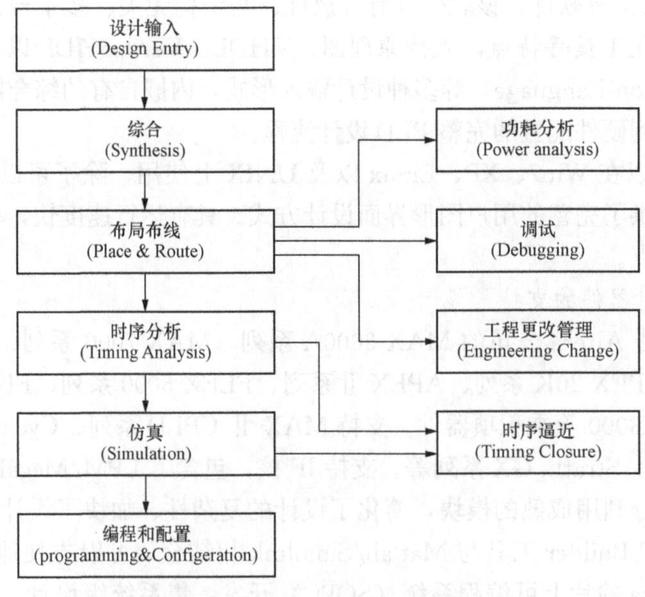

图 4-1 Quartus Ⅱ的设计流程

4.1.3 Quartus Ⅱ支持的文件类型

Quartus Ⅱ支持的文件类型见表 4 - 1。

表 4 - 1 Quartus Ⅱ支持的文件类型

类型	描　述	扩展名
框图设计文件	使用 Quartus Ⅱ框图编辑器建立的原理图设计文件	. bdf
EDIF 输入文件	使用任何标准 EDIF 网表编写程序生成的 EDIF 网表文件	. edf；. edif
图形设计文件	使用 Max+plus Ⅱ Graphic Edito 建立的原理图设计文件	. gdf
文本设计文件	以 Altera 硬件描述语言（AHDL）编写的设计文件	. tdf
Verilog HDL 设计文件	包含使用 Verilog HDL 定义的设计逻辑的设计文件	. v；. vlg；. verilo
VHDL 设计文件	包含使用 VHDL 定义的设计逻辑的设计文件	. vh；. vhd；. vhdl
波形设计文件	建立和编辑用于波形或文本格式仿真的输入向量，描述设计中的逻辑行为	. vwf
逻辑分析仪文件	Signal TapII 逻辑分析仪文件，记录设计的内部信号波形	. stp
编译文件	编译结果文件 . sof，下载 FPGA 上可执行；. pof 用于修改 FPGA 加电启动项	. sof；. pof
接口文件	SOPC Builder 对 Nios Ⅱ IDE 的接口文件，用于生成 System. h	. ptf
配置文件	SOPC Builder 配置文件，记录 SOPC 系统中的各器件配置信息	. sopc
路径文件	SOPC 路径指定文件，用于记录自定义 SOPC 模块的路径	. qif

4.1.4 Quartus Ⅱ的主界面介绍

Quartus Ⅱ 9.1 是 Altera 公司当前较流行的 EDA 软件工具，其主界面如图 4 - 2 所示，主要包括菜单栏、工具栏、项目导航窗口、操作流程显示区、源程序编辑区和消息窗口等部分。

菜单栏包括：File 菜单，主要功能是新建、打开和保存一个项目或资源文件；Edit 菜单，主要功能是隐藏或显示项目导航、引脚查找器等操作视图；Project 菜单，主要功能是进行项目的一些操作；Assignments 菜单，主要功能是对工程进行相关设置操作；Processing 菜单，包含了对项目的一些操作命令或子菜单项；Tools 菜单，包含了进行设计的一些操作工具；Window 菜单，主要功能是排列规划窗口，使用户容易阅读和管理。

工具栏中包含了常用命令的快捷图标，将鼠标移到相应图标时，在鼠标下方出现此图标对应的含义，而且每种图标在菜单栏均能找到相应的命令菜单。设计者可以根据需要将自己常用的功能定制为工具栏上的图标。

项目导航窗口用于显示当前项目中所有相关的资源文件。项目导航窗口左下角有三个标签，分别是结构层次（Hierarchy)、文件（Files)、设计单元（Design Units)。结构层次窗口在项目编译前只显示顶层模块名，项目编译后，此窗口按层次列出了工程中所有的模块，并列出了每个源文件所用资源的具体情况。顶层可以是设计者生成的文本文件，也可以是图形编辑文件。

源程序编辑区是用户进行编写、修改源程序的区域。操作流程显示区是显示模块综合、布局布线过程及时间。模块（Module）列出项目模块，过程（Process）显示综合、布局布线进度条，时间（Time）表示综合、布局布线所耗费的时间。

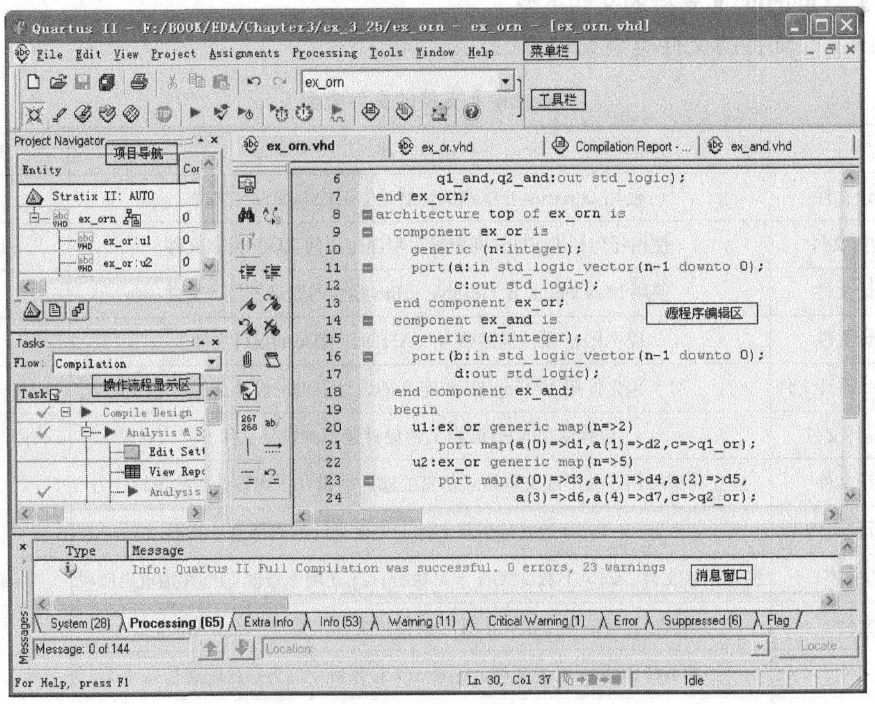

图 4-2　Quartus Ⅱ 9.1 的主界面

消息窗口显示 Quartus Ⅱ软件综合、布局布线过程中的信息，如开始综合时调用源文件、库文件、综合布局布线过程中的定时、告警、错误等，如果是告警和错误，则会给出具体的原因，方便设计者查找及修改错误。

4.2　Quartus Ⅱ 的安装

4.2.1　Quartus Ⅱ软件安装

Quartus Ⅱ软件的安装可以按以下步骤进行。

(1) 双击 Quartus Ⅱ 9.1 安装包中的 setup. exe 文件，将弹出如图 4-3 所示的欢迎信息框。

(2) 在图 4-3 中单击 Next 按钮，将弹出软件安装的许可协议对话框，在此对话框中选中 I accept the terms of the license agreement 单选按钮，如图 4-4 所示，并单击 Next 按钮。然后根据提示即可将 Quartus Ⅱ 9.1 安装。

(3) 如果用户有 Quartus 的许可文件，则安装该 license 文件。打开 Quartus Ⅱ 9.1 软件包的 Crack 文件夹，将 bin 和 bin64 中 sys _ cpt. dll 文件分别复制到 Quartus Ⅱ 9.1 安装路径的 bin 和 bin64 文件夹中，替代原目录下的 sys _ cpt. dll 文件。将 license. dat 文件复制到安装目录下，并使用记事本的方式将其打开，将其中 HOSTID 的值改为本机的网卡物理地址。本机网卡物理地址可以在 dos 状态下使用 ipconfig/all 命令查看，也可在启动 Quartus Ⅱ 9.1 后，执行菜单命令 Tools→License Setup，打开 License Setup 对话框。在此对话框的“Network Interface Card (NIC) ID:”中显示的字符串即为该机的网卡物理地址。

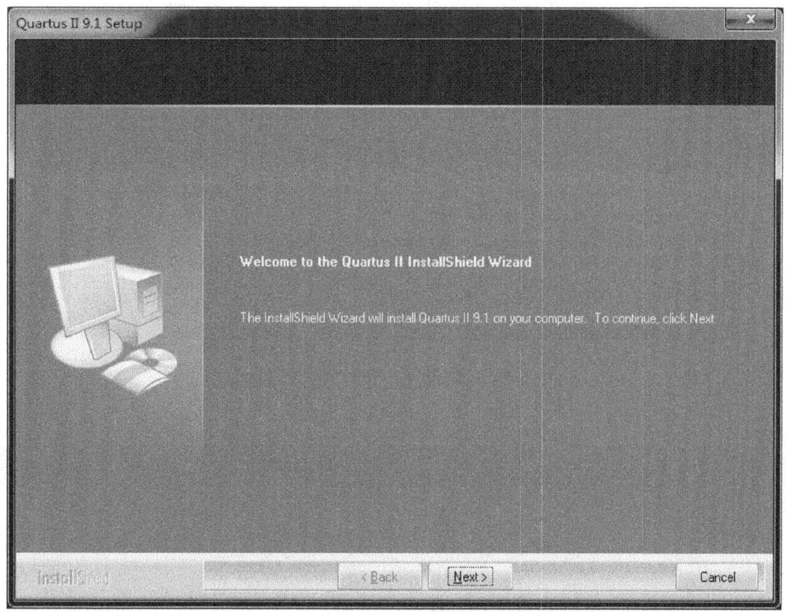

图 4-3 Quartus Ⅱ 9.1 的欢迎界面

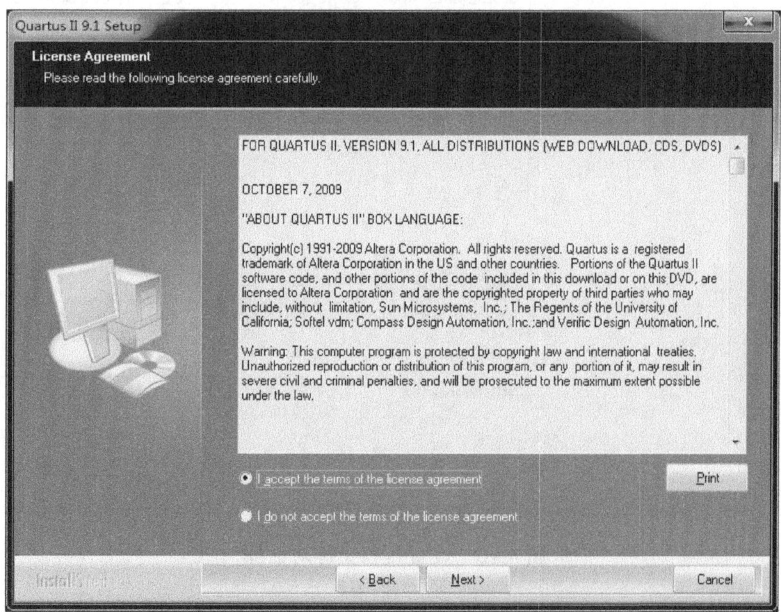

图 4-4 软件安装许可协议对话框

（4）第一次启动 Quartus Ⅱ 9.1 时，会出现如图 4-5 所示的软件请求授予权对话框。如果用户有许可文件，则在此对话框中选中 If you have a valid license file，specify the location of your license file 单选按钮，否则选中 Start the 30-day evaluation period with no license file（no device programming file support）单选按钮。选中前者，则进入图 4-6 所示的设置授权文件对话框。

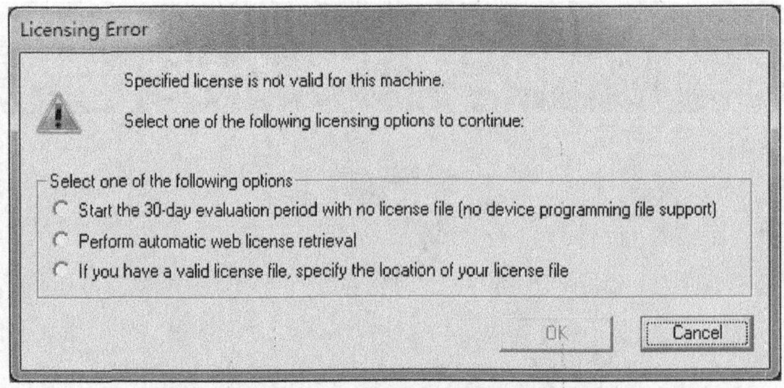

图 4-5 软件请求授予权对话框

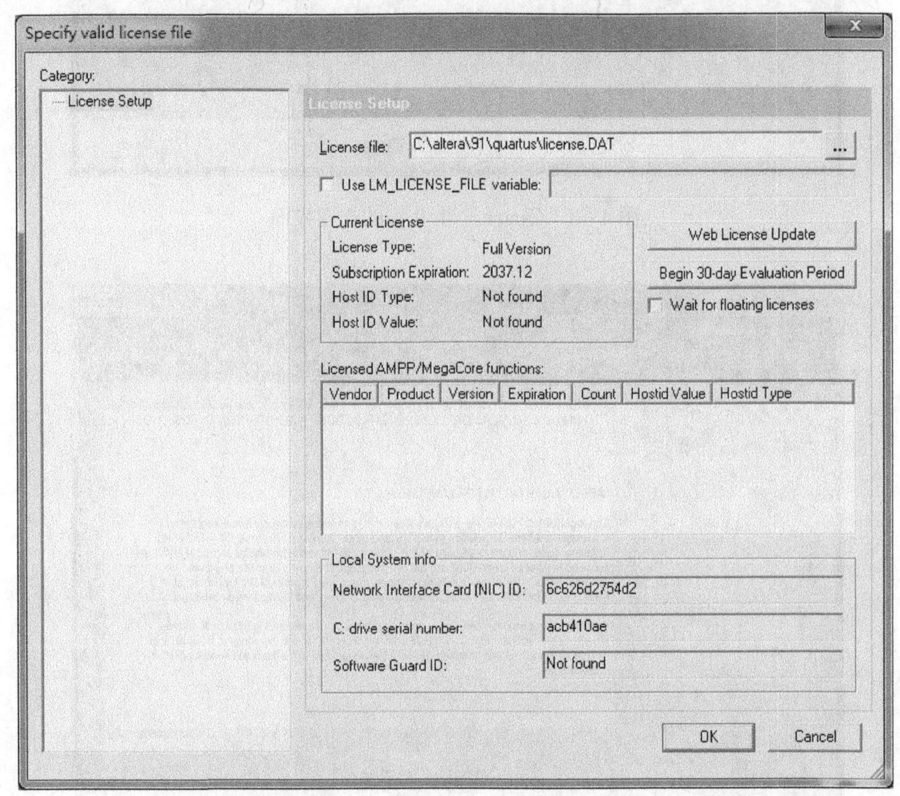

图 4-6 设置授权文件对话框

（5）在图 4-6 中，单击“…”按钮，指定修改好的 license. dat 文件路径，单击 OK 按钮即可。

至此，Quartus Ⅱ 9.1 已经可以使用了。

4.2.2 下载电缆线安装

下载电缆是用来对 CPLD/FPGA 或专用配置器件进行编程和配置的。在进行下载时，将下载电缆一端连接到计算机上，另一端连接到 CPLD/FPGA 电路板上 JTAG 下载口或 AS 下载口上。常用的下载电缆主要有 ByteBlaster Ⅱ 下载电缆和 USB-Blaster 下载电缆，前者连接到计算机的并口上，通过并口进行下载；后者连接到计算机的 USB 口上，通过 USB 口进行下载。用户可以根据实际情况，选择其中的一种。在此 USB 口为例，讲解下载电缆的安装方法。

第一次使用 USB 下载器时，若将 USB 下载器插入计算机的 USB 接口，会弹出“找到新的硬件向导”对话框，如图 4-7 所示。

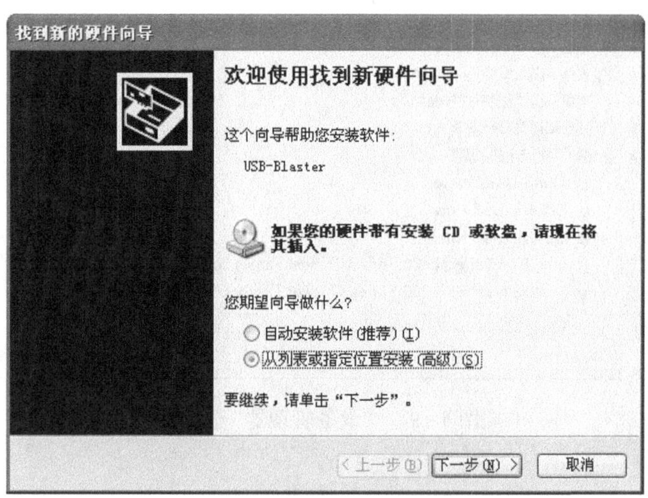

图 4-7 “找到新的硬件向导”对话框

选中“从列表或指定位置安装（高级）”单选按钮，单击“下一步”按钮，进入搜索和安装选项对话框，如图 4-8 所示。单击“浏览”按钮，指定 USB-Blaster 下载驱动程序的安装路径为“C:\altera\91\quartus\drivers\usb-blaster”，单击“下一步”按钮，继续安装，直至完成。

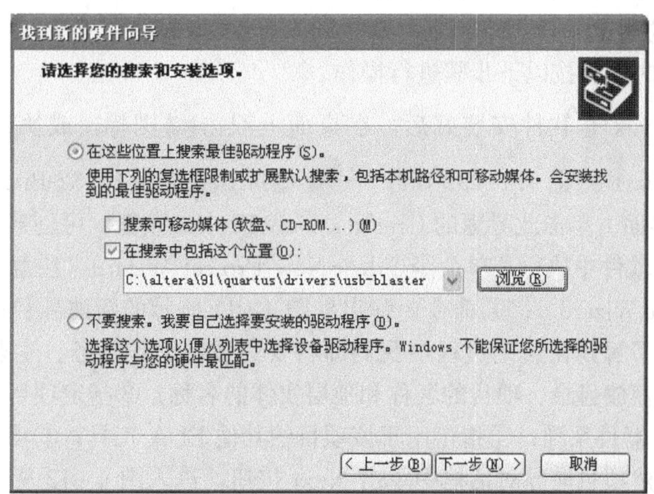

图 4-8 指定 USB-Blaster 下载电缆的驱动程序路径

安装完成后，可以在计算机的“设备管理器”窗口中查到该设备名称“Altera USB-Blaster”，说明安装成功，如图 4-9 所示。至此，USB-Blaster 下载电缆已经可以使用了。

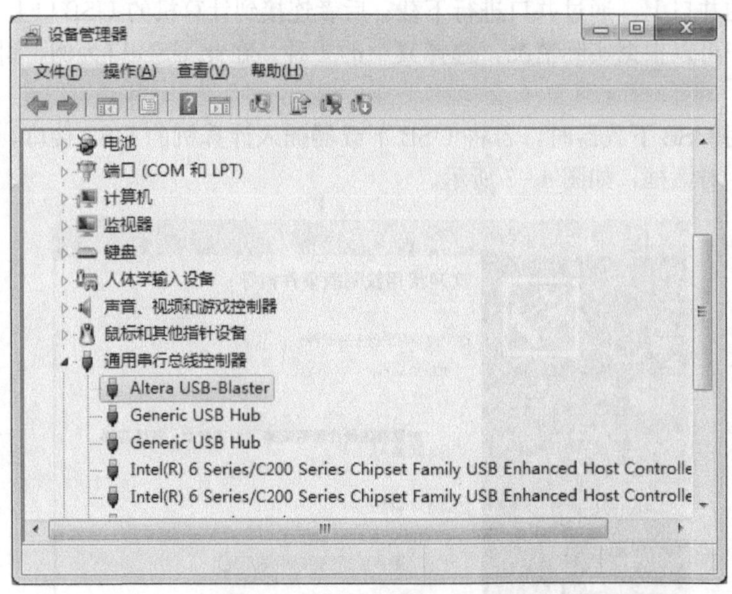

图 4-9 “设备管理器”窗口

4.3 Quartus Ⅱ的设计文件输入

Quartus Ⅱ支持的设计输入方法很多，比如文本法（如 VHDL）和图形法（如原理图）。文本法使用硬件描述语言进行设计，控制灵活，适用于复杂逻辑控制和子模块的设计。图形法形象直观、简单易用，使用起来非常方便，适用于顶层和高层次实体的构造及已有器件的调用。在设计输入时，首先要创建新的项目。

4.3.1 项目的创建

创建新的项目时，可按以下步骤进行操作。

步骤一：Quartus Ⅱ软件安装好后，在桌面上双击图标，或执行“开始”→“程序”→Altera→Quartus Ⅱ 9.1（32-Bit）→ Quartus Ⅱ 9.1（32-Bit）命令，打开如图 4-10所示的启动界面。单击此界面的 Create a New Project 按钮，可创建一个新的项目。或在 Quartus Ⅱ 9.1 软件中执行菜单命令 File→New Project Wizard（注意不要把“New”误认为“New Project Wizard...”）命令，弹出如图 4-11 所示的新建项目向导对话框，在此对话框中，你可以了解到在这个过程中我们即将要完成的工作任务。主要包括下面几个任务：①指定项目的存放目录、项目的名称和顶层实体的名称；②指定项目设计的文件；③指定该设计的 Altera 器件系列；④指定用于该项目的其他 EDA 工具；⑤项目信息报告。

步骤二：在新建项目向导对话框中单击 Next 按钮，进入图 4-12 所示的建立新设计项目对话框。在此对话框中的第一栏用于指定项目所在的工作库文件夹；第二栏用于指定项目名，项目名可以取任何名字，也可以直接用顶层文件的实体名作为项目名（建议使用）；第三栏用于指定顶层文件的实体名。本例中项目的路径为 F:\BOOK\EDA\Chapter4\ex_fadd，文件夹和项目名与顶层文件的实体名同名为 ex_fadd。

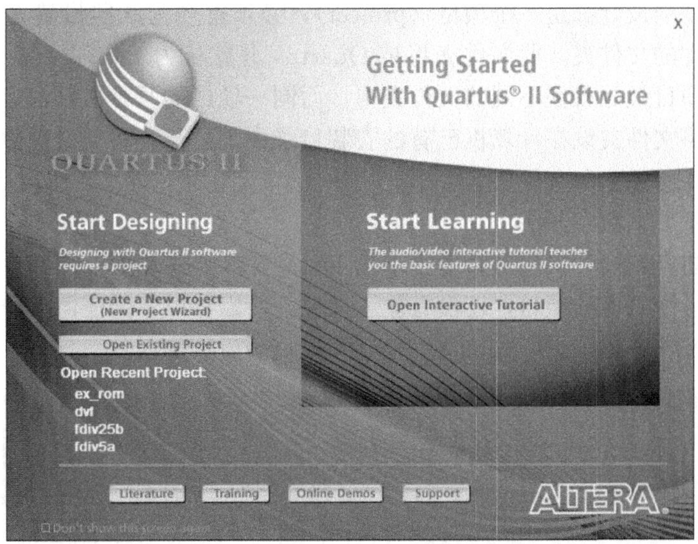

图 4-10 Quartus Ⅱ 9.1 软件启动界面

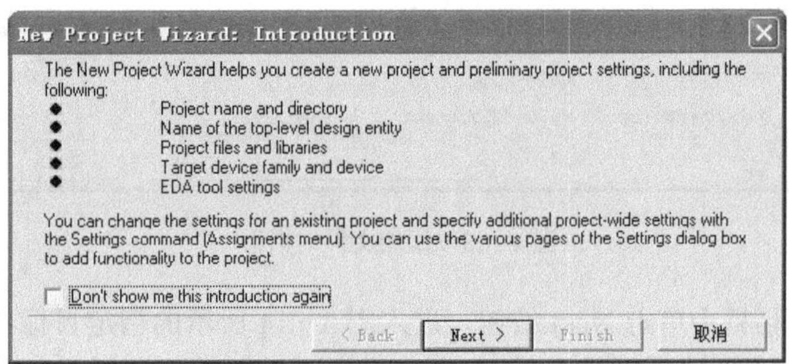

图 4-11 新建项目向导对话框

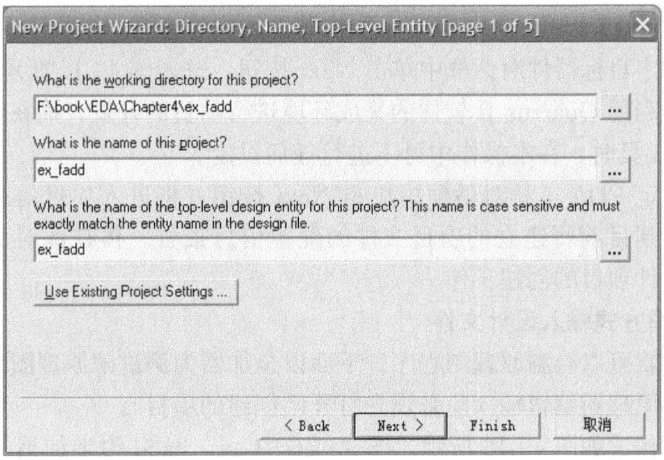

图 4-12 建立新设计项目的对话框

说明：任何一项设计都是一个项目（project），必须首先为此项目建立一个放置与此项目相关的所有文件的文件夹，此文件夹将被 Quartus Ⅱ默认为工作库（Work Library）。一般，不同的设计项目最好放在不同的文件夹中，而同一项目的所有文件都必须放在同一文件夹中。并且不要将文件夹设在计算机已有的安装目录中，更不要将项目文件直接放在安装目录中。文件夹所在路径名和文件夹名中不能用中文，不能用空格，不能用括号（），可用下划线 _ ，最好也不要以数字开头。

步骤三：在建立新设计项目对话框中单击 Next 按钮，进入图 4 - 13 所示的添加文件对话框。由于本设计为新建的项目，还没有输入文件，所以可以不做任何操作，如果已经有文件或调用以前的文件，建议最好先将文件复制到该目录后再加入。

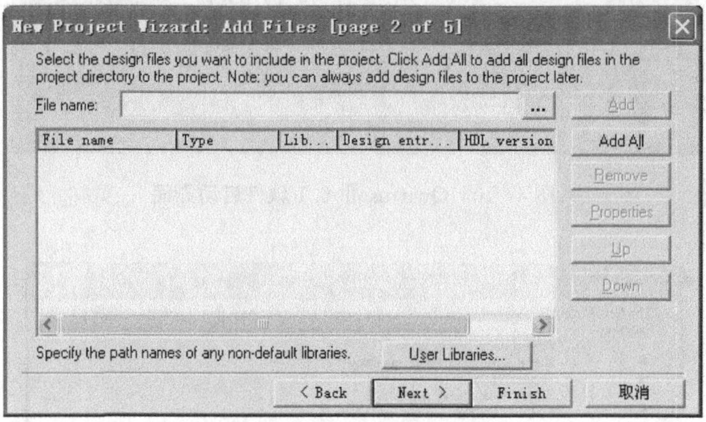

图 4 - 13　添加文件对话框

在添加文件对话框中单击 Next 按钮，进入图 4 - 14 所示的指定目标器件对话框。在此对话框的 Device family 选项区域中的 Family 下拉列表框中可选择目标器件系列，如 Cyclone；在 Available devices 列表框中可选择器件型号，在此选择器件型号为 EP1C6Q240C8；在 Show in ‘Available device’ list 选项区域中可指定器件的封装（Package）、管脚数（Pin count）和器件速度等级（Speed grade）来加快器件查找的速度。

步骤四：在指定目标器件对话框中单击 Next 按钮，进入图 4 - 15 所示的指定 EDA 工具对话框。如果只是利用 Quartus II 软件的集成环境进行项目的开发，而在整个过程中不使用其他的 EDA 开发工具时，在本操作中可不进行任何设定。

步骤五：在指定 EDA 工具对话框中单击 Next 按钮，将进入项目信息报告对话框。在此对话框中可以看到目前所建立的项目文件的配置信息报告。再在此对话框中单击 Finish 按钮，完成本次设计项目的创建工作。

4.3.2　原理图方式输入设计文件

新建项目后，就可以绘制原理图程序。下面以全加器为例讲解原理图编辑输入的方法与具体步骤（注意，原理图编辑输入前必须先打开已创建的项目）。

全加器的内部构成如图 4 - 16 所示。图 4 - 16 中 ex _ hadd 为半加器，其内部电路如图 4 - 17所示。要输入全加器原理图，应首先绘制底层的半加器原理图 ex _ hadd，然后由生成半加器的图形符号 ex _ hadd 绘制成顶层的全加器原理图。

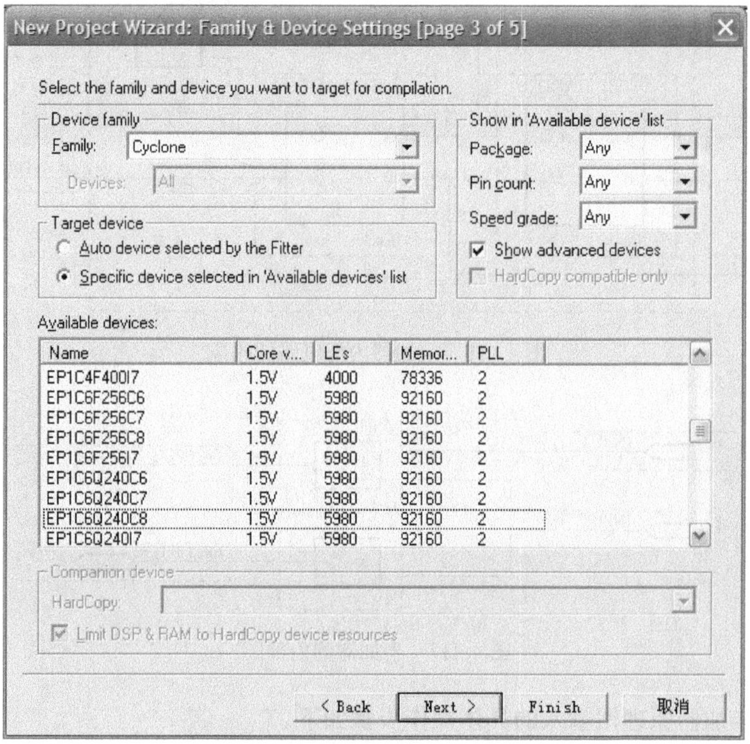

New Project Wizard: Family & Device Settings [page 3 of 5]

Select the family and device you want to target for compilation.

Device family

Family: Cyclone

Devices: All

Target device

Auto device selected by the Fitter

Specific device selected in 'Available devices' list

Show in 'Available device' list

Package: Any

Pin count: Any

Speed grade: Any

Show advanced devices

HardCopy compatible only

Available devices:

Name	Core v...	LEs	Memor...	PLL
EP1C4F400I7	1.5V	4000	78336	2
EP1C6F256C6	1.5V	5980	92160	2
EP1C6F256C7	1.5V	5980	92160	2
EP1C6F256C8	1.5V	5980	92160	2
EP1C6F256I7	1.5V	5980	92160	2
EP1C6Q240C6	1.5V	5980	92160	2
EP1C6Q240C7	1.5V	5980	92160	2
EP1C6Q240C8	1.5V	5980	92160	2
EP1C6Q240I7	1.5V	5980	92160	2

Companion device

HardCopy:

Limit DSP & RAM to HardCopy device resources

< Back　Next >　Finish　取消

图 4-14　指定目标器件对话框

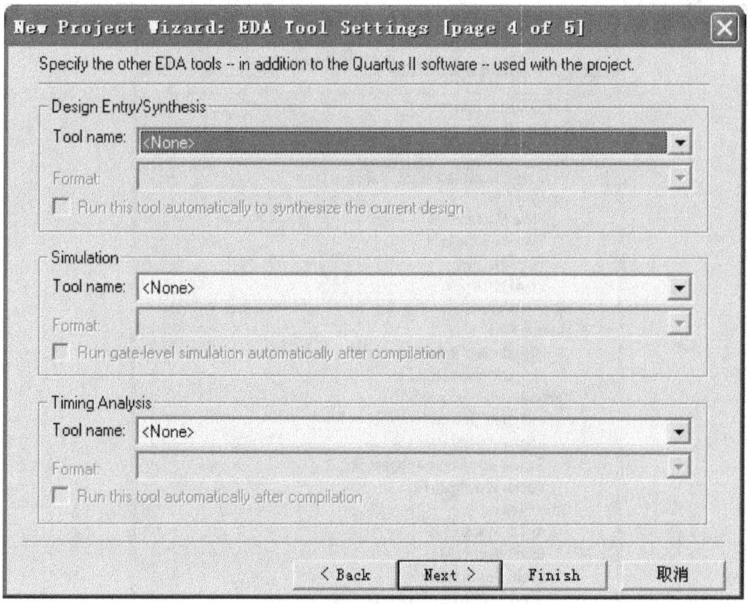

New Project Wizard: EDA Tool Settings [page 4 of 5]

Specify the other EDA tools -- in addition to the Quartus II software -- used with the project.

Design Entry/Synthesis

Tool name: <None>

Format:

Run this tool automatically to synthesize the current design

Simulation

Tool name: <None>

Format:

Run gate-level simulation automatically after compilation

Timing Analysis

Tool name: <None>

Format:

Run this tool automatically after compilation

< Back　Next >　Finish　取消

图 4-15　指定 EDA 工具对话框

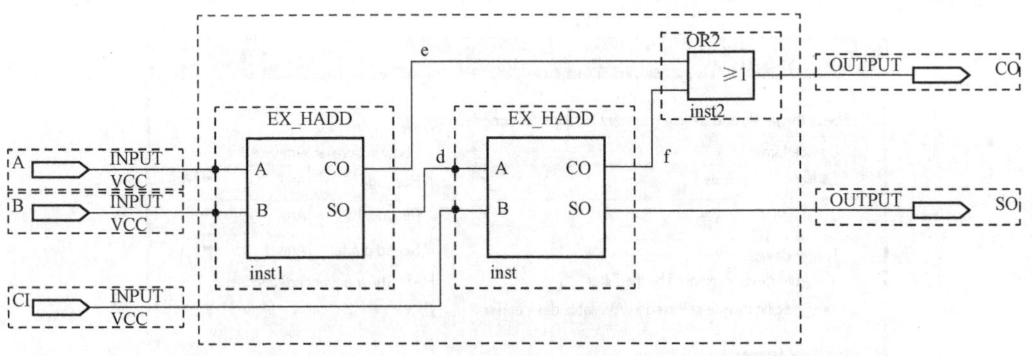

图 4-16 全加器内部电路的构成

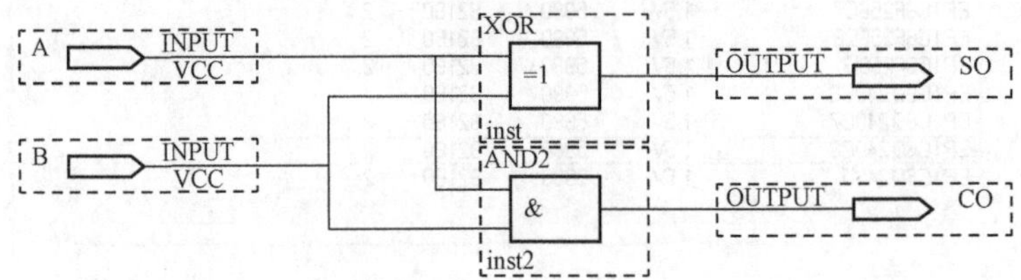

图 4-17 半加器的内部图

(1) 底层半加器原理图输入的具体操作步骤如下。

步骤一：执行菜单命令 File→New，或在工具栏中单击□图标，弹出图 4-18 所示的 New 对话框。在此对话框的 Design Files 选项中选择 Block Diagram/Schematic File 选项，再单击 OK 按钮，Quartus II 9.1 的主窗口界面进入原理图工作环境界面。

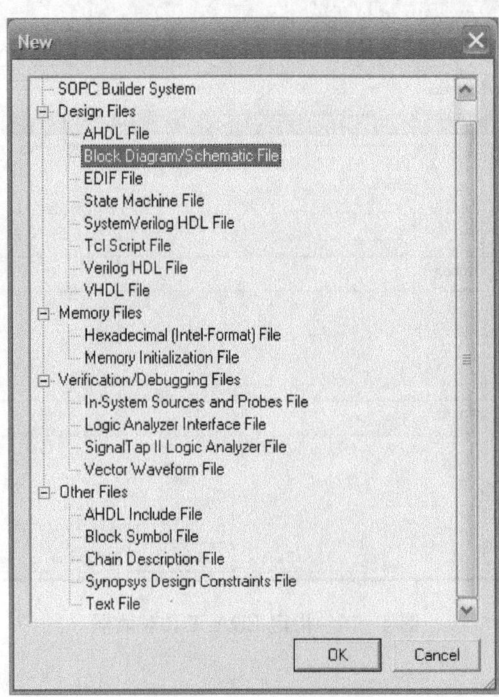

图 4-18 New 对话框

步骤二：在原理图工作环境界面中单击图标，若在原理图编辑区的空白处双击，弹出如图 4-19 所示的 Symbol 对话框。然后在 Name 文本框中用键盘直接输入所需元件名或在 Libraries 选项的相关库中找到合适的元件，再单击 OK 按钮，然后在原理图编辑区中单击，即可将元件调入原理图编辑区中。为了输入图 4-17 所示的原理图，应分别调入元件 and2、xor、input、output。对于相同的器件，通过复制可完成。

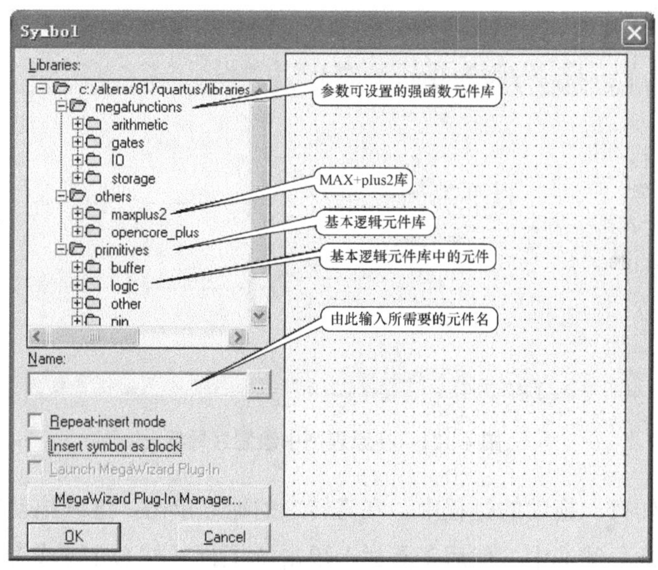

图 4-19　Symbol 对话框

如果元件放置好后，需更改元件的位置时，对于单个器件而言，将其拖动到合适的位置即可；对于多个器件而言，应先框选需移动的器件，然后将鼠标移动到选中的器件上时，鼠标变成可移动的“十”字光标，此时将其拖动到合适的位置即可。

对于相同的器件，通过复制可完成。例如有两个 input，其操作方法是，在调入一个 input 后，选中该器件，右击，在弹出的快捷菜单中选择 Copy 命令将其复制，然后再在合适的位置上右击，在弹出的快捷菜单中选择 Paste 命令将其粘贴即可，如图 4-20 所示。

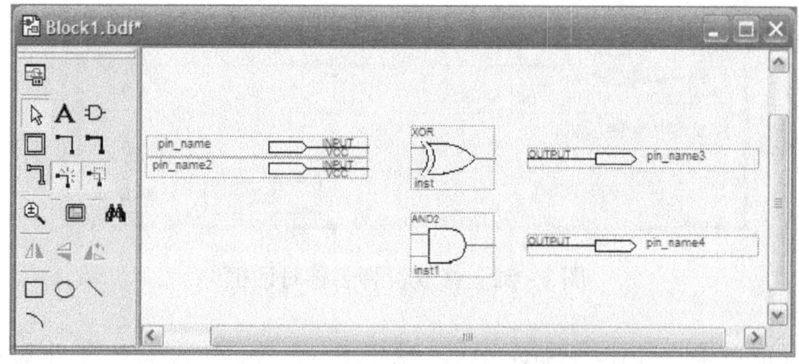

图 4-20　将所需元件全部调入原理图编辑区中

如果要删除元件时，先将元件选中，然后在键盘上按 Del 键或者右击，在弹出的快捷菜单中选择 Cut 命令，也可在选中元件后，在工具栏上单击图标。

如果要旋转元件时，先将元件选中，然后右击，在弹出的快捷菜单中可选择 Flip Horizontal（水平翻转）、Flip Vertical（垂直翻转）、Rotate by Degrees（逆时针方向旋转，可选择 90°、180°、270°）命令。

步骤三：将鼠标指向元件的引脚上，鼠标变成“十”字形状，按下鼠标并拖动，就会有导线引出，连接到另一端的元件上后，松开鼠标左键，就将绘制好 1 根导线。按此绘制好各导线，如图 4 - 21 所示。

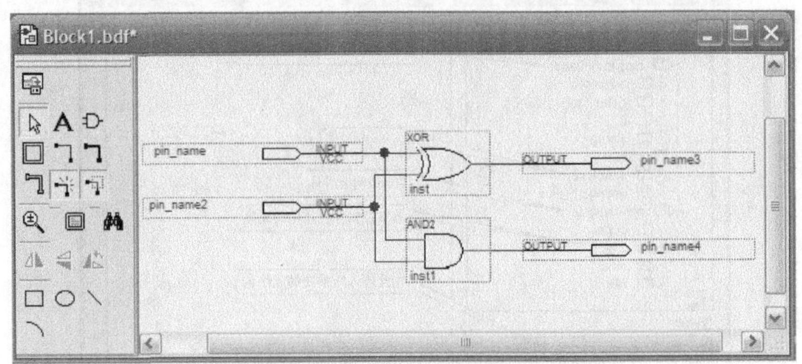

图 4 - 21 在原理图中绘制好导线

如果导线需要转弯，拖动的过程中，在需转弯的地方单击，继续拖动即可。如果导线绘制错误，先将错误的导线选中，然后工具栏上单击 ✂ 图标或按 Del 键或者右击，在弹出的快捷菜单中选择 Cut 命令就可删除该导线。

步骤四：双击 pin _ name 输入引脚，将弹出如图 4 - 22 所示的对话框。在此对话框的 Gerneral 选项卡的 Pin name 文本框中输入 A，再单击“确定”按钮就可将 pin _ name 输入引脚的名称改为“A”。按此方法将更改其他的输入引脚的名称为 B，将输出引脚的名称改为 CO、SO。

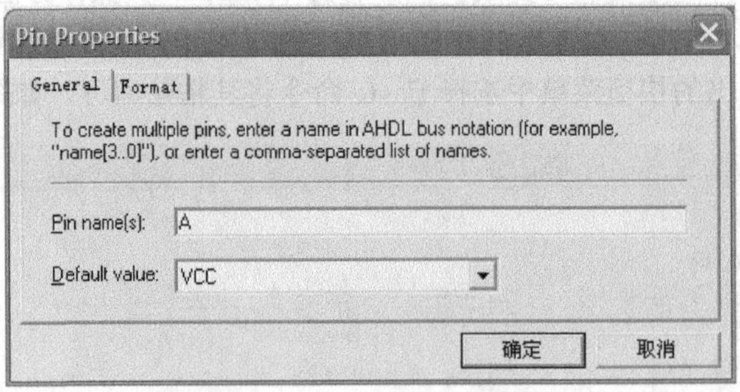

图 4 - 22 修改引脚名称对话框

步骤五：执行菜单命令 File→Save As，弹出 Save As 对话框，在此对话框中输入文件名“ex _ hadd”并单击“保存”按钮即可。

步骤六：执行菜单命令 File→Create/Update→Create HDL Design File for Current File，弹出“创建硬件描述语言”对话框。在此对话框中可选择 VHDL 或 Verilog HDL 以自动创建与原理图对应的 VHDL 或 Verilog HDL 程序。

执行菜单命令 File→Create/Update→Create Symbol Design File for Current File，以自动创建与原理图对应的元件图形符号 ex _ hadd。注意，可根据需要决定是否执行步骤六。

（2）顶层全加器原理图输入的具体操作步骤如下。

步骤一：执行菜单命令 File→New，或在工具栏中单击图标，在弹出的对话框的 Design Files 选项中选择 Block Diagram/Schematic File 选项，直接进入一个新建的原理图工作环境界面。

步骤二：在原理图工作环境界面中单击图标，将弹出 Symbol 对话框。可以看到在此对话框的 Libraries 的 Project 下有 ex _ hadd 元件。双击该元件将其调入到原理图编辑区中，然后再参照半加器原理图输入步骤完成全加器原理图的绘制。

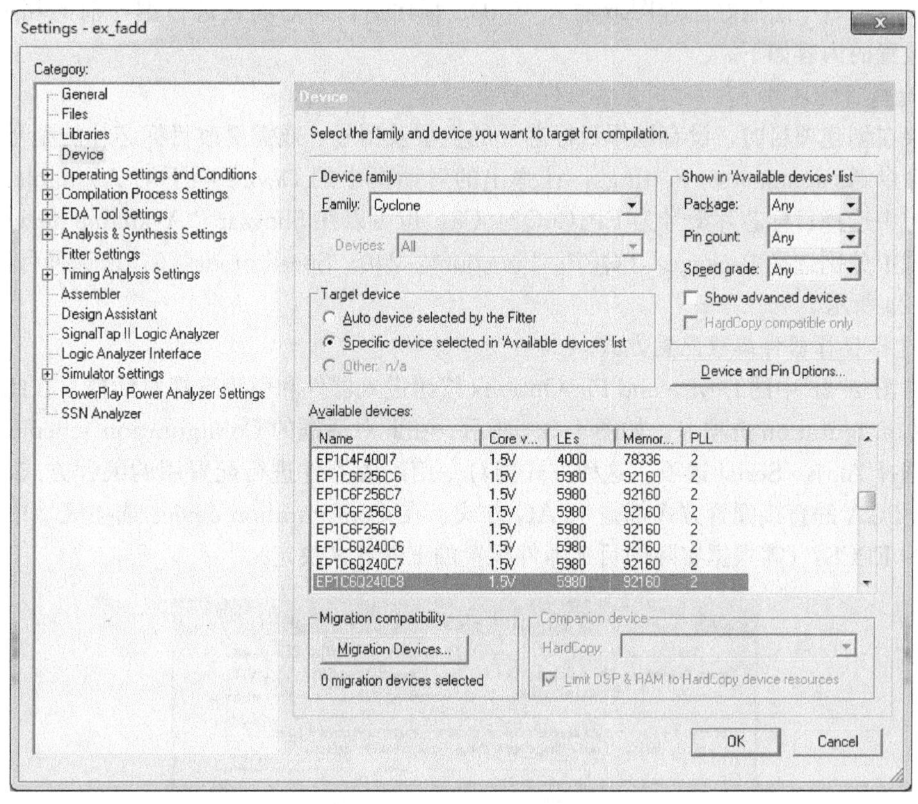

图 4-23　选择目标芯片

步骤三：全加器原理图绘制完后，执行菜单命令 File→Save，或在工具栏中单击图标，弹出 Save As 对话框，在此对话框中输入文件名“ex _ fadd”并单击“保存”按钮即可。至此，完成了全加器原理图的绘制。

4.3.3　文本方式输入设计文件

新建项目后，就可以进行文本程序的输入，其操作步骤如下。

步骤一：执行菜单命令 File→New，或在工具栏中单击图标，弹出 New 对话框。在此对话框的 Design Files 选项中选择 VHDL File 选项，再单击 OK 按钮，Quartus II 9.1 的主窗口界面进入 VHDL 文本编辑环境界面。

步骤二：在 VHDL 文本编辑环境界面中输入 VHDL 源程序，执行菜单命令 File→Save，或在工具栏中单击图标，弹出 Save As 对话框，在此对话框中输入文件名并单击“保存”按钮即可。注意，VHDL 源程序文件必须保存在已打开或已创建的项目中。

步骤三：执行菜单命令 File→Create/Update→Create Symbol Design File for Current File，以自动创建与 VHDL 源程序对应的元件图形符号。

4.4　Quartus Ⅱ设计项目的编译

4.4.1　Quartus Ⅱ编译前的设置

如果在项目中绘制好原理图或输入 VHDL 程序后，需对项目进行编译前的相关设置，其具体设置的内容如下。

1. 选择目标芯片

如果在创建项目时，没有选择目标芯片的类型及型号，或需更改目标芯片的型号时，执行菜单命令 Assignments→Settings，在弹出的对话框中的 Device 项下的 Available devices 选项区域中选择目标芯片型号为 EP1C6Q240C8，也可以在 Show in “Available devices” list 选项区域中分别选择 Package：PQFP；Pin count：240；Speed grade：8，来选择目标芯片，如图 4-23 所示。

2. 选择目标器件编程配置方式

单击图 4-23 中的 Device and Pin Options 按钮进入器件和引脚选择对话框。在此对话框中打开 Configuration 选项卡，如图 4-24 所示。在此对话框的 Configuration scheme 下拉列表框中选择 Active Serial 选项，这种方式指对专用配置器件进行配置用的编程方式，而 PC 机对此 FPGA 的直接配置方式都是 JTAG 方式。在 Configuration device 选项区域中，选择配置器为 EPCS4（需根据实际的目标器件配置的 EPCS 来决定）。

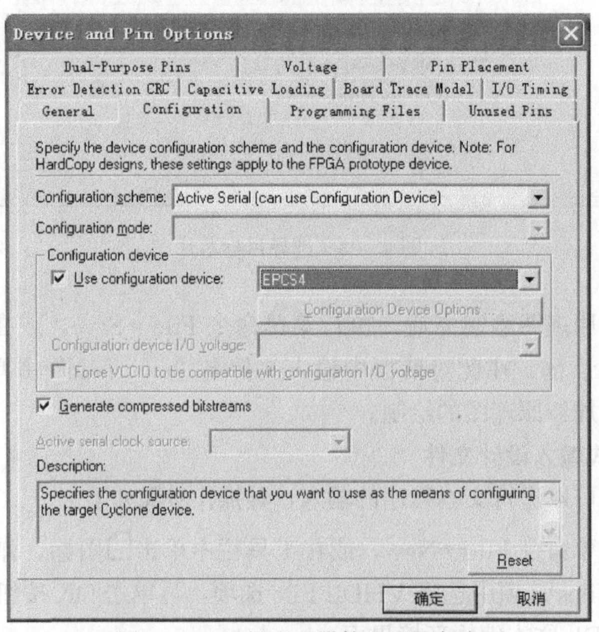

图 4-24　选择配置器件和配置方式

3. 选择输出配置

在图 4 - 24 中打开 Praogramming Files 选项卡，然后将 Hexadecimal（Intel-Format）Output File（. hexout）复选框选中，即产生下载文件的同时，产生 Intel 格式的十六进制配置文件“EX _ 2TO1. hexout”，可用于单片机与 EPROM 构成的 FPGA 配置电路系统，如图 4 - 25 所示。

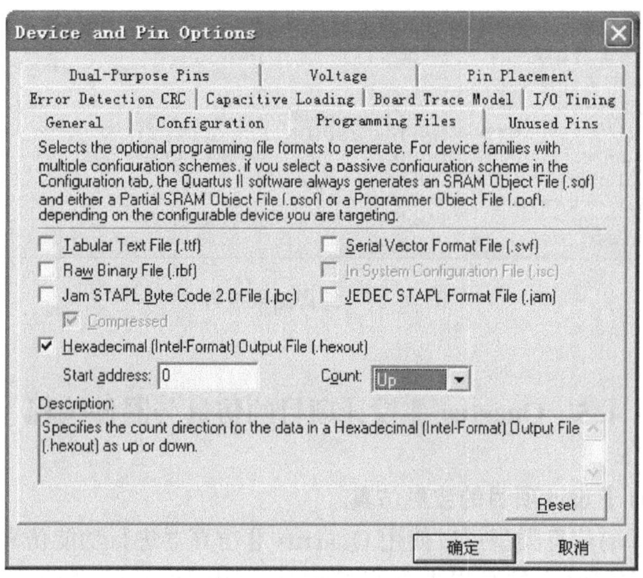

图 4 - 25 输出文件 . hexout 设置

4.4.2 Quartus Ⅱ的全部编译

在一切设定完成后，或者对于初学者来说，不加任何设定的情况下，可以简单地执行菜单命令 Processing→Start Compilation，或在工具栏中单击▶图标，开始执行全功能的编译。

编译的进程和内容都可以在任务窗口中看到，如图 4 - 26 所示。当消息窗口中的内容没有警告和错误时，弹出一个对话框，显示 Full Compilation was successful，表示编译成功。

Tasks

Flow: Compilation

Task	Time
✓ Compile Design	00:00:10
✓ Analysis & Synthesis	00:00:04
Edit Settings	
View Report	
✓ Analysis & Elaboration	
Partition Merge	
Netlist Viewers	
Design Assistant (Post-Mapping)	
I/O Assignment Analysis	
Early Timing Estimate	
✓ Fitter (Place & Route)	00:00:03
✓ Assembler (Generate programming files)	00:00:02
✓ Classic Timing Analysis	00:00:01

图 4 - 26 编译执行的功能和进程显示窗口

编译结束后，Quartus Ⅱ会自动弹出一个窗口，允许操作者点击相关的功能报告，查阅其编译结果内容。一般地，操作者往往关心编译结果的汇总报告，如图 4-27 所示。

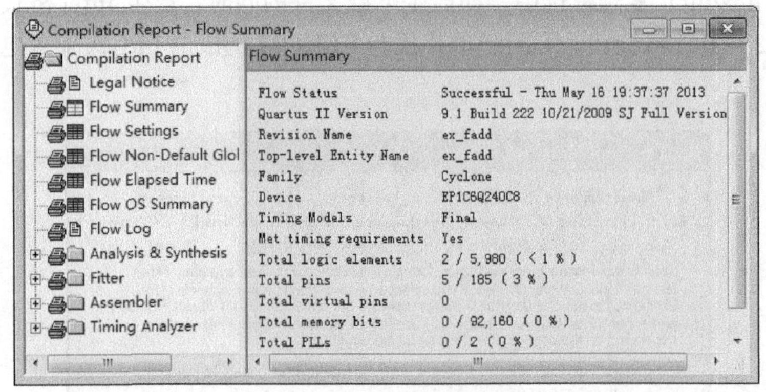

图 4-27　编译结果报告

4.5 Quartus Ⅱ设计项目的仿真与器件编程

4.5.1 Quartus Ⅱ设计项目的波形仿真

设计者根据所需的信息类型可以使用 Quartus Ⅱ仿真器进行功能仿真以测试设计的逻辑是否正确，也可以进行时序仿真以期在目标器件中测试设计的逻辑功能和最坏情况下的时序。

当程序编译通过之后，可进行波形仿真。波形仿真一般需要经过建立仿真波形文件、输入信号节点、设置波形参量、设置输入信号波形、波形文件存盘、运行仿真器和分析波形等过程。

步骤一：建立波形文件。

执行菜单命令 File→New，或在工具栏中单击□图标，弹出 New 对话框。在此对话框的 Verification/Debugging Files 选项中选择 Vector Waveform File 命令，再单击 OK 按钮，Quartus Ⅱ 9.1 的主窗口界面进入波形文件编辑环境界面。

步骤二：输入信号节点。

在波形文件编辑方式下，执行菜单命令 Edit→Insert→Insert Node or Bus，或在波形文件编辑窗口中右击，在弹出的快捷菜单中选择 Insert Node or Bus 命令，即可弹出如图 4-28 所示的插入节点或总线对话框。

在图 4-28 所示的对话框中首先单击 Node Finder 按钮，弹出如图 4-29 所示的 Node Finder 对话框，在此对话框的 Filter 下拉列表框中选择 Pins：all 选项后，再单击 List 按钮，这时在窗口左边的 Nodes Found（节点建立）列表框中将列出该设计项目的全部信号节点。若在仿真中需要观察全部信号的波形，则单击窗口中间的 >> 按钮；若在仿真中只需观察部分信号的波形，则首先单击信号名，然后单击窗口中间的 > 按钮，选中的信号则进入到窗口右边的 Selected Nodes（被选择的节点）列表框中。如果需要删除 Selected Nodes 列表框中的节点信号，也可以用鼠标将其选中，然后单击窗口中间的 < 按钮。节点信号选择完毕

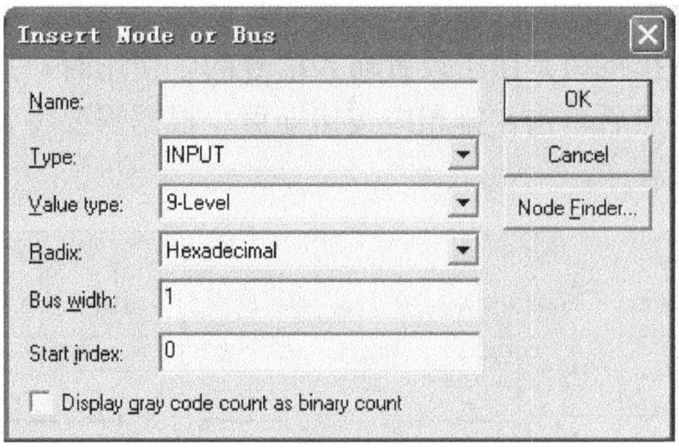

图 4-28 插入信号点对话框

后，单击 OK 按钮即可。

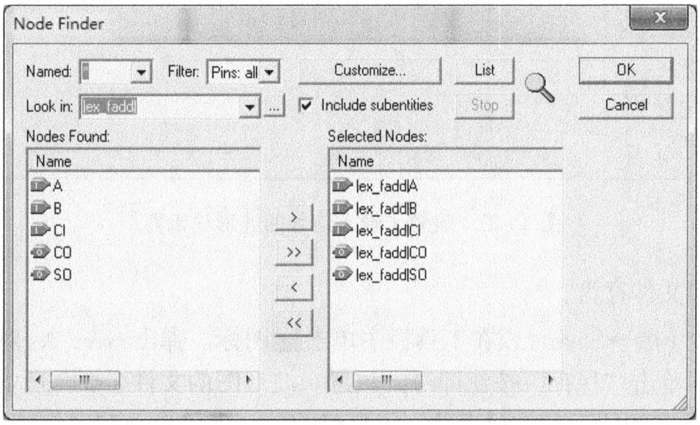

图 4-29 Node Finder 对话框

步骤三：设置波形参量。

Quartus Ⅱ默认的仿真时间域是 1μs，如果需要更长的时间观察仿真结果，需设置仿真时间。执行菜单命令 Edit→End Time，弹出如图 4-30 所示的对话框。在此对话框的 Time 文本框中输入合适的仿真时间。

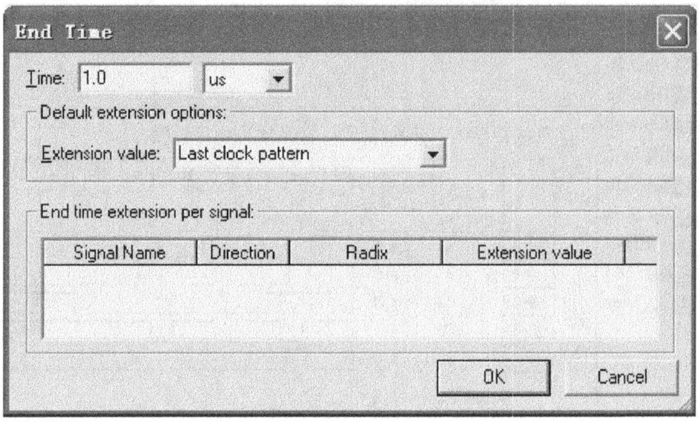

图 4-30 设置仿真时间域对话框

步骤四：设置输入信号波形。

在波形编辑界面内左排按钮是用于设置输入信号的，使用时，只要先用鼠标在输入波形上拖一需要改变的区域，然后单击左排相应按钮即可。根据需要将各输入信号 A、B、CI 的波形设置成如图 4-31 所示。

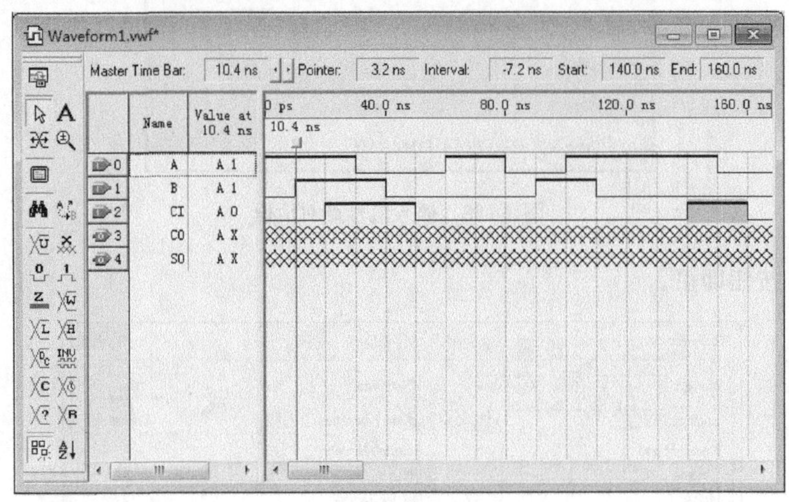

图 4-31 设置了输入信号的波形编辑器

步骤五：波形文件存盘。

执行菜单命令 File→Save，或在工具栏中单击图标，弹出 Save As 对话框，在此对话框中输入文件名并单击“保存”按钮即可。注意，波形图的文件名要与所需仿真的原理图或 VHDL 程序的文件名相同，其扩展名为 . vwf（如“ex _ fadd. vwf”），且波形图文件必须保存在已打开或已创建的项目中。

步骤六：运行仿真器。

执行菜单命令 Processing→Start Simulation，或在工具栏中单击图标，即可自动生成全加器的仿真波形报告，如图 4-32 所示。

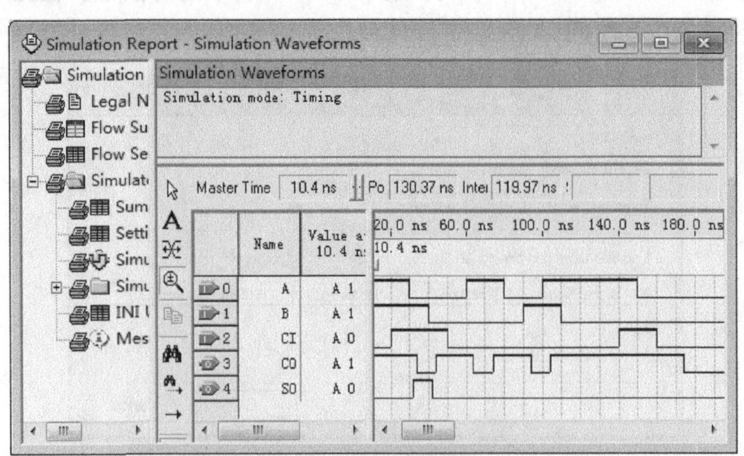

图 4-32 全加器的仿真波形报告

4.5.2 观察 RTL 电路

Quartus Ⅱ可以实现硬件描述语句或网表文件（VHDL、Verilog HDL、BDF、TDF、EDIF、VQM）对应的 RTL 电路图的生成。

在 Quartus Ⅱ中执行菜单命令 Tools→Netlist Viewers，在出现的下拉菜单中出现三个选项：RTL Viewer，即 HDL 的 RTL 级图形观察器；State Machine Viewer，即 HDL 对应状态机观察器；Technology Map Viewer，即 HDL 对应的 FPGA 底层门级布局观察器。选择第一项，可以打开全加器项目的 RTL 电路图，如图 4-33 所示。双击图形中的有关模块，或选择左侧各项，可逐层了解各层次电路结构。

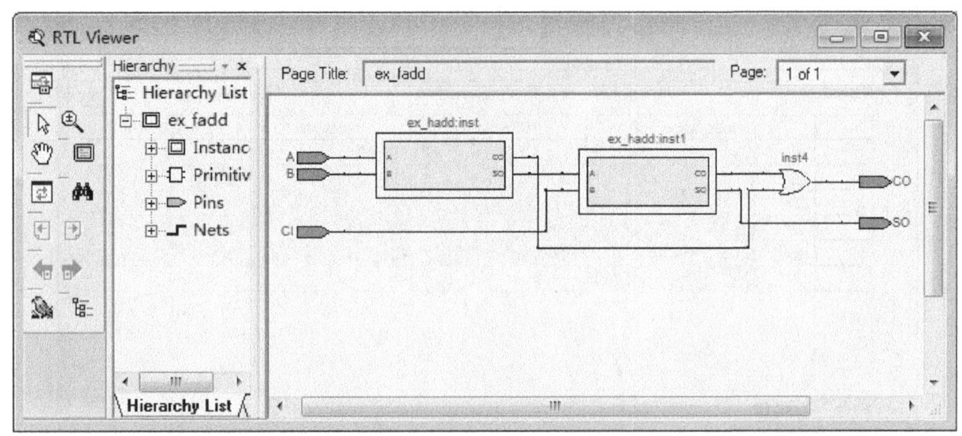

图 4-33 全加器的 RTL 电路图

对于比较复杂的 RTL 电路，可利用功能过滤器 Filter 简化电路，右击该模块，在弹出的快捷菜单中选择 Filter→Sources 或 Destinations 命令，由此产生相应的简化电路。

4.5.3 引脚锁定和器件编程

1. 引脚锁定

程序编译通过后，用户根据使用的 EDA 实验开发系统（板）的有关输入和输出的资源情况，需对 CPLD/FPGA 进行引脚锁定，并将闲置引脚设定为三态状态。引脚锁定的步骤如下。

步骤一：首先确认用户使用的目标芯片型号与所设定的型号一致，否则在 Quartus Ⅱ中执行菜单命令 Assignments→Settings，在弹出的对话框中选择合适的目标芯片型号。然后执行菜单命令 Assignments→Pins，将弹出引脚锁定窗口。

步骤二：在引脚锁定窗口的 All Pins 区域的 Lacation 列中，对各输入、输出端口锁定引脚，如图 4-34 所示。

步骤三：锁定引脚后，在 Quartus Ⅱ中执行菜单命令 Processing→Start Compilation，或在工具栏中单击▶图标，重新执行全功能的编译。

2. 器件编程

使用 Quartus Ⅱ软件成功编译项目后，就可以对 Altera 器件进行编程或配置。Quartus Ⅱ的 Task 任务窗口 Compile Design 选项中的 Assembler（Generate programming files）模

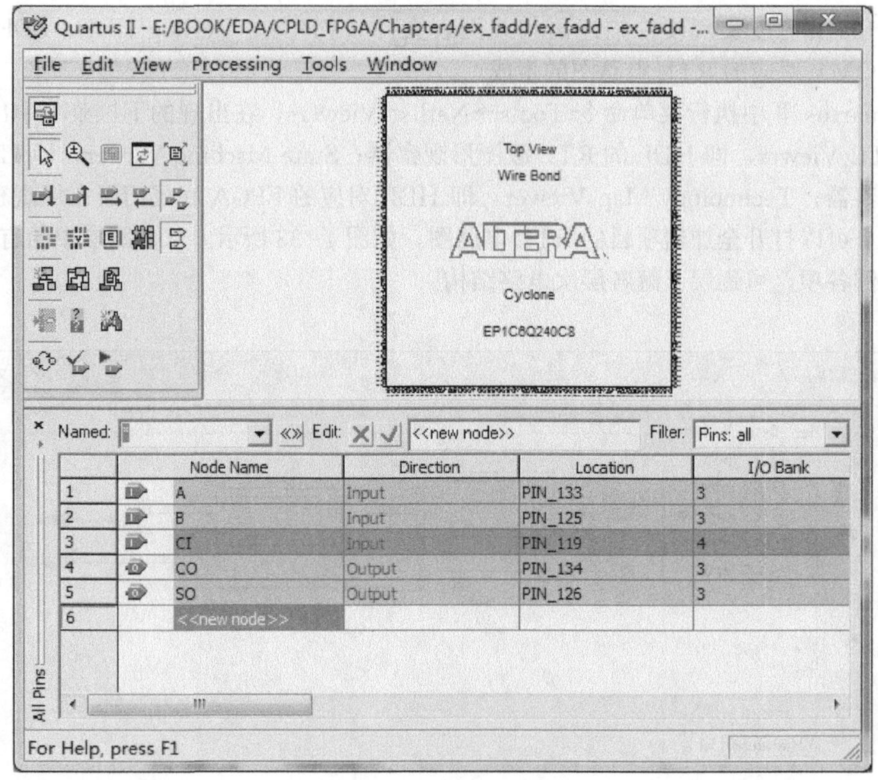

图 4-34　引脚锁定

块生成编程文件，而 Program Device（Open Programmer）模块可以用它与 Altera 编程硬件一起对器件进行编程或配置。

Assembler 模块自动将 Fitter 的器件、逻辑单元和引脚分配转换为该器件的编程图像，这些图像以目标器件的一个或多个 Programmer 对象文件（.pof）或 SRAM 映像文件（.sof）的形式存在。

Programmer 模块使用 Assembler 生成的 pof 和 sof 文件对软件支持的 Altera 器件进行编程或配置。

步骤一：硬件连接，把下载电缆和一端连接到实验板上，另一端连接到计算机的 USB 口或并口上。

步骤二：在 Quartus Ⅱ中执行菜单命令 Tools→Programmer，或双击 Task 任务窗口 Compile Design 选项中 Program Device（Open Programmer），弹出如图 4-35 所示的器件编程对话框。图中显示没有设置编程器，对于此种情况，先通过编程器下载电缆将计算机与目标芯片进行连接好，然后在对话框中单击 Hardware Setup 按钮，将弹出如图 4-36 所示的对话框，在此对话框中选择编程器。设置好编程器后，在图 4-35 中单击 Start 按钮就可通过下载电缆将 sof 文件固化到目标芯片中。

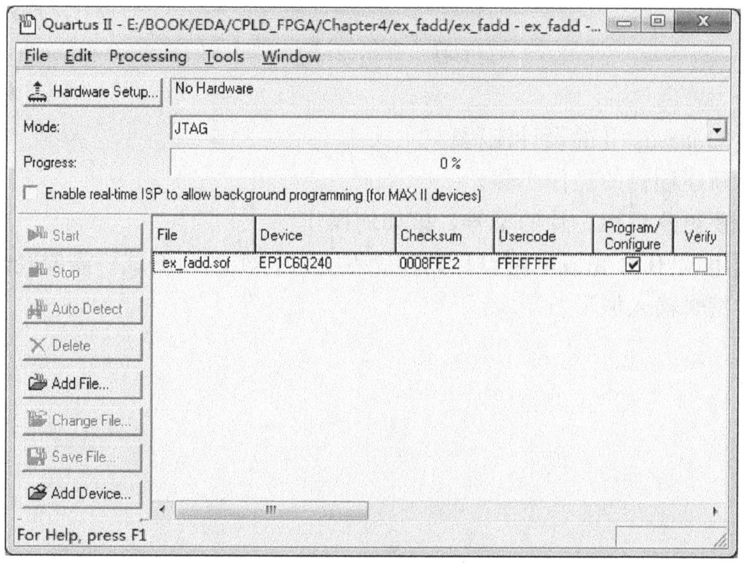

图 4-35 器件编程对话框

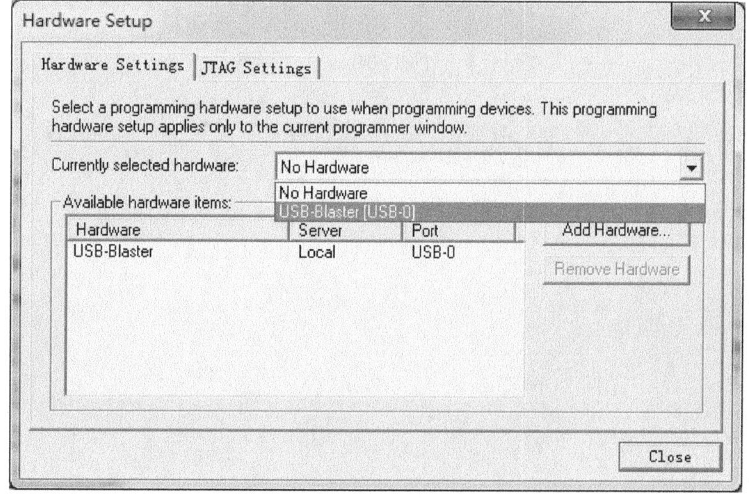

图 4-36 设置编程器

小　　结

Quartus Ⅱ软件包是Altera公司专有知识产权的开发软件，适用于大规模逻辑电路设计。Quartus Ⅱ软件的设计流程概括为设计输入、设计编译、设计仿真和设计下载等过程。本章详细地介绍了Quartus Ⅱ 9.1的VHDL原理图、文本输入设计流程，包括设计输入、综合、仿真等。熟悉掌握Quartus Ⅱ的VHDL语言设计流程后，设计者应该能够方便地借助该EDA软件中的综合器、仿真器等工具进行相应的处理，使得设计的数字系统最终能够在硬件上得到实现和测试。

习　　题

4-1　简述 Quartus Ⅱ的设计流程。

4-2　简述新建项目的操作步骤。

4-3　如果要更改目标芯片的型号，该如何操作?

4-4　从利用 VHDL 完成电路设计到在硬件上进行实现和测试，需要经过哪些处理?

4-5　怎样编辑输入波形?

5 常用数字电路的 VHDL 实现

任何复杂的数字系统都是由简单的电路元件和底层模块搭建而成的，如组合逻辑中的加法器、编码器、译码器、比较器、选择器；时序逻辑电路中的触发器、寄存器、计数器；存储器电路中的 RAM、ROM、FIFO；状态机中的 Moore 状态机、Mealy 状态机等。本章结合数字逻辑电路的基础和前面章节中介绍的 VHDL 语言基本语法，使用 Quartus II 软件工具对上述基本电路进行设计，使读者能深入地理解使用 VHDL 语言设计逻辑电路的基本方法和具体步骤。

5.1 组合逻辑电路的 VHDL 实现

在数字电路中，任何时刻输出信号的稳态值仅决定于该时刻各个输入信号取值的组合，而与先前状态无关的逻辑电路称为组合逻辑电路。常用的组合逻辑门电路包括编码器、译码器、数值比较器、数据选择器、总线缓冲器等。在 FPGA 数字系统中，组合逻辑电路主要负责信号传输。组合逻辑本质上是由逻辑门构成的，而逻辑层正是从逻辑门组合及连接角度去描述整个系统的。

5.1.1 基本门电路

能实现基本逻辑运算的电路称为门电路，用基本门电路可以构成任何复杂的逻辑电路，完成任何逻辑运算功能。基本逻辑门电路包括“与门”电路、“或门”电路、“非门”电路。常用的逻辑门符号见表 5-1。

表 5-1 常用逻辑门符号

	非门	与门	或门	异或门
常用符号	A —▷o— $\overline{A}$	A, B — F	A, B — F	A, B — F
国际符号	A —[ ]o— $\overline{A}$	A, B —[&]— F	A, B —[≥1]— F	A, B —[=1]— F
逻辑表达式	$\overline{A}$=NOT A	F=A·B	F=A+B	F=A⊕B

【例 5-1】 编写以二输入为基础，并使用 VHDL 中定义的逻辑运算符的与门、或门、与非门、或非门、异或门及反相器的逻辑程序。综合后，生成的 RTL 电路如图 5-1 所示。

```
library ieee;
use ieee.std_logic_1164.all;
entity  ex_gate  is
  port(a,b:in std_logic;
       y_and,y_or,y_nand,y_nor:out std_logic;
       y_not,y_xor:out std_logic);
```

```
end ex_gate;
architecture one of ex_gate is
  begin
  y_and<=a and b;              --与门输出
  y_or<= a or b;               --或门输出
  y_nand<=a nand b;            --与非门输出
  y_nor<=a nor b;              --或非门输出
  y_not<=not a;                --取反输出
  y_xor<=a xor b;              --异或输出
end one;
```

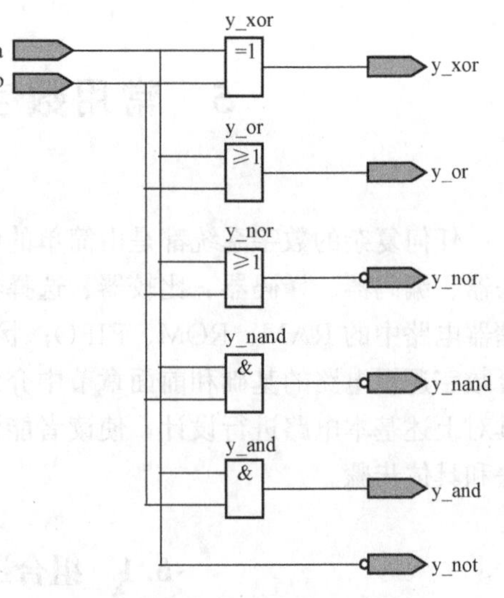

图 5-1 综合后的 RTL 电路图

【例 5-2】 编写以二输入与门为基础，生成一个多输入与门模块的 VHDL 程序。

分析：使用 for-generate 语句可以生成一个多输入与门模块，其具体方法是，首先编写一个二输入的与门电路模块（ex _ and）程序，然后再编写一个调用该模块的顶层模块（ex _ andn）程序。在 ex _ andn 的 entity 中首先使用 generic 语句指定输入路数，然后在定义端口时以该输入路数来确定 din 的矢量长度，即 din 的输入位数。然后在 ex _ andn 的结构体的说明语句部分使用 component 语句声明调用 ex _ and 模块，并在功能描述语句部分采用 for-generate 生成多路输入的与门电路。编写的 VHDL 程序如下。

```
library ieee;
use ieee.std_logic_1164.all;
entity ex_and is                                   --二输入与门
  port(a,b:in std_logic;
        f:out std_logic);
end ex_and;
architecture one of ex_and is
  begin
   process(a,b)
    begin
      if a='1' and b='1' then
        f<='1';
      else
        f<='0';
      end if;
  end process;
end one;
library ieee;
use ieee.std_logic_1164.all;
entity ex_andn is                                  --多输入与门
  generic(sreg_width:integer:=8);                  --指定输入路数
```

```
    port(din:in std_logic_vector(sreg_width-1 downto 0);
          dout:out std_logic);
  end ex_andn;
  architecture top of ex_andn is
    signal tmp:std_logic_vector(sreg_width downto 0);
    component ex_and is
      port(a,b:in std_logic;
            f:out std_logic);
    end component ex_and;
    begin
      tmp(sreg_width)<='1';
      g1:for i in sreg_width-1 downto 0 generate          --生成多路输入的与门
        begin
          u1:ex_and port map(a=>tmp(i+1),
              b=>din(i),f=>tmp(i));
      end generate;
      dout<=tmp(0);
  end top;
```

5.1.2 编码器

编码是指用文字、符号和数码等来表示某种信息的过程，编码器是将信息编成若干二进制代码的数字电路。编码器属于组合逻辑电路的一种，可由逻辑门电路构成。其逻辑功能是把输入的每一个高、低电平信号编成一组对应的代码。

1. 普通编码器

普通编码器是指在某一给定时刻，只能对一个输入信号进行编码的编码器。其特点是编码器的输入端不允许同一时刻出现两个或两个以上的有效输入信号，否则编码器的输出将发生错误。编码器的输出代码可以是原码或反码。原码是指与十进制数数值对应的二进制码，而把原码各位取反得到的码称为反码。

在数字电路中，最简单的普通编码器是 8 线-3 线普通编码器。它的符号与真值表见表 5-2。

表 5-2　　8 线-3 线编码器的符号与真值表

符号	输入								输出		
	D7	D6	D5	D4	D3	D2	D1	D0	Y2	Y1	Y0
8 线-3 线编码器符号：输入 D7、D6、D5、D4、D3、D2、D1、D0；输出 Y2、Y1、Y0	0	1	1	1	1	1	1	1	1	1	1
	1	0	1	1	1	1	1	1	1	1	0
	1	1	0	1	1	1	1	1	1	0	1
	1	1	1	0	1	1	1	1	1	0	0
	1	1	1	1	0	1	1	1	0	1	1
	1	1	1	1	1	0	1	1	0	1	0
	1	1	1	1	1	1	0	1	0	0	1
	1	1	1	1	1	1	1	0	0	0	0

【例 5-3】 普通编码器电路的 VHDL 实现。

```
library ieee;
use ieee.std_logic_1164.all;
entity ex_code is
  port(a7,a6,a5,a4:in std_logic;
       a3,a2,a1,a0:in std_logic;
       y2,y1,y0:out std_logic);
end ex_code;
architecture one of ex_code is
  signal din:std_logic_vector(7 downto 0);
  signal dout:std_logic_vector(2 downto 0);
  begin
    din<=a7&a6&a5&a4&a3&a2&a1&a0;
      process(din)
        begin
          case din is
            when"01111111" =>dout<="111";
            when"10111111" =>dout<="110";
            when"11011111" =>dout<="101";
            when"11101111" =>dout<="100";
            when"11110111" =>dout<="011";
            when"11111011" =>dout<="010";
            when"11111101" =>dout<="001";
            when"11111110" =>dout<="000";
            when others=>dout<="ZZZ";
          end case;
      end process;
  y2<=dout(2); y1<=dout(1);  y0<=dout(0);
end one;
```

2. 优先编码器

74LS148 是典型的 8 线-3 线优先编码器，它具有输入使能端 EI 和输出使能端 EO。其输入为低电平，输出编码为反码形式。除使能端外，74LS148 还有 8 个输入端 A7～A0、3 个输出端 Y2、Y1、Y0 及扩展端 GS。A7 的级别最高，A0 的级别最低。74LS148 的符号与真值表见表 5-3。

【例 5-4】 优先编码器电路 74LS148 的 VHDL 实现。

```
library ieee;
use ieee.std_logic_1164.all;
entity ex_code is
  port(a7,a6,a5,a4:in std_logic;
       a3,a2,a1,a0:in std_logic;
                EI:in std_logic;
```

```
        y2,y1,y0:out std_logic;
        EO,GS:out std_logic);
end ex_code;
architecture one of ex_code is
  signal dout:std_logic_vector(4 downto 0);
  begin
    process(a7,a6,a5,a4,a3,a2,a1,a0,EI)
      begin
        if EI='1' then  dout<="11111";
        elsif(a7='1' and a6='1' and a5='1' and a4='1' and a3='1'
              and a2='1' and a1='1' and a0='1')then dout<="11101";
        elsif  a7='0' then dout<="00010";
        elsif  a6='0' then dout<="00110";
        elsif  a5='0' then dout<="01010";
        elsif  a4='0' then dout<="01110";
        elsif  a3='0' then dout<="10010";
        elsif  a2='0' then dout<="10110";
        elsif  a1='0' then dout<="11010";
        elsif  a0='0' then dout<="11110";
        else  dout<="11101";
        end if;
    end process;
    y2<=dout(4);  y1<=dout(3);  y0<=dout(2);
    EO<=dout(1);  GS<=dout(0);
end one;
```

表 5-3　　　　74LS148 的符号与真值表

符号	输入									输出				
	EI	A7	A6	A5	A4	A3	A2	A1	A0	Y2	Y1	Y0	EO	GS
A7 A6 A5 A4 A3 A2 A1 A0 EI / Y2 Y1 Y0 EO GS	1	×	×	×	×	×	×	×	×	1	1	1	1	1
	0	1	1	1	1	1	1	1	1	1	1	1	0	1
	0	0	×	×	×	×	×	×	×	0	0	0	1	0
	0	1	0	×	×	×	×	×	×	0	0	1	1	0
	0	1	1	0	×	×	×	×	×	0	1	0	1	0
	0	1	1	1	0	×	×	×	×	0	1	1	1	0
	0	1	1	1	1	0	×	×	×	1	0	0	1	0
	0	1	1	1	1	1	0	×	×	1	0	1	1	0
	0	1	1	1	1	1	1	0	×	1	1	0	1	0
	0	1	1	1	1	1	1	1	0	1	1	1	1	0

5.1.3 译码器

译码为编码的逆过程，是将具有特定含义的不同二进制码辨别出来，并转换成控制信号。实现译码功能的逻辑电路称为译码器。译码器是多输入、多输出电路，其输入、输出间存在相对应的映射关系。74LS138 译码器和 LED 数码管显示译码器是典型译码器。

1. 74LS138 译码器

74LS138 是用 TTL 与非门构成的 3-8 线译码器，其符号与真值表见表 5-4。74LS138 有 3 个控制端 e1、e2、e3，当 e1 和 e2 为低电平且 e3 为高电平时，译码器处于工作状态，否则译码器处于禁止的状态。a、b、c 是输入信号，对应的 y7～y0 是输出的译码信号。

表 5-4　　74LS138 的符号与真值表

符　号	输			入			输			出				
	e3	e2	e1	a	b	c	y7	y6	y5	y4	y3	y2	y1	y0
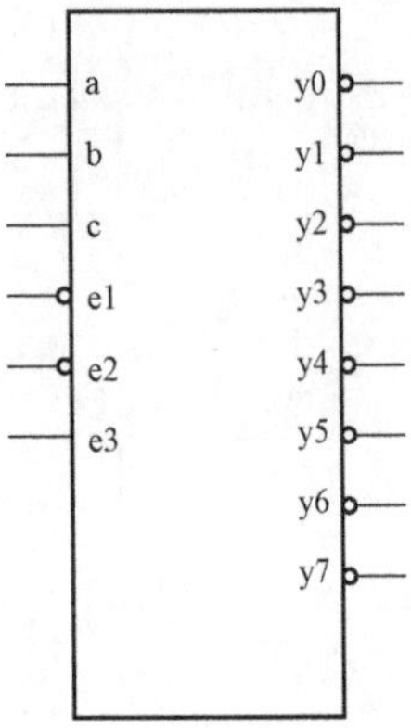 a, b, c, e1, e2, e3; y0, y1, y2, y3, y4, y5, y6, y7	1	0	0	0	0	0	1	1	1	1	1	1	1	0
				0	0	1	1	1	1	1	1	1	0	1
				0	1	0	1	1	1	1	1	0	1	1
				0	1	1	1	1	1	1	0	1	1	1
				1	0	0	1	1	1	0	1	1	1	1
				1	0	1	1	1	0	1	1	1	1	1
				1	1	0	1	0	1	1	1	1	1	1
				1	1	1	0	1	1	1	1	1	1	1
	0	0	0	×	×	×	Z	Z	Z	Z	Z	Z	Z	Z

【例 5-5】 译码器电路 74LS138 的 VHDL 实现。

```
library ieee;
use ieee.std_logic_1164.all;
entity ex_decode is
  port(a,b,c:in std_logic;
        e1,e2,e3:in std_logic;
        y0,y1,y2,y3,y4,y5,y6,y7:out std_logic);
end ex_decode;
architecture one of ex_decode is
  signal en:std_logic_vector(2 downto 0);
  signal din:std_logic_vector(2 downto 0);
  signal dout:std_logic_vector(7 downto 0);
  begin
    en<=e3&e2&e1;
    din<=a&b&c;
    process(en,din)
      begin
        if en="100" then
          case din is
            when "000" =>dout<="11111110";
            when "001" =>dout<="11111101";
```

```
            when "010" =>dout<="11111011";
            when "011" =>dout<="11110111";
            when "100" =>dout<="11101111";
            when "101" =>dout<="11011111";
            when "110" =>dout<="10111111";
            when "111" =>dout<="01111111";
            when others=>null;
          end case;
        else
          dout<="ZZZZZZZZ";
        end if;
    end process;
    y7<=dout(7); y6<=dout(6); y5<=dout(5); y4<=dout(4);
    y3<=dout(3); y2<=dout(2); y1<=dout(1); y0<=dout(0);
end one;
```

2. LED 数码管显示译码器

因为计算机输出的是 BCD 码，要想在数码管上显示十进制数，就必须先把 BCD 码转换成 7 段字型数码管（Light Emiting Diode，LED）所要求的代码。把能够将计算机输出的 BCD 码转换成 7 段字型代码，并使数码管显示出十进制数的电路称为“七段字型译码器”。

7 段 LED 由 7 个发光二极管组成（dp 作为小数点使用，一般情况下不显示，因此称为 7 段），这 7 个发光二极管 a～g 呈“日”字形排列，其结构及连接如图 5-2 所示。当某一发光二极管导通时，相应地点亮某一点或某一段笔画，通过二极管不同的亮暗组合形成不同的数字、字母及其他符号。

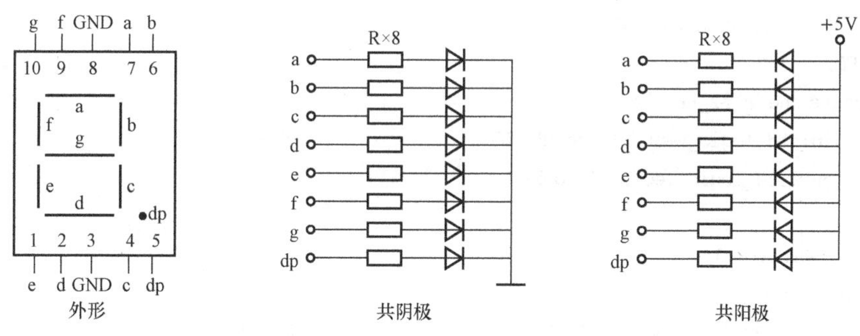

图 5-2 7 段 LED 结构及连接

LED 显示器中发光二极管有两种接法：①所有发光二极管的阳极连接在一起，这种连接方法称为共阳极接法；②所有二极管的阴极连接在一起，这种连接方法称为共阴极接法。共阳极的 LED 为低电平时，对应的段码被点亮；共阴极的 LED 为高电平时，对应段码被点亮。一般共阴极可以不外接电阻，但共阳极中的发光二极管一定要外接电阻。

对于较为简单的七段数码管显示译码器来说，它有 4 个输入信号 A3～A0，7 个输出信号 g～a。下面以共阳极为例讲述 7 段 LED 数字显示译码器电路的设计，其真值表见表 5-5。

表 5-5　　共阳极 7 段 LED 的真值表

输入				输出							显示数字符号
A3	A2	A1	A0	a	b	c	d	e	f	g	
0	0	0	0	0	0	0	0	0	0	1	0
0	0	0	1	1	0	0	1	1	1	1	1
0	0	1	0	0	0	1	0	0	1	0	2
0	0	1	1	0	0	0	0	1	1	0	3
0	1	0	0	1	0	0	1	1	0	0	4
0	1	0	1	0	1	0	0	1	0	0	5
0	1	1	0	1	1	0	0	0	0	0	6
0	1	1	1	0	0	0	1	1	1	1	7
1	0	0	0	0	0	0	0	0	0	0	8
1	0	0	1	0	0	0	1	1	0	0	9

【例 5-6】 共阳极 7 段 LED 数码管显示译码器的 VHDL 实现。

```
library ieee;
use ieee.std_logic_1164.all;
entity ex_LED is
  port(a0,a1,a2,a3:in std_logic;
       g,f,e,d,c,b,a:out std_logic);
end ex_LED;
architecture one of ex_LED is
  signal din:std_logic_vector(3 downto 0);
  signal dout:std_logic_vector(0 to 6);
  begin
  din<=a3&a2&a1&a0;
  with din select
    dout<="0000001" when "0000",          --显示 0
          "1001111" when "0001",          --显示 1
          "0010010" when "0010",          --显示 2
          "0000110" when "0011",          --显示 3
          "1001100" when "0100",          --显示 4
          "0100100" when "0101",          --显示 5
          "1100000" when "0110",          --显示 6
          "0001111" when "0111",          --显示 7
          "0000000" when "1000",          --显示 8
          "0001100" when "1001",          --显示 9
          "ZZZZZZZ" when others;
```

```
    g<=dout(6); f<=dout(5); e<=dout(4); d<=dout(3);
    c<=dout(2); b<=dout(1); a<=dout(0);
end one;
```

5.1.4 比较器

在数字系统和计算机中，经常需要比较两个数的大小，完成这一逻辑功能的电路称为数值比较器。数值比较器是一种组合逻辑电路，它可决定一数值是否大于、小于或等于另一数值。

【例 5-7】 编写两个 n 位数据比较器的 VHDL 程序，要求将 a 和 b 大小的比较结果分别送入 y0、y1 和 y2 中。

```
library ieee;
use ieee.std_logic_1164.all;
entity ex_compn  is
  generic(sreg_width:integer:=4);                  --sreg_width 为比较位数 4
  port(a,b:in std_logic_vector(sreg_width-1 downto 0);
        y:out std_logic_vector(2 downto 0));
end ex_compn;
architecture one of ex_compn is
  signal temp:std_logic_vector(2 downto 0):="000";
  begin
    process(a,b)
      begin
        for i in sreg_width-1 downto 0 loop
          if(a(i)='1' and b(i)='0')then
             temp<="100";                          --a>b,则 temp(2)为 1
             exit;                                 --使用 exit 语句跳出循环
          elsif(a(i)='0' and b(i)='1')then
             temp<="010";                          --a<b,则 temp(1)为 1
             exit;                                 --使用 exit 语句跳出循环
          else
             temp<="001";                          --否则 temp(0)为 1
          end if;
        end loop;
    end process;
    y(0)<=(temp(0)and(not temp(2)))or(temp(0)and(not temp(1)));    --最终判断两数是否相等
    y(2)<=temp(2);  y(1)<=temp(1);
end one;
```

5.1.5 选择器

数据选择器又称为多路选择器（Multiplexer），是一种多个输入一个输出的中规模器件，其输出的信号在某一时刻仅与输入端信号的一路信号相同，输出为输入端信号中选择一个输出。数据分配器与数据选择器的用途相反，它们配合使用，实现多通道的数据传送。常用的选择器有 2 选 1 选择器、4 选 1 选择器、8 选 1 选择器等。

【例 5-8】 使用选择信号赋值语句编写 8 选 1 的 VHDL 程序。

```
library ieee;
use ieee. std_logic_1164. all;
entity  ex_select  is
  port(s1,s2,s3:in std_logic;
       a,b,c,d,e,f,g,h:in std_logic;
       y:out std_logic);
end ex_select;
architecture  one  of  ex_select  is
  signal s:std_logic_vector(2 downto 0);
  begin
  s<=s3&s2&s1;
  with s select
  y<=a when "000",
     b when "001",
     c when "010",
     d when "011",
     e when "100",
     f when "101",
     g when "110",
     h when "111",
     'Z' when others;
end one;
```

5.1.6 总线缓冲器

根据传输方式的不同，总线缓冲器分为单向总线缓冲器和双向总线缓冲器。

1. 单向总线缓冲器

单向总线缓冲器主要用于微型计算机的总线驱动中，这种缓冲器是采用多个三态门电路构成的，目的是通过三态门的使能端来控制总线的驱动。

【例 5-9】 8 位单向总线缓冲器的 VHDL 程序。

```
library ieee;
use ieee. std_logic_1164. all;
entity ex_single_tri is
  port(din:in std_logic_vector(7 downto 0);
       en:in std_logic;
       dout:out std_logic_vector(7 downto 0));
end ex_single_tri;
architecture one of ex_single_tri is
  begin
  process(din,en)
    begin
      if en='1' then
```

```
        dout<=din;
      else
        dout<="ZZZZZZZZ";
      end if;
  end process;
end one;
```

2. 双向总线缓冲器

双向总线缓冲器主要用于对数据总线进行驱动和缓冲的场合，这种缓冲器也是由多个三态门电路构成的。典型的 8 位双向缓冲器有两个数据输入/输出端 A 和 B、一个方向控制器 DIR 和一个使能端 EN。EN=1 时，双向缓冲器选通。若 DIR=0，则 B=A，否则 A=B。

【例 5-10】 8 位双向总线缓冲器的 VHDL 程序。

```
library ieee;
use ieee.std_logic_1164.all;
entity ex_bi_tri is
  port(a,b:inout std_logic_vector(7 downto 0);
        en,dir:in std_logic);
end ex_bi_tri;
architecture one of ex_bi_tri is
  begin
  u1:process(en,dir,a)
    begin
      if en='1' and dir='0' then
        b<=a;                                       --b为输出
      else
        b<="ZZZZZZZZ";
      end if;
  end process u1;
  u2:process(en,dir,b)
    begin
      if en='1' and dir='1' then
        a<=b;                                       --a为输出
      else
        a<="ZZZZZZZZ";
      end if;
  end process u2;
end one;
```

5.2 时序逻辑电路的 VHDL 实现

时序电路，它是由最基本的逻辑门电路加上反馈逻辑回路（输出到输入）或器件组合而成的电路，与组合电路最本质的区别在于时序电路具有记忆功能。时序电路的特点是：输出不仅取决于当时的输入值，而且与电路过去的状态有关。它类似于含储能元件的电感或电容的电路，如触发器、锁存器、寄存器和计数器等。

5.2.1 触发器

触发器是一种具有记忆功能的基本逻辑单元，在下一个输入信号到来之前，能保持前一信号作用的结果，这就是电路的存储记忆功能。正是这些具有存储记忆功能的单元电路，才有可能导致“电脑”的诞生，引发当代信息技术革命。根据电路结构形式和控制方式不同，可以将触发器分为 RS 触发器、D 触发器和 JK 触发器等。

1. RS 触发器

RS 触发器具有复位端（Reset）和置位端（Set），因此称为 RS（复位置位）触发器。

【例 5-11】 上升沿 RS 触发器的 VHDL 程序。

```
library ieee;
use ieee.std_logic_1164.all;
entity RS_trigger is
  port(R,S,CP:in std_logic;
       Q,QB:out std_logic);
end RS_trigger;
architecture one of RS_trigger is
  signal RS:std_logic_vector(1 downto 0);
  signal Q_S,QB_S:std_logic;
  begin
    RS<=S&R;
    process(RS,CP)
      begin
      if cp'event and cp='1' then
        if RS="11" then Q_S<=Q_S; QB_S<=QB_S;
          elsif RS="01"  then Q_S<= not Q_S;  QB_S<='0';
          elsif RS="10"  then Q_S<= not Q_S;  QB_S<='1';
          elsif RS="00"  then Q_S<= not Q_S;  QB_S<='X';
        end if;
      end if;
    end process;
  Q<=Q_S;  QB<=QB_S;
end one;
```

2. D 触发器

D 触发器是时序电路的基本记忆单元，应用十分广泛。它是构成各种复杂时序逻辑电路或者数字系统的基本单元。

【例 5-12】 编写基本 D 触发器的 VHDL 程序。

```
library ieee;
use ieee.std_logic_1164.all;
entity ex_basic_D is
  port(D,CP:in std_logic;
```

```
        Q,QB:out std_logic);
end ex_basic_D;
architecture one of ex_basic_D is
  begin
  process(D,CP)
    begin
      if CP'event and CP = '1' then                    --时钟上升沿触发
        Q<= D;
        QB<= not D;
      end if;
  end process;
end one;
```

【例 5-13】 编写异步复位/置位的 D 触发器的 VHDL 程序。

```
library ieee;
use ieee.std_logic_1164.all;
entity ex_asyn_D is
  port(D,CP,PRE,CLR:in std_logic;
        Q:out std_logic);
end ex_asyn_D;
architecture one of ex_asyn_D is
  begin
  process(PRE,CLR,D,CP)
    begin
      if PRE = '1' then Q<= '1';                       --置位信号 PRE 为'1',则触发器被置位
      elsif CLR = '1' then Q<= '0';                    --复位信号 CLR 为'1',则触发器被复位
      elsif CP'event and CP = '1' then  Q<= D;         --每来一个上升沿信号,则触发器输出为 D
      end if;
  end process;
end one;
```

【例 5-14】 编写同步复位的 D 触发器的 VHDL 程序。

```
library ieee;
use ieee.std_logic_1164.all;
entity ex_syn_D is
  port(D,CP,RST:in std_logic;
        Q:out std_logic);
end ex_syn_D;
architecture one of ex_syn_D is
  begin
  process(RST,D,CP)
    begin
      if CP'event and CP = '1' then
```

```
      if RST = '1' then   Q< = '0';                  - - 上升沿到来且复位为'1',则触发器被复位
      else  Q< = D;                                  - - 否则触发器输出为 D
      end if;
    end if;
  end process;
end one;
```

3. JK 触发器

在数字电路中，JK 触发器是最常用的触发器之一。一般来说，JK 触发器的种类很多，可以用在不同目的的数字电路设计中。

【例 5-15】 编写基本 JK 触发器的 VHDL 程序。

```
library ieee;
use ieee.std_logic_1164.all;
entity ex_basic_JK is
  port(J,K,CP:in std_logic;
       Q,QB:out std_logic);
end ex_basic_JK;
architecture one of ex_basic_JK is
  signal Q_S,QB_S:std_logic;
  signal JK:std_logic_vector(1 downto 0);
  begin
  JK< = J&K;
  process(JK,CP)
    begin
      if CP'event and CP = '1' then                  - - 时钟上升沿触发
      if JK = "01" then Q_S< = '0';   QB_S< = '1';
      elsif JK = "10"  then Q_S< = '1';   QB_S< = '0';
      elsif JK = "11"  then
        Q_S< = NOT Q_S;   QB_S< = NOT QB_S;
      end if;
    end if;
    Q< = Q_S;   QB< = QB_S;
  end process;
end one;
```

5.2.2 锁存器和寄存器

寄存器主要由触发器和一些控制门组成，每个触发器能存放一位二进制码，存放 N 位数码，就应有 N 位触发器。为保持触发器能正常完成寄存器的功能，还必须有适当的门电路组成控制电路。

锁存器是由电平触发器完成的，N 个电平触发器的时钟端连在一起，在时钟脉冲作用下能接受 N 位二进制信息。

从寄存数据角度看，锁存器和寄存器的功能是一样的，其区别仅在于锁存器是用电平触发的，而寄存器是用边沿触发器触发的，即寄存器的输出端平时不随输入端的变化而变化，

只有在时钟有效时才将输入端的数据送到输出端，而锁存器的输出端平时总随输入端变化而变化。

触发器是在时钟沿进行数据的锁存，而锁存器是用电平使能来锁存数据。所以触发器的 Q 输出端在每一个时钟沿都会被更新，而锁存器只能在使能电平有效期间才会被更新。在 FPGA 设计中建议，如果不是强制需求锁存器的话，那么应该尽量使用触发器而不是锁存器。

1. 锁存器

锁存器通常是由 D 触发器构成的。在数字电路中，74373 是一种常用的 8 位锁存器，它由使能控制端 EN、数据锁存控制端 G、数据输入端 D7～D0 和数据输出端 Q7～Q0 构成。

【例 5-16】 编写 74373 数据锁存器的 VHDL 程序。

```
library ieee;
use ieee.std_logic_1164.all;
entity ex_Latch is
  port(D:in std_logic_vector(7 downto 0);
        EN,G:in std_logic;
        Q:out std_logic_vector(7 downto 0));
end ex_Latch;
architecture one of ex_Latch is
  signal Q_temp:std_logic_vector(7 downto 0);
  begin
    process(D,EN,G)
      begin
        if EN='1' then
          if G='1' then
            Q_temp<=D;
          else
            Q_temp<=Q_temp;
          end if;
        else
          Q_temp<="ZZZZZZZZ";
        end if;
      Q<=Q_temp;
    end process;
end one;
```

2. 寄存器

74374 是 8 位带三态门输出的寄存器，它由三态门允许控制端 OE、时钟输入端 CLK、数据输入端 D7～D0 和数据输出端 Q7～Q0 构成。

【例 5-17】 编写 74374 输出寄存器的 VHDL 程序。

```
library ieee;
use ieee.std_logic_1164.all;
entity ex_Register is
```

```
  port(D:in std_logic_vector(7 downto 0);
        OE,CLK:in std_logic;
        Q:out std_logic_vector(7 downto 0));
end ex_Register;
architecture one of ex_Register is
  signal Q_temp:std_logic_vector(7 downto 0);
  begin
    process(OE,CLK)
      begin
        if OE='1' then Q_temp<="ZZZZZZZZ";
        elsif CLK'event and CLK='1' then Q_temp<=D;
        else  Q_temp<=Q_temp;
        end if;
    end process;
    Q<=Q_temp;
end one;
```

3. 移位寄存器

移位寄存器是数字系统和计算机中的一个重要部件，它除具有存储代码的功能以外，还具有移位功能。执行移位操作时，要求每来一个时钟脉冲，寄存器中存储的数据就顺次向左或向右移动一位。

移位寄存器有串行输入和并行输入两种输入方式，串行输入方式是在同一时钟脉冲作用下，每输入一个时钟脉冲，输入数据就移入一位到寄存器中，同时已存入的数据继续右移或左移；并行输入方式是在同一时钟脉冲作用下，每输入一个时钟脉冲就将全部数据同时输入寄存器。

移位寄存器有串行输出和并行输出两种输出方式，串行输出方式寄存器是在时钟脉冲作用下一位一位对外输出；并行输出方式寄存器的各位数据是通过其输出端同时对外输出的。

【例 5-18】 编写串入-并出移位寄存器的 VHDL 程序。

```
library ieee;
use ieee.std_logic_1164.all;
entity ex_shift_Rigister is
  port(A,B,CLK,CLR:in std_logic;
        Q:out std_logic_vector(7 downto 0));
end  ex_shift_Rigister;
architecture one of  ex_shift_Rigister is
  signal Q_temp:std_logic_vector(8 downto 0);
  begin
    process(A,B,CLK,CLR)
      begin
        if CLR='0' then  Q_temp<="000000000";
        elsif CLK'event and CLK='1' then
          Q_temp<=Q_temp(7 downto 0)&(A and B);
```

```
        end if;
      end process;
    Q<=Q_temp(7 downto 0);
end one;
```

【例 5-19】 编写并入-串出移位寄存器的 VHDL 程序。

```
library ieee;
use ieee.std_logic_1164.all;
entity ex_shift_Rigister is
  port(STLD,CLKIH,CLK,SER:in std_logic;
        A,B,C,D,E,F,G,H:in std_logic;
           QH:out std_logic);
end ex_shift_Rigister;
architecture one of ex_shift_Rigister is
  signal Q_temp:std_logic_vector(7 downto 0);
  signal Data:std_logic_vector(0 to 7);
  begin
    data<=A&B&C&D&E&F&G&H;
    process(STLD,CLKIH,CLK)
      begin
        if STLD='0' then Q_temp(0)<=H;
          for i in 7 downto 1 loop
            Q_temp(i)<=Q_temp(i-1);
          end loop;
        elsif CLKIH='0' then
          if CLK'event and CLK='1' then
            Q_temp<=Q_temp(6 downto 0)&'0';
          end if;
        else Q_temp<=Data;
        end if;
    end process;
    QH<=Q_temp(7);
end one;
```

5.2.3　计数器

计数器是用来累计时钟脉冲个数的时序逻辑部件。它是数字系统中用途最广泛的基本部件之一，几乎在各种数字系统中都有计数器。它不仅可以计数，还可以对输入脉冲进行分频，以及构成时间分配器或时序发生器，对数字系统进行定时、程序控制操作。

计数器有多种分类方法，根据脉冲输入方式的不同，分为同步计数器和异步计数器两种；根据计数增减趋势的不同，分为加法计数器、减法计数器和可逆计数器三种；根据进位数制的不同，分为二进制计数器和非二进制计数器。

1. 异步计数器

异步计数器：计数脉冲并不引到所有触发器的时钟脉冲输入端，有的触发器的时钟脉冲输入端是其他触发器的输出，因此，触发器不是同时动作。异步加法的缺点是运算速度慢，但是其电路比较简单，因此对运算速度要求不高的设备中，仍不失为一种可取的全加器。

【例 5-20】 编写一个采用元件例化的方式生成，并由 4 个触发器构成的计数范围为 0～F的异步计数器。

```
library ieee;
use ieee.std_logic_1164.all;
entity  differ is
    port(cp,clr,D:in std_logic;
         Q,QB:out std_logic);
end differ;
architecture one of differ is
  begin
  process(cp,clr)
    begin
      if clr='1' then
        Q<='0';  QB<='1';
      elsif cp'event and cp='1' then
        Q<=D;      QB<=not D;
      end if;
  end process;
end one;
library ieee;
use ieee.std_logic_1164.all;
entity ex_count is
  port(clk,rst:in std_logic;
       cout:out std_logic_vector(3 downto 0));
end ex_count;
architecture top of ex_count is
  component  differ is
    port(cp,clr,D:in std_logic;
         Q,QB:out std_logic);
  end component differ;
  signal cnm:std_logic_vector(4 downto 0);
  begin
    cnm(0)<=clk;
    G1:for i in 0 to 3 generate
      U1: differ port map(cp=>cnm(i),clr=>rst,D=>cnm(i+1),
    Q=>cout(i),QB=>cnm(i+1));
    end generate;
end top;
```

2. 同步计数器

将计数脉冲引到所有触发器的时钟脉冲输入端，使各个触发器的状态变化与计数脉冲同步，这种方式组成的计数器称为同步计数器，其特点是计数速度快。

【例 5-21】 编写一个模为 60，具有异步复位、同步置数功能的 8421BCD 码加法计数器。

```
library ieee;
use ieee.std_logic_1164.all;
use ieee.std_logic_arith.all;
use ieee.std_logic_unsigned.all;
entity ex_cntm60 is
  port(  en,clk,rst,load:in std_logic;
         din:in std_logic_vector(7 downto 0);
         dout:out std_logic_vector(7 downto 0);
         co:out std_logic);
end ex_cntm60;
architecture one of ex_cntm60 is
  signal cnt_h,cnt_l:std_logic_vector(3 downto 0);
  begin
    process(clk,rst,load,din)
      begin
        if rst='1' then                                         --异步复位
          cnt_h<="0000";  cnt_l<="0000";  co<='0';
        elsif clk'event and clk='1' then
          if load='1' then                                      --同步置数
            cnt_h<=din(7 downto 4);  cnt_l<=din(3 downto 0);
          elsif en='1' then                                     --允许计数
            if cnt_h="0101" and cnt_l="1001" then              --模 60 的实现
              cnt_h<="0000";  cnt_l<="0000";  co<='1';
            elsif cnt_h/="0101" and cnt_l="1001" then
              cnt_h<=cnt_h+1;  cnt_l<="0000";  co<='0';
            else                                                --计数功能的实现
              cnt_h<=cnt_h; cnt_l<=cnt_l+1;  co<='0';
            end if;
          end if;
        end if;
      dout(7 downto 4)<=cnt_h;  dout(3 downto 0)<=cnt_l;
    end process;
end one;
```

3. 可逆计数器

所谓可逆计数器，就是根据计数控制信号的不同，在时钟脉冲作用下，计数器可以进行加 1 或者减 1 操作的一种计数器。可逆计数器有一个特殊的控制端，这就是 DIR 端。当 DIR＝‘0’时，计数器进行加 1 操作，当 DIR＝‘1’时，计数器就进行减 1 操作。

【例 5-22】 编写一个模为 100，具有异步复位、同步置数功能的 8421BCD 码可逆计数器。

```
library ieee;
use ieee.std_logic_1164.all;
use ieee.std_logic_arith.all;
use ieee.std_logic_unsigned.all;
entity ex_cnt100 is
  port(en,clk,rst,load,dir:in std_logic;
        din:in std_logic_vector(7 downto 0);
        dout:out std_logic_vector(7 downto 0);
        co:out std_logic);
end ex_cnt100;
architecture one of ex_cnt100 is
  signal cnt_h,cnt_l:std_logic_vector(3 downto 0);
  begin
    process(clk,rst,load,din)
      begin
        if rst='1' then                                          --异步复位
          cnt_h<="0000";  cnt_l<="0000";  co<='0';
        elsif clk'event and clk='1' then
          if load='1' then                                       --同步置数
            cnt_h<=din(7 downto 4);  cnt_l<=din(3 downto 0);
          elsif en='1' then                                      --允许计数
            if dir='0' then
              if cnt_h="1001" and cnt_l="1001" then              --模100加计数的实现
                cnt_h<="0000";  cnt_l<="0000";  co<='1';
              elsif cnt_h/="1001" and cnt_l="1001" then
                cnt_h<=cnt_h+1;  cnt_l<="0000";  co<='0';
              else
                cnt_h<=cnt_h; cnt_l<=cnt_l+1;  co<='0';
              end if;
            else
              if cnt_h="0000" and cnt_l="0000" then              --模100减计数的实现
                cnt_h<="1001";  cnt_l<="1001";  co<='1';
              elsif cnt_h/="0000" and cnt_l="0000" then
                cnt_h<=cnt_h-1;  cnt_l<="1001";  co<='0';
              else
                cnt_h<=cnt_h; cnt_l<=cnt_l-1;  co<='0';
              end if;
            end if;
          end if;
        end if;
      dout(7 downto 4)<=cnt_h;  dout(3 downto 0)<=cnt_l;
    end process;
end one;
```

5.2.4 分频器

通常 CPLD/FPGA 外接的时钟频率通常为几十兆赫兹，而一些电路由于本身特性，导致高频率的时钟不适合电路工作，因此需要对高频的时钟进行分频，以便获得所需的低频信号。为了实现对时钟分频，可以使用一个计数器来实现。比如一个时钟频率为 50MHz，假设使用一个计数器，每计数满 10 次，输出一个时钟信号，则可以实现 10 分频，从而得到 5MHz 的时钟信号。

1. 偶数分频

对时钟进行偶数分频，使占空比为 50%，可使用一个计数器，对输入时钟进行模 n（n 为偶数）计数，即在前 $n/2$ 个时钟内使输出为高（或低）电平，在后 $n/2$ 个时钟内使输出为低（或高）电平，即可实现对输入时钟的 n 分频。

【例 5-23】 8 分频电路的 VHDL 描述。

```
library ieee;
use ieee.std_logic_1164.all;
use ieee.std_logic_arith.all;
use ieee.std_logic_unsigned.all;
entity ex_dvf8 is
  generic(n:integer:=8);                    --类属参数值设为 8
  port(clr,clkin:in std_logic;
        clkout:out std_logic);
end ex_dvf8;
architecture one of ex_dvf8 is
  signal cnt:integer range 0 to n-1;
  begin
  u1:process(clr,clkin)                     --u1 用于分频计数
  begin
    if clr='1' then
      cnt<=0;
    elsif clkin'event and clkin='1' then
      if cnt=n-1 then
        cnt<=0;
      else
        cnt<=cnt+1;
      end if;
    end if;
  end process u1;
  u2:process(cnt)                           --产生分频信号
    begin
      if  (cnt< integer(n/2))then
        clkout<='1';
      else
        clkout<='0';
      end if;
```

```
    end process u2;
end one;
```

2. 奇数分频

对时钟进行奇数分频，在对占空比不做要求的前提下，其设计方法与偶数分频相同。如果要使占空比为50%，其方法是分别对输入时钟的上升沿和下降沿进行模 n（n 为奇数）计数，在计数值为小于 $(n-1)/2$ 时，使信号输出为高（或低）电平，在计数值为大于等于 $(n-1)/2$ 时使信号输出为低（或高）电平，从而得到两个占空比为 $(n-1)/2$：n 的分频信号，然后将这两个信号相或即可实现对输入时钟的 n（n 为奇数）分频。

【例 5-24】 7 分频电路的 VHDL 描述（占空比不做要求，这里为 3∶7）。

```
library ieee;
use ieee.std_logic_1164.all;
use ieee.std_logic_arith.all;
use ieee.std_logic_unsigned.all;
entity ex_dvf7 is
  generic(n:integer:=7);
  port(clr,clkin:in std_logic;
       clkout:out std_logic);
end ex_dvf7;
architecture one of ex_dvf7 is
  signal cnt:integer range 0 to n-1;
  begin
  u1:process(clr,clkin)
  begin
    if clr='1' then
      cnt<=0;
    elsif clkin'event and clkin='1' then
      if cnt=n-1 then
        cnt<=0;
      else
        cnt<=cnt+1;
      end if;
    end if;
  end process u1;
  u2:process(cnt)
    begin
      if cnt < integer(n/2)then
        clkout<='1';
      else
        clkout<='0';
      end if;
  end process u2;
end one;
```

【例 5-25】 7 分频电路的 VHDL 描述（占空比为 1∶2）。

```
library ieee;
use ieee.std_logic_1164.all;
use ieee.std_logic_arith.all;
use ieee.std_logic_unsigned.all;
entity ex_dvf7 is
  generic(n:integer:=7);
  port(clr,clkin:in std_logic;
        clkout:out std_logic);
end ex_dvf7;
architecture one of ex_dvf7 is
  signal cnt,cnm:integer range 0 to n-1;
  signal clka,clkb:std_logic;
  begin
  u1:process(clr,clkin)
  begin
    if clr='1' then
      cnt<=0;
    elsif clkin'event and clkin='1' then          --判断是否发生上升沿跳变
      if cnt=n-1 then
        cnt<=0;
      else
        cnt<=cnt+1;
      end if;
    end if;
  end process u1;
  u2:process(cnt)
    begin
      if cnt < integer(n/2)then                    --对上升沿跳变信号进行分频输出
        clka<='1';
      else
        clka<='0';
      end if;
  end process u2;
  u3:process(clr,clkin)
  begin
    if clr='1' then
      cnm<=0;
    elsif clkin'event and clkin='0' then          --判断是否发生下降沿跳变
      if cnm=n-1 then
        cnm<=0;
      else
        cnm<=cnm+1;
```

```
      end if;
    end if;
  end process u3;
  u4:process(cnm)
    begin
      if cnm < integer(n/2)then                        --对下降沿跳变信号进行分频输出
        clkb<='1';
      else
        clkb<='0';
      end if;
  end process u4;
  clkout<=clka or clkb;                                --信号叠加形成所需占空比的奇数次分频信号
end one;
```

3. 2^n分频器

如果一个电路中需要用到多个时钟，且输入系统时钟频率正好为 2 的 n 次幂，则可用一个 n 位的二进制计数器对输入系统时钟进行计数。该计数器第 0 位为输入时钟的 2 分频，第 1 位为输入时钟的 4 分频，第 2 位为输入时钟的 8 分频，依次类推，第 $n-1$ 位为输入时钟的 2^n分频。

【例 5-26】 设计一个分频器，输入频率为 48MHz，输出频率分别为 24MHz、6MHz、1.5MHz、750kHz、375kHz。

```
library ieee;
use ieee.std_logic_1164.all;
use ieee.std_logic_arith.all;
use ieee.std_logic_unsigned.all;
entity ex_fdiv is
  port(clkin,en,rst:in std_logic;
       clk1,clk2,clk3,clk4,clk5:out std_logic);
end ex_fdiv;
architecture one of ex_fdiv is
  signal cnt:std_logic_vector(6 downto 0);
  begin
  process(clkin)
    begin
      if rst='1' then cnt<=" 0000000 " ;
      elsif clkin'event and clkin='1' then
        if en='1' then
          cnt<=cnt+1;
        end if;
      end if;
  end process;
  clk1<=cnt(0);                                        --24MHz
  clk2<=cnt(2);                                        --6MHz
```

```
    clk3<=cnt(4);                            --1.5MHz
    clk4<=cnt(5);                            --750kHz
    clk5<=cnt(6);                            --375kHz
end one;
```

4. 半整数分频器

在某些场合下，用户所需要的频率与时钟源频率可能不是整数倍关系，如设有一个5MHz，但电路中需要产生一个2MHz的时钟信号，由于分频比为2.5，因此其分频系数为$n-0.5$，这种分频器称为半整数分频器。半整数分频器可由一个异或门、一个模n计数器和一个2分频电路构成，如图5-3所示。

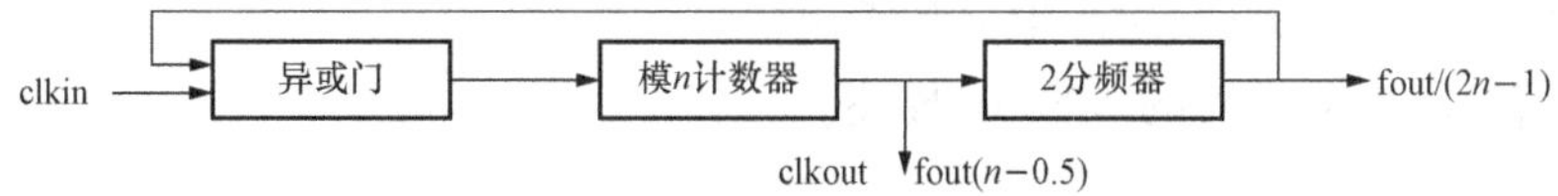

图5-3 通用半整数分频器电路构成图

【例5-27】 一个2.5的半整数分频器的VHDL描述。

```
library ieee;
use ieee.std_logic_1164.all;
use ieee.std_logic_arith.all;
use ieee.std_logic_unsigned.all;
entity ex_fdvf25 is
  generic(n:integer:=3);
  port(clkin:in std_logic;
        clkout:out std_logic);
end ex_fdvf25;
architecture one of ex_fdvf25 is
  signal clk1,clk2,div2:std_logic;
  signal cnt:integer range 0 to n-1;
  begin
    clk1<=clkin xor div2;                    --clkin与div2异或后作为模n计数器的时钟
    u1:process(clk1)
      begin
        if clk1'event and clk1='1' then
          if(cnt=n-1)then
            cnt<=0;        clk2<='1';
          else
            cnt<=cnt+1;    clk2<='0';
          end if;
        end if;
    end process u1;
    u2:process(clk2)
      begin
        if clk2'event and clk2='1' then
```

```
          div2<=not div2;                    --2分频
        end if;
    end process;
  clkout<=clk2;
end one;
```

5. 数控分频器

数控分频器的功能是在输入端给定不同的输入数据时，将对输入的时钟信号有不同的分频比。数控分频器一般是由计数值可并行预置的加法计数器完成的，即计数器不是从 0 开始计数，而是从某个初值开始计数。初值不同，则分频系数不同，计数器计满后重新加载初值，根据计数器的溢出标志控制产生分频输出信号。

【例 5-28】 数控分频器的 VHDL 描述。

```
library ieee;
use ieee.std_logic_1164.all;
use ieee.std_logic_arith.all;
use ieee.std_logic_unsigned.all;
entity ex_dvf is
  port(clkin:in std_logic;
        data:in std_logic_vector(7 downto 0);
        clkout:out std_logic);
end ex_dvf;
architecture one of ex_dvf is
  signal full,clk:std_logic;
  signal cnt:std_logic_vector(7 downto 0);
  begin
    u1:process(clkin)
      begin
        if clkin'event and clkin='1' then
          if cnt="11111111" then
            cnt<=data;  full<='1';           --设置分频系数
          else
            cnt<=cnt+1;  full<='0';
          end if;
        end if;
    end process u1;
    u2:process(full)
      begin
        if full'event and full='1' then
          clk<=not clk;                      --输出占空比为50%的分频信号
        end if;
    end process u2;
  clkout<=clk;
end one;
```

5.3　存储器电路的 VHDL 实现

存储器是数字系统的重要组成部分，是用于存储程序和数据的部件。存储器还可以完成一些特殊的功能，如多路复用、速率变换、数值计算、脉冲形成、特殊序列产生以及数字频率合成等。根据功能的不同，可以将存储器分为只读存储器（Read Only Memory，ROM）和随机存储器（Random Access Memory，RAM）两大类。具有先进先出存储规则的读写存储器，又称为先进先出栈（FIFO）。

从应用的角度出发，各个公司的编译器都提供了相应的库文件，可以帮助减轻编程难度，并加快编程进度，这些模块符合工业标准，应用非常方便。Altera 公司的 Quartus II 软件库 Megafunction 中提供了 ROM、RAM 和 FIFO 等参数化存储器宏模块，使用时可通过原理图或 VHDL 程序的方式直接调用相应的宏模块，这些宏功能模块的使用将在第 6 章进行讲述，在此直接通过使用软件模拟方式来讲解 ROM、RAM、FIFO 的 VHDL 实现。

5.3.1　ROM

ROM 是存储器中最简单的一种，它的存储信息需要事先写入，在使用时只能读取，不能写入。当系统掉电后，ROM 内的信息不会丢失。ROM 适用于存储固定数据的场合。

【例 5-29】 用 VHDL 描述一个容量为 16×8 的 ROM 存储器，该 ROM 有 4 位地址线 address [3..0]，8 位数据输出线 dataout [7..0] 和使能 EN 端，其引脚如图 5-4 所示。

ex_ROM	
address[3..0]	dataout[7..0]
en	

图 5-4　ROM 引脚图

```
library ieee;
use ieee.std_logic_1164.all;
use ieee.std_logic_arith.all;
use ieee.std_logic_unsigned.all;
entity ex_ROM is
  port(address:in std_logic_vector(3 downto 0);
        en:in std_logic;
      dataout:out std_logic_vector(7 downto 0));
end ex_ROM;
architecture one of ex_ROM is
  begin
  process(address,en)
    begin
      if en='0' then
          case  address is
            when  "0000" =>dataout<="00001001";
            when  "0001" =>dataout<="00011010";
            when  "0010" =>dataout<="00011011";
            when  "0011" =>dataout<="01001100";
            when  "0100" =>dataout<="11100000";
            when  "0101" =>dataout<="11110000";
            when  "1001" =>dataout<="00010000";
            when  "1010" =>dataout<="00010100";
```

```
            when "1011" =>dataout<="00011000";
            when "1100" =>dataout<="00100000";
            when others=>dataout<="00000000";
        end case;
      end if;
    end process;
end one;
```

5.3.2 RAM

RAM 存储器可以随时在任一指定地址写入或读取数据，其优点是可方便读/写数据，但是掉电后所存储的数据会丢失。RAM 是并行寄存器的集合，主要用于数据存储。数据可被写入任意内部寄存器单元，也可从任意内部寄存器单元读出。每个寄存器单元对应一个地址，由地址线确定对某个寄存器单元进行数据读写。RAM 在时钟和写使能有效时，将外部数据写入某地址对应的单元；在时钟和读使能有效时，将某地址对应单元的数据读出。RAM 可分为单口 RAM（读写地址线合用）和双口 RAM（读写地址线分开）。

【例 5-30】 用 VHDL 描述一个容量为 8×8 位的单口 RAM 存储器，该 RAM 有 4 位地址线 address[3..0]、8 位数据输入线 datain[7..0]、8 位数据输出线 dataout[7..0]、时钟端 clk 和读/写控制端 wr，其引脚如图 5-5 所示。

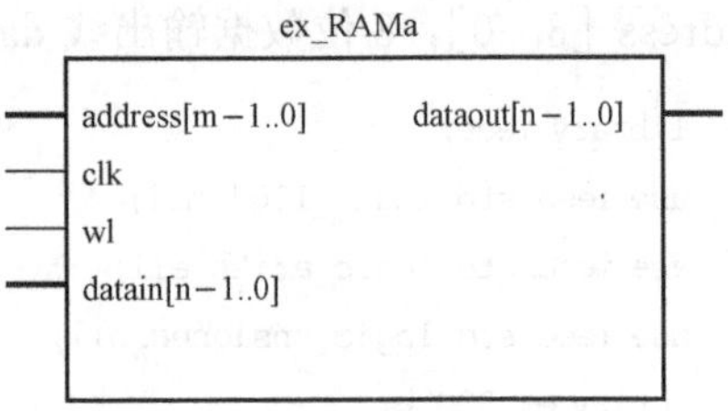

ex_RAMa

address[m-1..0]　dataout[n-1..0]

clk

wl

datain[n-1..0]

图 5-5　单口 RAM 引脚图

```
library ieee;
use ieee.std_logic_1164.all;
use ieee.std_logic_unsigned.all;
entity ex_RAMa is
  generic(n:integer:=8;
          m:integer:=3);
  port(address:in std_logic_vector(m-1 downto 0);
       clk,wr:in std_logic;
       datain:in std_logic_vector(n-1 downto 0);
       dataout:out std_logic_vector(n-1 downto 0));
end ex_RAMa;
architecture one of ex_RAMa is
  subtype word is std_logic_vector(n-1 downto 0);          --定义 word 为数组类型
  type memory is array(7 downto 0)of word;                 --定义 memory 为 word 类型,每个元素位宽为 8
  signal ram_mem:memory;
  begin
    process(clk)
      begin
        if clk'event and clk='1' then
          if wr='1' then
            ram_mem(conv_integer(address))<=datain;        --写入数据
          end if;
        end if;
    end process;
```

```
  dataout<=ram_mem(conv_integer(address));                    --读出数据
end one;
```

【例 5-31】 用 VHDL 描述一个容量为 8×8 位的双口 RAM 存储器，该 RAM 有 4 位写地址线 w_addr[3..0]、4 位读地址线 r_addr[3..0]、8 位数据输入线 datain[7..0]、8 位数据输出线 dataout[7..0]、时钟端 clk、写控制端 we 和读控制端 re，其引脚如图 5-6 所示。

```
library ieee;
use ieee.std_logic_1164.all;
use ieee.std_logic_unsigned.all;
entity ex_RAMb is
  generic(n:integer:=8;
          m:integer:=3);
  port(w_addr:in std_logic_vector(m-1 downto 0);
       r_addr:in std_logic_vector(m-1 downto 0);
       clk,we,re:in std_logic;
       datain:in std_logic_vector(n-1 downto 0);
       dataout:out std_logic_vector(n-1 downto 0));
end ex_RAMb;
architecture one of ex_RAMb is
  subtype word is std_logic_vector(n-1 downto 0);          --定义 word 为数组类型
  type memory is array(7 downto 0)of word;          --定义 memory 为 word 类型，每个元素位宽为 8
  signal ram_mem:memory;
  begin
  u1:process(clk)
      begin
        if clk'event and clk='1' then
          if we='1' then
            ram_mem(conv_integer(w_addr))<=datain;          --写入数据
          end if;
        end if;
     end process u1;
  u2:process(clk)
      begin
        if clk'event and clk='1' then
          if re='1' then
            dataout<=ram_mem(conv_integer(r_addr));          --读出数据
          end if;
        end if;
  end process;
end one;
```

ex_RAMb

输入	输出
w_addr[m-1..0]	dataout[n-1..0]
r_addr[m-1..0]	
clk	
we	
re	
datain[n-1..0]	

图 5-6　双口 RAM 引脚图

5.3.3　FIFO

FIFO 是一种特殊功能的寄存器，数据以到达 FIFO 输入端口的先后顺序存储在存储器中，并以相同的顺序从 FIFO 的输出端口送出，所以 FIFO 内数据的写入和读取只受读/写请求信号的控制，而不需要读/写地址线。

【例 5-32】 用 VHDL 描述一个容量为 8×8 位的 FIFO，其引脚如图 5-7 所示。

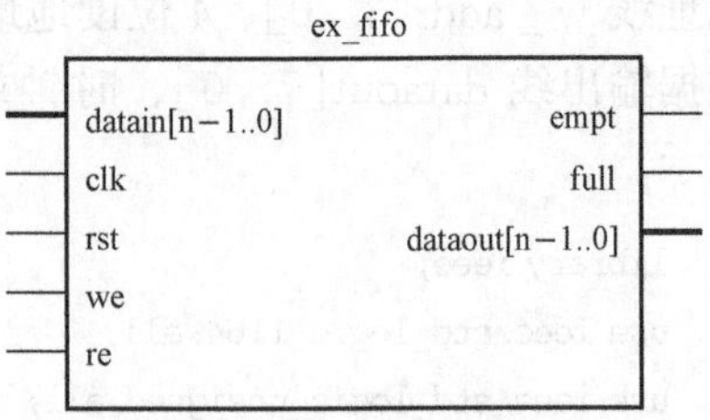

图 5-7 FIFO 引脚图

```
library ieee;
use ieee.std_logic_1164.all;
use ieee.std_logic_arith.all;
use ieee.std_logic_unsigned.all;
entity ex_fifo is
  generic(n:integer:=8;
        m:integer:=3);
  port(datain:in std_logic_vector(n-1 downto 0);
      clk,rst,we,re:in std_logic;
      empt:out std_logic;                              --栈空指示
      full:out std_logic;                              --栈满指示
      dataout:out std_logic_vector(n-1 downto 0));     --定义数据输出端
end ex_fifo;
architecture one of ex_fifo is
  subtype word is std_logic_vector(n-1 downto 0);      --定义 word 为数组类型
  type memory is array(7 downto 0)of word;    --定义 memory 为 word 类型,每个元素位宽为 8
  signal fifo_mem:memory;
  signal wadd:std_logic_vector(m-1 downto 0);          --定义写地址
  signal radd:std_logic_vector(m-1 downto 0);          --定义读地址
  signal w1,w2,r1,r2:integer range 0 to 8;             --定义写、读指针
  begin
  w_pointer:process(clk,rst)                           --写指针修改进程
    begin
      if rst='0' then  wadd<="000";
      elsif clk'event and clk='1' then
        if we='1' then
          if wadd="111" then wadd<="000";
          else wadd<=wadd+1;
          end if;
        end if;
      end if;
      w1<=conv_integer(wadd);
      w2<=w1-1;
  end process w_pointer;
  w_operate:process(clk)                               --写操作进程
    begin
      if clk'event and clk='1' then
        if we='1' then
          fifo_mem(w1)<=datain;
        end if;
```

```
    end if;
end process w_operate;
r_pointer:process(clk,rst)                          --读指针修改进程
  begin
    if rst='0' then   radd<="000";
    elsif clk'event and clk='1' then
      if re='1' then
        if radd="111"  then radd<="000";
        else radd<=radd+1;
        end if;
      end if;
    end if;
    r1<=conv_integer(radd);
    r2<=r1-1;
end process r_pointer;
r_operate:process(clk)                              --读操作进程
  begin
    if clk'event and clk='1' then
      if re='1' then
        dataout<=fifo_mem(r1);
      end if;
    end if;
end process r_operate;
full_flag:process(rst,clk)                          --产生满标志进程
  begin
    if rst='0' then full<='0';
    elsif clk'event and clk='1' then
      if(we='1' and re='0')then
        if((w1=r2)or(wadd=conv_std_logic_vector(n-1,3)))
          and(radd="000")then   full<='1';
        end if;
      else
        full<='0';
      end if;
    end if;
end process full_flag;
empt_flag:process(rst,clk)                          --产生空标志进程
  begin
    if rst='0' then empt<='0';
    elsif clk'event and clk='1' then
      if(we='0' and re='1')then
        if((r1=w2)or(radd=conv_std_logic_vector(n-1,3)))
        and(wadd="000")then   empt<='1';
```

```
            end if;
          else
            empt<='0';
          end if;
        end if;
      end process empt_flag;
    end one;
```

5.4 状态机的VHDL实现

有限状态机（finite-state machine，FSM），又称有限状态自动机，简称状态机。状态机是一组触发器的输出状态随着时钟脉冲和输入信号按照一定的规律变化的一种机制或过程，它是一种描述数字控制系统的方法，主要用来构成顺序控制模型。状态机克服了纯硬件数字系统顺序控制方式不灵活的缺点，易构成性能良好的同步时序逻辑模块。

5.4.1 状态机的基本结构

通常，状态机是控制单元的主体，它接收外部信号及数据单元产生的状态信息，产生控制信号序列，其基本结构如图5-8所示。从图中可以看出，状态机主要有3个必不可少的要素：输入信号、输出信号以及一组记忆状态机内部状态的状态机寄存器。状态机寄存器的下一个状态及输出，不仅与输入信号有关，而且还与寄存器的当前状态有关。状态机可认为是组合逻辑和寄存器逻辑的特殊组合，它包括两个主要部分：组合逻辑部分和寄存器部分。寄存器部分用于存储状态机的内部状态；组合逻辑部分又分为状态译码器和输出译码器。状态译码器确定状态机的下一个状态，即确定状态机的激励方程；输出译码器确定状态机的输出，即确定状态机的输出方程。

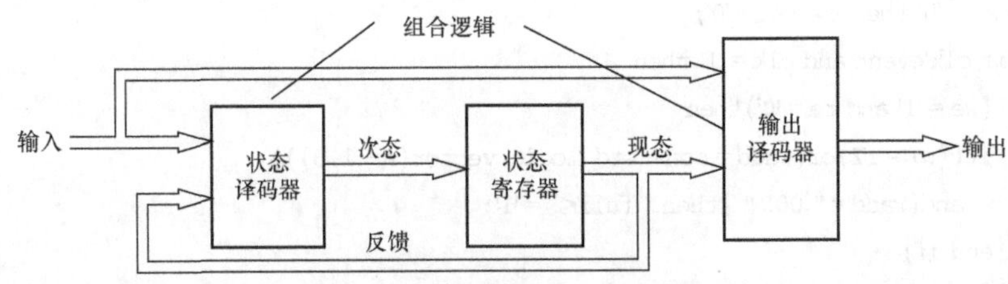

图5-8 状态机的基本结构示意图

状态机的基本操作有两种：状态机内部状态转换和产生输出信号序列。其中状态机的内部状态转换由状态译码器根据当前状态和输入条件决定；产生输出信号由输出译码器根据当前状态和输入条件决定。

用输入信号决定下一状态又称为“转换”。除了转换之外，复杂的状态机还具有重复和历程功能。从一个状态转换到另一个状态称为控制定序，而决定下一状态所需的逻辑称为转换函数。

状态机从结构上又分为Mealy（米立）型状态机和Moore（摩尔）型状态机。这两种状态机在结构上最显著的差别在于：Mealy型状态机的输出不仅与其现态有关，还与其输入相关；Moore型状态机的输出仅与其现态变量相关。这两者结构上的差异反映在功能上，表现为前者比后者要快一个时钟周期，但同时也会将输入信号的噪声传递给输出；而 Moore 型最大的优点就是可以将输入部分与输出部分隔离开。

状态机设计的关键是如何把一个实际的时序逻辑关系抽象成一个时序逻辑函数，传统的电路图输入法通过直接设计寄存器组来实现各个状态之间的转换。VHDL 的结构非常适合编写状态机，而且编写方式并不是唯一的，不同编写方式会影响电路的集成。状态机的设计主要用到 case 和 if 这两种语句。case 语句用来指定并行的行为，而 if 语句用来设定优先度的编码逻辑。

5.4.2　一般状态机的 VHDL 实现

1. 一般状态机的 VHDL 组成

一般状态机通常包含说明部分、主控时序进程、主控组合进程及辅助进程等部分。

（1）说明部分。状态机的说明部分一般放在结构体 architecture 和 begin 之间，首先使用 type 语句定义新的数据类型，并且一般将该数据类型定义为枚举类型，其元素采用文字符号表示，作为状态机的状态名，然后用 signal 语句定义状态变量（现态与次态），将其数据类型定义为由 type 语句定义的新数据类型。举例如下。

```
architecture 结构体名 of 实体名 is
  type  states  is(st0,st1,st2,st3,st4,st5,st6,st7);
  signal  present_state,next_state: states;
    … …
begin
    … …
```

该例中首先定义了一个名为 states 的新数据类型，它包含 st0～st7 这 8 个元素的枚举数据类型，即 states 包含了 st0、st1、st2、st3、st4、st5、st6、st7 这 8 个状态。然后定义了两个状态信号量：present_states 和 next_state，这两个状态信号的数据类型为上句新定义的 states，即状态信号量 present_states 和 next_state 的取值范围只能是 states 所包含的 st0～st7 这 8 个状态。

（2）主控时序进程。主控时序进程的任务是负责状态机运转和在外部时钟驱动下实现内部状态转换的进程。状态机是随外部时钟信号以同步时序方式工作的，所以状态机中必须包含一个对工作时钟信号敏感的进程，作为状态机的“驱动源”。当状态机发生有效跳变时，状态机的状态才发生变化。一般来讲，主控时序进程只是机械地将代表下一状态的信号 next_state 中的内容完全由其他的进程根据实际情况来决定，时序进程的实质是一组触发器，因此，该进程中往往也包括一些清零或置位的输入控制信号，如 rst 信号。

（3）主控组合进程。主控组合进程完成次态和输出译码的功能，其任务是根据状态机外部输入的控制信号（包括来自状态机外部的信号和来自状态机内部其他的信号）和当前状态的值确定下一状态（next_state）的取值内容，以及确定对外输出或对内部其他组合或时序进程输出控制信号的内容。

（4）辅助进程。辅助进程部分主要是用于配合状态机的主控组合逻辑和主控时序逻辑进行工作，以完善和提高系统的性能。辅助进程可分为辅助组合进程（如为了完成某种算法的进程）、辅助时序进程（如为了稳定输出设置的数据锁存器）。

2. 一般状态机的描述

一个状态机的简单结构应至少由两个进程构成（也有单进程状态机，但不常用），一个进程描述状态寄存器工作状态的输出；另一个进程描述组合逻辑，包括进程间状态值的传递逻辑以及状态转换的输出。当然，必要时还可以引进第 3 个进程和第 4 个进程，以完成其他的逻辑功能。

【例 5-33】 两个进程的一般状态机的 VHDL 描述。

```
library ieee;
use ieee.std_logic_1164.all;
entity ex_state is
  port(clk,rst:in std_logic;
       state_in:in std_logic_vector(1 downto 0);
       comb_out:out std_logic_vector(1 downto 0));
end ex_state;
architecture one of ex_state is
  type states is(st0,st1,st2,st3);              --定义 states 为枚举型数据类型
  signal current_state,next_state:states;       --定义现态(current_state)和次态(next_state)
                                                --为 state 类型
begin
  reg:process(rst,clk)                          --时序逻辑进程
    begin
    if rst='1' then
      current_state<=st0;                       --异步复位
    elsif clk'event and clk='1' then
      current_state<=next_state;                --当测到时钟上升沿时转换至下一状态
    end if;
  end process reg;                              --由 current_state 将当前状态值带出此进程,进
                                                --入进程 comb
  comb:process(current_state,state_in)          --组合逻辑进程
    begin
     case current_state is                      --确定当前状态的状态值
       when st0=>comb_out<="00";                --初始态译码输出"00"
         if state_in="00" then                  --根据外部的状态控制输入"00"
           next_state<=st0;                     --在下一时钟后,进程 REG 的状态将维持为 st0
         else
           next_state<=st1;                     --否则,在下一时钟后,进程 REG 的状态将为 st1
         end if;
       when st1=>comb_out<="01";                --对应 st1 的译码输出"01"
         if state_in="00" then                  --根据外部的状态控制输入"00"
           next_state<=st1;
         else
           next_state<=st2;                     --否则,在下一时钟后,进程 reg 的状态将为 st2
         end if;
```

```
          when st2 =>comb_out<="10";              --以下依次类推
            if state_in="11" then
              next_state<=st2;
            else
              next_state<=st3;
            end if;
          when st3 =>comb_out<="11";
            if state_in="11" then
              next_state<=st3;
            else
              next_state<=st0;                    --否则，在下一时钟后，进程 reg 的状态将为 st0
            end if;
        end case;
    end process comb;                             --由信号 next_state 将下一状态值带出此进程，
                                                  --进入进程 reg
end one;
```

进程间一般是并行运行的，但由于敏感信号的设置不同以及电路的延迟，在时序上进程间的动作是有先后的。本例中，reg 进程在时钟上升沿到来时，将首先运行，完成状态转换的赋值操作。如果外部控制信号 state _ in 不变，只有当来自 reg 进程的信号 current _ state 改变时，comb 进程才开始动作。在此进程中，将根据 current _ state 的值和外部的控制码 state _ in 来决定下一时钟边沿到来后，reg 进程的状态转换方向。这个状态机的两位组合输出 comb _ out 是对当前状态的译码，读者可以通过这个输出值了解状态机内部的运行情况；同时可以利用外部控制信号 state _ in 任意改变状态机的状态变化模式。

使用 Quartus Ⅱ的状态图观察器还可以看到状态机工作模型的直观描述，其方法是在 Quartus Ⅱ软件中先将编程编译好后，再执行菜单命令 Tool→Netlist Viewers→State Machine Viewer，即可看到状态图，如图 5-9 所示。

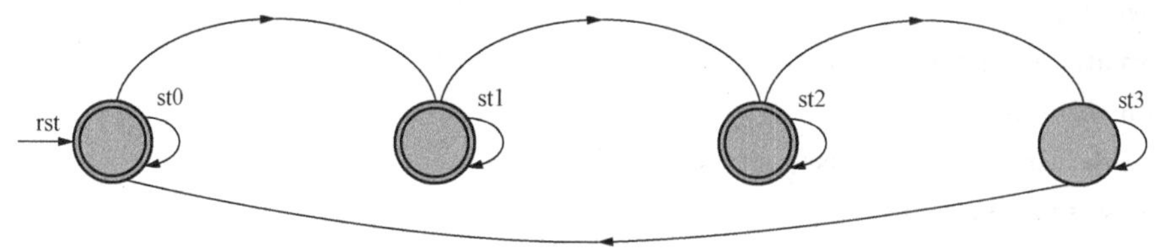

图 5-9　[例 5-33] 的状态图

5.4.3　Moore 状态机的 VHDL 实现

Moore 型状态机是最基本的一种有限状态机，这种状态机的结构如图 5-10 所示。状态存储器用于存储获得的下一个状态的值。图 5-10 所示为一个简单 Moore 型状态机的状态图。从结构图和状态图可以看出，其输出与输入没有直接的关系，只和当前状态有关，该 Moore 型状态机的实现程序见 [例 5-34]。

【例 5-34】 典型 Moore 状态机的 VHDL 描述如下。

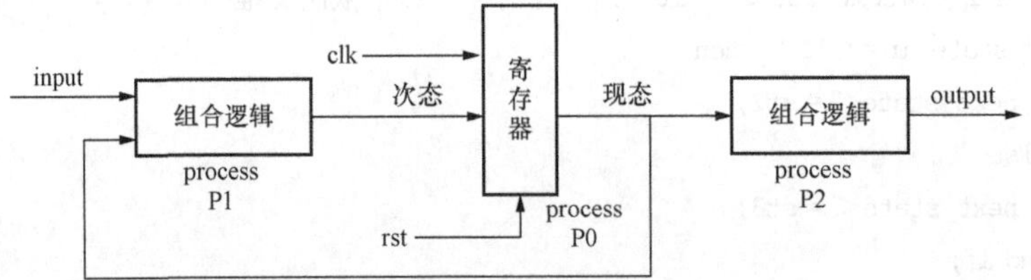

图 5-10 Moore 型状态机结构图

```
library ieee;
use ieee.std_logic_1164.all;
entity ex_Moore is
  port(clk, rst:in std_logic;
       datain:in std_logic_vector(3 downto 0);
       dataout:out std_logic_vector(1 downto 0));
end ex_Moore;
architecture one of ex_Moore is
 type states is(st0, st1, st2, st3, st4);
 signal state: states;
begin
  P0: process(clk, rst)                          --时序逻辑进程
  begin
   if rst='1' then state <= st0;                 --异步复位
   elsif(clk'event and clk='1')then
    case state is
     when st0 =>
      if datain = "0011" then  state <= st1;
      else state <= st0;
      end if;
    when st1 =>state <= st2;
    when st2 =>
      if datain = "0111" then  state <= st3;
      else state <= st2;
      end if;
    when st3 =>
      if datain < "0111" then  state <= st0;
      elsif datain = "1001" then  state <= st4;
      else state <= st3;
      end if;
    when st4 =>
      if datain = "1011" then  state <= st0;
      else state <= st4;
      end if;
   end case;
```

```
      end if;
    end process P0;
    P1:process(state)                        --由信号 state 将当前状态值带出此进程,进入 P2
                                             --进程(P1 为组合逻辑进程)
      begin
       if state = st0 then   dataout<="00";      --确定当前状态值
       elsif(state = st1 or state = st3)then  dataout<="10";
       else  dataout<="11";
       end if;
    end process P2;
  end one;
```

从本例状态机的 VHDL 程序可以看出，该状态机的输出 dataout 只与当前状态值 state 有关，并且仅在时钟沿到来时才发生变化，生成的状态图如图 5-11 所示。

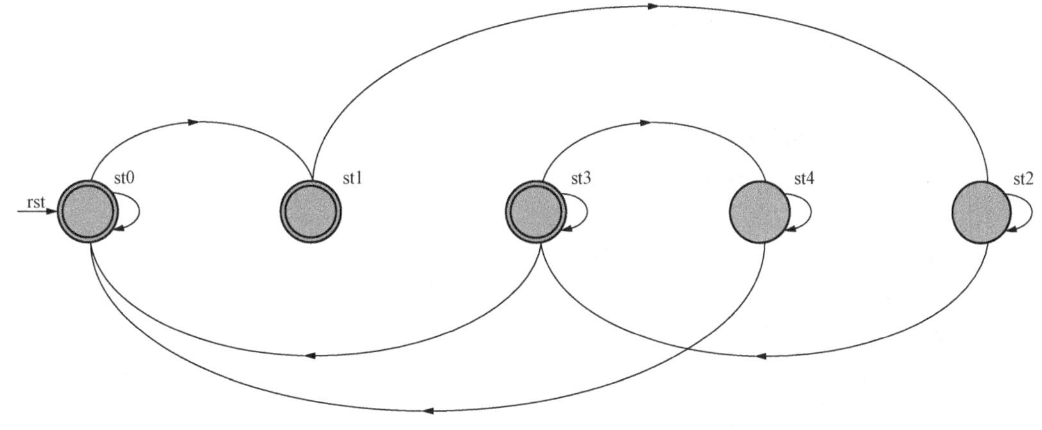

图 5-11　[例 5-34] 的状态图

5.4.4　Mealy 型状态机的 VHDL 实现

Mealy 型状态机的输出是现态和所有输入的函数，输出随输入变化而随时发生变化。因此，从时序的角度看，Mealy 型状态机属于异步输出的状态机，输出不依赖于系统时钟。图 5-12 所示为 Mealy 型有限状态机的结构图，从图中可以看出，状态机的输出与输入有直接关系。

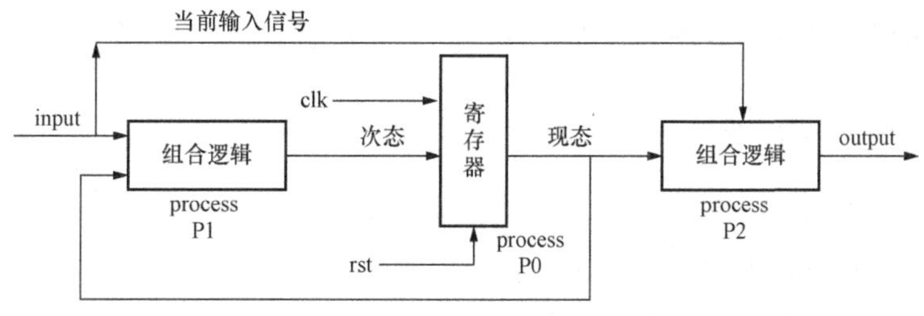

图 5-12　Mealy 型状态机结构图

【例 5-35】 将 [例 5-34] 改用 Mealy 状态机进行描述，其 VHDL 程序编写如下。

```
library ieee;
use ieee. std_logic_1164. all;
entity ex_Mealy is
  port(clk, rst:in std_logic;
        datain:in std_logic_vector(3 downto 0);
        dataout:out std_logic_vector(1 downto 0));
end ex_Mealy;
architecture one of ex_Mealy is
 type states is(st0, st1, st2, st3, st4);
 signal state: states;
begin
  P0: process(clk, rst)
  begin
    if rst = '1' then state <= st0;
    elsif(clk'event and clk = '1')then
     case state is
       when st0 =>
        if datain = " 0011" then
          state <= st1;  dataout<=" 10";
        else
          state <= st0;  dataout<=" 00";
        end if;
      when st1 =>state <= st2;
      when st2 =>
        if datain = " 0111" then
          state <= st3;  dataout<=" 10";
        else
          state <= st2;  dataout<=" 11";
        end if;
      when st3 =>
        if datain < " 0111" then
          state <= st0;  dataout<=" 00";
        elsif datain = " 1001" then
          state <= st4;  dataout<=" 11";
        else
          state <= st3;  dataout<=" 10";
        end if;
      when st4 =>
        if datain = " 1011" then
          state <= st0;  dataout<=" 00";
        else
          state <= st4;  dataout<=" 11";
        end if;
```

```
    end case;
  end if;
  end process P0;
end one;
```

从本例状态机的 VHDL 程序可以看出，该状态机的输出 dataout 不仅与当前状态值 state 有关，还与当前输入值 datain 有关，并且仅在时钟边沿到来时才发生变化。

【例 5-36】 使用 Moore 和 Mealy 两种状态机描述的 VHDL 程序如下。

```
library ieee;
use ieee.std_logic_1164.all;
entity ex_Moore_Mealy is
  port(clk, rst:in std_logic;
       datain:in std_logic_vector(3 downto 0);
       dataout1:out std_logic_vector(1 downto 0);
       dataout2:out std_logic);
end ex_Moore_Mealy;
architecture one of ex_Moore_Mealy is
 type states is(st0, st1, st2, st3, st4);
 signal state: states;
begin
  P0: process(clk, rst)                          --时序逻辑进程
  begin
   if rst='1' then state <= st0;                 --异步复位
   elsif(clk'event and clk='1')then
    case state is
    when st0 =>
      if datain = "0011" then  state <= st1;
      else state <= st0;
      end if;
    when st1 =>state <= st2;
    when st2 =>
      if datain = "0111" then  state <= st3;
      else state <= st2;
      end if;
    when st3 =>
      if datain <"0111" then  state <= st0;
      elsif datain = "1001" then  state <= st4;
      else state <= st3;
      end if;
    when st4 =>
      if datain = "1011" then  state <= st0;
      else state <= st4;
      end if;
```

```
    end case;
  end if;
  end process P0;
  P1:process(state)                              --由信号 state 将当前状态值带出此进程,进入 P2
                                                 --进程(P2 为组合逻辑进程)
    begin                                        --P2 为 Moore 状态机输出进程
    if state = st0 then  dataout1<="00";         --确定当前状态值
    elsif(state = st1 or state = st3)then  dataout1<="10";
    else  dataout1<="11";
    end if;
  end process P1;
  P2:process(state,datain)                       --P3 为 Mealy 状态机输出进程
    begin
    if(state = st3 and datain <"0111")  then --根据状态值和输入值确定 dataout 的输出
      dataout2<='0';
    else dataout2<='1';
    end if;
  end process P2;
end one;
```

从本例状态机的 VHDL 程序可以看出，本程序使用了 Moore 状态机和 Mealy 型状态机，其中 P1 进程为 Moore 型状态机输出控制；P2 为 Mealy 型状态机输出控制。在 P1 进程中，状态机的输出 dataout1 仅与当前值 state 有关；而在 P2 进程中，状态机的输出 dataout2 不仅与当前状态值 state 有关，还与当前输入值 datain 有关，并且仅在时钟边沿到来时才发生变化。

小　　结

本章讲述了常用数字电路的 VHDL 描述，主要包括组合逻辑电路、时序逻辑电路、存储器电路和状态机的 VHDL 源程序。

组合逻辑电路包括基本门电路、编码器、译码器、比较器和选择器、总线缓冲器等。基本逻辑门电路包括“与门”电路、“或门”电路、“非门”电路。编码器是将信息编成若干二进制代码的数字电路，它包括普通编码器、优先编码器。译码器是编码器的逆过程，是将具有特定含义的不同二进制码辨别出来，并转换成控制信号，其中 74LS138 译码器和 LED 数码管显示译码器是典型译码器。比较器可以将两个数进行大小比较。选择器是根据选择信号值来决定将某一通道内容输出。根据传输方式的不同，总线缓冲器实质上就是由三态门电路构成的，可分为单向缓冲器和双向缓冲器。

时序逻辑电路包括触发器、锁存器和寄存器、计数器、分频器等。根据电路结构形式和控制方式不同，可以将触发器分为 RS 触发器、D 触发器和 JK 触发器等。锁存器通常是由 D 触发器构成的，其中 74373 是典型的 8 位锁存器。74374 是 8 位带三态门输出的寄存器。移位寄存器除具有存储代码的功能以外，还具有移位功能。计数器用来累计时钟脉冲个数的

时序逻辑部件，它分为异步计数器、同步计数器、可逆计数器。分频器可将系统输入脉冲信号转换成用户所需频率的脉冲信号，它主要有偶数分频器、奇数分频器、2^n分频器、半整数分频器和数控分频器。

存储器是用于存储程序和数据的部件，它包括只读存储器 ROM、随机存储器 RAM 和先进先出存储器 FIFO 的 VHDL 描述。

状态机主要用来构成顺序控制模型，易构成性能良好的同步时钟逻辑控制电路，本章主要讲述了一般状态机、Moore 型和 Mealy 型状态机的源程序。

习　　题

5-1　使用生成语句，编写一个多输入或门模块的 VHDL 程序。

5-2　使用 if-else 语句编写一个 BCD 输出的 10-4 线优先级编码器的 VHDL 程序。

5-3　使用 case 语句编写一个共阴极 7 段 LED 数码管显示译码器的 VHDL 程序。

5-4　使用 if-else 语句编写一个 4-16 线译码器的 VHDL 程序。

5-5　编写由两个 4 选 1 模块构成的 8 选 1 数据选择器的 VHDL 程序。

5-6　用组合逻辑设计一个 4 位二进制数乘法电路。

5-7　编程实现带有异步置位/复位端的上升沿触发的 JK 触发器。

5-8　编写一个可左移/右移 1 位的 8 位移位寄存器的 VHDL 程序。

5-9　编写一个带有异步清零端和异步置位端的 16 位二进制减法计数器的 VHDL 程序。

5-10　编写一个带同步预置功能的 16 位加/减计数器的 VHDL 程序。

5-11　使用 VHDL 语言，编写一个通用的偶数分频器，要求分频数和占空比可调。

5-12　若 FPGA 外接的系统时钟为 48MHz，编写一个 LED 闪烁灯的 VHDL 程序，要求闪烁频率为 1Hz。

5-13　编写一个 FILO（First In Last Out，先进后出）存储器的 VHDL 程序。

5-14　什么是状态机，状态机的基本结构如何？状态机的种类有哪些？

5-15　设计一个状态机，输入和输出信号分别为 datain_a、datain_b 和 dataout，时钟信号为 clk，有 st0～st6 这 7 个状态。状态机工作方式为：当 datain_a、datain_b 为“00”时，随 clk 向下一状态转换，dataout 输出为 1；当 datain_a、datain_b 为“10”时，随 clk 向上一状态逆转，dataout 输出为 1；当 datain_a、datain_b 为“01”时，保持原状态，dataout 输出为 0；当 datain_a、datain_b 为“11”时，返回初始态 st0，dataout 输出为 1，要求：

（1）画出状态图；

（2）用 VHDL 描述此状态机；

（3）为此状态机设置异步清零信号输入，修改原 VHDL 程序；

（4）若为同步清零信号输入，试修改原 VHDL 程序。

6 LPM 宏功能块与 IP 核应用

参数可设置模块库（Library of Parameterized Modules，LPM）提供了独立于结构的各种逻辑功能和模块的库，这些功能模块可以通过修改参数以获得不同的逻辑功能，实现了规模可变化和自适应性，极大地简化了设计任务。Altera 提供了基于 Altera 器件结构的可参数化宏功能模块和 LPM 函数，并对其做了优化设计。这些可以以图形或硬件描述语言模块形式方便调用的宏功能块，使得基于 EDA 技术的电子设计的效率和可靠性有了很大的提高。

6.1 宏功能模块概述

在 20 世纪 90 年代，随着 PLD 密度、复杂性和性能的飞速提高，用户发现：在各种 EDA 工具之间建立一种通用的功能元件集合是十分必要的，这样，可以保证设计独立于结构的特性，以缩短产品的开发时间。1993 年为满足用户的要求，LPM 被 EIA（Electronic Industries Association）确定为过渡标准。因此，LPM 是已有工业标准 EDIF（Electronic Design Interface Format）的扩展，EDIF 是用于在不同 EDA 工具之间进行设计转换的标准语法。作为 EDIF 标准扩展，LPM 形式得到了 EDA 工具的良好支持。

LPM 中功能模块的内容丰富，用户可以根据实际电路的设计需要，选择 LPM 库中的适当模块，并为其设定适当的参数，就能满足自己的设计需要，从而在自己的项目中十分方便地调用优秀的电子工程技术人员的硬件设计成果。

除了 LPM 功能模块，Altera 还在 Quartus Ⅱ 中提供了宏功能模块库（Megafunction）。宏功能模块是经过测试和优化的，参数化的，具有知识产权（IP）的模块。它们能充分地利用所要使用的可编程器件的结构。通过宏单元模块，用户可以将注意力集中在提高系统级的性能上，而不必重新设计一些通用功能模块。

Megafunction 库是 Altera 提供的参数化宏模块库。从功能上看，可以把 Megafunction 库中的元器件分为算术运算模块、逻辑模块、存储模块和 I/O 模块四大类。其中算术运算模块包含了加减乘除运算、绝对值运算和数值比较等基本算术运算功能的模块；逻辑模块包括多路复用器和 LPM 门函数等；存储模块主要包括 FIFO、RAM 和 ROM 等参数化存储器宏功能模块；I/O 模块主要包括时钟数据恢复（CDR）接收和发送器宏模块、参数化锁相环（PLL）宏模块、双数据速率千兆位收发器（GXB）、LVDS（低电压差分信号）接收器和发送器宏模块等。

6.1.1 IP 核的分类及应用

IP（Intellectual Property）即知识产权。在集成电路设计中，IP 指可以重复使用的具有自主知识产权功能的集成电路设计模块。基于 IP 的 SoC 设计具有易于增加新功能和缩短上市时间的显著特点，是 IC 当前乃至今后若干年的主流设计方式。

1. IP 核的分类

IP 技术是针对可复用的设计而言的，其本质特征是功能模块的可复用性。按照设计层次的不同，IP 核分为软核（Soft Core）、固核（Firm Core）和硬核（Hard Core）这三种。

软核只完成 RTL 级的行为设计，以 HDL 的方式提交使用。该 HDL 描述在逻辑设计上做了一定优化，必须经过仿真验证，使用者可以用它综合出正确的门级网表。软核不依赖于实现工艺或实现技术，不受实现条件的限制，具有很大的灵活性和可复用性。软核为后续设计留有比较大的空间，使用者可以通过修改源码，完成更具新意的结构设计，生成具有自主版权的新软核。由于软核的载体 HDL 与实现工艺无关，使用者要负责从描述到版图转换的全过程，模块的可预测性低，设计风险大，使用者在后续设计中仍有发生差错的可能，这是软核最主要的缺点。

固核比软核有更大的设计深度，已完成了门级综合、时序仿真并经过硬件验证，以门级网表的形式提交使用。只要用户提供相同的单元库时序参数，一般就可以正确完成物理设计。固核的缺点是它与实现工艺的相关性和网表的难读性。前者限制了固核的使用范围，后者则使得布局布线后发生的时序问题难以排除。

硬核以 IC 版图的形式提交，并经过实际工艺流片验证。显然，硬核强烈地依赖于某一个特定的实现工艺，而且对具体的物理尺寸，物理形态及性能上具有不可更改性。硬核是 IP 核的最高形式，同时也是最主要的形式。国际上对硬核的开发和应用都非常重视，特别是近几年来发展迅速。

2. IP 核的应用

Altera 提供 AMPP（Altera Megafunction Partners Program）程序、MegaCore 函数、OpenCore 评估功能、OpenCore Plus 硬件评估功能，来协助用户在 Quartus Ⅱ和 EDA 设计输入工具中使用 IP 函数。

AMPP 是 Altera 宏功能模块、IP 内核开发伙伴的组织。AMPP 程序可以支持第三方供应商，以便建立 Quartus Ⅱ配用的宏功能模块。AMPP 合作伙伴提供了一系列为 Altera 器件实行优化的现成宏功能模块。AMPP 函数的评估期由各供应商决定，用户可以从 Altera 网站上的 IP MegaStore 下载和评估 AMPP 函数。

MegaCore 是 Altera 直接开发完成的，并有详尽地使用资料的宏功能模块、IP 内核。MegaCore 函数是用于复杂系统级函数的预验证 HDL 设计文件，并且可以使用 MegaWizard Plug-In Manager 进行完全参数化设置。MegaCore 函数由多个不同的设计文件组成，用于实施设计的综合 AHDL（Altera 的 HDL）包含文件和为使用 EDA 仿真工具进行设计和调试而提供的 VHDL 或 Verilog HDL 功能仿真模型。MegaCore 函数通过 Altera 网站上的 IP MegaStore 提供，或通过将 MegaWizard Portal Extension 用于 MegaWizard Plug-In Manager来提供。评估 MegaCore 函数不需要许可认证，而且对评估没有时间限制。

OpenCore 是 Altera 为 Maxplus Ⅱ和 Quartus Ⅱ开发平台提供各种开放宏功能模块评估的功能。OpenCore 宏功能模块是通过 OpenCore 评估功能获取的 MegaCore 函数。Altera OpenCore 功能允许在购买之前评估 AMPP 和 MegaCore 函数。也可以使用 OpenCore 功能编译、仿真设计并验证设计的功能和性能，但不支持下载文件的生成。

OpenCore Plus 硬件评估功能通过支持免费 RTL 仿真和硬件评估来增强 OpenCore 评估功能。RTL 仿真支持用于在设计中仿真 MegaCore 函数的 RTL 模型。硬件评估支持用于为包括 Altera MegaCore 函数的设计生成时限制编程文件。用户可以在决定购买 MegaCore 函数的许可证之前使用这些文件，以进行板级设计验证。OpenCore Plus 功能支持 MegaCore 函数，包括标准的 OpenCore 版本和 OpenCore Plus 版本。OpenCore Plus 许可用于生成时限编程文件，但不生成输出网表文件（即无法编程下载）。

6.1.2 使用 MegaWizard Plug-In Manager

MegaWizard Plug-In Manager 可以先帮助用户建立或修改包含自定义宏功能模块变量的设计文件，然后可以在顶层设计文件中对这些文件进行例化。这些自定义宏功能模块变量基于 Altera 提供的宏功能模块，包括 LPM、MegaCore 和 AMPP 函数。MegaWizard Plug-In Manager 运用一个向导，帮助用户轻松地为自定义宏功能模块变量指定选项。该向导用于为参数和可选端口设置数值。也可以从 Tools 菜单或从原理图设计文件中打开 MegaWizard Plug-In Manager，还可以将它作为独立实用程序来运行。使用 MegaWizard Plug-In Manager 可以为用户生成以下文件。

（1）＜输出文件＞.bsf：Block Editor 中使用的宏功能模块的符号（元件）。

（2）＜输出文件＞.cmp：组件申明文件。

（3）＜输出文件＞.inc：宏功能模块包装文件中模块的 AHDL 包含文件。

（4）＜输出文件＞.tdf：要在 AHDL 设计中实例化的宏功能模块包装文件。

（5）＜输出文件＞.vhd：要在 VHDL 设计中实例化的宏功能模块包装文件。

（6）＜输出文件＞.v：要在 VerilogHDL 设计中实例化的宏功能模块包装文件。

（7）＜输出文件＞_bb.v：VerilogHDL 设计所用宏功能模块包装文件中模块的空体或 black-box 申明，用于在使用 EDA 综合工具时指定端口方向。

（8）＜输出文件＞_inst.tdf：宏功能模块包装文件中子设计的 AHDL 例化示例。

（9）＜输出文件＞_inst.vhd：宏功能模块包装文件中实体的 VHDL 例化示例。

（10）＜输出文件＞_inst.v：宏功能模块包装文件中模块的 VerilogHDL 例化示例。

6.1.3 在 Quartus 中对宏功能模块进行例化

在 Quartus 中对宏功能模块例化的方法有多种，如可以在 Block Editor 中直接例化（通过端口和参数定义例化，或使用 MegaWizard Plug-In Manager 对宏功能模块进行参数化并建立包装文件），也可以通过界面，在 Quartus Ⅱ中对 Altera 宏功能模块和 LPM 函数进行例化。

Altera 推荐使用 MegaWizard Plug-In Manager 对宏功能模块进行例化以及建立自定义宏功能模块变量。此向导将提供一个供自定义和参数化宏功能模块使用的图形界面，并确保设置所有宏功能模块的参数。

1. 在 VHDL 和 VerilogHDL 中例化

可以使用 MegaWizard Plug-In Manager 建立宏功能模块或自定义宏功能模块变量。再利用 MegaWizard Plug-In Manager 建立包含宏功能模块实例的 VHDL 或 Verilog HDL 包装文件，然后可以在设计中使用此文件。对于 VHDL 宏功能模块，MegaWizard Plug-In Manager 还建立组件申明文件。

2. 使用端口和参数定义

可以采用或调用任何其他模块或组件相类似方法调用函数，直接在 VHDL 和 Verilog HDL 设计中对宏功能模块进行例化。在 VHDL 中，还需要使用组件声明。

3. 使用端口和参数定义生成宏功能模块

Quartus Ⅱ Analysis & Synthesis 可以自动识别某些类型的 HDL 代码和生成相应的宏功能模块。由于 Altera 宏功能模块已对 Altera 器件实行优化，并且性能要好于标准的 HDL 代码，所以 Quartus Ⅱ可以使用生成方法。对于一些体系结构特定的功能，例如 RAM 和 DSP 模块，必须使用 Altera 宏功能模块。Quartus Ⅱ在综合期间将计数器、加法/减法器、乘法器、乘一累加和乘一加法器、RAM、移位寄存器这些逻辑映射到宏功能模块。

6.2 LPM 计数器宏模块

LPM _ COUNTER 是 LPM 元件库中的可调参数计数器元件，其最大计数位宽为 32 位，可实现加、减或可逆计数，具有同步或异步清零/置数功能，可以通过参数设置，实现任意进制、输出位宽不超过 32 位的加、减或可逆同步/异步计数器。

6.2.1 LPM _ COUNTER 的引脚与参数功能

1. LPM _ COUNTER 的引脚功能

LPM _ COUNTER 的引脚端口中，只有时钟端是必选的，需要外界提供计数信号，而其他引脚端都为可选项，当这些引脚端未选中时，其值为默认值，引脚在计数器图形符号中不显示。各引脚功能描述如下。

data[]：数据输入总线端，输入信号位宽由 LPM _ WIDTH 决定，用于异步或同步置数。

clock：时钟端，上升沿触发。

clk _ en：时钟信号输入允许端；默认值为“1”(允许)。

cnt _ en：计数允许端，默认值为“1”(允许)。在同步置数、同步输入设置或同步清零时为“0”(禁止)。

updown：计数方向控制端，默认值为“1”（加计数)。若选择“LPM _ DIRECTION”参数，则该引脚端禁止使用。

cin：低位进位端，若省略，其默认值为“0”。

aclr：异步清零端，默认值为“0”（禁止)。如果同时输入异步清零和异步输入设置信号，则异步清零信号有效，屏蔽异步输入设置信号。

aset：异步输入设置端，默认值为“0”（禁止)。当 aset 端输入“1”时，q[] 输出全“1”或为“LPM _ AVALUE”指定值。

aload：异步置数端，默认值为“0”(禁止)。若选用“异步置数”端，必须连接“data[]”端。该 aload 端可置入计数初始值。

sclr：同步清零端，默认值为“0”（禁止)。如果同时输入同步清零和同步输入设置信号，则同步清零信号有效，屏蔽同步输入设置信号。

sset：同步输入设置端，默认值为“0”（禁止)。当 sset 端输入“1”时，q[] 输出全“1”或为“LPM _ SVALUE”指定值。

sload：同步置数端，默认值为“0”（禁止)。若选用“同步置数”端，必须连接“dat[]”端。该 sload 端可置入计数初始值。

q[]：计数值输出端，输出位宽由“LPM _ WIDTH”决定。

eq[15..0]：输出端，计数器模值必须小于 16。当计数值为 c 时，则输出端 eq[c] 为 1（高电平）。例如：当计数值 c=0 时，则输出端 eq[0]=1；当计数值 c=1 时，则输出端 eq[1]=1；……。

cout：进位端。

2. LPM _ COUNTER 参数功能

LPM _ COUNTER 元件参数中 LPM _ WIDTH 参数是必选项，其他参数为可选项。各参数的功能说明如下。

LPM _ WIDTH（计数位宽）：该参数最大取值为 32。它决定计数器置数端（data[]）和输出端（q[]）的位宽；决定 LPM _ MODULUS 的最大取值（2 LPM _ WIDTH）。若 LPM _ MODULUS 参数取值大于 2 LPM _ WIDTH，则计数器不能正常工作。

LPM _ DIRECTION（计数方向）：有“UP”，“DOWN”和“UNUSED”3 种取值。如果使用 LPM _ DIRECTION 参数，则 updown 端不连接，其参数默认值为“UP”。

LPM _ MODULUS（计数模数）：该参数决定计数器的进制。如果该参数不设置，则其默认值为二进制，且其最大计数值为 2 LPM _ WIDTH；如果 aload（或 sload、asel、sset）所置数值比 LPM _ MODULUS 参数大，则计数值出错。

LPM _ AVALUE（异步计数初值）：如果 aset=1，则该计数初值被加载。如果该指定值比 LPM _ MODULUS 大，则计数器输出值出错。

LPM _ SVALUE（同步计数初值）：如果 sset=1，则该计数初值被加载。如果该指定值比 LPM _ MODULUS 大，则计数器输出值出错。

6.2.2 LPM _ COUNTER 计数器宏模块定制

LPM _ COUNTER 计数器宏模块的定制可按以下步骤进行。

（1）进入 LPM 创建向导。在 Quartus Ⅱ 中创建一个新的项目，并执行菜单命令Tools→Mega Wizard Plug-In Manager，在弹出的向导界面中选择 Create a new custom megafunction variation 选项，并单击 Next 按钮，以开始建立一个新的宏功能变量。

（2）LPM 宏功能模块进行相应设定。如在 Arithmetic 选项中选择自定义的宏功能模块为 LPM _ COUNTER，创建输出文件类型为 VHDL，设置目标器件类型，输入所创建的文件名称，如图 6-1 所示。

（3）设定位宽及计数类型。如果将 LPM _ COUNTER 设定为 4 位可加/减计数器时，可按图 6-2 所示进行设置。

（4）设定计数模式。如果将 LPM _ COUNTER 设定模 10，并含时钟使能和进位输出的计数器，可按图 6-3 所示进行设置。

（5）设定同步/异步输入功能。如果 LPM _ COUNTER 需要同步置数，异步清零功能时，可按图 6-4 所示进行设置。

LPM _ COUNTER 计数器宏模块定制完成后，在 Quartus Ⅱ 中生成了 ex _ cnt. vhd 源程序文件，其程序内容如下。

```
LIBRARY ieee;
USE ieee.std_logic_1164.all;
LIBRARY lpm;                                    --打开 LPM 库
USE lpm.all;                                    --调用 LPM 程序包
```

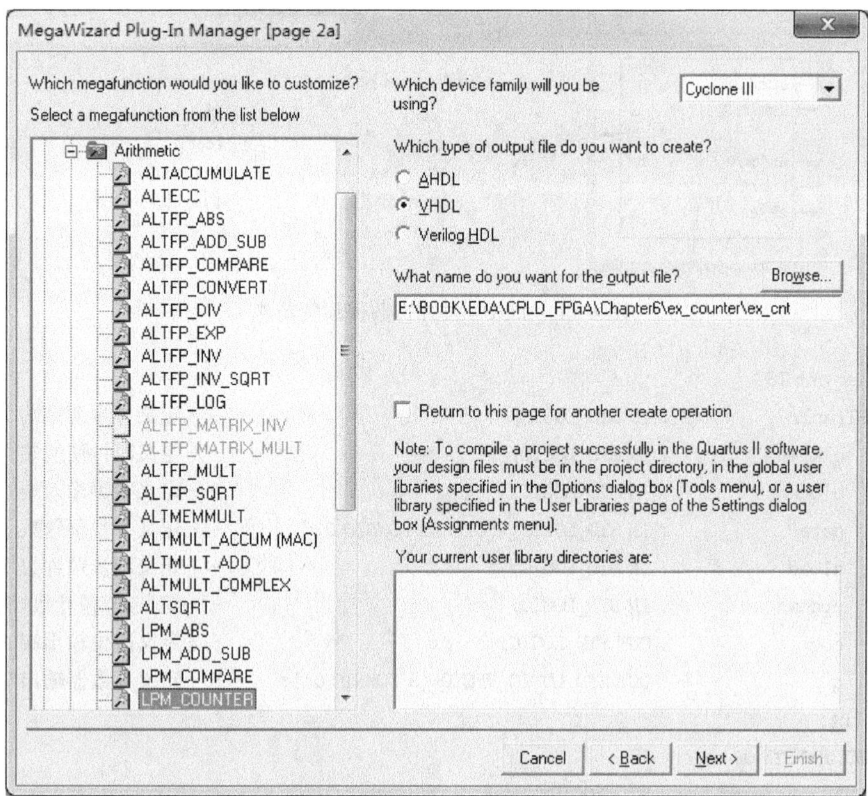

图 6-1　LPM 宏功能块设定

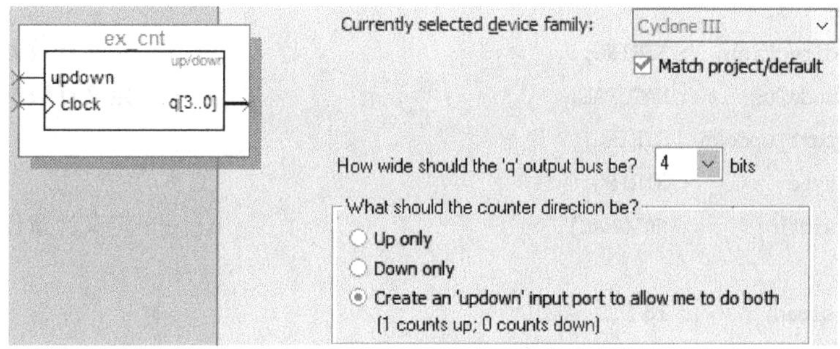

图 6-2　设 4 位可加/减计数器

图 6-3　设定模 10 计数器，含时钟使能和进位输出

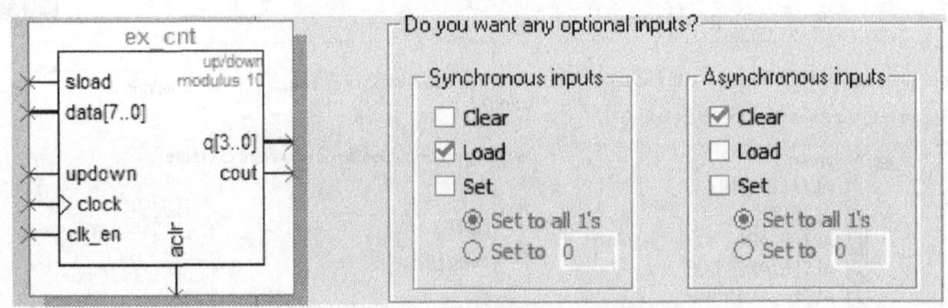

图 6-4 加入4位并行数据预置功能

```
ENTITY ex_cnt IS
    PORT(aclr        : IN STD_LOGIC;                        --定义异步清零端
        clk_en       : IN STD_LOGIC;                        --定义时钟使能端
        clock        : IN STD_LOGIC;                        --定义时钟输入端
        data         : IN STD_LOGIC_VECTOR(3 DOWNTO 0);     --定义4位预置数
        sload        : IN STD_LOGIC;                        --定义同步预置数加载控制端
        updown       : IN STD_LOGIC;                        --定义加/减计数控制端
        cout         : OUT STD_LOGIC;                       --定义进位输出端
        q            : OUT STD_LOGIC_VECTOR(3 DOWNTO 0));   --定义计数器输出端
END ex_cnt;
ARCHITECTURE SYN OF ex_cnt IS
    SIGNAL sub_wire0    : STD_LOGIC;
    SIGNAL sub_wire1    : STD_LOGIC_VECTOR(3 DOWNTO 0);
    COMPONENT lpm_counter                                   --以下是参数传递说明语句
    GENERIC(
        lpm_direction    : STRING;                          --定义计数方向为字符串类型
        lpm_modulus      : NATURAL;                         --定义计数模式为正整数类型
        lpm_port_updown  : STRING;
        lpm_type         : STRING;
        lpm_width        : NATURAL);                        --定义计数位宽为字符串类型
    PORT(
            sload        : IN STD_LOGIC;
            clk_en       : IN STD_LOGIC;
            aclr         : IN STD_LOGIC;
            clock        : IN STD_LOGIC;
            cout         : OUT STD_LOGIC;
            q            : OUT STD_LOGIC_VECTOR(3 DOWNTO 0);
            data         : IN STD_LOGIC_VECTOR(3 DOWNTO 0);
            updown       : IN STD_LOGIC);
  END COMPONENT;
 BEGIN
    cout    <= sub_wire0;
    q    <= sub_wire1(3 DOWNTO 0);
    lpm_counter_component : lpm_counter
```

```
    GENERIC MAP(                                          --参数传递映射
        lpm_direction => "UNUSED",                        --单方向计数参数未用
        lpm_modulus => 10,                                --定义模10计数器
        lpm_port_updown => "PORT_USED",                   --使用加/减计数
        lpm_type => "LPM_COUNTER",                        --计数器类型
        lpm_width => 4  )                                 --计数位宽
    PORT MAP(sload => sload,  clk_en => clk_ en,aclr => aclr, clock => clock,
            data => data, updown => updown,  cout => sub_wire0, q => sub_wire1);
END SYN;
```

6.2.3　LPM _ COUNTER 的仿真波形

对源程序文件编译通过后，在 Quartus Ⅱ 中建立波形文件，并对其进行相应的波形设置，此时输出的仿真波形如图 6-5 所示。从图中可以看出，当 aclr 有效时，计数值从 0 开始计数。updown 为高电平时，执行加计数；updown 为低电平时，执行减计数。计数范围为 0～9 循环计数，当产生进位或借位时，cout 输出为 1，否则输出为 0。clk _ en 为时钟输入使能端，高电平时，允许计数器在每来一个 clock 时钟信号时计数。data 为同步预置数输入端，当 sload 为高电平时，计数值从 data 中预置的数值进行计数。

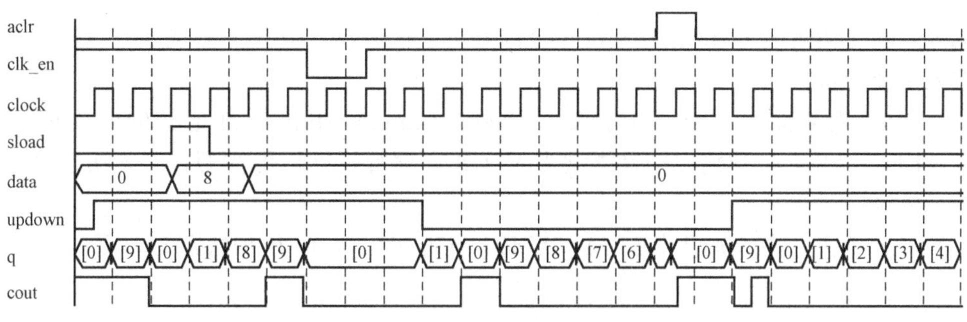

图 6-5　LPM _ COUNTER 的仿真波形

6.3　流水线乘法累加器的设计

基于 LPM 宏功能模块的流水线乘法累加器电路结构如图 6-6 所示，从图中可以看出，该电路主要由 reg8b、mult8b 和 add16b 构成。其中 reg8b 为 D 触发器构成的 8 位锁存器，其宏模块为 LPM _ FF；mult8b 为两个 8 位数相乘的乘法器，其宏模块为 LPM _ MULT；add16b 为两个 16 位数相加的加法器，其宏模块为 LPM _ ADD _ SUB。

为构成图 6-6 所示的流水线乘法累加器，需要先调用这 3 个模块并进行相应设置，然后将这些模块在原理图编辑界面中将其电路连接好即可。

6.3.1　LPM 加法器宏模块的调用

LPM 加法器宏模块的调用可按以下步骤进行。

（1）进入 LPM _ ADD _ SUB 创建向导。在 Quartus Ⅱ 中创建一个新的项目，并创建一个新的原理图文件，在原理图编辑界面中双击，将弹出 Symbol 对话框。在 Symbol 对话框

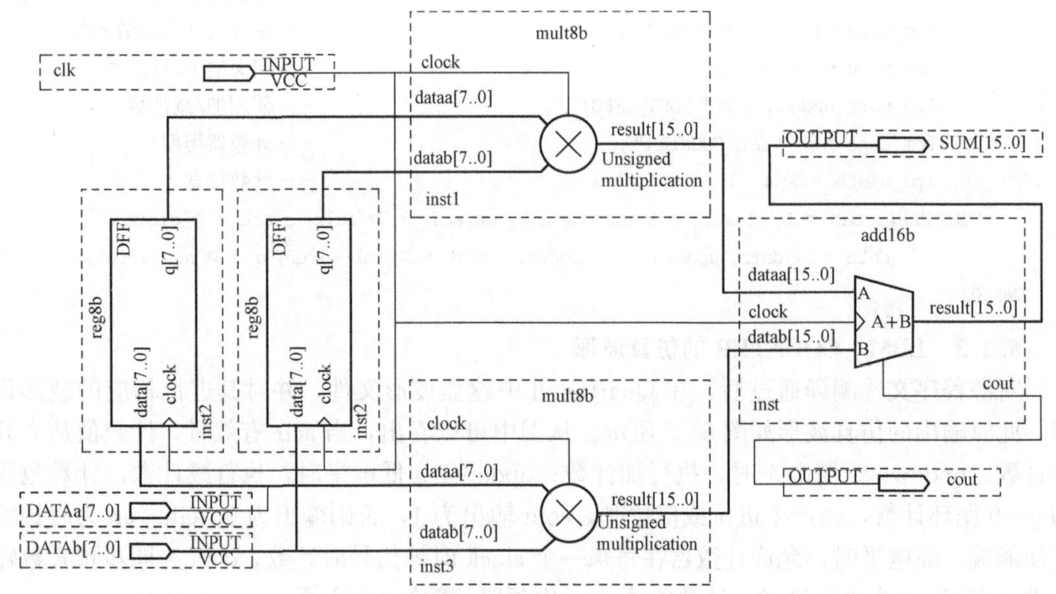

图 6-6 流水线乘法累加器的电路结构图

中的 Libraries 选项中选择 megafunctions→arithmetic→lpm_add_sub 选项，以开始调用一个新的宏功能变量。

(2) LPM 宏功能块进行相应设定。如在 arithmetic 中选择自定义的宏功能模块为 LPM_ADD_SUB，创建输出文件类型为 VHDL，设置目标器件类型，输入所创建的文件名称为 add16b。

(3) 设定工作方式。如果将 LPM_ADD_SUB 设定为 16 位加法器时，可按图 6-7 所示进行设置。

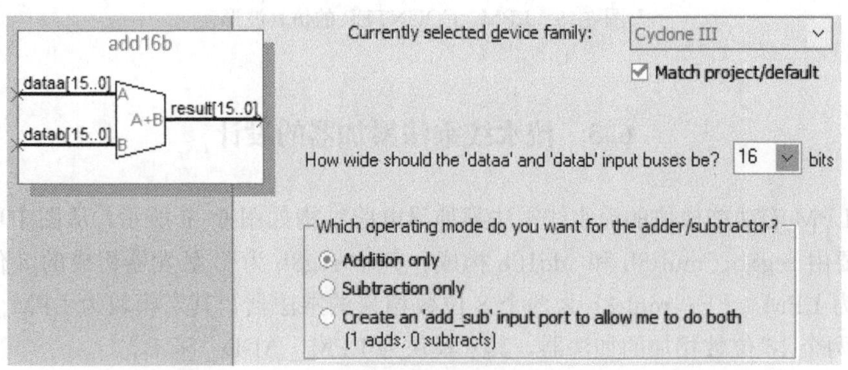

图 6-7 选择 16 位加法工作方式

(4) 设定加法操作类型。如果将 LPM_ADD_SUB 设定为有符号的加法操作类型时，可按图 6-8 所示进行设置。

(5) 进位位设置。如果将 LPM_ADD_SUB 设定为不带输入进位位，但增加进位输出位时，可按图 6-9 所示进行设置。

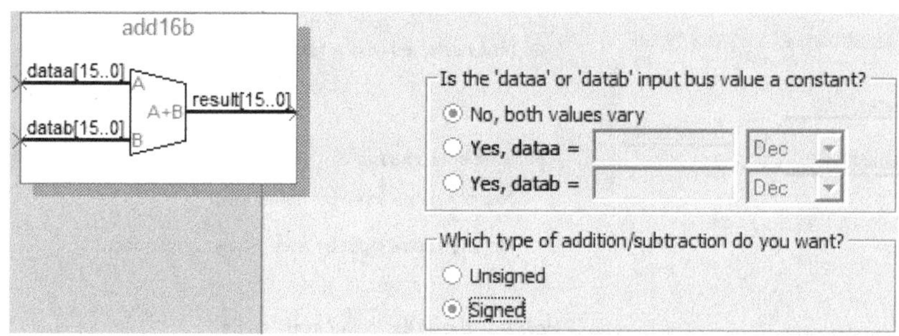

图 6-8　选择有符号加法操作类型输入

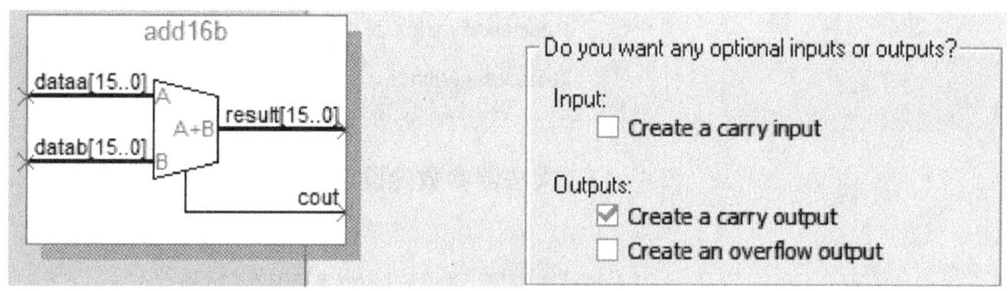

图 6-9　为加法器增加进位输出

(6) 流水线方式设置。如果将 LPM _ ADD _ SUB 设定为 2 级流水线方式时，可按图 6-10所示进行设置。

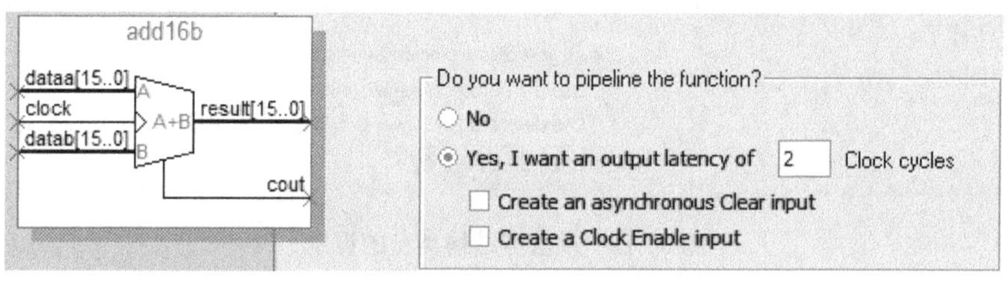

图 6-10　选择流水线方式

6.3.2　LPM 乘法器宏模块的调用

LPM 乘法器宏模块的调用可按以下步骤进行。

(1) 进入 LPM _ MULT 创建向导。在原理图编辑界面中双击，将弹出 Symbol 对话框。在 Symbol 对话框中的 Libraries 选项中选择 megafunctions→arithmetic→lpm _ mult 选项，以开始调用一个新的宏功能变量。

(2) LPM 宏功能模块进行相应设定。如在 arithmetic 中选择自定义的宏功能模块为 LPM _ MULT，创建输出文件类型为 VHDL，设置目标器件类型，输入所创建的文件名称为 mult8b。

(3) 设定乘法器参数。如果将 LPM _ MULT 设定为两个 8 位数相乘时，可按图 6-11 所示进行设置。

(4) 设定乘法器结构类型。如果 LPM _ MULT 的被乘数的输入不是常数、不带符号位、使用逻辑元件来实现乘法时，可按图 6-12 所示进行设置。

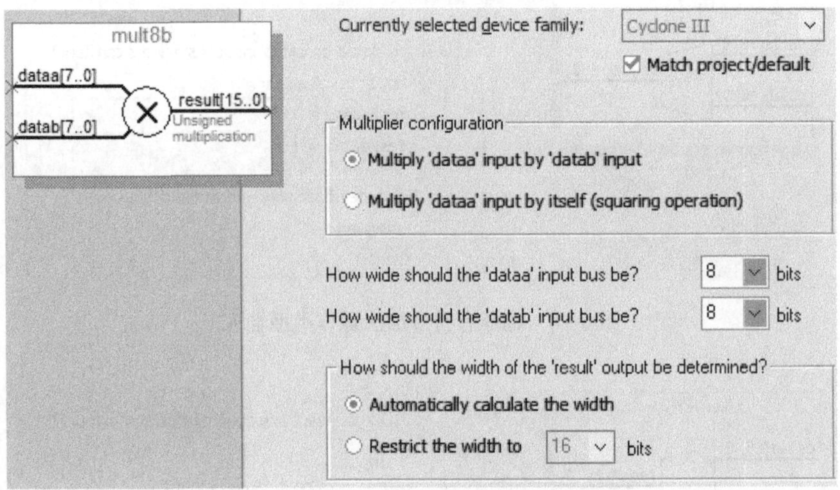

图 6-11 乘法器参数的设定

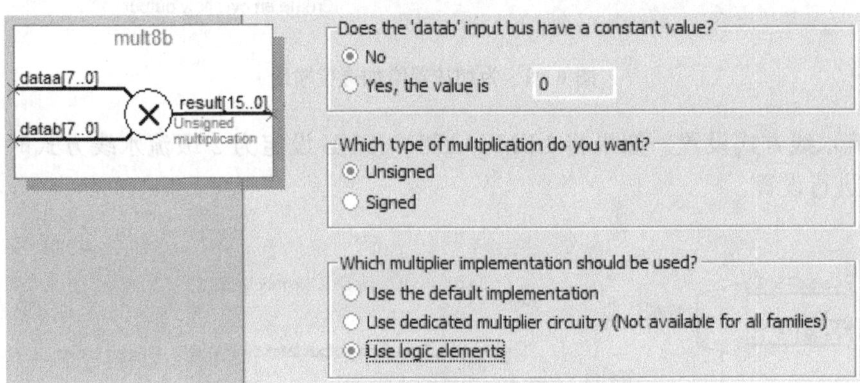

图 6-12 乘法器结构类型的设定

（5）流水线方式设置。如果将 LPM _ MULT 设定为 2 级流水线方式时，可按图 6-13 所示进行设置。

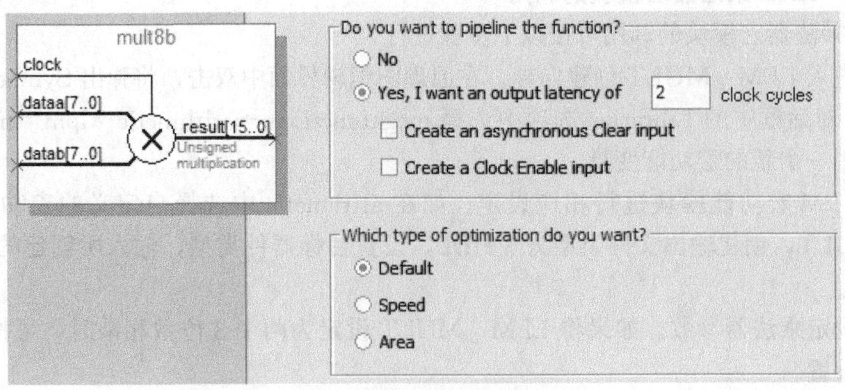

图 6-13 选择流水线方式

6.3.3 LPM锁存器宏模块的调用

LPM锁存器宏模块的调用可按以下步骤进行。

(1) 进入LPM _ FF创建向导。在原理图编辑界面中双击，将弹出Symbol对话框。在Symbol对话框中的Libraries选项中选择megafunctions→storage→lpm _ ff选项，以开始调用一个新的宏功能变量。

(2) LPM宏功能块进行相应设定。如在storage中选择自定义的宏功能模块为LPM _ FF，创建输出文件类型为VHDL，设置目标器件类型，输入所创建的文件名称为mult8b。

(3) 设定触发器类型。如果将LPM _ FF设定为8位D触发器时，可按图6-14所示进行设置。

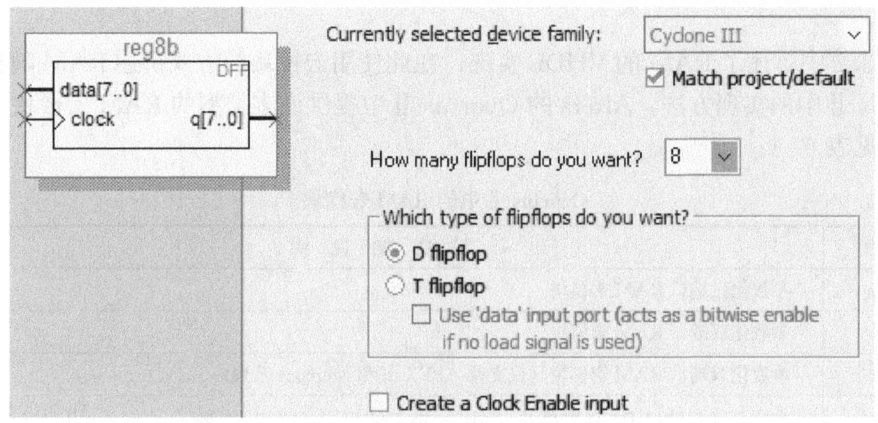

图6-14 触发器类型设定

(4) 设定同步/异步输入功能。如果LPM _ FF不需要同步置数、异步清零等功能时，可按图6-15所示进行设置。

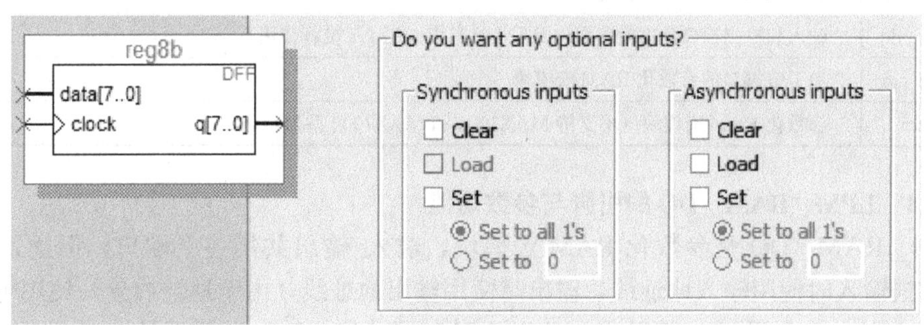

图6-15 设定同步/异步输入功能

6.3.4 流水线乘法累加器的仿真波形

在原理图编译界面中调用了各宏模块后，按图6-6所示将电路连接好，然后对该原理图程序文件进行编译。原理图程序文件编译通过后，在Quartus Ⅱ中建立波形文件，并对其进行相应的波形设置，此时输出的仿真波形如图6-16所示。

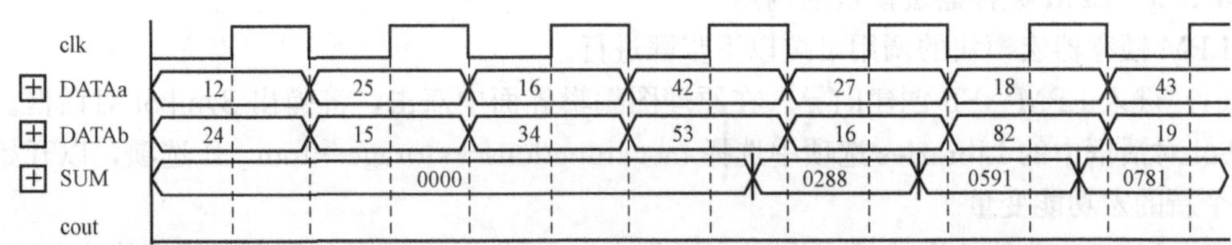

图 6-16 流水线乘法累加器仿真波形图

6.4 LPM 随机存储器宏模块

在 5.3.2 中讲述了 RAM 的 VHDL 实现，在此使用宏模块的方式讲述 RAM 随机存储器在 Quartus Ⅱ中的实现方法。Altera 的 Quartus Ⅱ中提供许多类型的 RAM 宏模块，以供用户选用，见表 6-1。

表 6-1 Quartus Ⅱ中的 RAM 宏模块

宏模块名称	功 能 说 明
alt3pram	参数化三端口 RAM 宏模块
altdpram	参数化双端口 RAM 宏模块
altqpram	参数化双端口 RAM 宏模块（仅支持 APEX Ⅱ和 Mercury 系列）
altsyncram	参数化真双端口 RAM 宏模块（Altera 推荐使用，仅支持 Cyclone、Cyclone Ⅱ、HardCopy Ⅱ、HardCopyStratix、Stratix、Stratix Ⅱ和 Stratix GX 系列）
csdpram	参数化循环共享双端口 RAM 宏模块（不支持 Cyclone、Cyclone Ⅱ、HardCopy Ⅱ、HardCopyStratix、Stratix 和 Stratix GX 系列）
lpm_ram_dp	参数化双端口 RAM 宏模块
lpm_ram_dq	输入和输出端口分离的参数化 RAM 宏模块（Altera 推荐使用）
lpm_ram_io	单 I/O 端口的参数化 RAM 宏模块
lpm_ram	参数化 RAM 宏模块（不支持 MAX3000 和 MAX7000 系列）

6.4.1 LPM_RAM_DQ 的引脚与参数功能

LPM_RAM_DQ 是参数化 RAM 宏模块，输入/输出共用一个端口，但地址线有两套，即数据输入时使用输入地址线，输出时使用输出地址线，由于地址线分开使用可以部分提高读写速度，简化设计。所以，在此以 LPM_RAM_DQ 为例设计一个数据存储器。LPM_RAM_DQ 的引脚与参数功能见表 6-2，其参数设置见表 6-3。

6.4.2 LPM_RAM_DQ 随机存储器模块的调用

LPM_RAM_DQ 随机存储器模块的调用可按以下步骤进行。

（1）进入 LPM_RAM_DQ 创建向导。在 Quartus Ⅱ中创建一个新的项目，并创建一个新的原理图文件，在原理图编辑界面中双击，将弹出 Symbol 对话框。在 Symbol 对话框中的 Libraries 选项中选择 megafunctions→storage→lpm_ram_dq 选项，以开始调用一个新的宏功能变量。

表 6-2　　“LPM_RAM_DQ”宏模块的引脚与参数功能

符　　号	端口/参数	端　口　名　称	功　能　说　明
data[] address[] inclock outclock we q[]	输入端口	data[]	输入数据
		address[]	地址端口
		inclock	同步写入数据时钟
		outclock	同步读取数据时钟
		we	向 RAM 写数据使能端口
	输出端口	q[]	数据输出
	参数名	LPM_WIDTH	data[] 和 q[] 端口的数据线宽度
		LPM_WIDTHAD	address[] 端口的地址线宽度
		LPM_NUMWORDS	RAM 容量，2^(LPM_WIDTHAD-1)
		LPM_FILE	RAM 的初始化数据
		LPM_ADDRESS_CONTROL	地址锁存
		LPM_OUTDATA	数据锁存
		LPM_HINT	特定的文件参数，默认为“unused”
		LPM_TYPE	LPM 实体名
		USE_EAB	是否使用 EAB

表 6-3　　“LPM_RAM_DQ”宏模块的参数设置

同步数据读取			同步数据读取		异步存储器操作	
inlock	memenab	功能描述	outclock	功能描述	wren	功能描述
Not～	×	状态不变	Not～	状态不变	L	状态不变
～（写）	H	写入数据	～	读取数据	H	写入数据
～（读）	L	读取数据				

注　表中“～”表示时钟发生变化；“Not～”表示时钟没有发生变化。

(2) LPM 宏功能模块进行相应设定。如在 storage 中选择自定义的宏功能模块为 LPM_RAM_DQ，创建输出文件类型为 VHDL，设置目标器件类型，输入所创建的文件名称为 ram0。

(3) 设定时钟并指定存储器容量。如果将 LPM_RAM_DQ 的数据输出 q 定义为 8 位，32 字存储空间，使用输入和输出两个时钟，则按图 6-17 所示进行设置。

(4) 数据输入时钟设置。如果 LPM_RAM_DQ 仅选择地址锁存信号 inclock，则按图 6-18 所示进行设置。

(5) 端口读写设置。如果将 LPM_RAM_DQ 端口读写设定为写入同时读出原数据时，应选择 OldData，如图 6-19 所示。

(6) 存储器初始设置。存储器初始化设置如图 6-20 所示，在图中设定初始化文件为空白，允许在系统编辑。如果指定已有的初始化文件（.hex 或 .mif），则选择“Yes，use this file for the memory content data”选项。初始化数据文件的建立将在 6.5.3 节中讲述。

LPM_RAM_DQ 随机存储器宏模块设置完成后，在 Quartus Ⅱ 中生成了 ram0.vhd 源程序文件，其程序内容如下。

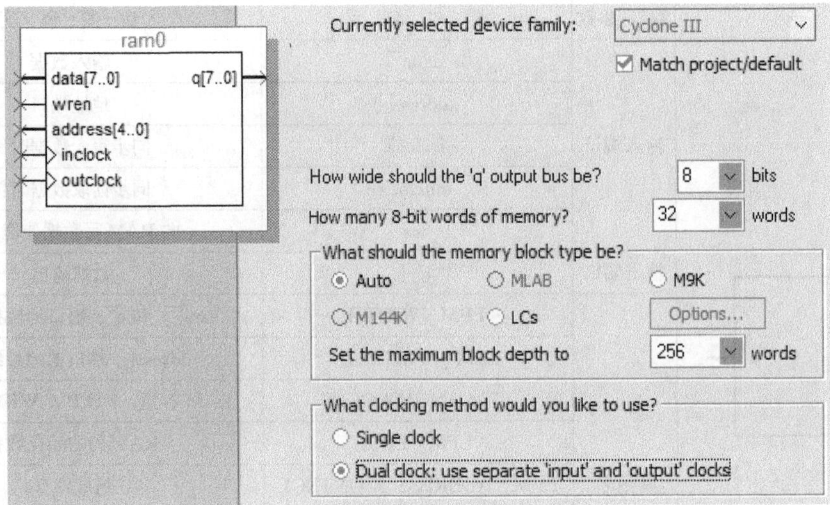

图 6-17　设定时钟并指定存储器容量

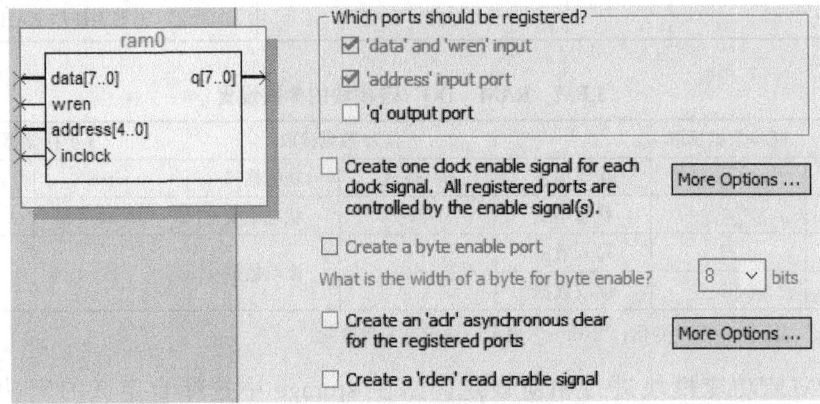

图 6-18　选择数据输入时钟

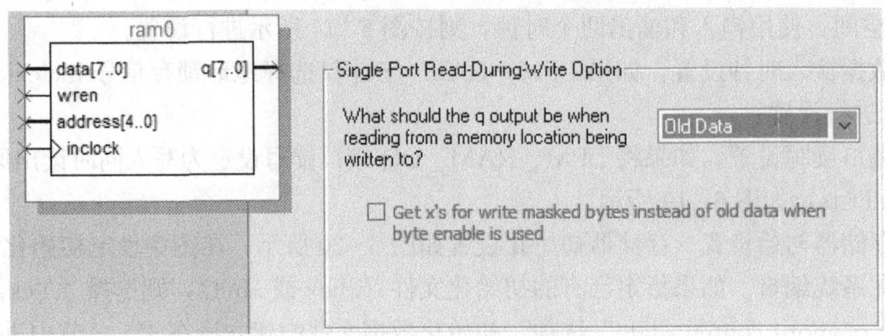

图 6-19　端口读写设置

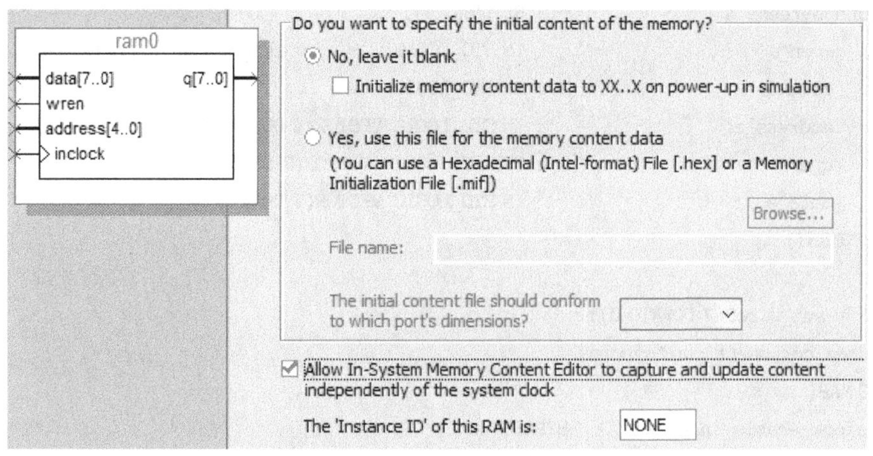

图 6-20 存储器初始设置

```
LIBRARY ieee;
USE ieee.std_logic_1164.all;
LIBRARY altera_mf;                                     --打开 Altera 的 LPM 库
USE altera_mf.all;                                     --使用宏功能库中的所有元件
ENTITY ram0 IS
  PORT(address   : IN STD_LOGIC_VECTOR(4 DOWNTO 0);    --定义地址线宽度为 8 位
       data      : IN STD_LOGIC_VECTOR(7 DOWNTO 0);    --定义输入数据宽度为 8 位
       inclock   : IN STD_LOGIC;                       --定义地址锁存信号 inclock
       wren      : IN STD_LOGIC;                       --定义读写控制信号
       q         : OUT STD_LOGIC_VECTOR(7 DOWNTO 0));  --定义 RAM 数据输出为 8 位
END ram0;
ARCHITECTURE SYN OF ram0 IS
  SIGNAL sub_wire0  : STD_LOGIC_VECTOR(7 DOWNTO 0);
  COMPONENT altsyncram                                 --例化 altsyncram 元件,调用了 LPM 模块
  GENERIC(                                             --参数传递语句
    clock_enable_input_a           : STRING;           --类属参量数据类型定义
    clock_enable_output_a          : STRING;
    intended_device_family         : STRING;
    lpm_hint                       : STRING;
    lpm_type                       : STRING;
    maximum_depth                  : NATURAL;
    numwords_a                     : NATURAL;
    operation_mode                 : STRING;
    outdata_aclr_a                 : STRING;
    outdata_reg_a                  : STRING;
    power_up_uninitialized         : STRING;
    read_during_write_mode_port_a  : STRING;
    widthad_a                      : NATURAL;
    width_a                        : NATURAL;
```

```
    width_byteena_a                  : NATURAL  );
  PORT(  wren_a                      : IN STD_LOGIC;      --altsyncram 元件接口声明
         clock0                      : IN STD_LOGIC;
         address_a                   : IN STD_LOGIC_VECTOR(4 DOWNTO 0);
         q_a                         : OUT STD_LOGIC_VECTOR(7 DOWNTO 0);
         data_a                      : IN STD_LOGIC_VECTOR(7 DOWNTO 0));
END COMPONENT;
BEGIN
q    <= sub_wire0(7 DOWNTO 0);
altsyncram_component : altsyncram
GENERIC MAP(
     clock_enable_input_a => "BYPASS",
     clock_enable_output_a => "BYPASS",
     intended_device_family => "Cyclone Ⅲ",
     lpm_hint => "ENABLE_RUNTIME_MOD = YES, INSTANCE_NAME = NONE",
     lpm_type => "altsyncram",
     maximum_depth => 256,                        --存储器最大容量为 256 字
     numwords_a => 32,                            --指定存储器容量为 32 字
     operation_mode => "SINGLE_PORT",
     outdata_aclr_a => "NONE",                    --无输出锁存异步清 0
     outdata_reg_a => "UNREGISTERED",             --输出无锁存
     power_up_uninitialized => "FALSE",
     read_during_write_mode_port_a => "OLD_DATA",
     widthad_a => 5,                              --地址线宽度为 5 位
     width_a => 8,                                --数据线宽度为 8 位
     width_byteena_a => 1  )                      -- width_byteena_a 输入口宽度为 1
  PORT MAP(wren_a => wren,  clock0 => inclock, address_a => address,
        data_a => data,  q_a => sub_wire0  );
END SYN;
```

6.4.3 LPM_RAM_DQ 的仿真波形

在原理图编译界面中调用了各宏模块后，按图 6-21 所示将电路连接好，然后对该原理图程序文件进行编译。原理图程序文件编译通过后，在 Quartus Ⅱ中建立波形文件，并对其进行相应的波形设置，此时输出的仿真波形如图 6-22 所示。

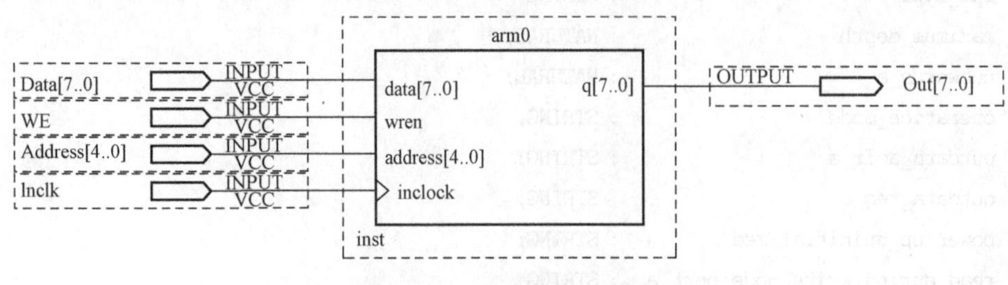

图 6-21 随机存储器电路

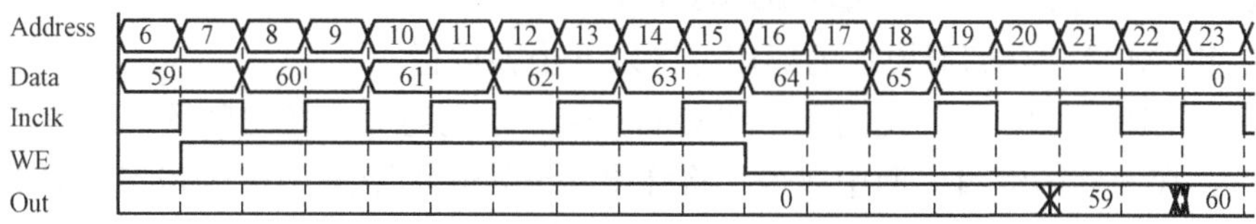

图 6-22　随机存储器的仿真波形

6.5　LPM 只读存储器宏模块

在 5.3.1 中讲述了 ROM 的 VHDL 实现，在此使用宏模块的方式讲述 ROM 只读存储器在 Quartus Ⅱ 中的实现方法。

6.5.1　LPM _ ROM 的引脚与参数功能

Quartus Ⅱ 软件提供的参数化 ROM 宏模块是 LPM _ ROM，该宏模块的引脚与参数功能见表 6-4，其参数设置见表 6-5。

表 6-4　　“LPM _ ROM”宏模块的引脚与参数功能

<table>
<tr><th>符　　号</th><th>端口/参数</th><th>端　口　名　称</th><th>功　能　说　明</th></tr>
<tr><td rowspan="13">LPM_ROM
address[]
inclock
outclock
memenab
q[]</td><td rowspan="4">输入端口</td><td>address[]</td><td>读地址端口</td></tr>
<tr><td>inclock</td><td>输入数据时钟</td></tr>
<tr><td>outclock</td><td>输出数据时钟</td></tr>
<tr><td>memenab</td><td>存储器输出使用端</td></tr>
<tr><td>输出端口</td><td>q[]</td><td>数据输出端口</td></tr>
<tr><td rowspan="8">参数名</td><td>LPM _ WIDTH</td><td>q[] 端口的数据线宽度</td></tr>
<tr><td>LPM _ WIDTHAD</td><td>address[] 端口的地址线宽度</td></tr>
<tr><td>LPM _ NUMWORDS</td><td>ROM 容量，2^(LPM_WIDTHAD-1)</td></tr>
<tr><td>LPM _ FILE</td><td>.mif 或 .hex 文件名，包含 ROM 的初始化数据</td></tr>
<tr><td>LPM _ ADDRESS _ CONTROL</td><td>地址锁存</td></tr>
<tr><td>LPM _ OUTDATA</td><td>数据锁存</td></tr>
<tr><td>LPM _ HINT</td><td>特定的文件参数，默认为“unused”</td></tr>
<tr><td>LPM _ TYPE</td><td>LPM 实体名</td></tr>
</table>

表 6-5　　“LPM _ ROM”宏模块的参数设置

<table>
<tr><th colspan="3">同 步 数 据 读 取</th><th colspan="2">异 步 数 据 读 取</th></tr>
<tr><td>outlock</td><td>memenab</td><td>功能描述</td><td>memenab</td><td>功能描述</td></tr>
<tr><td>×</td><td>L</td><td>q[] 输出端为高阻抗</td><td>L</td><td>q[] 输出端为高阻抗</td></tr>
<tr><td>Not～</td><td>H</td><td>状态不变</td><td rowspan="2">H</td><td rowspan="2">状态不变</td></tr>
<tr><td>～</td><td>H</td><td>数据输出</td></tr>
</table>

注　表中“～”表示时钟发生变化；“Not～”表示时钟没有发生变化。

6.5.2 LPM_ROM 只读存储器模块的调用

LPM_ROM 只读存储器模块的调用可按以下步骤进行。

(1) 进入 LPM_ROM 创建向导。在 Quartus Ⅱ 中创建一个新的项目，并创建一个新的原理图文件，在原理图编辑界面中双击，将弹出 Symbol 对话框。在 Symbol 对话框中的 Libraries 选项中选择 megafunctions→storage→lpm_rom 选项，以开始调用一个新的宏功能变量。

(2) LPM 宏功能块进行相应设定。如在 storage 中选择自定义的宏功能模块为 LPM_ROM，创建输出文件类型为 VHDL，设置目标器件类型，输入所创建的文件名称为 rom0。

(3) 设定时钟并指定存储器容量。如果将 LPM_ROM 的数据输出 q 定义为 8 位，256 字存储空间，使用输入和输出两个时钟，则按图 6-23 所示进行设置。

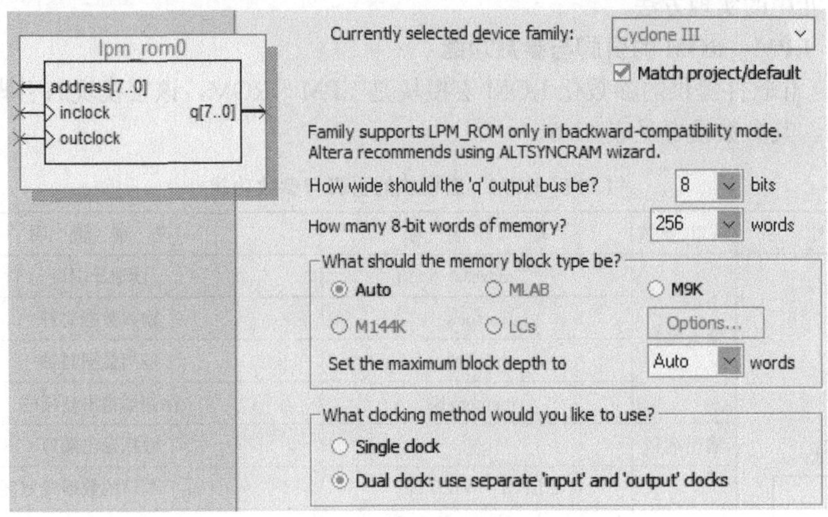

图 6-23 设定时钟并指定存储器容量

(4) 数据输入时钟设置。如果 LPM_ROM 仅选择地址锁存信号 inclock，则按图 6-24 所示进行设置。

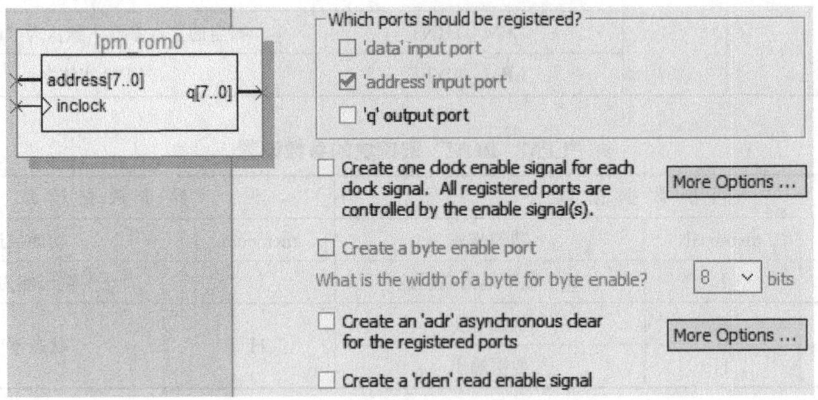

图 6-24 选择数据输入时钟

(5) 存储器初始设置。存储器初始化设置如图 6-25 所示，在图中指定已有的初始化文件（.hex 或 .mif），其名称为 rom0。注意，该初始化数据文件目前并不存在，该文件的建立将在 6.5.3 中讲述。

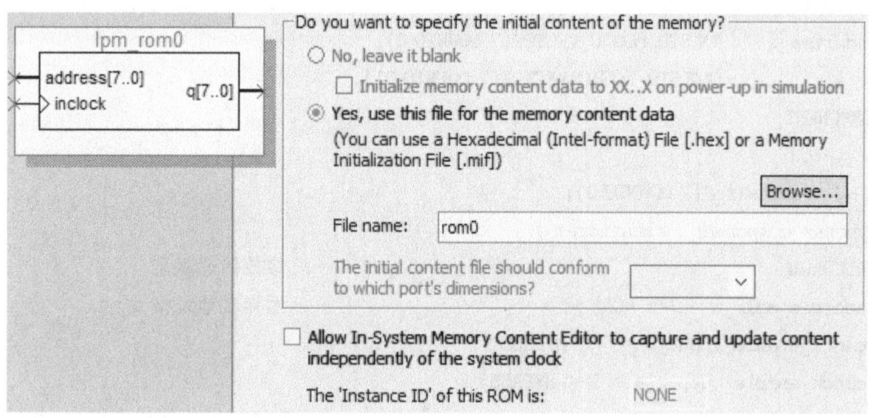

图 6-25 存储器初始设置

LPM_ROM 只读存储器宏模块设置完成后，在 Quartus Ⅱ 中生成了 rom0.vhd 源程序文件，其程序内容如下。

```
LIBRARY ieee;
USE ieee.std_logic_1164.all;
LIBRARY altera_mf;                                          --打开 Altera 的 LPM 库
USE altera_mf.all;                                          --使用宏功能库中的所有元件
ENTITY lpm_rom0 IS
 PORT(address   : IN STD_LOGIC_VECTOR(7 DOWNTO 0);          --定义地址线宽度为 8 位
      inclock   : IN STD_LOGIC;                             --定义地址锁存信号 inclock
      q         : OUT STD_LOGIC_VECTOR(7 DOWNTO 0));        --定义 ROM 数据输出为 8 位
 END lpm_rom0;
 ARCHITECTURE SYN OF lpm_rom0 IS
  SIGNAL sub_wire0   : STD_LOGIC_VECTOR(7 DOWNTO 0);
  COMPONENT altsyncram                                      --例化 altsyncram 元件,调用了 LPM 模块
  GENERIC(                                                  --参数传递语句
      address_aclr_a           : STRING;                    --类属参量数据类型定义
      clock_enable_input_a     : STRING;
      clock_enable_output_a    : STRING;
      init_file                : STRING;
      intended_device_family   : STRING;
      lpm_hint                 : STRING;
      lpm_type                 : STRING;
      numwords_a               : NATURAL;
      operation_mode           : STRING;
      outdata_aclr_a           : STRING;
      outdata_reg_a            : STRING;
```

```
        widthad_a              : NATURAL;
        width_a                : NATURAL;
        width_byteena_a        : NATURAL);
    PORT(clock0     : IN STD_LOGIC;                          --altsyncram元件接口声明
        address_a   : IN STD_LOGIC_VECTOR(7 DOWNTO 0);
        q_a         : OUT STD_LOGIC_VECTOR(7 DOWNTO 0));
  END COMPONENT;
BEGIN
  q     <= sub_wire0(7 DOWNTO 0);
  altsyncram_component : altsyncram
  GENERIC MAP(                                               --参数传递映射
        address_aclr_a => "NONE",                            --无异步地址清0
        clock_enable_input_a => "BYPASS",
        clock_enable_output_a => "BYPASS",
        init_file => "rom0",                                 --ROM初始化数据文件为rom0
        intended_device_family => "Cyclone Ⅲ",
        lpm_hint => "ENABLE_RUNTIME_MOD=NO",
        lpm_type => "altsyncram",
        numwords_a => 256,                                   --指定存储器容量为256字
        operation_mode => "ROM",                             --LPM模式ROM
        outdata_aclr_a => "NONE",                            --无输出锁存异步清0
        outdata_reg_a => "UNREGISTERED",                     --输出无锁存
        widthad_a => 8,                                      --地址线宽度为8位
        width_a => 8,                                        --数据线宽度为8位
        width_byteena_a => 1)                                --width_byteena_a输入口宽度为1
  PORT MAP(clock0 => inclock,  address_a => address,  q_a => sub_wire0);
END SYN;
```

6.5.3 LPM _ ROM 初始化数据文件的建立

初始化数据文件格式有两种：Memory Initialization File（.mif）格式和 Hexadecimal（Intel-Format）File（.hex）格式。使用时，只需要其中的一个文件即可。初始化数据文件的建立有多种方法，下面以正弦波信号的初始化数据文件为例对其进行讲解。

1. 使用 Quartus Ⅱ建立初始化数据文件

这种方法是使用 Quartus Ⅱ软件来建立一个 .mif 或 .hex 文件。首先在 Quartus Ⅱ中执行菜单命令 File→New，在弹出的 New 对话框中选择 Memory Files→Memory Initialization File 选项，将弹出存储字宽和存储深度对话框。由于在 6.5.2 节中设置 LPM _ ROM 的数据输出 q 为 8 位，256 字存储空间，所以在此对话框中的设置如图 6-26 所示。设置后单击 OK 按钮，将弹出 .mif 数据表格，表格中的数据格式为十进制表达式，初始数值将为 0。在此表格中依次输入与地址相对应的正弦波信号

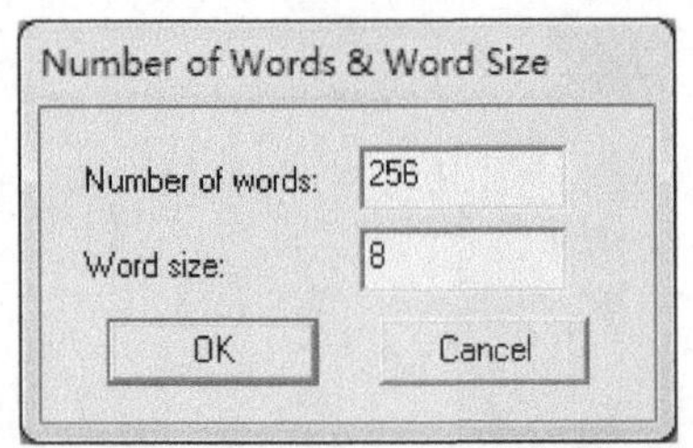

图 6-26　设置存储字宽和存储深度

的数值，如图 6 - 27 所示。填入数值后，执行 File→Save as 命令，保存此数据文件为 rom0. mif，即完成基于正弦波信号的 mif 文件的创建。如果在弹出的 New 对话框中选择 Memory Files→Hexadecimal（Intel-Format）File 选项，将建立 . hex 文件，其操作方法与 . mif 文件的创建相同。

Addr	+0	+1	+2	+3	+4	+5	+6	+7
0	128	131	134	137	140	143	146	149
8	152	156	159	162	165	168	171	174
16	176	179	182	185	188	191	193	196
24	199	201	204	206	209	211	213	216
32	218	220	222	224	226	228	230	232
40	234	236	237	239	240	242	243	244
48	246	247	248	249	250	251	252	252
56	253	254	254	255	255	255	255	255
64	255	255	255	255	255	255	254	254
72	253	252	252	251	250	249	248	247
80	246	245	243	242	240	239	237	236
88	234	232	230	228	226	224	222	220
96	218	216	213	211	209	206	204	201
104	199	196	193	191	188	185	182	179
112	176	174	171	168	165	162	159	156
120	152	149	146	143	140	137	134	131
128	128	125	121	118	115	112	109	106
136	103	100	97	94	91	88	85	82
144	79	76	73	70	67	65	62	59
152	57	54	51	49	46	44	42	39
160	37	35	33	31	29	27	25	23
168	21	20	18	16	15	13	12	11
176	9	8	7	6	5	4	3	3
184	2	1	1	0	0	0	0	0
192	0	0	0	0	0	0	0	1
200	2	3	3	4	5	6	7	8
208	9	11	12	13	15	16	18	20
216	21	23	25	27	29	31	33	35
224	37	39	42	44	46	49	51	54
232	57	59	62	65	67	70	73	76
240	79	82	85	88	91	94	97	100
248	103	106	109	112	115	118	121	125

图 6 - 27 将正弦波信号数值填入 . mif 文件表中

2. 使用单片机编译器来产生 . hex 数据文件

其方法是利用 asm 汇编程序编译器将此正弦波信号的 256 个数值编辑于图 6 - 28 所示的窗口中，然后利用单片机 asm 编译器产生 . hex 文件。在图 6 - 28 所示窗口中的数值是采用十六进制表示的。

3. 使用高级语言建立初始化数据文件

如果 ROM 存储的数据量较大时，上面两种采用手工输入的方法既费时，又不可靠，此时利用计算机高级语言可以容易地解决 ROM 初始化的问题。首先需要了解 . mif 文件的基本格式。. mif 文件可以用文本编辑器打开，文件的结构可分为六大部分，见表 6 - 6。

rom0.asm

```
ORG     0000H
DB      080H, 083H, 086H, 089H, 08cH, 08fH, 092H, 095H
DB      098H, 09cH, 09fH, 0a2H, 0a5H, 0a8H, 0abH, 0aeH
DB      0b0H, 0b3H, 0b6H, 0b9H, 0bcH, 0bfH, 0c1H, 0c4H
DB      0c7H, 0c9H, 0ccH, 0ceH, 0d1H, 0d3H, 0d5H, 0d8H
DB      0daH, 0dcH, 0deH, 0e0H, 0e2H, 0e4H, 0e6H, 0e8H
DB      0eaH, 0ecH, 0edH, 0efH, 0f0H, 0f2H, 0f3H, 0f4H
DB      0f6H, 0f7H, 0f8H, 0f9H, 0faH, 0fbH, 0fcH, 0fcH
DB      0fdH, 0feH, 0feH, 0ffH, 0ffH, 0ffH, 0ffH, 0ffH
DB      0ffH, 0ffH, 0ffH, 0ffH, 0ffH, 0ffH, 0feH, 0feH
DB      0fdH, 0fcH, 0fcH, 0fbH, 0faH, 0f9H, 0f8H, 0f7H
DB      0f6H, 0f5H, 0f3H, 0f2H, 0f0H, 0efH, 0edH, 0ecH
DB      0eaH, 0e8H, 0e6H, 0e4H, 0e3H, 0e1H, 0deH, 0dcH
DB      0daH, 0d8H, 0d6H, 0d3H, 0d1H, 0ceH, 0ccH, 0c9H
DB      0c7H, 0c4H, 0c1H, 0bfH, 0bcH, 0b9H, 0b6H, 0b4H
DB      0b1H, 0aeH, 0abH, 0a8H, 0a5H, 0a2H, 09fH, 09cH
DB      099H, 096H, 092H, 08fH, 08cH, 089H, 086H, 083H
DB      080H, 07dH, 079H, 076H, 073H, 070H, 06dH, 06aH
DB      067H, 064H, 061H, 05eH, 05bH, 058H, 055H, 052H
DB      04fH, 04cH, 049H, 046H, 043H, 041H, 03eH, 03bH
DB      039H, 036H, 033H, 031H, 02eH, 02cH, 02aH, 027H
DB      025H, 023H, 021H, 01fH, 01dH, 01bH, 019H, 017H
DB      015H, 014H, 012H, 010H, 0fH,  0dH,  0cH,  0bH
DB      09H,  08H,  07H,  06H,  05H,  04H,  03H,  03H
DB      02H,  01H,  01H,  00H,  00H,  00H,  00H,  00H
DB      00H,  00H,  00H,  00H,  00H,  00H,  01H,  01H
DB      02H,  03H,  03H,  04H,  05H,  06H,  07H,  08H
DB      09H,  0aH,  0cH,  0dH,  0eH,  010H, 012H, 013H
DB      015H, 017H, 018H, 01aH, 01cH, 01eH, 020H, 023H
DB      025H, 027H, 029H, 02cH, 02eH, 030H, 033H, 035H
DB      038H, 03bH, 03dH, 040H, 043H, 046H, 048H, 04bH
DB      04eH, 051H, 054H, 057H, 05aH, 05dH, 060H, 063H
DB      066H, 069H, 06cH, 06fH, 073H, 076H, 079H, 07cH
END
```

图 6-28　asm 格式创建 rom0. hex 文件

表 6-6　　.mif 文件基本格式

	文件内容	说　明
第一部分	版权说明	
第二部分	Width=8； Depth=256；	数据线宽度以及存储单元数目
第三部分	address _ radix=UNS； data _ radix= UNS；	地址和存储数据采用的数制，"HEX"为十六进制数；"BIN"为二进制数；"OCT"为八进制数；"DEC"为有符号十进制数；"UNS"为无符号十进制数
第四部分	content begin	存储内容的起点标志
第五部分	0：128； 1：131； ⋮ 255：125；	存储内容，格式为 "地址：　数据；"
第六部分	End；	结束标志

每一个 . mif 文件都遵循相同的格式，可以任意拿来一个 . mif 文件，在此文件的基础上进行修改。首先用文本编辑器打开这个文件，按照设计的实际情况修改文件第二部分的数值。如有必要，还可修改文件的第三部分，为了便于编程，一般情况下都将数制修改成无符号十进制数。至于第五部分可以先用高级语言编写相应的程序，由该程序生成相应的代码，然后将该代码复制到 . mif 文件中，最后将修改后的文件另存为 rom0. mif 即可建立所需的 mif 文件。

6.5.4 LPM _ RAM _ DQ 的仿真波形

在原理图编译界面中调用了各宏模块后，按图 6 - 29 所示将电路连接好，然后对该原理图程序文件进行编译。原理图程序文件编译通过后，在 Quartus Ⅱ 中建立波形文件，并对其进行相应的波形设置，此时输出正弦波数值的仿真波形如图 6 - 30 所示。

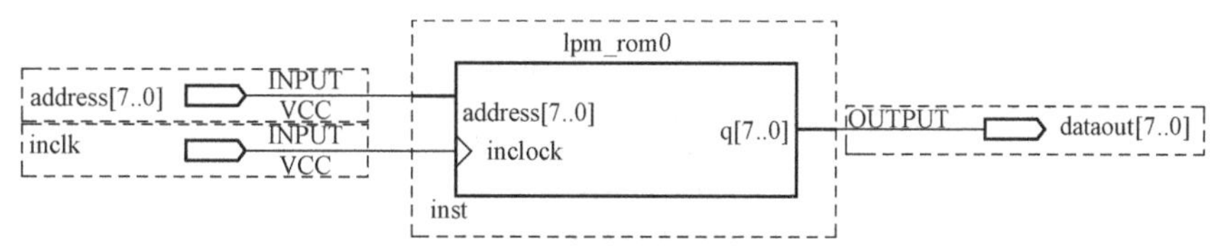

图 6 - 29 只读存储器电路

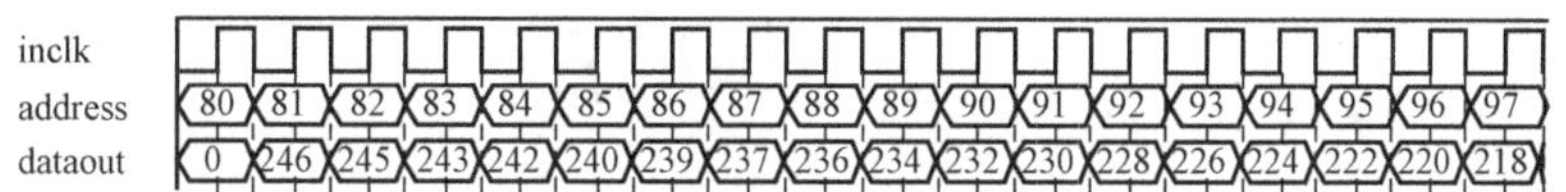

图 6 - 30 只读存储器输出正弦波数值的仿真波形

6.6 LPM 锁相环宏模块

Cyclone 等系列的 FPGA 中含有高性能的嵌入式锁相环 PLL，该锁相环可以与一输入的时钟信号同步，并以其作为参考信号实现锁相，从而输出一个或多个同步倍频的片内时钟，以供逻辑系统应用。

6.6.1 LPM 锁相环模块的定制

LPM 锁相环模块的定制可按以下步骤进行。

(1) 进入 LPM 创建向导。在 Quartus Ⅱ 中创建一个新的项目，并执行菜单命令Tools→Mega Wizard Plug-In Manager，在弹出的向导界面中选择 Create a new custom megafunction variation 选项，并单击 Next 按钮，以开始建立一个新的宏功能变量。

(2) LPM 宏功能块进行相应设定。如在 I/O 中选择自定义的宏功能模块为 ALTPLL，创建输出文件类型为 VHDL，设置目标器件类型，输入所创建的文件名称为 ex _ PLL。

(3) 锁相环的参考时钟、类型与操作方式设置。如果将 ALTPLL 的速度等级设置为 8，参考时钟为 48MHz，自动选择锁相环类型，锁相环的操作方式设置为内部的 PLL 反馈路径时，可按图 6 - 31 所示进行设置。注意，参考时钟不能低于 15MHz。

(4) 选择锁相环的控制信号。如果将 ALTPLL 设定使能控制 pfdena、异步复位 areset、锁相环输出 locked，可按图 6 - 32 所示进行设置。

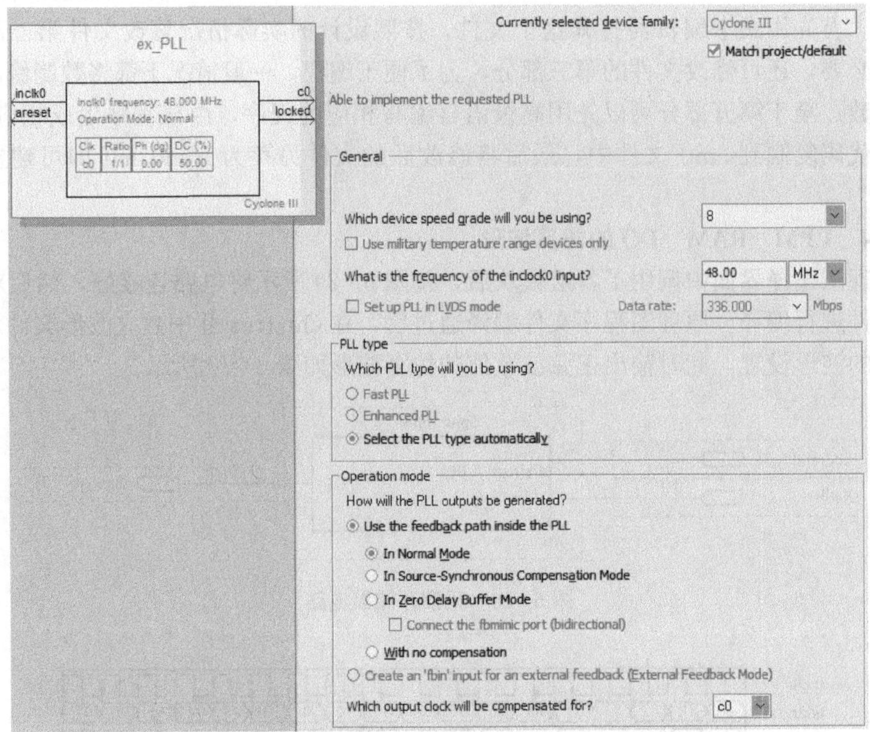

图 6-31　锁相环的参考时钟、类型与操作方式设置

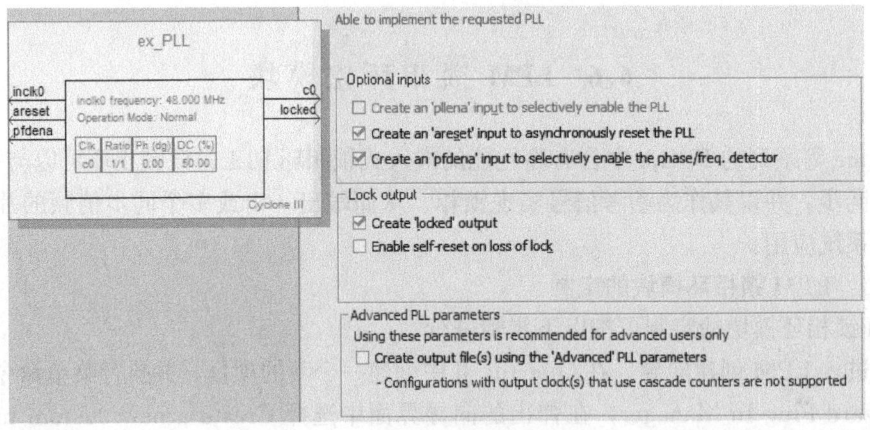

图 6-32　选择锁相环的控制信号

（5）锁相环带宽设置。在此将带宽设置为 Auto，如图 6-33 所示。

（6）锁相环配置。在动态配置中若将“create optional inputs for dynamic reconfiguration”复选框选中，则创建输入动态配置。在此，可按图 6-34 所示，不选择创建输入配置。

（7）设置输出时钟。ALTPLL 最多可有 5 个片内时钟倍频输出对象（c0～c4），其输出对象分别由 5 个界面进行设置，这 5 个界面设置方法基本相同。若将 use this clock 复选框选中，则选择该片内时钟倍频输出。clock multiplication factor 为时钟倍增因子，用来设置

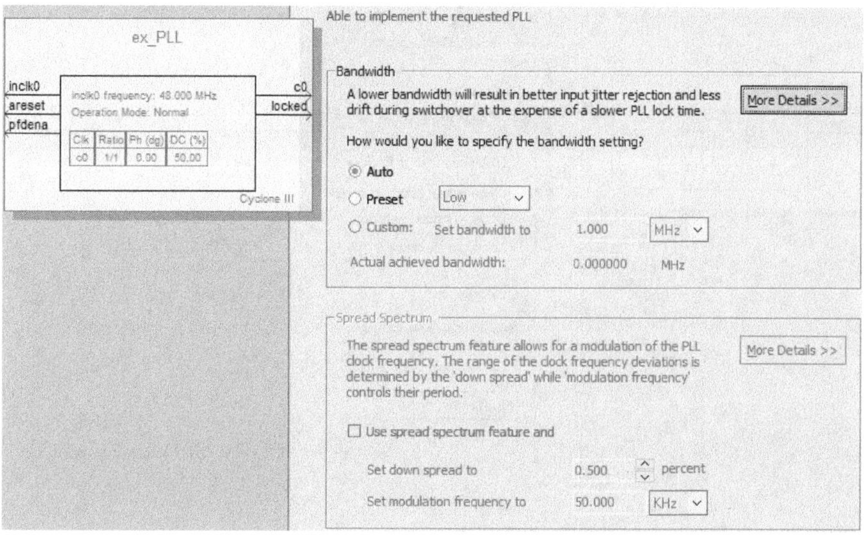

图 6 - 33　锁相环控制信号的设置

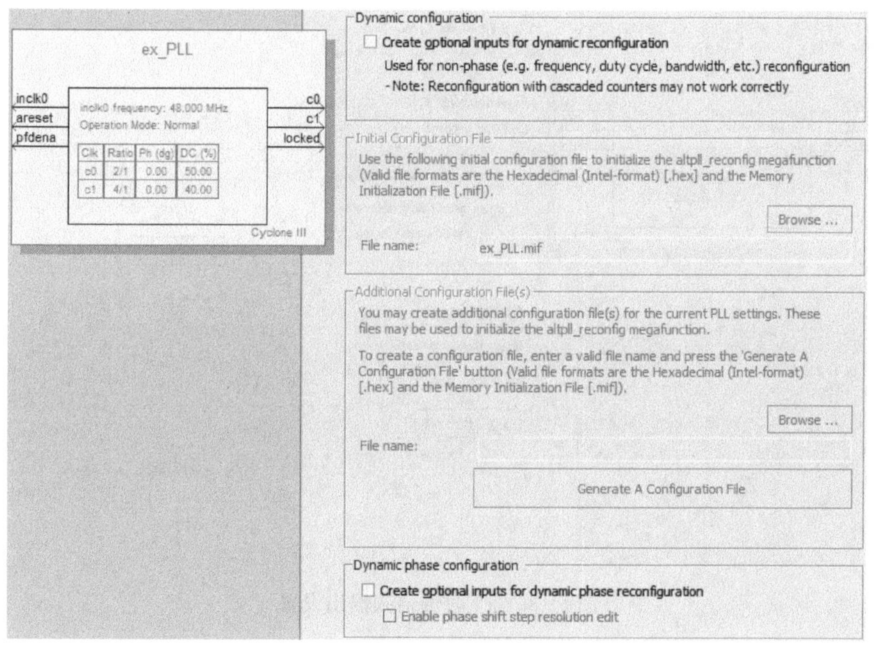

图 6 - 34　锁相环配置

倍频数；clock devision factor 时钟为分频因子；clock phase shift 为时钟相移；clock duty cycle 为时钟占空比的设置。c0 的设置如图 6 - 35 所示，将 c0 设置为 2 倍频，占空比为 50%。由于输入系统时钟为 48MHz，因此显示 c0 输出的实际频率为 96MHz。c1 的设置如图 6 - 36 所示，将 c1 设置为 4 倍频，占空比为 40%。由于输入系统时钟为 48MHz，因此显示 c1 输出的实际频率为 192MHz。c2～c4 的 use this clock 复选框均示选中，因此 ALTPLL 只有 c0 和 c1 这两个信号输出。

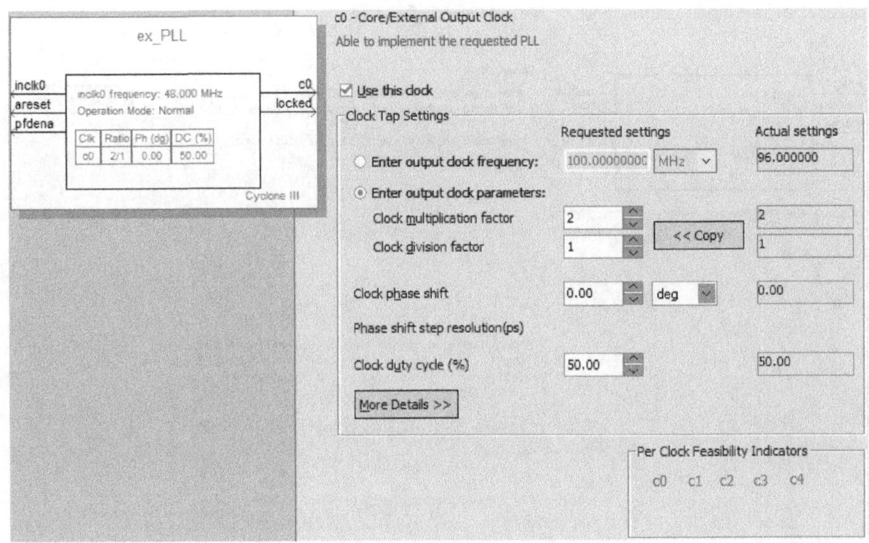

图 6-35 c0 时钟倍频输出设置

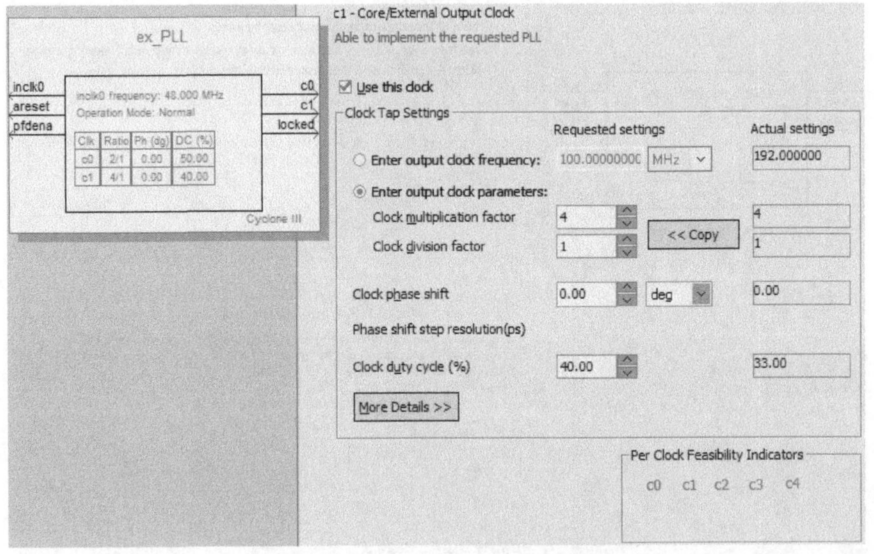

图 6-36 c1 时钟倍频输出设置

ALTPLL 锁相环宏模块定制完成后，在 Quartus Ⅱ 中生成了 ex_PLL.vhd 源程序文件。

6.6.2 LPM 锁相环的仿真波形

对源程序文件编译通过后，在 Quartus Ⅱ 中建立波形文件，并对其进行相应的波形设置，此时输出的仿真波形如图 6-37 所示。从图中可以看出，当 areset 为高电平时，c0、c1 和 locked 输出为低电平。由于系统存在不可避免的延时，所以当 areset 由高电平变为低时，在其后的几个时钟内 c0 和 c1 的输出均为“X”，而 locked 继续输出为低电平。当系统延时时间到后，c0 输出为 inclk0 的 2 倍频信号，c1 输出为 inclk0 的 4 倍频信号，且其占空比为

40%，locked输出高电平。

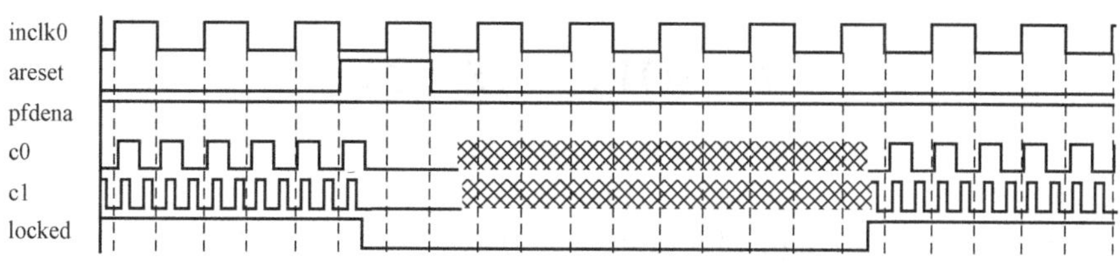

图6-37 LPM锁相环的仿真波形

小 结

本章主要讲解了宏功能模块的使用方法，具体内容包括：计数器宏模块的引脚与参数功能以及计数器模块的定制；流水线乘法累加器中加法器模块、乘法器模块和锁存器模块的调用方法；LPM _ RAM _ DQ随机存储器模块的引脚与参数功能以及该模块的调用方法；LPM _ ROM的引脚与参数功能的引脚与参数功能以及该模块的调用方法，并通过该模块设计了一个正弦波信号发生器；锁相环模块的定制方法。

习 题

6-1 如果不使用MegaWizard Plug-In Manager工具，如何在自己的设计中调用计数器lpm _ counter模块，写出调用该模块的VHDL程序，其中参数自定。

6-2 使用MegaWizard Plug-In Manager工具，设计一个两输入的16位除法运算模块。

6-3 如果不使用MegaWizard Plug-In Manager工具，如何在自己的设计中调用LPM _ RAM _ DQ随机存储器模块，写出调用该模块的VHDL程序，其中参数自定。

6-4 如果不使用MegaWizard Plug-In Manager工具，如何在自己的设计中调用LPM _ ROM只读存储器模块，写出调用该模块的VHDL程序，其中参数自定。

7 SOPC 技术

SOPC（System On Programmable Chip）即可编程芯片系统。SOPC 技术是由 Altera 公司于 2000 年最早提出的，并同时推出相应的开发软件 Quartus Ⅱ。它是基于 FPGA 解决方案的 SOC 片上系统设计技术，是将 CPU、I/O 接口、存储器以及需要的功能模块集成到一片 FPGA 内，构成一个可编程的片上系统，使所设计的电路系统在其规模、可靠性、体积、功耗、上市周期、开发成本、产品维护及硬件升级等方面实现最优化。SOPC 是当前 IC 设计的发展主流，代表了半导体技术和 ASIC 设计的未来。Altera 公司将 SOPC 设计思想集成到其开发工具 SOPC Builder 中，极大地提高了电子工程师的设计效率，加快了电子系统的开发速度，节约了设计成本，缩短了设计周期。

7.1 SOPC 技术简介

SOPC 是一种灵活、高效的 SOC 解决方案。它将处理器、存储器、I/O 口、LVDS 等系统需要的功能模块集成到一个 PLD 器件上，以构成一个可编程的片上系统。它是 PLD 与 SOC 技术融合的结果。由于它是可编程系统，具有灵活的设计方式，可裁减、可扩充、可升级，并具备软硬件可编程的功能。这种基于 PLD 可重构 SOC 的设计技术不仅保持了 SOC 以系统为中心、基于 IP 模块多层次、高度复用的特点。而且具有设计周期短、风险投资小和设计成本低的优势。相对 ASIC 定制技术来说，FPGA 是一种通用器件，通过设计软件的综合、分析、裁减，可灵活地重构所需要的嵌入式系统。

7.1.1 SOPC 的技术特点

SOPC 的设计是以 IP 核（Intellectual Property Core，知识产权核）为基础的，以硬件描述语言为主要设计手段，借助于以计算机为平台的 EDA 工具进行的。SOPC 技术主要是指面向单片系统级专用集成电路设计的计算机技术，与传统的专用集成电路设计技术相比，其特点如下。

(1) 设计全过程，包括电路系统描述、硬件设计、仿真测试、综合、调试、系统软件设计，直至整个系统的完成，都由计算机进行。

(2) 设计技术直接面向用户，即专用集成电路的被动使用者同时也可能是专用集成电路的主动设计者。

(3) 系统级专用集成电路的实现有了更多的途径，即除传统的 ASIC 器件外，还能通过大规模 FPGA 等可编程器件来实现。

7.1.2 SOPC 的技术内容

SOPC 设计技术涵盖了嵌入式系统设计技术的全部内容，除了以处理器和实时多任务操作系统（RTOS）为中心的软件设计技术、以 PCB 和信号完整性分析为基础的高速电路设计技术以外，SOPC 还涉及目前已引起普遍关注的软硬件协同设计技术。由于 SOPC 的主要逻辑设计是在可编程逻辑器件内部进行，而 BGA（Ball Grid Array Package，球栅阵列封装）封装已被广泛应用在微封装领域中，传统的调试设备（如逻辑分析仪和数字示波器），已很难进行直接测试分析，因此，必将对以仿真技术为基础的软硬件协同设计技术提出更高的要求。同时，新的调试技术也已不断涌现出来，如 Xilinx 公司的片内逻辑分析仪 Chip Scope ILA 就是一种价廉物美的片内实时调试工具。

7.1.3 SOPC 技术的应用

SOPC 技术的应用主要有 3 种方向：基于 FPGA 嵌入 IP 硬核的应用、基于 FPGA 嵌入 IP 软核的应用和基于 HardCopy（硬拷贝）技术的应用。

1. 基于 FPGA 嵌入 IP 硬核的应用

基于 FPGA 嵌入 IP 硬核的 SOPC 系统是指在 FPGA 中预先植入处理器。这使得 FPGA 灵活的硬件设计与处理器的强大软件功能有机地结合在一起，高效地实现 SOPC 系统。

目前最为常用的嵌入式系统大多采用了含有 ARM 的 32 位知识产权处理器核的器件，这种方式硬核固定，其结构不能改变，功能相对固定，无法裁剪硬件资源。

尽管 ARM 处理器等器件构成的嵌入式系统有很强的功能，但为了使系统更为灵活完备，功能更为强大，对更多任务的完成具有更好的适应性，通常必须为此处理器配置许多接口器件才能构成一个完整的应用系统。如除配置常规的 SRAM、DRAM、FLASH 外，还必须配置网络通信接口、串行通信接口、USB 接口、VGA 接口、PS/2 接口或其他专用接口等。这样会增加整个系统的体积、功耗，而降低系统的可靠性。

但是如果除 ARM 或其他知识产权核以硬核方式植入 FPGA 中外，利用 FPGA 中的可编程逻辑资源和 IP 软核，直接利用 FPGA 中的逻辑宏单元来构成该嵌入式系统处理器需要的接口功能模块，就能很好地解决这些问题。

对此，Altera 和 Xilinx 公司都相继推出了这方面的器件。例如，Altera 的 Excalibur 系列 FPGA 中就植入了 ARM922T 嵌入式系统处理器；Xilinx 的 Virtex-Ⅱ Pro 系列中则植入了 IBM PowerPC405 处理器。这样就能使得 FPGA 灵活的硬件设计和硬件实现更与处理器的强大软件功能有机地相结合，高效地实现 SOPC 系统。

将 IP 硬核直接植入 FPGA 的解决方案存在如下缺陷。

（1）由于此类硬核多来自第三方公司，FPGA 厂商通常无法直接控制其知识产权费用，从而导致 FPGA 器件价格相对偏高。

（2）由于硬核是预先植入的，设计者无法根据实际需要改变处理器的结构，如总线规模、接口方式，乃至指令形式，更不可能将 FPGA 逻辑资源构成的硬件模块以指令的形式形成内置嵌入式系统的硬件加速模块（如 DSP 模块），以适应更多的电路功能要求。

（3）无法根据实际设计需求在同一 FPGA 中使用多个处理器核。

（4）无法裁减处理器硬件资源以降低 FPGA 成本。

（5）只能在特定的 FPGA 中使用硬核嵌入式系统，如只能使用 Excalibur 系列 FPGA 中的 ARM 核，Virtex-Ⅱ Pro 系列中的 PowerPC 核。

如果利用软核嵌入式系统处理器就能有效地克服解决上述不利因素。

2. 基于 FPGA 嵌入 IP 软核的应用

基于 FPGA 嵌入 IP 软核的 SOPC 系统是指在 FPGA 中植入软核处理器，如：Nios Ⅱ核等。用户可以根据设计的要求，利用相应的 EDA 工具，对 Nios Ⅱ及其外围设备进行构建，使该嵌入式系统在硬件结构、功能特点、资源占用等方面全面满足用户系统设计的要求。

目前最有代表性的软核嵌入式系统处理器分别是 Altera 的 Nios 和 NiosⅡ核及 Xilinx 的 MicroBlaze 核。特别是前者，即 Nios CPU 系统，使 IP 硬核直接植入 FPGA 中存在的 5 个缺陷方面的问题得到很好的解决。

Altera 的 Nios 核是用户可随意配置和构建的 32 位/16 位总线（用户可选的）指令集和数据通道的嵌入式系统微处理器 IP 核，采用 Avalon 总线结构通信接口，带有增强的内存、调试和软件功能（C 或汇编程序优化开发功能）；含由 First Silicon Solution（FS2）开发的基于 JTAG 的片内设备（OCI）内核（这为开发者提供了强大的软硬件调试实时代码，OCI 调试功能可根据 FPGA JTAG 端口上接收的指令，直接监视和控制片内处理器的工作情况）。此外，基于 QuartusⅡ平台的用户可编辑的 Nios 核含有许多可配置的接口模块核，包括：可配置高速缓存（包括由片内 ESB、外部 SRAM 或 SDRAM，100M 以上单周期访问速度）模块，可配置 RS-232 通信口、SDRAM 控制器、标准以太网协议接口、DMA、定时器、协处理器等。在植入（配置进）FPGA 前，用户可根据设计要求，利用 QuartusⅡ和 SOPC Builder，对 Nios 及其外围系统进行构建，使该嵌入式系统在硬件结构、功能特点、资源占用等方面全面满足用户系统设计的要求。Nios 核在同一 FPGA 中被植入的数量没有限制，只要 FPGA 的资源允许。此外，Nios 可植入的 Altera FPGA 的系列几乎没有限制，在这方面，Nios 显然优于 Xilinx 的 MicroBlaze。

另外，在开发工具的完备性方面、对常用的嵌入式操作系统支持方面，Nios 都优于 MicroBlaze。就成本而言，由于 Nios 是由 Altera 直接推出而非第三方产品，故用户通常无需支付知识产权费用，Nios 的使用费仅仅是其占用的 FPGA 逻辑资源费。因此，选用的 FPGA 越便宜，则 Nios 的使用费就越便宜。

特别值得一提的是，通过 Matlab 和 DSP Builder，或直接使用 VHDL 等硬件描述语言设计，用户可以为 Nios 嵌入式处理器设计各类加速器，并以指令的形式加入 Nios 的指令系统，从而成为 Nios 系统的一个接口设备，与整个片内嵌入式系统融为一体。例如，用户可以根据设计项目的具体要求，随心所欲地构建自己的 DSP 处理器系统，而不必拘泥于其他 DSP 公司已上市的有限款式的 DSP 处理器。

3. 基于 HardCopy（硬拷贝）技术的应用

基于 HardCopy（硬拷贝）技术的 SOPC 系统是指将成功实现于 FPGA 器件上的 SOPC 系统通过特定的技术直接向 ASIC 转化。把大容量 FPGA 的灵活性和 ASIC 的市场优势结合起来，实现对于有较大批量要求并对成本敏感的电子产品，避开了直接设计 ASIC 的困难。

通过强化 SOPC 工具的设计能力，在保持 FPGA 开发优势的前提下，引入 ASIC 的开发流程，从而对 ASIC 市场形成直接竞争。这就是 Altera 推出的 HardCopy 技术。HardCopy 就是利用原有的 FPGA 开发工具，将成功实现于 FPGA 器件上的 SOPC 系统通过特定的技术直接向 ASIC 转化，从而克服传统 ASIC 设计中普遍存在的问题。

与 HardCopy 技术相比，对于系统级的大规模 ASIC 开发，有不少难于克服的问题，其中包括开发周期长、产品上市慢，一次性成功率低、有最少的投片量要求、设计软件工具繁多且昂贵、开发流程复杂等。例如，此类 ASIC 开发，首先要求有高的技术人员队伍、高达数十万美元的开发软件费用和高昂的掩膜费用，且整个设计周期可能长达一年。ASIC 设计的高成本和一次性低成功率很大部分是由于需要设计和掩膜的层数太多（多达十几层）。然而如果利用 HardCopy 技术设计 ASIC，开发软件费用仅 2000 美元（QuartusⅡ），SOC 级规模的设计周期不超过 20 周，转化的 ASIC 与用户设计习惯的掩膜层只有两层，且一次性投片的成功率近乎 100%，即所谓的 FPGA 向 ASIC 的无缝转化。而且用 ASIC 实现后的系统性能将比原来在 HardCopy PPGA 上验证的模型提高近 50%，而功耗则降低 40%。一次性成功率的大幅度提高即意味着设计成本的大幅降低和产品上市速度的大幅提高，3 种 SOC 方案的比较见表 7-1。

表 7-1 3 种 SOC 方案的比较

项目	基于 ASIC 的 SOC	基于 FPGA 的 SOC（SOPC）	基于 HardCopy 的 SOC
单片成本	低	较高	较低
开发成本	设计项目成本高	设计项目成本低	设计项目成本低
	掩膜成本高	无掩膜成本	掩膜成本低
	软件工具成本高	软件工具成本低	软件工具成本低
一次投片情况	一次投片成功率低、成本高、耗时长	可现场配置	一次投片成功率近乎 100%、成本低、耗时短
可重构性	不可重构	可重构	不可重构

7.2 SOPC Builder 简 介

SOPC Builder 是 Altera 公司推出的一种可加快在 PLD 内实现嵌入式处理器相关设计的工具。它是一个革命性的系统级开发工具，其功能与 PC 应用程序中的“引导模板”类似，旨在提高设计者的效率。设计者可确定所需要的处理器模块和参数，并据此创建一个处理器的完整存储器映射。设计者还可以选择所需的 IP 外围电路，如存储器控制器、I/O 控制器和定时器等模块。

SOPC Builder 可以快速地开发定制新方案，重建已经存在的方案，并为其添加新的功能，提高系统的性能。通过自动集成系统组件，SOPC Builder 允许用户将工作的重点集中到系统级的需求上，而不是从事把一系列的组件装配在一起这种普通的、手工的工作。所有版本的 Altera Quartus Ⅱ 的设计软件都已经包含了 SOPC Builder。设计者采用 SOPC Builder，能够在一个工具内定义一个从硬件到软件的完整系统，而花费的时间仅仅是传统 SOC 设计的几分之一。

SOPC Builder 为设计者提供了一个强大的可以快速开发设计及验证的 SOPC 系统设计平台，用于组建一个在模块级和组件级定义的总线系统。SOPC Builder 的组件库包含了从简单的固定逻辑的功能块到复杂的、参数化的、可以动态生成的子系统等一系列的组件，例如 Nios Ⅱ 处理器、存储器、总线、DSP 等 IP 核等。为了将微处理器核、外围设备、存储器和其他 IP 核相连接起来，SOPC Builder 能够自动生成片上 Avalon 总线和仲裁器等所需的逻辑。这些组件可以是从 Altera 或其他合作伙伴处购买来的 IP 核，其中一些 IP 核是可以免费下载用来做评估的；用户还可简单地创建他们自己定制的 SOPC Builder 组件。SOPC Builder 内建的 IP 核库是 OpenCore Plus 版的业界领先的 Nios/Nios Ⅱ 嵌入式软核处理器。

所有的 Quartus Ⅱ用户都能够把一个基于 Nios/Nios Ⅱ处理器的系统经过生成、仿真和编译进而下载到 Altera FPGA 中，进行实时评估和验证。

SOPC Builder 库中已有以下组件。

(1) 处理器：包括片内处理器和片外处理器的接口。

(2) IP 及外设：包括通用的微控制器外设，通信外设，多种接口（存储器接口、桥接口、ASSP、ASIC)，数字信号处理（DSP）IP 和硬件加速外设。

7.2.1 SOPC Builder 的功能

SOPC Builder 主要包括以下功能。

(1) 定义和定制。

(2) 系统集成。

(3) 软件生成。

(4) 系统验证。

7.2.2 SOPC Builder 的特点

SOPC Builder 具有以下几个特点。

1. 直观的图形用户界面

利用图形用户界面（GUI)，用户可以快速方便地定义和连接复杂的系统。在 SOPC Builder 的图形用户界面中，用户可从左边的库中添加所需的部件，然后在右边的表中配置它们。

2. 自动生成和集成软件与硬件

SOPC Builder 会生成每个硬件部件以及连接部件的片内总线结构，仲裁和中断逻辑。它也会产生系统可仿真的 RTL 描述以及为特定硬件配置设计的测试平台，能够把硬件系统综合到单个网表中。另外，SOPC Builder 还能够生成 C 和汇编头文件，这些头文件定义了存储器映射、中断优先级和每个外设寄存器空间的数据结构。这样的自动生成过程可以帮助软件设计者处理硬件潜在的变化性。

SOPC Builder 也会为系统中现有的每个外设生成定制的 C 和汇编函数库。例如，如果系统包括一个 UART，SOPC Builder 就会访问 UART 的寄存器并定义一个 C 结构，生成通过 UART 发送和接收数据的 C 和汇编例程。

3. 开放性

SOPC Builder 开放了硬件和软件接口，允许第三方像 Altera 一样有效地管理 SOPC 部件，用户可以根据需要将自己设计的部件添加到 SOPC Builder 的列表中。

7.2.3 SOPC Builder 的优点

SOPC Builder 系统设计在利用可编程器件（PLD）的逻辑资源、存储器、DSP 块、专用 I/O 上具备以下优势。

(1) 在逻辑容量、存储器和 DSP 块以及专用 I/O 标准上具有灵活性；

(2) 上市周期快；

(3) 没有非重复性工程（NRE）费用；

(4) 不需要制作昂贵的设计工具；

(5) 风险低，用户可以以实际的运行频率在硅片上验证他们的设计。

7.3 SOPC 系统设计流程

7.3.1 SOPC 的设计流程

SOPC 由于硬件和软件都必须自己设计和定制，它与传统的嵌入式系统设计流程不同；在传统的嵌入式系统开发中，其主控芯片一般是专用的集成电路，其结构是固定的，比如 ARM 系列的 4510、44B0X、2410 等，这种控制器的外设已经设计好，而且地址都已经固定，设计人员只要关心 PCB 设计和软件开发。对于 SOPC 的开发，设计人员必须同时关注片内硬件逻辑的设计和应用软件的设计。片内硬件逻辑设计通常是基于 Quartus Ⅱ、SOPC Builder 的硬件设计；应用软件设计是基于 Nios Ⅱ IDE 的软件设计。对于比较简单的 Nios Ⅱ系统，一个人便可执行所有设计。对于比较复杂的系统，硬件和软件设计可以分开进行。因此，SOPC 的设计流程如图 7 - 1 所示。

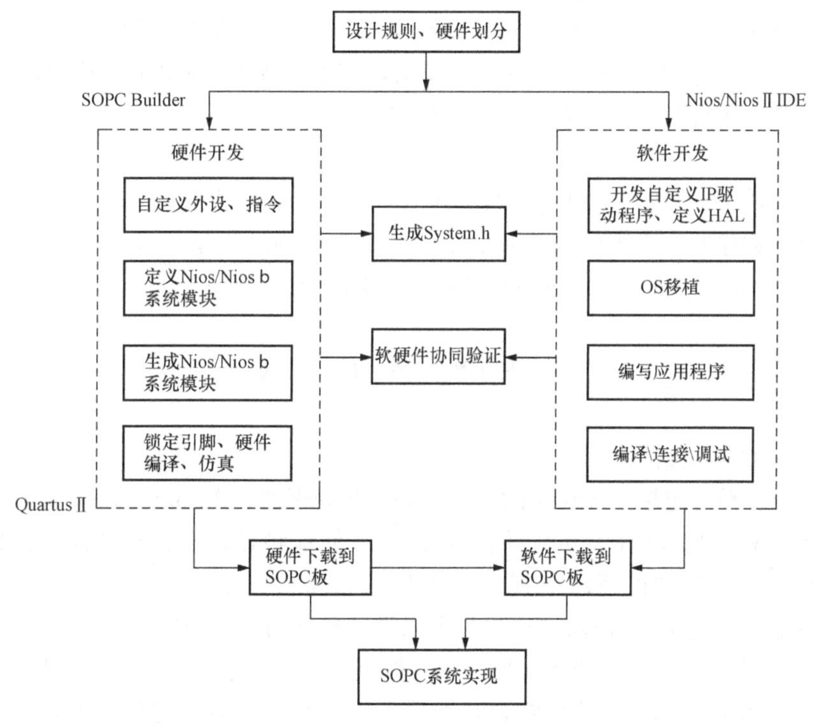

图 7 - 1 SOPC 的设计流程

7.3.2 SOPC Builder 的设计流程

SOPC Builder 可看作是一个以 IP 模块为输入，集成的系统为输出的工具。SOPC Builder 设计过程主要包含如图 7 - 2 所示的 3 个主要步骤。

1. 构件开发

SOPC Builder 的 IP 模块是由 IP 开发人员提供的硬件（RTL、原理图或 EDIF）和软件（C 源代码、头文件等）。高级 IP 模块可能还会包含一个相关的图形用户界面，一个 Generator _ Program 程序，和其他支持系统参数化生成的程序。一般情况下，把一个普通

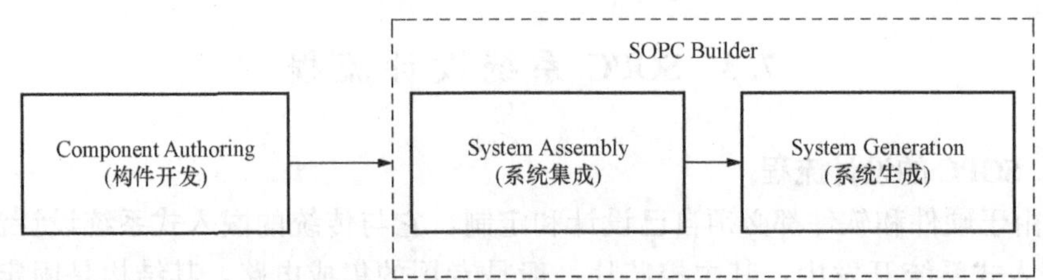

图 7-2 SOPC Builder 的设计流程

的 IP 模块添加到 SOPC Builder 的 IP 模块库中，需要做的只是建立一个描述该 IP 的 class. ptf 文件。所有的 IP 模块都必须有一个 class. ptf 文件。

2. 系统集成

用户创建和编辑一个新的系统时，一般要从库中选择一些 IP 模块，逐个地配置这些 IP 模块，以及设置整个系统的配置（如指定地址映射和主/从端口连接等）。在这个过程中，用户的设置都会保存在系统 PTF 文件中，一般不会有其他文件的产生或修改。

SOPC Builder 内包括和安装了一些 IP 模块，其他一些 IP 模块可以从 Altera 或第三方（如 AMPP）IP 提供商处获得，可能需要另外安装。

3. 系统生成

当用户在完成了 SOPC Builder 中的设计活动之后，最后单击 Generate 按钮，或从命令行执行系统生成程序时，系统生成就开始了。系统生成的结果是一系列设计文件，如 HDL 文件，SDK（software-support）目录和模拟工程文件等。

7.4 SOPC 系统架构

7.4.1 SOPC 系统结构

SOPC 系统的平台包括：Altera 的 Nios/Nios Ⅱ处理器、Avalon 总线，片内外存储器以及外设模块等。利用 SOPC Builder，用户可以很方便地将处理器、存储器和其他外设模块连接起来，形成一个完整的系统。其中，SOPC Builder 中已包含了 Nios/Nios Ⅱ处理器，以及其他一些常用的外设 IP 模块。用户也可以设计自己的外设 IP。SOPC Builder 会根据用户选择的 IP 生成相应的 HDL 描述文件（系统模块文件），这些文件与用户逻辑区域内的设计描述文件一起由 Quartus Ⅱ软件综合，然后下载到 FPGA 内，这样就构成了系统的硬件基础。典型的 SOPC 系统结构框图如图 7-3 所示。

7.4.2 Nios Ⅱ处理器

1. Nios Ⅱ简介

2000 年，Altera 发布了 Nios 处理器，这是第一款可用于可编程逻辑器件的可配置的软核处理器。该处理器是基于 RISC（精简指令集架构）技术，采用 16 位指令集、拥有 16/32 位数据通道、5 级流水线结构，能够在一个时钟周期内完成一条指令的处理，具有一种基于 JTAG 的 OCI（片上仪器）芯核。

第一代 Nios 处理器主要存在两方面的缺陷：①没有提供软件开发的集成环境，用户需要在 Nios SDK Shell 中以命令行的形式执行软件的编译、运行、调试，并且程序的编辑、

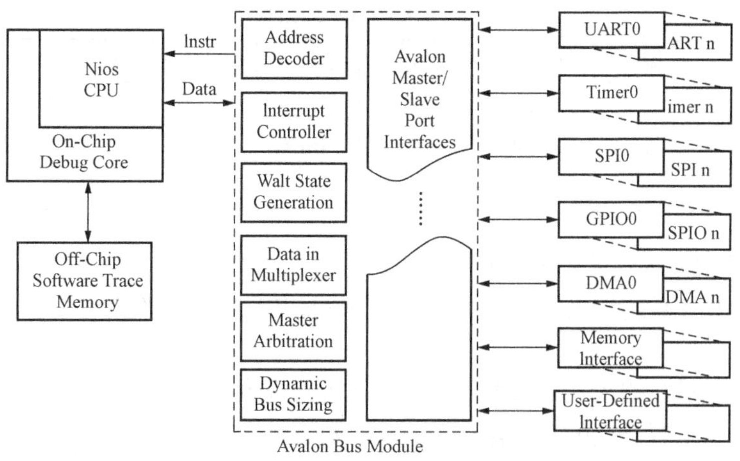

图 7-3 SOPC 系统结构框图

编译、运行都是分离的；②不支持对项目的编译。

针对第一代 Nios 处理器存在的不足，2004 年 6 月，Altera 继在全球推出 Cyclone Ⅱ和 Stratrix Ⅱ器件系列后，又推出支持这些新款芯片的 Nios Ⅱ嵌入式处理器。

与第一代 Nios 相比，Nios Ⅱ处理器最大处理性能提高了 3 倍，CPU 内核部分的面积最大可缩小 1/2（32 位 Nios 处理器占用 1500 个 LE，Nios Ⅱ最少只占用 600 个 LE）。广泛应用于嵌入式系统的设计中。Nios Ⅱ系列处理器的主要特性见表 7-2。

表 7-2　　Nios Ⅱ系列处理器的主要特性

种类	特　性
CPU 结构	32Bit 指令集
	32Bit 数据宽度线
	32 个通用寄存器
	2G Byte 寻址空间
片内调试	基于边界扫描测试（JTAG）的调试逻辑，支持硬件断点、数据触发以及片外和片内的调试跟踪
定制指令	最多达到 256 个用户定义的 CPU 指令
软件开发工具	Nios Ⅱ IDE（集成开发环境）
	基于 GNU 的编译器
	硬件辅助的调试模块

Nios Ⅱ提供 3 种不同的内核，以满足系统对不同性能和成本的需求，包括快速内核 Nios Ⅱ/f（性能最优，在 Stratix Ⅱ中，性能超过 200DMIPS，仅占用 1800 个 LE）、标准内核 Nios Ⅱ/s（平衡性能和尺寸）和经济内核 Nios Ⅱ/e（占用逻辑单元最少），见表 7-3。这 3 种内核的二进制代码完全兼容，具有灵活的性能，当 CPU 内核改变时，无需改变软件。

表 7-3 **Nios Ⅱ处理器系列型号**

特性	流水线	乘法器	支路预测	指令缓冲	数据缓冲	定制指令	说　明
Nios Ⅱ/f（快速）	6 级	1 周期	动态	可设置	可设置	256	最佳性能优化
Nios Ⅱ/f（标准）	5 级	3 周期	静态	可设置	无	256	体积小，速度快
Nios Ⅱ/f（经济）	无	软件仿真实现	无	无	无	256	占用最少的逻辑资源

2. Nios Ⅱ实现嵌入式系统的优越性

与传统的 ARM 系统相比，基于 Nios Ⅱ的嵌入式系统具有的优越性，主要体现在以下方面。

（1）可配置的软核嵌入式处理器的优势。在进行嵌入式系统开发时，设计开发人员首先要考虑的就是如何选择合适的处理器。现今已有数百种嵌入式处理器，每种都具备一组不同的外设、存储器、接口和性能特性，所以设计开发人员很难做出合理的选择：要么选择在某些性能上多余的处理器（为了匹配实际应用所需的外设和接口要求等），要么为了保持成本的需求而选择了些达不到原先预计的理想方案。随着 Nios Ⅱ软核处理器的推出，设计开发人员可以轻松创建一款"完美"的处理器，无论是外设、存储器接口、性能特性以及成本。这些优势都是借助于在 Altera 的 FPGA 上创建一个定制的片上系统，或者，更精确地说是一个 SOPC。SOPC 设计师由此而得到了产品性能上的多功能性，以及性能、成本和生成周期上的优势。

（2）根据需要可实现不同硬件性能的组合配置。Nios Ⅱ处理器和大规模 FPGA 的应用为实现处理器、外设、内存和 I/O 接口等方面的合理组合提供了极大的便利，这主要包括以下 4 个方面。

1）可选择 3 种处理器内核。Nios Ⅱ开发者可以根据最终目标系统的实际需求以及开发过程的需要，选择任意 3 种内核用于性能和资源的平衡。

2）数十种 Nios Ⅱ配备的接口内核。利用这些内核，用户可以为选定的 Nios Ⅱ处理器创建一组适合于自己应用的外设、内存和 I/O 接口。现成的 Nios Ⅱ嵌入式系统可以快速嵌入指定的 FPGA 中。

3）无限的 DMA 信道组合。直接内存存取（DMA）可以连接到任何外设，从而提高系统的性能。

4）可配置的硬件及软件调试特性。软件开发者拥有多种调试选择，包括基本的 JTAG 和运行控制（运行、停止、单步、内存等）、硬件断点、资料触发、片内和片外跟踪、嵌入式逻辑分析仪。这些调试工具可以在开发阶段使用，一旦调试通过后便可去掉。

（3）提升系统的性能。通常在进行嵌入式系统开发时，设计开发人员会选择一款比实际所需性能更高的处理器，从而为设计保留一个安全性能上的余量。显然，这意味着成本被提高了。然而，对于 Nios Ⅱ系统不必如此，因为其性能是可以根据实际需要来增减的。相对传统纯硬核处理器（如 ARM）而言，Nios Ⅱ在较低的时钟速率下，具备更高的性能。Nios Ⅱ可以通过以下特性提升系统的性能。

1）选择多处理器核。Nios Ⅱ开发者可以选择最快的内核（Nios Ⅱ/f）以获得高性能，还可以通过添加多个处理器并行工作来获得所需的系统性能，即通过将多个 Nios Ⅱ/f 内核集成到单个器件内以获得较高的性能，而不必重新设计 PCB 板图。Nios Ⅱ的 IDE 开发工具也可以支持这种多处理器在单一 FPGA 上开发或多个 FPGA 共享一条 JTAG 链。

2）选择性能更优秀的 FPGA 系列支持 Nios Ⅱ系统。Nios Ⅱ处理器可以工作在所有近年来 Altera 推出的 FPGA 系列上。Nios Ⅱ/f 内核具备超过 250 DMPIS 的性能，仅占用不到 2000 个逻辑单元 LEs。例如 Stratix Ⅱ EP2S180 器件，一个 Nios Ⅱ的内核只占用了 1% 的可用逻辑资源。对于更大规模的 FPGA，一个 FPGA 中完全可以容纳多个 Nios Ⅱ的内核，且仅占用很少比例的可用逻辑资源。

3）用户自定制指令。用户自定制指令是一种较好的扩展处理器指令的方法，最多达 256 个针对应用的操作。定制指令处理器还是处理复杂的算术运算和加速逻辑的最佳途径。例如，将一个 64×1024 字的缓冲区实现的循环冗余码校验（CRC）的逻辑块作为一个定制的指令，要比用软件实现快 27 倍。

4）硬件加速。通过将专用的硬件加速器添加到 FPGA 中作为 CPU 的协处理器，CPU 就可以并发地处理大块的数据。例如通过专用的硬件加速器处理一个 64k 字缓冲区，比用软件要快 3 个数量级。SOPC Builder 设计工具中包含一个引入向导，用户可以利用该向导将加速逻辑和 DMA 信道添加到系统中。

（4）降低系统成本。由于无法对传统嵌入式系统进行功能裁剪，其处理器的性能和特性总是与成本存在着冲突，最终结果总是以增加系统成本为代价，因此降低成本的途径十分有限。然而，利用 Nios Ⅱ系统则可以通过以下途径来降低成本。

1）更大规模的系统集成。将一个或多个 Nios Ⅱ处理器组合，选择合适的一组外设、存储器和 I/O 接口，这些方法减少电路板的成本，复杂程序以及功耗。

2）优先选择 FPGA 和 Nios Ⅱ的 CPU 核类型。由于经济型的内核（Nios Ⅱ/e）只占用很少的 FPGA 器件资源，从而保留了更多的逻辑资源给其他片内功能模块，这样就可以将软核处理器应用于低成本的、需要低处理性能的系统中。此外，小的处理器还使得在单个 FPGA 芯片上嵌入多个处理器成为可能。

3）更好的库存管理。嵌入式系统通常包含了来自多个生产商的多种处理器，以应付多变的系统任务。当一种器件多余而另一种短缺时，就会发现管理这些处理器的库存也是个问题。但是使用标准化的 Nios Ⅱ软核处理器，库存和管理将会大大简化，因为通过将处理器实现在标准的 FPGA 器件上，减少了处理器种类的需求。

3. Nios Ⅱ处理器的优点

Nios Ⅱ处理器的优点主要有以下几点。

（1）可定制的特性集；

（2）可配置系统性能；

（3）低成本实现；

（4）产品生产周期管理；

（5）无与伦比的灵活性；

（6）定制指令；

（7）硬件加速。

4. Nios 体系架构

Nios Ⅱ是采用哈佛结构的 RISC 处理器，它描述的并不是一种硬件实现，而是一个指令集的支持，并非所有的 Nios Ⅱ处理器的指令都要用硬件实现，也可以用软件实现。Nios Ⅱ

处理器的出现彻底颠覆了以往的单凭硬件实现一个系统的观念。

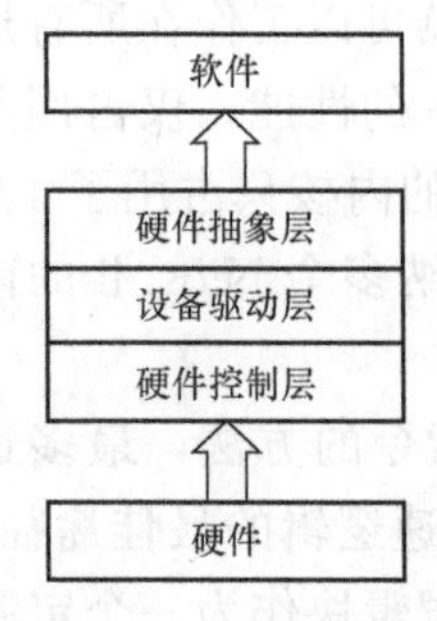

图 7-4 Nios Ⅱ体系架构层次

Nios Ⅱ体系架构从硬件到软件可以分为三层：硬件控制层、设备驱动层和硬件抽象层（Hardware Abstraction Layer System Library，HAL)，如图 7-4 所示。每一层都是对上一层更高层次的封装，这样使得应用程序不再直接去控制硬件设备，而是调用 HAL_API 去驱动。在开发人员看来，设备驱动层和硬件控制层之间的接口就是一组寄存器的抽象，所以在更高层的 HAL 的软件实现里，常常能看到类似 IOWR（基地址、偏移量、数据）的写寄存器函数和 IORD（基地址、偏移量）的读取寄存器函数。

硬件控制层控制着各个硬件设备，从设备驱动层到各个硬件设备不是一一对应的通道，而是建立一条“高速公路”，称为“总线”。它行使“交通管理局”的角色，控制数据的进出，并为每个硬件提供一个进出“高速公路”的接口，用“地址”来标识这个接口的位置。Nios Ⅱ采用的是 Avalon 总线，它有着一套接口规范：同步时钟（clk)、片选信号（chipselect)、地址（address)、读请求（read)、读传输(readdata)、写请求（write)、写传输（writedata)。

这些是比较重要的接口信号，其他的不一一列举了。各个硬件设备都遵循接口规范，挂在 Avalon 总线上。HAL_API 包含了 ANSIC 标准库，应用开发人员可以用熟悉的 C 库函数存取（控制）设备和文件。

Nios Ⅱ设备与硬件系统定义的相关性。Nios Ⅱ系统开发是一个用户可定制的高度灵活的过程，在 SOPC Builder 中用户定义处理器系统和外设生成相关的 .ptf 文件，Nios Ⅱ IDE 根据此 .ptf 文件在创建项目时为项目生成系统库，其中 system.h 完整的定义硬件系统参数，alt_sys_init.c 完成外设系统资源的分配和设备环境的初始化，用户可以查看这两个文件里面有系统配置的具体信息。

Nios Ⅱ处理器架构包括下列功能单元：寄存器文件、ALU、自定制指令逻辑的接口、异常控制器、中断控制器、指令总线、数据总线、指令高速缓存和数据高速缓存、指令和数据的紧耦合存储器接口、JTAG 调试模块。Nios Ⅱ软核处理器的原理框图如图 7-5 所示。

7.4.3 Avalon 总线

Avalon 总线是 Altera 公司专门为片上可编程系统（SOPC）而推出的一套片内总线系统，该总线与 Nios 系列的处理器软核一起构成了 Altera 公司 SOPC 解决方案中的核心部分。Nios 系统的所有外设都是通过 Avalon 总线与 Nios 处理器相接的，Avalon 总线是一种协议较为简单的片内总线，Nios 通过 Avalon 总线与外界进行数据交换。

Avalon 总线规范提供了各种选项，来剪裁总线信号和时序，以满足不同类型外设的需要。SOPC Builder 自动产生 Avalon 总线，Avalon 总线也包括许多特性和约定，用以支持 SOPC Builder 软件自动生成系统、总线和外设。

1. Avalon 总线功能简介

Avalon 包括很多的功能和约定来支持 SOPC Builder 软件自动产生的系统、总线和外设。

(1) 高于 4G 的地址空间——存储器和外设可以被映射为 32 位地址空间中的任何地址。

(2) 同步接口——所有的 Avalon 信号都被 Avalon 总线时钟同步。这样简化了 Avalon

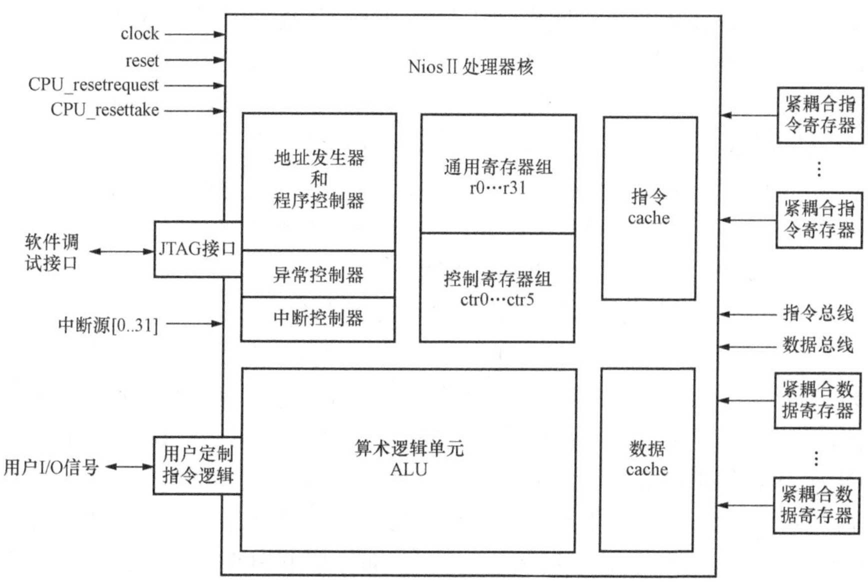

图 7-5 Nios Ⅱ软核处理器的原理框图

总线的相关时序行为并便于高速外设的集成。

（3）分离的地址，数据和控制线路——分离的、专用的地址和数据路径更便于与用户逻辑相连接。外设不需要对数据和地址周期进行译码。

（4）内置地址译码器——Avalon 总线自动为所有外设产生片选（Chip Select）信号，大大地简化了 Avalon 外设的设计。

（5）多主设备总线结构——在 Avalon 总线上可以存在多个主外设。Avalon 总线自动产生仲裁逻辑。

（6）基于向导式的配置——方便使用的图形化向导引导用户完成对 Avalon 总线的配置（增加外设，确定主/从关系，定义存储器映射）。Avalon 总线结构的自动产生是由用户在向导界面的输入来决定的。

（7）动态总线容量——Avalon 总线自动处理数据位宽不匹配的外设间传送数据的细节，便于在多种不同宽度的设备间接口。

2. Avalon 总线名词及概念

许多与 SOPC 相关的名词和概念都完全是新的，它们和传统的片外总线结构有着本质的不同。设计者需要懂得这点，以便可以理解 Avalon 总线规范。下面的名次及概念构成了一个理论化的框架，而 Avalon 总线规范就是建立在这一框架的基础上的。

（1）总线周期。总线周期被定义为 Avalon 主时钟的相邻上升沿之间的时间间隔，它是总线时钟周期的基本单元。总线信号时序参照于总线周期时钟。

（2）总线传输。Avalon 总线的一次传输是对数据的一次读/写操作，它可能持续一个或多个总线周期。Avalon 总线所支持的传输位宽为：一个字节（8 位），半个字（16 位）或一个字（32 位）。

（3）流传输。流传输为“流主设备”和“流从设备”之间的连续性数据传输建立一个开放式的管道。

(4) 带有延迟的读传输。有些同步设备在刚刚开始传输的时候，需要延迟几个时钟周期才能够完成其第一次读数据的过程，而在之后的传输过程中就可以每一个周期返回一个数据。带有延迟的读传输可以增加这些同步设备的带宽利用率。延迟性传输允许一个主设备发出读请求后，转而执行另一个无关任务，过一段时间再接收数据。尽管之前的数据还没有接受到，这个无关的任务也可以发出另一次读请求。这有利于进行连续标准地址的存取的指令存取操作和 DMA 传输。这样，CPU 和 DMA 主设备可以预读取其需要的数据，所以这使得同步存储器保持活跃状态，并减少了平均存储延时。

(5) SOPC Builder 软件及 Avalon 总线的产生。SOPC Builder 是 Altera 开发的一款系统生成和集成工具。SOPC Builder 所产生的片上电路系统模块包括 Avalon 总线、主外设和从外设。SOPC Builder 提供了图形化的用户接口，应用这种接口可以实现向系统模块中添加主、从外设，配置外设及配置 Avalon 总线将外设连接起来。这样，SOPC Builder 自动创建并连接 HDL 模块，便可以实现用户 PLD 设计的每一个部分。

(6) 系统模块。由于 Nios Ⅱ是一个位于 FPGA 中的处理器软核，因此在可编程芯片上用户可实现自定义外设（如图 7-6 所示），其中一部分是由 SOPC Builder 自动产生的。系统模块应该包括最少一个 Avalon 主外设和一个 Avalon 从外设，例如 UART，定时器或者 PIO。系统模块的外部逻辑可以包含用户 Avalon 外设及其他的和系统模块不相关的用户逻辑。系统模块必须与设计者的 PLD 设计连接起来。系统模块的端口依赖于其所包括的外设及在 SOPC Builder 中进行的设置，并随其变化。这些端口包括直接到 Avalon 总线的接口及在系统模块中的用户自定义的和外设相连的接口。

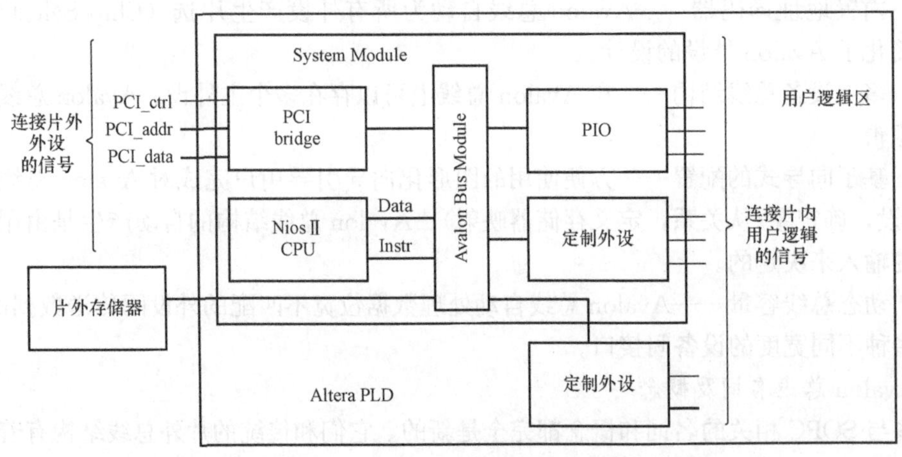

图 7-6 为 Nios Ⅱ定制外设示意图

(7) Avalon 总线模块。Altera PLD 上集成用户逻辑的系统模块。Avalon 总线模块是任何一个系统模块的“脊梁”，它是 SOPC 设计中外设通信的主要路径。Avalon 总线模块是所有的控制、数据、地址信号及控制逻辑的总和，是其将外设连接起来并构成了系统模块。Avalon 总线模块实现了可配置的总线结构，其可以为设计者外设之间的相互连接而改变。Avalon 总线模块是由 SOPC Builder 自动产生的，所以设计师并不用亲自将总线和外设连接起来。

Avalon 总线模块基本上不会作为分离的单元而单独使用，因为系统设计者总是利用

SOPC Builder 将处理器和其他 Avalon 外设自动地集成于一个系统模块之中。设计者对 Avalon 总线的注意力通常限于与用户 Avalon 外设相连接的具体的端口上。

（8）Avalon 外设。连接于 Avalon 总线的 Avalon 外设是逻辑器件——无论片上还是片外的——它们进行着某种系统级的任务，并通过 Avalon 总线与其他的系统部件相通信。外设是模块化的系统部件，依赖于系统的需要，可以在设计的时候增加或者移除。

Avalon 外设可以是存储器、处理器，也可以是传统的外设器件，如 UART，PIO，定时器或总线桥。任何的用户逻辑都可以成为 Avalon 外设，只要它满足本文所述的提供与 Avalon 总线接口的地址、数据及控制信号接口。连接于 Avalon 总线的外设将被分配专用的端口。除了连接于 Avalon 总线的地址、数据及控制端口之外用户也可以自行定制端口。这些与用户逻辑相连接的信号扩展了系统模块的应用。

Avalon 外设要么是主外设，要么是从外设。主外设可以于 Avalon 上开启总线传输，其至少有一个连接于 Avalon 总线模块的主端口。主外设也可以有一个从端口其允许此设备接受其他连接于 Avalon 总线的主设备开启的总线传输。而从设备只能响应 Avalon 总线传输，而不能够开启总线传输。像存储器，UART 这样的从设备，通常只有与 Avalon 总线模块相连接的一个从端口。在 SOPC 环境中，区分一下 Avalon 总线主设备/从设备的外设类型是十分重要的。

如果 SOPC Builder 在外设库中找到了一个外设，或者设计者指定了一个用户外设的设计文件，SOPC Builder 将自动的将此外设与 Avalon 总线模块相连接。这种外设是指系统模块之内的外设，也就是被认为是系统模块的一个部分。与 Avalon 总线相连接的地址、数据及控制端口是向用户隐藏的。外设中任何附加的非 Avalon 端口将作为系统模块的端口显示于外。这些端口可能与物理管脚直接相连或者可能与片上的其他模块相连。

Avalon 总线外设也可以存在于系统模块之外。设计者选择将模块置于系统模块之外可能有以下几个原因。

1）外设在物理上位于 PLD 器件之外。

2）外设需要某些粘连逻辑（glue logic）使其与 Avalon 总线信号连接。

3）在系统模块产生的时候，外设的设计还没有完成。

在这些情况下，相应的 Avalon 总线模块信号作为系统模块的端口引出到外面，连接到外接的外设。

（9）主/从端口。主端口是主外设上用于开启 Avalon 总线传输的一系列端口的集合。主端口与 Avalon 总线模块直接相连。实际上，一个主外设可能有一个或多个主端口及一个从端口。这些主端口及从端口的相互依赖关系是由对外设进行设计时决定的。但是，这些主、从端口上的单独的总线传输应该总是遵循本文所述。本文中所提及的所有主设备传输都是指单独的主端口的 Avalon 总线传输。

从端口是指在位于某一外设上的，从另一外设主端口接受 Avalon 总线传输的一系列端口的集合。从端口也直接与 Avalon 总线模块相连接。主外设也可以有一个从端口，通过这个从端口可以使其接受 Avalon 总线上其他主设备的传输。本文所提及的所有从设备传输都是指单独的从端口的 Avalon 总线传输。

“主—从端口对”是指通过 Avalon 总线模块相连接的一个主端口和一个从端口构成的组合。从结构上讲，这些主、从端口与 Avalon 总线模块上的相应端口相连接。主端口的控制及数据信号可以有效地通过 Avalon 总线模块与从端口相互作用。主、从端口之间的连接（这就构成了主—从端口对）是在 SOPC Builder 中所确定的。

（10）PTF 文件、SOPC Builder 参数及开关。Avalon 总线及外设的配置可以利用基于向导的 SOPC Builder 图形用户接口（GUI）来完成。通过这个 GUI，用户可以设定不同的参数和开关，然后据此产生系统的 PTF 文件。PTF 文件是一个文本化的文件，它完整地定义了以下文件。

1）定义 Avalon 总线模块结构、功能的参数。

2）定义每个外设定义结构、功能的参数。

3）每个外设的主、从角色。

4）外设端口（如读使能、写使能、写数据等）。

5）通往多主端口的从端口的仲裁机制。

PTF 文件传递给 HDL 生成器用来创建系统模块实际的寄存器传输级（RTL）描述。

3. Avalon 总线模块为连接到总线的 Avalon 外设提供的服务

Avalon 总线模块为连接到总线的 Avalon 外设提供了以下的服务。

（1）数据通道多路转换——Avalon 总线模块的多路复用器从被选择的从外设向相关主外设传输数据。

（2）地址译码——地址译码逻辑为每一个外设提供片选信号。这样，单独的外设不需要对地址线译码以产生片选信号，从而简化了外设的设计。

（3）产生等待状态（Wait-State）——等待状态的产生拓展了一个或多个周期的总线传输，这有利于满足某些特殊的同步外设的需要。当从外设无法在一个时钟周期内应答的时候，产生的等待状态可以使主外设进入等待状态。在读使能及写使能信号需要一定的建立时间/保持时间要求的时候也可以产生等待状态。

（4）动态总线宽度——动态总线宽度隐藏了窄带宽外设与较宽的 Avalon 总线（或者 Avalon 总线与更高带宽的外设）相接口的细节问题。举例来说，一个 32 位的主设备从一个 16 位的存储器中读数据的时候，动态总线宽度可以自动的对 16 位的存储器进行两次读操作，从而传输 32 位的数据。这便减少了主设备的逻辑及软件的复杂程度，因为主设备不需要关心外设的物理特性。

（5）中断优先级（Interrupt-Priority）分配——当一个或者多个从外设产生中断的时候，Avalon 总线模块根据相应的中断请求号（IRQ）来判定中断请求。

（6）延迟传输（Latent Transfer）能力——在主、从设备之间进行带有延迟传输的逻辑包含于 Avalon 总线模块的内部。

（7）流式读写（Streaming Read and Write）能力——在主、从设备之间进行流传输使能的逻辑包含于 Avalon 总线模块的内部。

4. Avalon 总线的主要设计目标

Avalon 总线是一种相对简单的总线结构，主要用于连接片内处理器与外设，以构成片上可编程系统（SOPC）。它描述了主从构件间的端口连接关系，以及构件间通信的时序关系。Avalon 总线的主要设计目标如下。

（1）简单性。提供一套易学习、易于理解的协议。

（2）总线逻辑资源使用的优化。减少可编程逻辑器件（PLD）中逻辑单元（LE）的占用。

(3) 同步操作。这种方式能够与片上的用户自定义逻辑更好地集成，避免了复杂的时序分析问题。

5. Avalon 总线传输模式

Avalon 总线拥有多种传输模式，以适应不同外设的要求。Avalon 总线的基本传输模式是在一个主外设和一个从外设之间进行单字节、半字或字（8、16 或 32 位）传输。当一次传输结束后，不论新的传输过程是否还是在同样的外设之间进行，Avalon 总线总是可以在下一个时钟周期立即开始另一次传输。Avalon 总线还支持一些高级传输模式的特性，例如支持需要延迟操作的外设、支持需要流传输操作的外设和支持多个总线主设备并发访问。

Avalon 总线支持多个总线主外设，允许单个总线事务中在外设之间传输多个数据单元。这一多主设备结构为构建 SOPC 系统提供了极大的灵活性，并且能适应高带宽的外设。例如，一个主外设可以进行直接存储器访问（DMA）传输，从外设到存储器传输数据时不需要处理器干预。

7.4.4 外设 IP 模块

在 SOPC Builder 中，外设 IP 由一个目录下的一组文件组成，该目录可以放置在当前项目目录或 SOPC Builder 构件目录下。每个 IP 模块都包含一个 class. ptf 文件，描述了这一模块相关的各类信息，例如总线接口、参数配置界面和默认配置参数等。此外，IP 模块还包括其他一些与实现相关的文件，例如硬件实现文件、构件生成脚本以及相关软件文件。典型的 SOPC Builder 外设 IP 在功能上可分成以下几部分：①外设行为逻辑——实现了外设所要完成的功能；②寄存器——提供了访问行为逻辑的存储器映射；③Avalon 总线接口——是访问寄存器的物理接口；④软件驱动子程序——提供了应用程序访问外设的接口。SOPC 开发者可以添加一些模块到 SOPC Builder 中，例如：Nios 32 位 CPU、片上 Boot Monitor ROM、UART（通用异步串行接口）、定时器、按键 PIO（可编程输入、输出）、LCD PIO、LED PIO、七段显示 PIO、外部 RAM 总线（Avalon 三状态桥）、外部 Flash 接口等。

1. 通用异步串行接口

通用异步串行接口（Nios UART）用于在 Altera 的 FPGA 中实现简单的 RS-232 异步发送和接收逻辑，它与通用串口兼容。UART 通过两个外部引脚（TxD 和 RxD）发送和接收串口数据。在 SOPC 开发环境中可以对 UART 模块进行逻辑及接口信号的定义，例如通过五个 16 位寄存器对 UART 进行控制，可以改变其波特率、奇偶校验位、停止位、传输的数据位数，以完成串行口通信的设置。SOPC Builder 自动生成 UART 模块的 Verilog HDL 或 VHDL 源代码，以及相应的软件接口子程序。

为了与 RS-232 的电压信号相匹配，在 RxD/TxD 输入输出引脚与相应的外部 RS-232 连接之间需要有电平转换芯片（如 LTC-1386）。RxD/TxD 输入输出引脚允许的电压范围根据 Altera 器件的引脚配置决定。UART 采用同步的单一时钟输入 clk。UART 外设可以连接到 DMA 控制器上，这种方式允许在 UART 与存储器之间进行流模式数据传输。

2. 可编程并行输入/输出模块

并行输入输出（PIO）模块是一个 32 位的并行输入/输出模块，它是在软件和用户自定义逻辑之间的存储器映射接口。在 SOPC 开发环境中，可以对 PIO 模块进行逻辑及接口的定义。SOPC Builder 能自动生成 PIO 模块的 Verilog HDL 或 VHDL 源代码，以及相应的软件接口子程序。PIO通常用于以下两种情况：①为软件和在同一FPGA器件内的用户自定义逻辑之间提供PIO接口；②为软件和在片外的用户自定义逻辑之间提供PIO接口。图7-7所示列出了3种4位宽的PIO配置图。

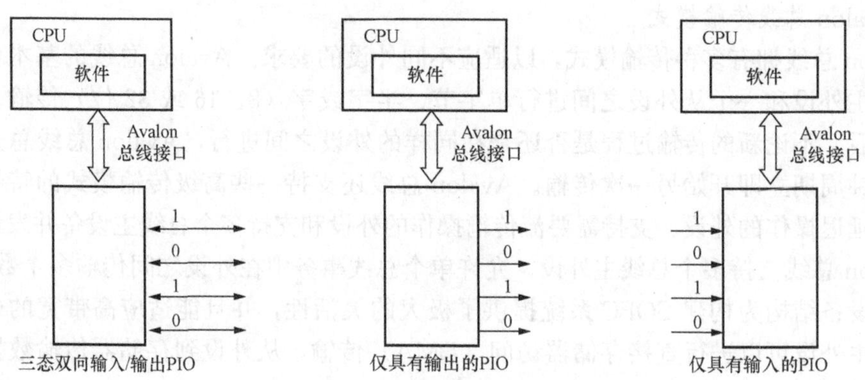

图7-7 3种4位宽的PIO配置图

3. 定时器

定时器模块可以作为周期性脉冲生成器或系统的看门狗定时器，Nios定时器模块是32位的内部定时器。在SOPC开发环境中，可以通过写控制寄存器来操作定时器，还可以读取内部计数器值。定时器模块可以生成中断请求信号，也可以用内部控制位进行中断屏蔽。SOPC Builder能自动生成定时器模块的Verilog HDL或VHDL源代码，以及相应的软件接口子程序，方便了系统集成。

4. DMA控制器

DMA模块允许在外设和存储器之间进行高效的大量数据传输，Nios DMA模块用于实现两个存储器之间，或者存储器和外设之间，或者两个外设之间的直接数据传输。一般来说，DMA模块用于连接支持流模式传输的外设，并允许定长或变长的数据传输，而不需要CPU的干涉。

DMA模块有两个Avalon主设备端口和一个Avalon从设备端口来控制DMA。两个Avalon主设备端口分别为主设备读端口和主设备写端口，如图7-8所示。DMA根据其连接的从设备端口决定配置信息，用户可以用新配置覆盖其默认值。

一次典型的DMA传输会完成以下操作。

(1) 软件通过写控制端口进行DMA配置。

(2) 软件启动DMA外设，然后DMA开始传输数据，而且不需要CPU的干涉。

(3) DMA的主设备读端口从目标地址（存储器或者外设）读取数据，主设备写端口向目标地址（存储器或者外设）写入数据，在读端口和写端口之间可能有FIFO缓冲。

(4) 当一定字节数的数据传输完毕，或者是传输了一个包结束（EOP）信号，DMA传输停止。

(5) 在传输期间或是传输结束后，软件可以通过检查DMA的status寄存器来确定传输状态：传输是否正在进行，还是已经结束以及以何种方式结束。

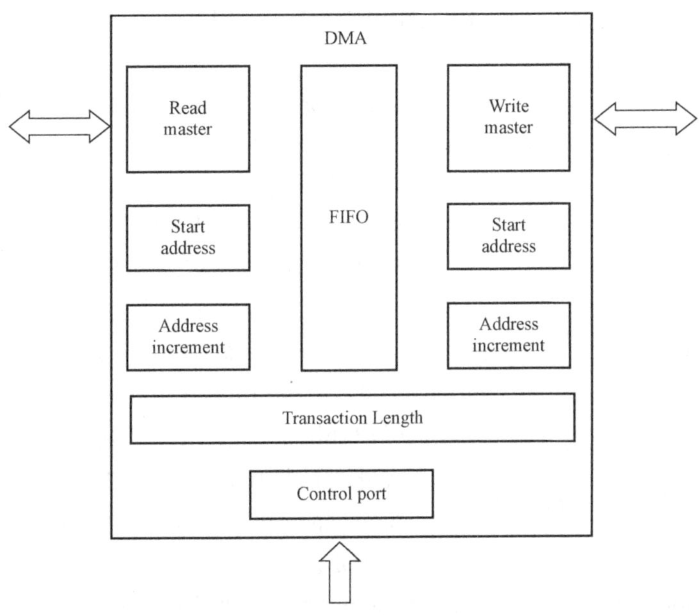

图 7-8 具有主端口和从端口的 DMA 外设

7.5 基于 Nios Ⅱ的 SOPC 开发实例

本节将介绍基于 Nios Ⅱ软核嵌入式系统的硬件和软件开发流程与设计方法，其中包括基于 Nios Ⅱ嵌入式软核基本硬件环境的构建和 FPGA 的实现、基于 IDE（Integrated Development Environment，集成开发环境）的应用软件开发。本章中提及的软件 Quartus 和 SOPC Builder 的版本均为 11.0，不同版本可能界面有所不同。

7.5.1 基于 Nios Ⅱ的 SOPC 硬件开发

基本 SOPC 系统大致可以分为 3 个部分：FPGA 部分、存储器部分和外围元件部件。下面以一个基于 Nios Ⅱ处理器控制 LED 拉幕式与闭幕式显示的设计来熟悉 SOPC 软硬件开发流程。所谓拉幕式是指 D0～D7 全灭时，延时片刻后首先 D3、D4 亮，其次是 D2、D5 亮，再是 D1、D6 亮，最后是 D0、D7 亮，从视觉效果上看，好像拉开幕布一样。闭幕式是指 D0～D7 全亮时，延时片刻后首先 D0、D7 灭，其次是 D1、D6 灭，再是 D2、D5 灭，最后是 D3、D4 灭，其效果就像关闭幕布一样。LED 拉幕式与闭幕式显示的硬件电路与 8.1 节中的流水灯相同，详细内容请参照 8.1 节的相关内容。

1. Quartus 中创建项目

每个 SOPC Builder 系统都是一个以 Quartus Ⅱ项目为前提的。因此，在运行 SOPC Builder 之前，首先在 Quartus Ⅱ中打开或创建一个项目，否则，SOPC Builder 不能用。

(1) 创建一个 ex_LED 文件夹，注意文件路径不能含有空格或中文。

(2) 打开 Quartus Ⅱ软件，并执行菜单命令 File→New Project Wizard，建立一个新的项目。

(3) 执行菜单命令 Assignments→Deveice，选择合适的 FPGA 目标器件，如本项目选择的 FPGA 目标器件为 Cyclone Ⅳ E 系列 EP4CE30F23C8。

2. 创建 Nios Ⅱ 系统模块

使用 SOPC Builder 可以创建一个 Nios Ⅱ 系统模块，或者创建多主设备的 SOPC 模块。一个完整的 Nios Ⅱ 系统模块包括 Nios Ⅱ 处理器和相关的系统外设。所以创建系统模块的流程是先创建一个系统，然后添加 Nios Ⅱ CPU 和外设 IP，再进行相应的设置，最后生成实例，然后将其加入到工程的顶层实体中去。

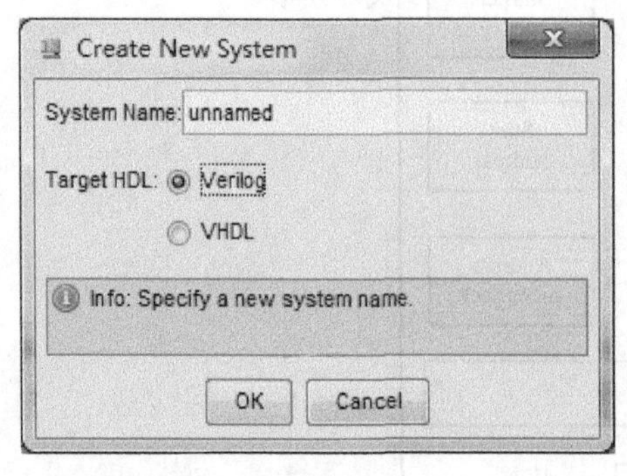

图 7-9　Create New System 对话框

（1）创建系统。在 Quartus Ⅱ 中执行菜单命令 Tools→SOPC Builder 启动 SOPC Builder，将弹出如图 7-9 所示的 Create New System 对话框。在此对话框中需要用户输入系统的名字，选择系统实现的语言形式，即硬件描述语言 Verilog 或者 VHDL。

在 SOPC Builder 中使用 File→New System 命令来创建一个新的系统。如果一个工程中集成了多个 SOPC Builder 系统模块，必须确定每个系统模块的名字是唯一的，否则将会发生冲突。每个 SOPC Builder 系统对应的是 . ptf 文件。简单地可以认为 SOPC Builder GUI 是 . ptf 文件的编辑器。

由于本书讲解的 EDA 编程语言是 VHDL，因此在图 7-9 所示对话框中选择输出文件的语言选择 VHDL 选项，定义输入系统名为“Nios _ LED”。单击 OK 按钮后，出现如图 7-10所示的 SOPC Builder 系统模块设计窗口。

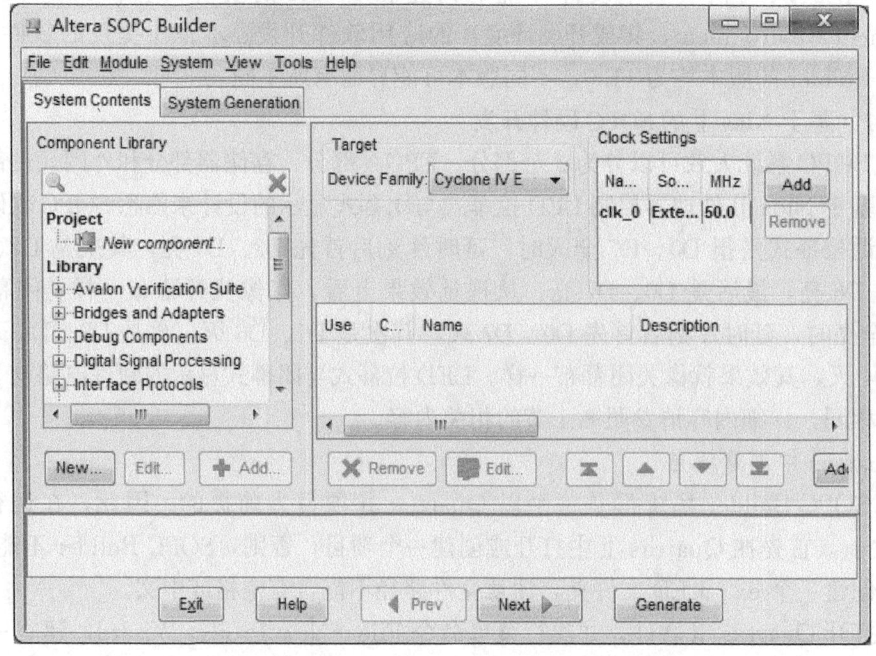

图 7-10　SOPC Builder 系统模块设计窗口

从图 7 - 10 可以看出，SOPC Builder 设计窗口的 System Contents 选项卡分成 5 大部分：左边是一个组件（Nios Ⅱ嵌入式系统元件）选择选项，用树型结构列出了 SOPC Builder 的组件；右边上方的 Target 选项区域可以选择目标器件；右边上方的 Clock Settings 选项区域可以设定系统时钟频率；右边中间空白处可以列出加入的组件；下方是提示栏，显示一些 SOPC Builder 的提示信息和警告错误信息。

（2）设置系统主频和指定目标 FPGA。在图 7 - 10 所示窗口的右上方，用户需要设置系统的时钟频率，该频率用于计算硬件和软件开发中的定时。由于实验板上 FPGA 外接系统时钟频率为 50MHz，所以在此可以选择默认值 50MHz。在 Target 选项区域中 Device Family下拉表中选择 Cyclone Ⅳ E 系列器件。

（3）添加 CPU 和 IP 模块。这是设计 Nios Ⅱ系统的核心部分，所设计的基本的 SOPC 硬件系统包括 FPGA、存储器和外设接口三部分。

FPGA 部分是建立在 FPGA 芯片内的，核心是 Nios Ⅱ处理器核，在 SOPC Builder 中需要设计的就是 FPGA 部分。与一般的嵌入式系统开发不同，在一般的嵌入式系统开发中，当需要新的外设模块时往往需要在 CPU 外（即 PCB）加入相应的外设芯片或者换用更高档次的 CPU，而在 SOPC 设计时，不仅可以在 CPU 核外，还可以在同一个 FPGA 芯片内加入相应的外设模块核，并通过在片上的 Avalon 总线与 Nios Ⅱ处理器核相连，因而不需要在 PCB 这个层面上作很多修改。

存储器部分一般由片上存储器（On-Chip Memory）、外接的 Flash、外部 SRAM 构成。由于现有的 FPGA 还不能集成大容量的 SRAM 和 Flash，而 SOPC 处理的往往是一个比较复杂的系统，对应的代码量较大，需要的数据存储器也较大，因此只能通过外接的方式来解决。当然如果代码量不大或者选用较大容量的 FPGA，则完全不用外接 SRAM 或 Flash，直接使用 FPGA 上的片内 RAM 即可。在某些符合 SDRAM 接口电平规范的 FPGA 上，还可以使用 SDRAM，通过使用建于 FPGA 的 SDRAM 控制器（Altera 提供的 Ip Core）与 Nios Ⅱ处理器核相连，代替 SSRAM，可以提供更大的存储容量、更快的访问速度及更高的性价比。

外设接口部分是一些接口器件和电路模块，例如用于输出显示的 LED 和用于输入的 Button 等。

1）添加 Nios Ⅱ处理器核。在图 7 - 10 中所示 System Contents 选项卡的 Component Library 选项中，选择 Library→Processors→Nios Ⅱ Processor 选项，将出现 Nios Ⅱ Processor-cpu 的设置向导，如图 7 - 11 所示，共有三种类型的 CPU 可供选择。

根据需要选择相应的一种 Nios Ⅱ核，这里选择全功能型 Nios Ⅱ/f。Hardware Multiply 选择 Embedded，不选择 Hardware Divide。单击 Next 按钮，出现 Caches &Tightly Coupled Memory 设置页面，在此设置 Instruction Cache Size 为 4k bytesNios Ⅱ；单击 Next 按钮进入 Advanced Features 设置页面，在此不选择 Include cpu _ resetrequet and cpu _ resettaken signals；单击 Next 按钮进入 JTAG Debug Module 设置，共有 4 个调试级别可供选择，这里选择 Level 1 即可，该级别支持软件的断点调试。JTAG 调试模块要占用较多的逻辑资源，如果整个系统调试完毕了，可以用 No Debugger 以减少系统占用资源，单击 Next 按钮进入自定义指令的设置；如果不用到任何自定义指令，这里不作任何的设置，单击 Finish 按钮完成 CPU 模块的添加。

CPU 内核添加完成后，在元件窗口的组件中出现一个带有 JTAG 调试接口的 Nios Ⅱ CPU 内核，如图 7-12 所示。选中 CPU_0，右击，在弹出的快捷菜单中选择 rename 命令进行重命名，在此命名为 CPU；在弹出的快捷菜单中选择 edit 命令或双击该模块，可以对上面的设置进行修改，稍后添加的系统外设，都和该处理器核一样，可以重命名和重新设置属性。

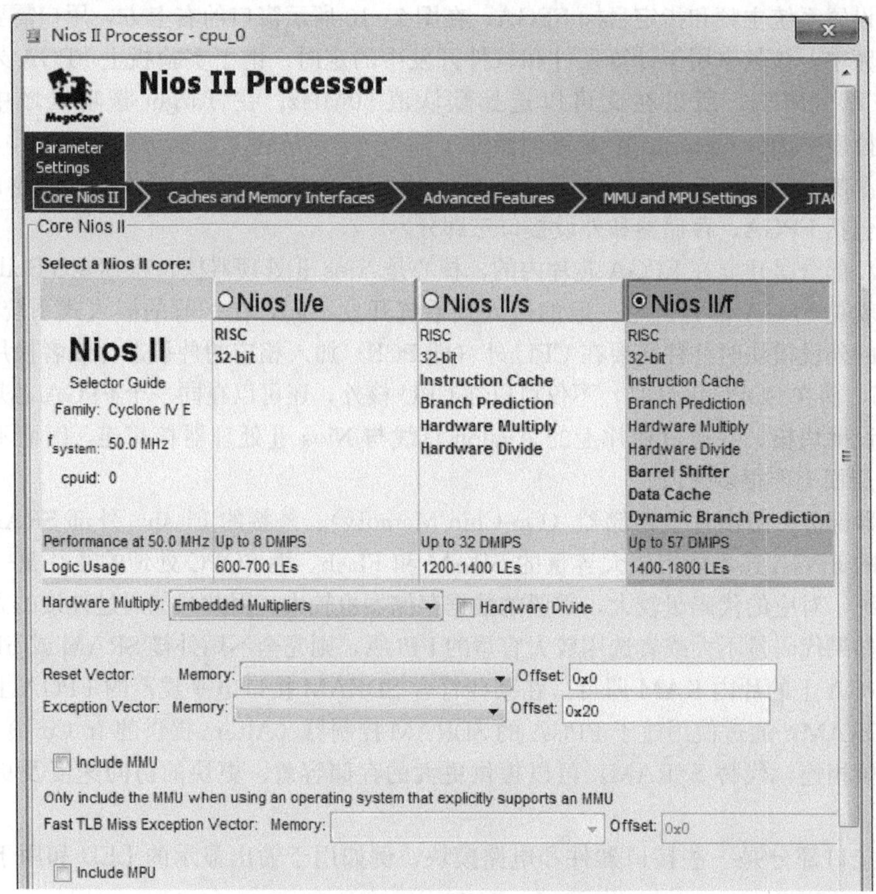

图 7-11　Nios Ⅱ Processor-CPU 的设置向导

Use	Conn...	Name	Description	Clock	Base	End	IRQ	Tags
☑		⊟ cpu	Nios II Processor	[clk]				
		instruction_master	Avalon Memory Mapped Master	clk_0				
		data_master	Avalon Memory Mapped Master	[clk]	IRQ 0	IRQ 31	←×	
		jtag_debug_module	Avalon Memory Mapped Slave	[clk]	0x800	0xfff		

图 7-12　组件中添加的 CPU 内核

2）加入片内存储器。在 System Contents 选项卡的 Component Library 选项中，选择 Memories and Memory Controllers→On-Chip→On-Chip Memory（RAM or ROM）选项，双击进入添加进入片内存储器的对话框。

片内存储器除了用作 ROM 外，也可以用作 RAM，甚至可以被设置成双口存储。数据带宽可以被设置成为 8 位、16 位、32 位、……、1024 位。在一般情况下，被设置成为 32

位，以对应 32 位 Nios Ⅱ CPU 的 32 位总线结构。Total Memory Size 的设置一定要合理，要根据使用的目标器件的型号来决定。

如果 SOPC 系统的应用程序和需要的存储容量要求不大，或者 FPGA 中剩余的片内存储器较多，则完全可以不需要外部 SRAM 和 Flash，而是直接使用片内存储器作为 Nios Ⅱ 系统的程序存储器和数据存储器。

片内存储器对话框中的设置如图 7-13 所示：选中 Initialize memory content 和 Enable non-default initialization file 复选框；可以在 RAM 中加入初始化文件，在此默认的内容为 onchip _ memory2 _ 0，将其重命名为 ram。完成设置后单击 Finish 按钮，更改组件名称为 ram。注意，ram. hex 文件可以由 IDE 编译生成，也可以由用户编辑生成。

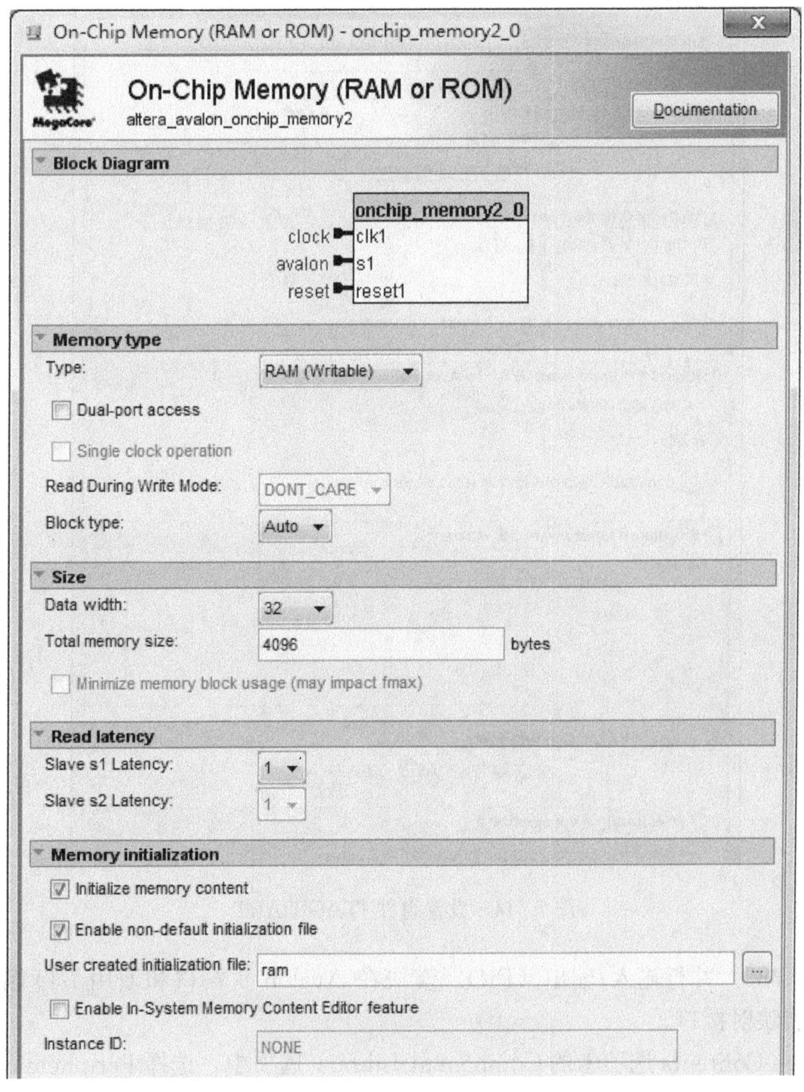

图 7-13 设置组件 RAM

3）加入 JATG UART。JTAG 通用异步接收器/发送器（UART）核是为了在软件开发时，Nios Ⅱ处理器的 JTAG 调试模块和计算机通信用的。在许多设计中，JTAG UART 核代替 RS-232，完成与 PC 主机的字符输入和输出。此外 JTAG UART 也用于 Nios Ⅱ系统的仿真调试。

在 System Contents 选项卡的 Component Library 选项中，选择 Interface Protocols→Serial→JTAG UART 选项，双击进入添加 JTAG UART 设置界面。在此，使用 JTAG UART 的默认配置，如图 7 - 14 所示。完成设置后单击 Finish 按钮，更改组件名称为 jtag_uart。

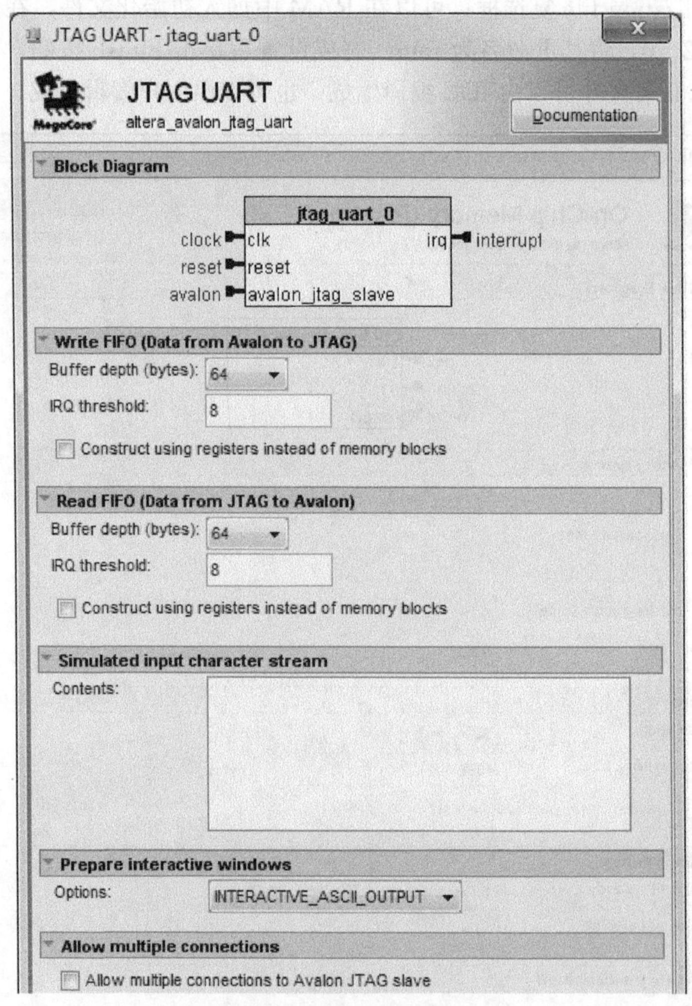

图 7 - 14 设置组件 JTAG UART

4）加入 PIO。并行输入/输出（PIO）模块在 Avalon 从端口和通用 I/O 端口之间提供了一个存储器映射接口。

在 System Contents 选项卡的 Component Library 选项中，选择 Peripherals→Microcontroller Peripherals→PIO（Parallel I/O）选项，双击进入添加 PIO 设置界面。

PIO 的 Basic Settings 标签下的位宽可以为 1～32 位，传送方向可以有以下 4 种模式：双向口（也称为三态口）、输入口、输入/输出口（但输入口和输出口不是同一个引脚）及输出口。

如果 PIO 设置为输出模式，则对应的输入标签及仿真标签是不可设置的；如果设置为其他模式，则输入标签和仿真标签都可根据需要进行相应的设置。

对于 LED 拉幕式与闭幕式显示应该是输出端口，在此传送方向选择输出模式，位宽选择 8 位，以对应外部 8 只发光二极管。

如果是 PIO 用在按键中断的情况下，PIO 的传送方向选择输入模式，位宽可以设置为 4 位，对应外部的 4 个按键。此时还有进行输入选项标签的设置，该标签允许用户指定边沿捕获和产生 IRQ。

在此，PIO 组件的设置如图 7 - 15 所示。完成设置后单击 Finish 按钮，更改组件名称为 led _ pio。

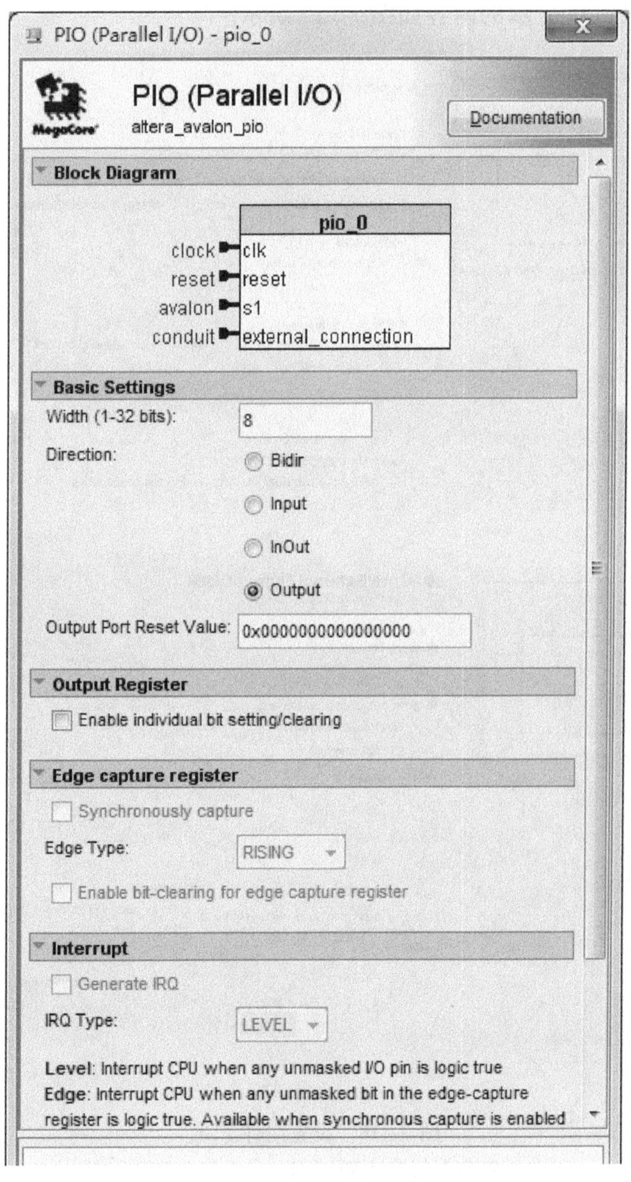

图 7 - 15 设置组件 PIO

5）加入锁相环。在 System Contents 选项卡的 Component Library 选项中，选择 PLL→Avalon ALTPLL 选项，双击进入添加 ALTPLL 设置界面。

在 ALTPLL 设置界面的 Parameter Settings 页面中，将 General 选项卡的 what is the frequency of the inclk0 input（输入参考时钟频率 inclk0）设置为 50MHz，然后单击 Next 按钮；在 Inputs/Lock 选项卡中可以选择 PLL 的控制信号，如 PLL 的使能控制 pllena、异步复位 areset、锁相输出 locked 等。为了简便，在此消去所有控制信号，如图 7-16（a）所示。在 ALTPLL 设置界面的 Output Clocks 页面中，可以设置最多 5 路输出时钟（clk_c0～clk_c4），在此只需一路 clk_c0，输出 50MHz，如图 7-16（b）所示。完成设置后单击 Finish 按钮，更改组件名称为 pll。至此，使加入模块的时钟 clk 都改为 pll_c0（pll 的除外），在 Clock Settings 中显示的内容如图 7-17 所示。

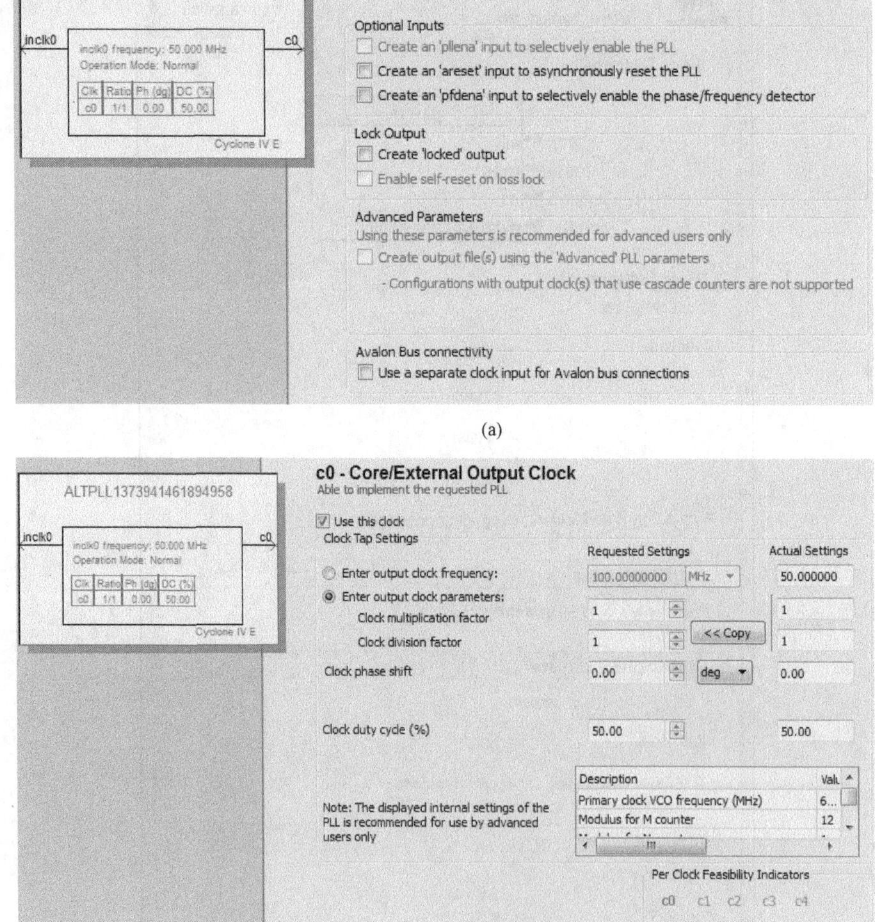

图 7-16 设置组件 PLL

（a）设置 PLL 的控制信号；（b）设置 PLL 的输出时钟

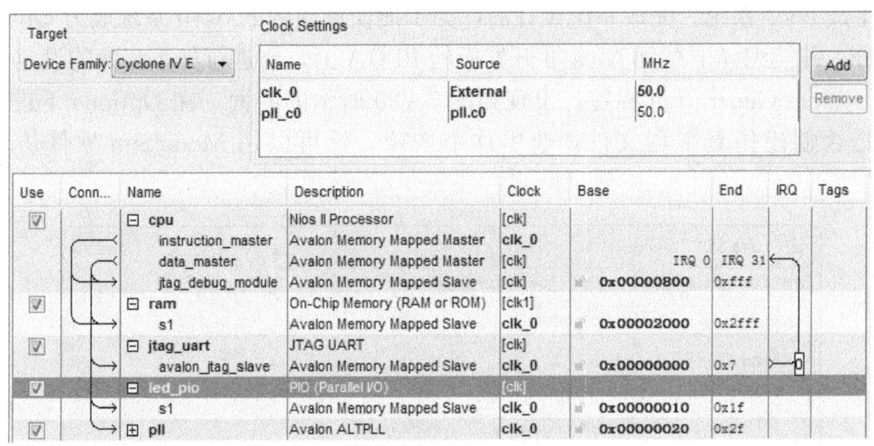

图 7-17　Clock Setting 窗口

(4) 系统设置。双击模块 CPU（如图 7-10 所示），按照图 7-18 所示对系统进行设置，使 CPU 的复位地址和运行都是从 ram 中开始。

图 7-18　设置系统运行空间

(5) 指定基地址和中断。SOPC Builder 为用户系统中的每个 IP 模块指定默认的基地址，用户可以改变这些默认的分配。如果用户自己分配的地址出现冲突，SOPC Builder 会给出警告。

选择 System→Auto-Assign Base Addresses 命令自动分配基地址，同样，选择System→Auto-Assign IRQs 命令自动分配中断。当然，中断请求号 IRQ 也可以手动设定，设定完成后如图 7-19 所示。

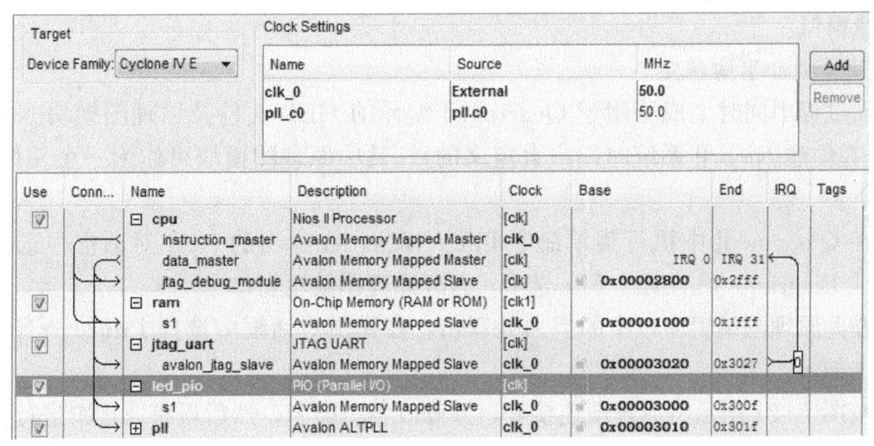

图 7-19　构建完成的 Nios Ⅱ 系统模块

（6）生成 Nios 系统。完成系统设计后，为了能使创建的 Nios Ⅱ系统成为 Quartus Ⅱ项目的一部分，并能编译下载到 Nios Ⅱ开发板的 FPGA 上，要进行如下步骤的设定。

单击 System Generation 标签，出现如图 7-20 所示的界面。在 Options 下进行如下设置：系统是否创建仿真工程文件，选中这个选项，就可以用 ModelSim 软件仿真相应的文件。

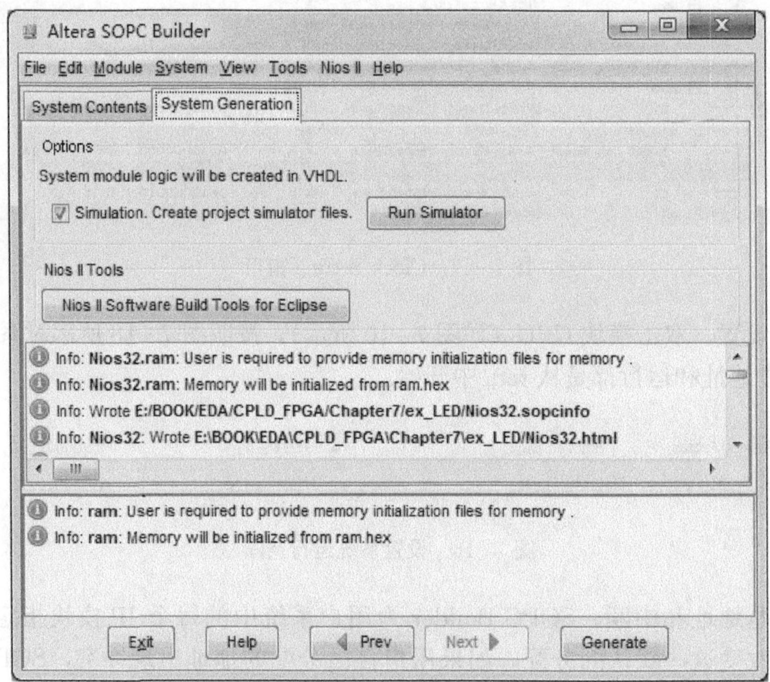

图 7-20 系统生成图

单击 Generate 按钮，SOPC Builder 会提示生成系统的进程，系统生成完成时会提示：SUCCESS：SYSTEM GENERATION COMPLETED，如图 7-20 所示。单击 Exit 按钮，退出系统生成窗口。

3. 模块生成和引脚锁定

在上面过程中同时生成了用于 Quartus Ⅱ编译的 HDL 文件及原理图模块 Nios _ LED（该名称是在创建 Nios Ⅱ系统时用户自定义的），其中原理图模块可作为一个元件来调用。其步骤如下。

（1）在 Quartus Ⅱ中执行菜单命令 File→New，在弹出的 New 对话框中选择 Design File→Block Diagram/Schematic File 选项，打开原理图编辑窗口。

（2）在此原理图编辑窗口中的空白处双击，在弹出对话框中选择 Project→Nios _ LED 选项，双击加入。

（3）按图 7-21 所示将原理图连接好，并修改各引脚名，然后再将原理图进行保存。

（4）先执行菜单命令 Processing→Start Compilation 对项目进行编译，再执行菜单命令 Assignments→Pin Planner 进行引脚锁定，然后又执行菜单命令 Processing→Start Compilation 对项目重新进行编译，以生成 ex _ LED. sof 文件。目标芯片 EP4CE30F23C8N 的引脚

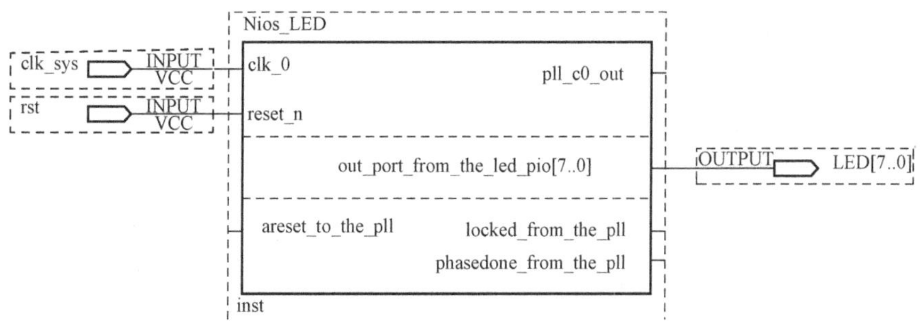

图 7-21 绘制的原理图

锁定如图 7-22 所示。

Node Name	Direction	Location	I/O Standard	Reserved	Current Strength	I/O Bank
clk_sys	Input	PIN_G1	2.5 V (default)		8mA (default)	1
LED[7]	Output	PIN_U8	2.5 V (default)		8mA (default)	3
LED[6]	Output	PIN_AB8	2.5 V (default)		8mA (default)	3
LED[5]	Output	PIN_U7	2.5 V (default)		8mA (default)	3
LED[4]	Output	PIN_V7	2.5 V (default)		8mA (default)	3
LED[3]	Output	PIN_W7	2.5 V (default)		8mA (default)	3
LED[2]	Output	PIN_Y7	2.5 V (default)		8mA (default)	3
LED[1]	Output	PIN_AA7	2.5 V (default)		8mA (default)	3
LED[0]	Output	PIN_AB7	2.5 V (default)		8mA (default)	3
rst	Input	PIN_C13	2.5 V (default)		8mA (default)	7

图 7-22 对引脚进行锁定

(5) 使用下载电缆将计算机与 FPGA 主板上的 JTAG 口连接，执行菜单命令 Tools→Programmer 打开编程器窗口，将 ex _ LED. sof 文件下载到目标芯片中。

7.5.2 基于 Nios Ⅱ IDE 的 SOPC 软件开发

Nios Ⅱ IDE 是基于开放和可扩展的 Eclipse 平台，将通用用户界面和顶级开放相结合，与第三方工具无缝地集成在一起。所有软件开发任务都可在 Nios Ⅱ IDE 下完成，包括编辑、编译和调试程序。因此，要进行 SOPC 的软件开发必须先将 Nios Ⅱ IDE 安装好。安装好 Nios Ⅱ IDE 后，可以继续以上的设计项目，在硬件下载到 FPGA 中的基础上，进行软件开发、下载和调试。

1. 项目管理

(1) 进入集成开发环境 IDE。执行“开始”→“所有程序”→Altera→Nios Ⅱ EDS 11.0 命令，将启动 Nios Ⅱ IDE 11.0，进入 Nios Ⅱ的集成开发环境 IDE。

(2) 建立 C 项目。Nios Ⅱ IDE 提供一个新建项目的向导，用于自动建立 C/C++应用程序工程和系统工程。采用项目向导，能够方便地在 Nios Ⅱ IDE 中创建新项目。执行菜单命令 New→Project，将弹出新建项目对话框，在此对话框中选择 Nios Ⅱ C/C++ Application 选项，如图 7-23 所示。单击 Next 按钮，将弹出新 C/C++应用项目设定对话框。在此对话框中提示用户指定新工程名、文件存放位置、目标硬件及新项目模板。在此新的项目设置如图 7-24 所示，项目名为：led、文件存放位置为：E:\book\EDA\CPLD_FPGA\Chapter7\ex_LED\software、目标硬件：E:\book\EDA\CPLD_FPGA\Chapter7\ex_LED \nios_LED. ptf、CPU：cpu。

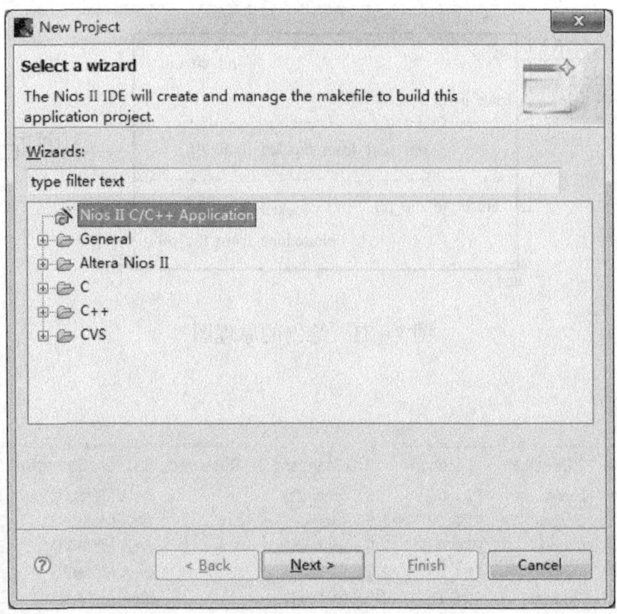

图 7-23 进入 New Project 对话框

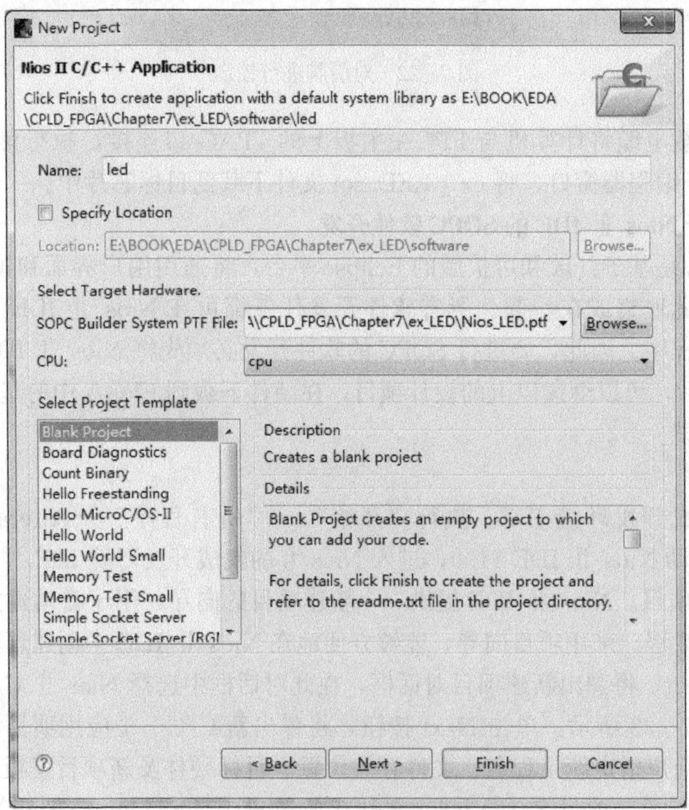

图 7-24 新 C/C++应用项目设定

选择项目模板可以帮助用户尽可能快速地推出可运行的系统，每个模板包括一系列软件文件和工程设置。如果存放程序的存储器容量很小，如 on-chip memory，那么许多模板是不可用的；否则，在后期对项目进行编译时就会出现错误。在此选择的项目模板为 Blank Project。

单击 Next 按钮，进入下一步，为项目创建系统库 system library。系统库是设备驱动程序集，提供对目标硬件的访问。这样整个新项目的创建就结束了，单击 Finish 按钮，进入新建项目界面。

在新建项目界面的左栏中，会出现两个新建的项目：led 和 led _ syslib，如图 7 - 25 所示。其中 led 就是 C/C++应用项目，而 led _ syslib 则是描述 Nios _ LED 系统硬件细节的系统库。

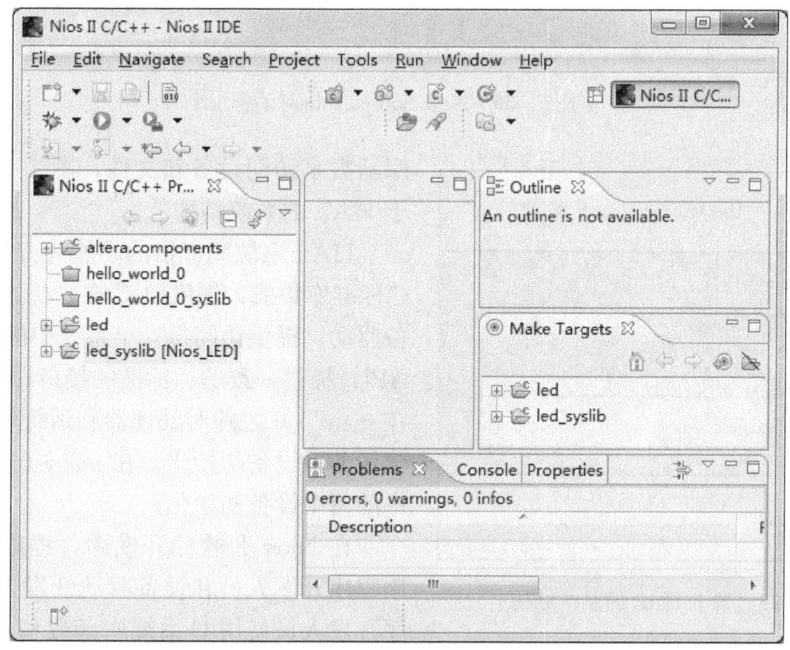

图 7 - 25 新建项目界面

在新建项目界面左栏中的项目 led 上右击，在弹出的快捷菜单中选择 New→Source File 命令，将弹出 New Source File 对话框。在此对话框中设置 Source File 为 led. c，如图 7 - 26 所示，然后单击 Finish 按钮，将创建一个 led. c 文件。

2. C 语言程序编写

(1) C 编程基础。

1) 软件组件 HAL。Nios Ⅱ IDE 使用户开发人员通过使用软件组件能快速地定制系统。软件组件（或称为系统组件）包括 Nios Ⅱ运行库（或称为 Hardware Abstract Layer 硬件抽象层 HAL)、轻量级 IP TCP/IP 库、实时操作系统（RTOS)、Altera 压缩文件系统。下面详细讨论 HAL。

a) HAL 系统库。HAL 系统库是一个简化的运行环境，为底层硬件通信程序提供简单器件驱动接口。HAL 应用程序接口（API）和 ANSI C 标准库集成在一起，允许用户使用 C

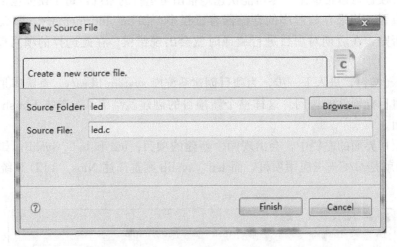

图 7 - 26　New Source File 对话框

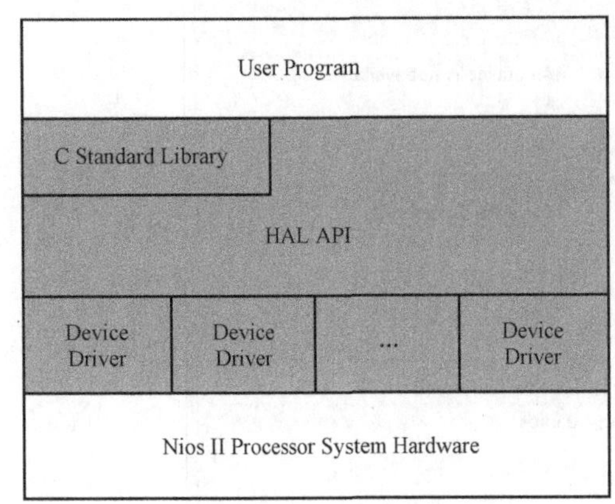

图 7 - 27　基于 HAL 的系统结构

库函数来访问设备和文件，图 7 - 27 所示为基于 HAL 的系统结构。

HAL 系统库提供的功能为：与新库 ANSI C 标准库集成，提供熟悉的 C 标准库函数；设备驱动，提供访问每一个系统中的设备；HAL API，提供一致的、标准的接口；系统初始化，在 main () 之前对处理器和运行环境执行初始化任务；设备初始化，在 main () 之前对系统中的每个设备初始化。

在 Nios Ⅱ软件开发中，程序员划分为应用程序开发人员和设备驱动开发人员。应用程序开发人员使用 C 系统库函数和 HAL API 资源编写系统 main () 程序。设备驱动开发人员完成设备驱动的开发并融合到 HAL 体系中，供应用开发人员使用。设备驱动是利用底层硬件访问宏单元直接与硬件通信。

基于 HAL 系统的应用程序对于不熟悉 Nios Ⅱ处理器软件开发者是很容易理解的。基于 HAL 系统的应用程序包括用户应用程序工程和 HAL 系统库工程两个部分。

在创建软件项目的时候，Nios Ⅱ IDE 自动生成并管理 HAL 系统库，该系统库工程依赖于有 SOPC Builder 生成的扩展名为 . ptf 的 Nios Ⅱ处理器。由于该工程的依赖结构，如果 SOPC Builder 生成的系统改变，则 Nios Ⅱ IDE 管理 HAL 系统库并且修改驱动配置来正确反映系统硬件。

b）系统描述文件 system. h。系统描述文件 system. h 是 HAL 系统库的基础，提供了完整的 Nios Ⅱ系统硬件的软件描述。该文件描述了系统中每一个外设，具体描述如下：外围设备的硬件配置、基地值、IRQ 优先权、外设的符号名。用户不需要编辑 system. h 文件，是由 Nios Ⅱ IDE 自动为 HAL 系统库工程生成的。该文件的内容不仅取决于硬件配置，还取决于 Nios Ⅱ IDE 中 HAL 系统库属性的设置。

c）数据宽度与 HAL 类型定义。由于 ANSI C 数据类型没有明确地定义数据宽度，所以 HAL 使用一套标准类型定义来代替。alt _ types. h 头文件定义了 HAL 类型定义，见表7-4。

表 7-4 HAL 类 型 定 义

类型	定义	类型	定义
alt _ 8	有符号 8 位整数	alt _ u8	无符号 8 位整数
alt _ 16	有符号 16 位整数	alt _ u16	无符号 16 位整数
alt _ 32	有符号 32 位整数	alt _ u32	无符号 32 位整数

2）PIO 组件。PIO 即通用输入输出端口，其使用比较广泛，比如在 Nios 系统中往往连接键盘、显示及接口设备控制信号。

a）PIO 内核简述。每个 PIO 内核可提供多达 32 个 I/O 端口，用户可以添加一个或多个 PIO 内核。CPU 通过读/写 PIO 接口的映射寄存器来控制 PIO 端口。在 CPU 的控制下，PIO 内核捕获输入端口的数据，传送数据到输出端口。当 PIO 端口直接与 I/O 引脚相连时，处理器通过写 PIO 控制寄存器可对 I/O 引脚进行三态控制。图 7-28 所示为多个 PIO 的应用实例。其中，一个用来控制 LED；一个用来捕获片上复位请求控制逻辑；一个用来控制片外 LCD 显示。

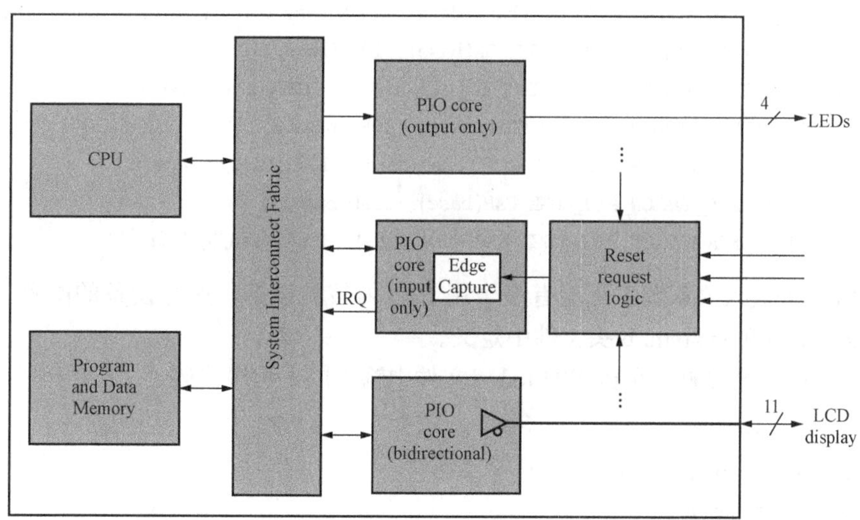

图 7-28 多个 PIO 的应用实例

b）PIO 寄存器定义。当集成到 SOPC Builder 生成的系统中，PIO 内核有两个特性对用户是可见的。

- 存储器映射的寄存器，共有 4 个：data、direction、interruptmask、edgecapture；
- 1～32 个 I/O 端口。

PIO 寄存器的描述见表 7-5。

表 7-5 **PIO 内核寄存器**

偏移地址	寄存器名称		读/写	功能描述
0	数据寄存器 DATA	读访问	读	读数据寄存器返回输入端口上的数据值
		写访问	写	向 PIO 输出端口输出新的数据值
1	方向寄存器 DIRECTION		读/写	控制每个 I/O 端口的输入/出方向，0 为输入，1 为输出
2	中断掩码寄存器 INTERRUPTMASK		读/写	每个中断输入端口的 IRQ 使能或禁止。将某位设为 1，则使能相应的端口的中断
3	边沿捕获寄存器 EDGECAPTURE		读/写	每个输入端口的边沿检测

3）PIO 软件编程。PIO 内核不属于 HAL 支持的通用设备模型的种类，所以不能通过 HAL API 或者 ANSI C 标准库来访问它，对 PIO 内核访问时必须加入 Altera 提供的 PIO 内核寄存器头文件 altera_avalon_pio_regs. h，该文件定义了 PIO 内核的寄存器映射，提供了对底层硬件的符号化的访问。

头文件 altera_avalon_pio_regs. h 部分代码如下所示。

```
# include<io. h>
# define IORD_ALTERA_AVALON_PIO_DATA(base)  IORD(base,0)
# define IOWR_ALTERA_AVALON_PIO_DATA(base,data)  IOWR(base,0,data)
# define IORD_ALTERA_AVALON_PIO_DIRECTION(base)  IORD(base,1)
# define IOWR_ALTERA_AVALON_PIO_ DIRECTION(base,data)  IOWR(base,1,data)
# define IORD_ALTERA_AVALON_PIO_IRQ_MASK(base)  IORD(base,2)
# define IOWR_ALTERA_AVALON_PIO_ IRQ_MASK(base,data)  IOWR(base,2,data)
# define IORD_ALTERA_AVALON_PIO_EDGE_CAP(base)  IORD(base,3)
# define IOWR_ALTERA_AVALON_PIO_ EDGE_CAP(base,data)  IOWR(base,3,data)
```

一个 Nios Ⅱ嵌入式系统中可能有多个用 PIO 内核的设备，这些设备的配置、基地址、中断优先级等信息在 system. h 头文件中定义。

（2）书写 C 程序代码。在新建的 led. c 文件中输入以下程序代码。

```
#include " system. h"
#include " altera_avalon_pio_regs. h"
#include " alt_types. h"
int main(void)__attribute__((weak, alias(" alt_main" )));
int alt_main(void)
{
  alt_u8 led = 0x2;
  alt_u8 i,j;
  volatile int m,n;
  while(1)
  {
    i=0x08;
```

```
    j = 0x10;
    for(m = 0;m<4;m + + )                                   //拉幕式
      {
        led = i|j;
        IOWR_ALTERA_AVALON_PIO_DATA(LED_PIO_BASE, led);
        i = i<<1;
        j = j>>1;
        n = 0;
        while(n<1000000)                                    //延时
        n+ +;
      }
    i = 0x80;
    j = 0x01;
    for(m = 0;m<8;m + + )                                   //闭幕式
      {
        led = i|j;
        IOWR_ALTERA_AVALON_PIO_DATA(LED_PIO_BASE, led);
        i = (i<<1) + 0x1;
        j = (j>>1) + 0x80;
        n = 0;
        while(n<1000000)                                    //延时
        n+ +;
      }
  }
  return 0;
}
```

在 led. c 程序中可以看到以下代码。

```
IOWR_ALTERA_AVALON_PIO_DATA(LED_PIO_BASE, led);
```

这个函数的意思是把 led 变量赋给 LED _ PIO _ BASE，LED _ PIO _ BASE 就是曾在 SOPC _ Builder 添加的 led _ pio 核的基地址。所以这里的 _ BASE 前面的名字一定要与前面图 7 - 17 中的相同。Nios Ⅱ使用地址都是用 _ BASE 表示，一定要用大写。

3. 项目编译

(1) 编译设置。在编译之前首先要对项目进行一些设置，以使编译器编译出更高效、占有空间更小的代码。右击项目管理窗口中项目名 led，在弹出的快捷菜单中选择 System Library Properties 命令，打开项目属性（Properties for lcd _ syslib）对话框。

在项目属性的 Info 页显示该项目的一些信息，不用设置。另外，好多其他的页也无须设置，这里重点介绍 C/C++ Builder 页、C/C++ Indexer 页和 System Library 页。

单击 C/C++ Builder，用户关心的选项是 Configuration 下拉列表框，选择调试模式（Debug）还是发布模式（Release）。不同的模式对应不同的编译器，优先级别和调试级别都可能不同，用户也可以自己来设置编译器的优化级别和调试级别。选用发布模式（Release）能很大程度地减少程序空间并提高程序的执行性能。在 Tool Settings 选项卡中的列表框中选择 Nios Ⅱ Compiler→General 选项。在优化级别（Optimization Levels）下拉列表中有几种不同的设置，分别为 None、Optimize（-O1）、Optimize size（-O2）、Optimize size（-O3）、Optimize size（-Os）。在此下拉列表中可以选择 Optimize size（-Os）选项，如图 7-29 所示。

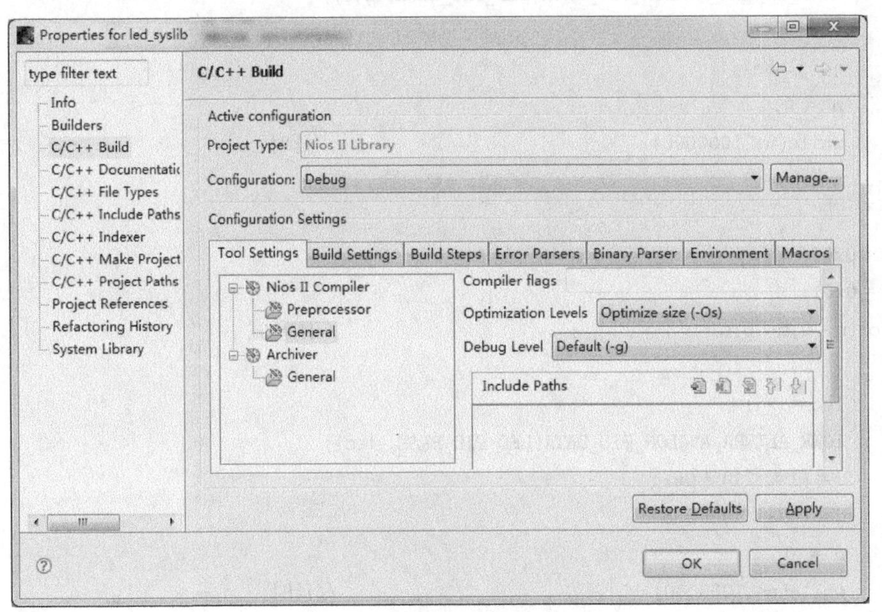

图 7-29 设置库文件优化级别

单击 C/C++ Indexer 选项，用户可以在 Available indexers 下拉列表框中选择可用的检索器，这里有三个选项，第一个选项是不使用 Indexer；第二个选项是 Fast C/C++ Index；第三个选项是 Full C/C++ Index。各种 Indexer 的特点也给出了说明。在此设置为 Fast C/C++ Index。

单击 System Library 选项，可以按图 7-30 所示进行系统库的优化设置。将 Nios II 系统的标准输出设备（stdout）、标准错误（stderr）、标准输入设备（stdin）均选择为 jtag_uart；将复选框 Clean exit（flush buffers）、Reduced device drivers、Small C library 均选中；在右面的 Program memory（.text）、Read-only data memory（.rodata）、Read/write data memory（.rwdata）、Heap memory、Stack memory 均选择 ram 选项。单击 OK 按钮，完成设置。

（2）项目编译。设置完 C/C++项目属性后，即可对项目进行编译链接，生成 elf 文件。右击要编辑的项目（led），在弹出的快捷菜单中选择 Build Project 命令。编译时，会显示编译的进度。如果没有错误，则可以看到显示的信息：Build completed，表示软件编译成功，这时还可以看到程序占用空间等信息。如果有错误，则会显示错误的原因及行号，并且在程序窗口指示错误出现的位置，然后修改错误再重新编译，直到出现 Build completed 信息为止。

本项目在编译时 IDE 会首先建立系统库项目，把源代码连接到 elf 文件中，并产生用于 ram 初始化的文件 ram.hex。由于在 ram 设置时允许 ram 初始化文件，而且处理器复位地址

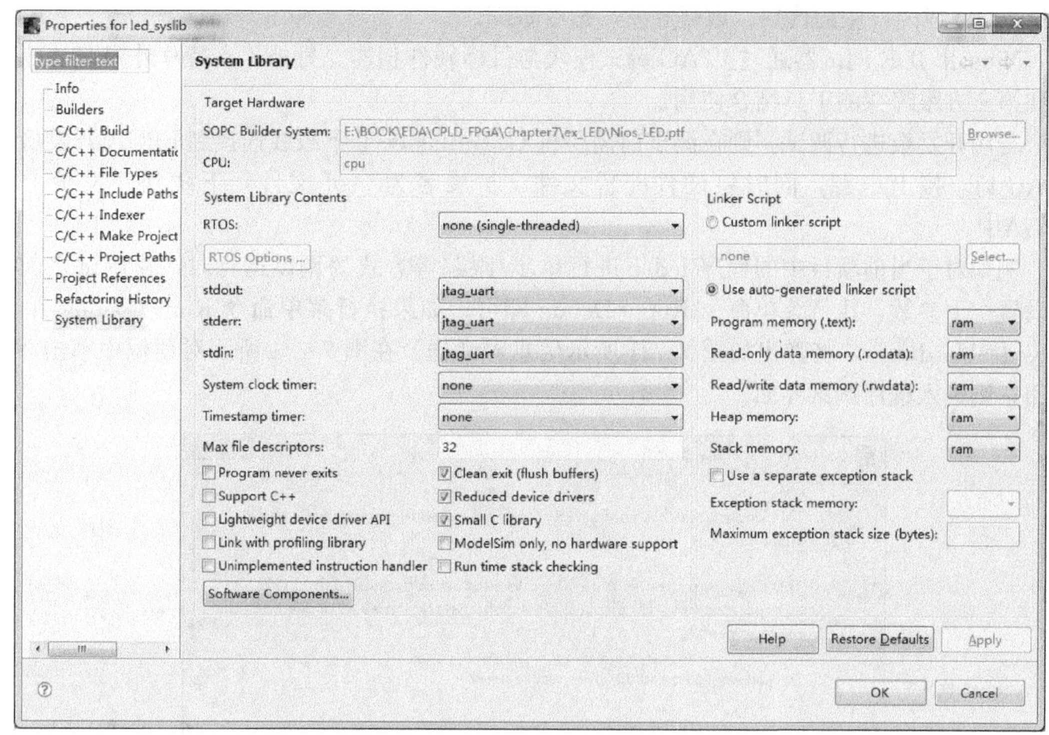

图 7-30 优化设置库

也指向了 ram，所以在 Quartus Ⅱ中全程编译时就会把软件项目中产生的 ram. hex 代码初始化到 ram 中。重新对 FPGA 编程，即可直接运行，而不需要每一次都到 Nios Ⅱ IDE 中运行了。

注意，在 Win7 下进行 C/C++ Builder 项目编译时，可能会出现“6 [main] ? (6048) D:\altera\12.0\quartus\bin\cygwin\bin\sh.exe: * * * fatal error-couldn't allocate heap, Win32 error 487, base 0x780000, top 0x790000, reserve_size 61440, allocsize 65536, page_const 4096. ……”等类似的编译错误，这显然是由于 Win7 的管理模式而发生的。通常解决该类问题的方法是在管理员模式下，进入 ALTERA 安装软件的安装根目录，找到路径 c:\altera\12.0\quartus\bin\cygwin\bin\sh.exe，选中 sh.exe 执行文件，右击，在弹出的快捷菜单中选择属性命令，在属性对话框中更改兼容模式为 Win XP sp2。采用同样的方法可以将 Make.exe、Echo.exe、Cygstart.exe、MakeInfo.exe、Perl.exe、Collect2.exe、Nios-elf-g++.exe 文件修改其兼容性。然后重新对 C/C++ Builder 项目编译即可。

4. 调试程序

Nios Ⅱ IDE 包含一个强大的、在 GNU 调试器基础之上的软件调试器 GDB。该调试器提供了许多基本调试功能，以及一些在低成本处理器开发套件中不会经常用到的高级调试功能。

Nios Ⅱ IDE 调试器包含如下的基本调试功能：运行控制、调用堆栈查看、软件断点、反汇编代码查看、调试信息查看、指令集仿真器。

除了上述 基本调试功能之外，Nios Ⅱ IDE 调试器还支持以下高级调试功能：硬件断点调试ROM或闪存中的代码、数据触发、指令跟踪。

Nios Ⅱ IDE调试器通过JTAG调试模块与目标硬件相连。另外，支持片外跟踪功能便于和第三方跟踪探测工具结合使用。

若用开发板进行调试，则在调试前需要将USB-Blaster Ⅱ下载线连接到FPGA开发板的JTAG口，接上电源，同时将硬件配置文件（扩展名为.sof文件）下载到开发板上的FPGA中。

例如对于当前项目中的程序led.c进行单步/跟踪等方式的调试运行时，在调试之前可以设置一下参数，执行菜单命令Run→Debug即可；如果执行菜单命令Run→Debug As→Nios Ⅱ Hardware，将弹出如图7-31所示信息对话框。在图7-31所示对话框中单击Yes按钮，则进入程序调试界面。

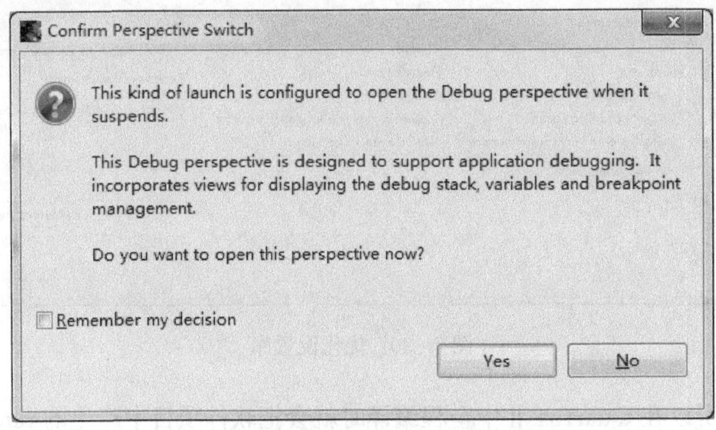

图7-31 确认选择单步/跟踪调试模式运行C程序

在程序调试界面中，选择Run菜单的各种命令即可对程序进行调试。如图7-32所示，程序的调试主要包括：Toggle Line Breakpoint（设置断点）、Skip All Breakpoints（跳过所有断点）、Resume（从当前代码处执行）、Suspend（暂停）、Terminate（停止调试）、Step Into（单步跟踪时进入子程序）、Step Over（单步跟踪时不进入子程序）、Step Ruturn（运行并跳出子程序）以及Run to Line（运行到光标所在行）等。

5. 程序运行

在项目编译调试成功之后，就可以运行程序了。在Nios Ⅱ C/C++ Project栏中右击需要运行的项目名led，在弹出的快捷菜单中选择Run As命令，在其子菜单中提供了3种运行方式：①Nios Ⅱ Hardware，为目标板运行，其功能是编译并向FPGA中的Nios CPU下载，同时全速运行该项目中的C程序；②Nios II Insruction Set Simulator，为指令集仿真器运行，其功能是编译并在虚拟的Nios II中运行程序；③Nios Ⅱ ModelSim，需使用第三方工具（ModelSim）进行RTL级仿真运行。在此选择第1种运行方式，即执行命令Run As→Nios Ⅱ Hardware进行程序的运行。如果一切没有错误，最后在下方的Console信息窗口中将出现如图7-33所示信息，表示将程序下载到Nios Ⅱ系统，并开始运行。此时，目标板上的8个LED将进行开幕式与闭幕式的花样显示了。至此，完整的开幕式与闭幕式显示系统设计完成了。

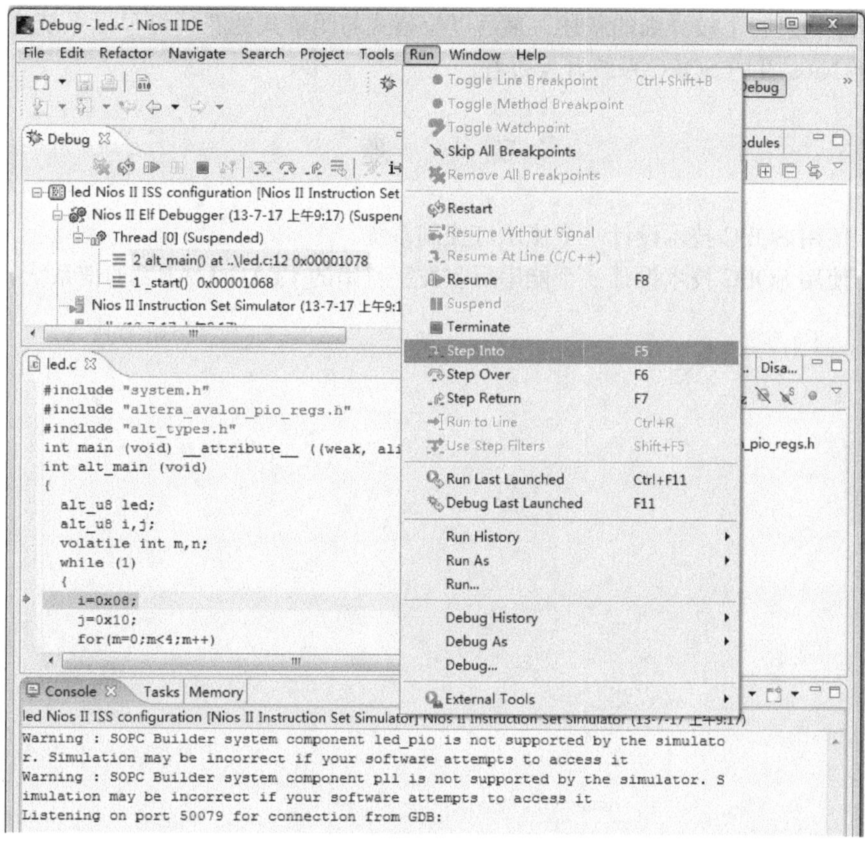

图 7-32 单步/跟踪调试

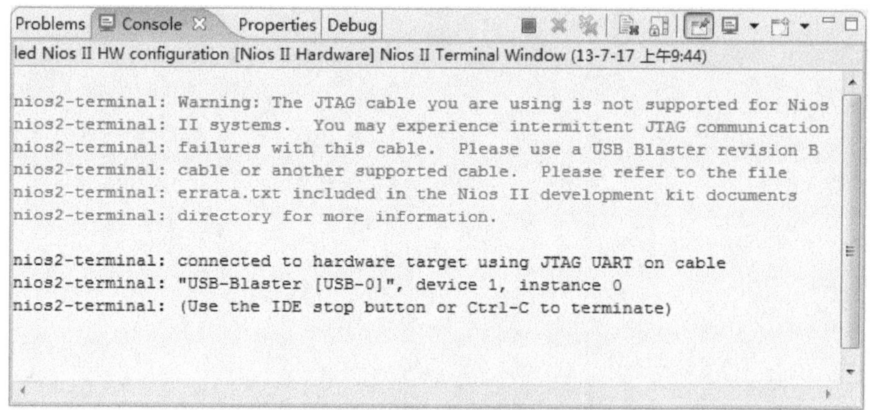

图 7-33 C程序下载成功，启动运行

小 结

SOPC是当前IC设计的发展主流，代表了半导体技术和ASIC设计的未来。本章首先对SOPC技术、SOPC Builder进行了简单介绍，然后讲述了SOPC系统设计流程，并对

SOPC 系统架构进行了较详细的叙述。最后以拉幕式与闭幕式的花样灯显示系统为例，详细讲述了基于 Nios Ⅱ的 SOPC 系统开发过程。

习　题

7-1　使用 SOPC 技术设计一个流水灯控制系统。

7-2　使用 SOPC 技术设计一个能串行收发字符串的 JTAG UART 通信系统。

8 FPGA 的显示及键盘控制

在 FPGA 系统中，显示及键盘控制属于典型的人机界面控制，是 FPGA 应用开发的基础。本章通过实例讲述发光二极管、LED 数码管、LCD 液晶的显示控制以及矩阵键盘的输入控制。

8.1 流水灯显示控制

在第 7 章通过 Nios Ⅱ实现了 LED 拉幕式与闭幕式显示控制，现使用 VHDL 程序实现 8 只 LED 发光二极管的流水灯显示控制，要求 FPGA 外接的系统时钟为 50MHz。在正常情况下，LED 发光二极管每隔 1s 循环左移 1 位显示；当按下复位按钮时，流水灯恢复初始状态（即 8 只 LED 全部熄灭）；按下暂停按钮时，暂停左移，保持原来显示状态。

8.1.1 流水灯硬件电路设计

LED（Light Emitting Diode）发光二极管是一种由磷化镓（GaP）等半导体材料制成的、能直接将电能转变成光能的发光显示器件。当其内部有一定电流通过时，它就会发光。LED 的心脏是一个半导体的 LED 芯片，晶片的一端附在一个支架上，一端是负极，另一端连接电源的正极，使整个晶片被圆形环氧树脂封装起来，其构成原理如图 8 - 1 所示。

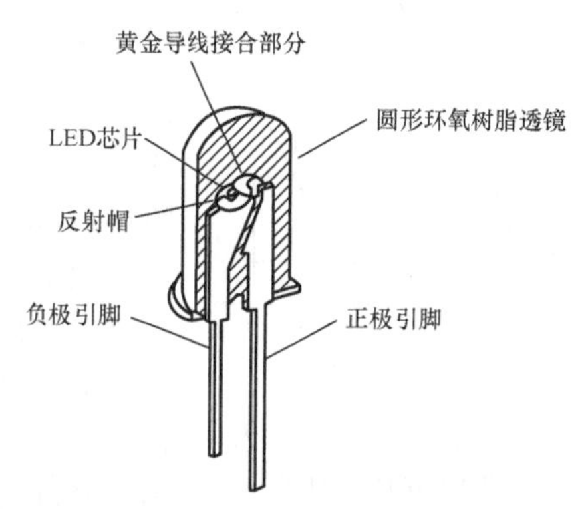

图 8 - 1 LED 构成原理

半导体芯片由两部分组成，一部分是 P 型半导体，在它里面空穴占主导地位，另一端是 N 型半导体，在这边主要是电子。但这两种半导体连接起来的时候，它们之间就形成一个“P-N 结”。当电流通过导线作用于这个晶片的时候，电子就会被推向 P 区，在 P 区里电子跟空穴复合，然后就会以光子的形式发出能量，这就是 LED 发光的原理。而光的波长也就是光的颜色，是由形成 P-N 结的材料决定的。

发光二极管还可分为普通单色发光二极管、高亮度发光二极管、超高亮度发光二极管、变色发光二极管、闪烁发光二极管、电压控制型发光二极管、红外发光二极管和负阻发光二极管等。本设计使用的是普通单色发光二极管，所以，在此只讲解普通单色发光二极管的相关知识。

普通单色发光二极管主要有发红光、绿光、蓝光、黄光的 LED 发光二极管。它们具有体积小、工作电压低、工作电流小、发光均匀稳定、响应速度快、寿命长等优点，可用各种直流、交流、脉冲等电源驱动点亮。

普通单色发光二极管的发光颜色与发光的波长有关，而发光的波长又取决于制造发光二极管所用的半导体材料。红色发光二极管的波长一般为 650～700nm，琥珀色发光二极管的波长一般为 630～650nm，橙色发光二极管的波长一般为 610～630nm，黄色发光二极管的波长一般为 585nm 左右，绿色发光二极管的波长一般为 555～570nm。

常用的国产普通单色发光二极管有 BT（厂标型号）系列、FG（部标型号）系列和 2EF 系列。常用的进口普通单色发光二极管有 SLR系列和 SLC 系列等。

普通单色发光二极管属于电流控制型半导体器件，使用时需串接合适的限流电阻。如果没有限流电阻，LED 发光二极管在工作时也会迅速发热，为了防止 LED 发光二极管过热损害，必须串联限流电阻以限制 LED 发光二极管的功耗。典型的 LED 发光二极管功率指标见表 8-1。

表 8-1　典型的 LED 发光二极管功率指标

参数	红色 LED	绿色 LED	黄色 LED	橙色 LED
最大功率（mW）	55	75	60	75
最大正向电流（mA）	160	100	80	100
最大恒定电流（mA）	25	25	20	25

LED 发光二极管的发光功率可以由其两端的电压和通过 LED 的电流来进行计算得到，公式为 $P_d=V_d\times I_d$。其中 V_d 为 LED 发光二极管的正向电压，I_d 为正向电流。

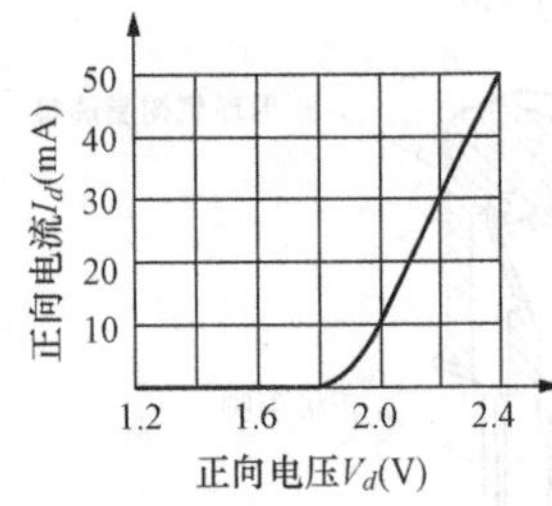

图 8-2　LED 发光二极管伏-安特性曲线

普通单色 LED 发光二极管的正向压降一般为 1.5～2.0V，其中，红色 LED 约为 1.6V，绿色 LED 约为 1.7V，黄色 LED 约为 1.8V，蓝色 LED 为 2.5～3.5V 等，它们的反向击穿电压约 5V，正向工作电流一般为 5～20mA。

LED 发光二极管的典型伏-安特性曲线如图 8-2 所示，从图中可以看出，LED 发光二极管的伏-安特性曲线很陡，使用时，根据 LED 发光二极管亮度的需要而串联限流电阻 R 以控制通过发光二极管的电流大小。为了保护 CPLD/FPGA 的驱动输出引脚，通过 LED 发光二极管的正向工作电流一般应限制在 10mA 左右，正向电压限制在 2V 左右。

限流电阻 R 可用下式计算：$R=(E-V_d)\div I_d$，E 为电源电压，假设 FPGA 使用的电压为 5V，因此 E 取 5V。

例如，若限制电流 I_d 为 10mA，LED 发光二极管的正向电压 V_d 约为 2V，从而得到限流电阻值 $R=(5V-2V)\div 10mA=300(\Omega)$。

在实际应用中，为了有效保护 FPGA 驱动输出引脚，预留一定的安全系数，一般对 LED 发光二极管驱动采用的限流电阻都要比采用 10mA 计算出的大，常用的典型值为 470Ω。

FPGA 与单片机一样，为用户提供了许多独立的输入/输出（I/O）端口。FPGA 的 I/O 可配置为输入、输出、双向、集电极开路和三态门等各种状态。8 位 LED 发光二极管的硬件电路如图 8-3 所示。

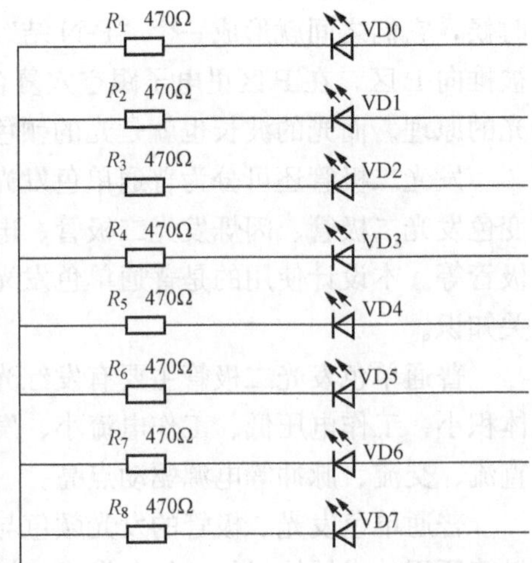

图 8-3　8 只 LED 发光二极管电路图

8.1.2 流水灯显示控制的软件设计

流水灯又称为跑马灯，是通过 FPGA 控制 8 只 LED 发光二极管 VD0～VD7 循环点亮，即刚开始时 VD0 点亮，延时片刻后，接着 VD1 亮，然后依次点亮 VD2→VD3→VD4→VD5→VD6→VD7。假设 8 位 LED 发光二极管由 8 位宽的 LED 控制，这 8 只发光二极管的循环点亮可以使用 8 个有限状态（ST1～ST8）来表示，如 ST1 时 LED 输出为"00000001"，表示 VD0 点亮；ST1 时 LED 输出为"00000010"，表示 VD1 点亮。如果按下复位按钮时，8 个发光二极管均熄灭，LED 输出为"00000000"，可以将此定义为状态 ST0。因此，流水灯显示状态数据见表 8-2。

表 8-2 流水灯显示状态数据

状态	VD7	VD6	VD5	VD4	VD3	VD2	VD1	VD0	LED 输出	功能说明
ST0	0	0	0	0	0	0	0	0	00000000	VD0～D7 熄灭
ST1	0	0	0	0	0	0	0	1	00000001	VD0 点亮
ST2	0	0	0	0	0	0	1	0	00000010	VD1 点亮
ST3	0	0	0	0	0	1	0	0	00000100	VD2 点亮
ST4	0	0	0	0	1	0	0	0	00001000	VD3 点亮
ST5	0	0	0	1	0	0	0	0	00010000	VD4 点亮
ST6	0	0	1	0	0	0	0	0	00100000	VD5 点亮
ST7	0	1	0	0	0	0	0	0	01000000	VD6 点亮
ST8	1	0	0	0	0	0	0	0	10000000	VD7 点亮

由于系统外接时钟频率（clk）为 50MHz，而流水灯要求 LED 发光二极管每隔 1s 循环左移 1 位显示，因此在编程程序时需对系统时钟分频，以产生 1Hz 的新脉冲（full）。当按下复位按钮时（rst='0'）则系统复位，将 st0 送入当前状态（CURRENT _ STATE）中，否则 full 每发生一次上升沿跳变将下一状态（NEXT _ STATE）送入当前状态（CURRENT _ STATE）中。

如果当前状态（CURRENT _ STATE）为 ST0 时，LED 输出为 00000000，暂停移位按钮按下（state _ inputs='0'），则 NEXT _ STATE 为 ST0；暂停移位按钮没有按下时，则 NEXT _ STATE 为 ST1。如果当前状态（CURRENT _ STATE）为 ST1 时，LED 输出为 00000001，暂停移位按钮按下（state _ inputs='0'）时，则 NEXT _ STATE 为 ST1；暂停移位按钮没有按下，则 NEXT _ STATE 为 ST2。编写的 VHDL 程序如下。

```
library ieee;
use ieee.std_logic_1164.all;
use ieee.std_logic_unsigned.all;
use ieee.std_logic_arith.all;
entity  LED_water  is
  port(clk:in std_logic;                          --外接系统时钟
       LED:out std_logic_vector(7 downto 0);
       rst:in std_logic;                          --外接复位按钮
       state_inputs:in std_logic);                --外接暂停按钮
```

```
end LED_water;
architecture one of LED_water is
  signal full:std_logic;
  signal d:integer range 0 to 49999999;
  type states IS(ST0,ST1,ST2,ST3,ST4,ST5,ST6,ST7,ST8);
  signal current_state,next_state:states;
  begin
  U1:process(clk)                               --系统时钟分频,以产生1Hz信号
    variable cnt8:integer;
      begin
      d<=49999999;
        if clk'event and clk='1' then
          if cnt8=d then
            full<='1';
            cnt8:=0;
          else
            cnt8:=cnt8+1;
            full<='0';
          end if;
        end if;
  end process U1;
  REG:PROCESS(rst,full)  IS                      --时序逻辑进程
      BEGIN
        IF rst='0'THEN
          CURRENT_STATE<=st0;                    --异步复位
        ELSIF(full='1' AND full'EVENT)THEN
          CURRENT_STATE<=NEXT_STATE;             --当测到时钟上升沿时转换至下一状态
        END IF;
  END PROCESS REG;                               --由CURRENT_STATE将当前状态值带出此进程,进入进程COM
  COM:PROCESS(CURRENT_STATE, STATE_INPUTS)IS     --组合逻辑进程
    BEGIN
    CASE CURRENT_STATE IS                        --确定当前状态的状态值
      WHEN ST0=>LED<="00000000";                 --初始态8只LED全部熄灭
      IF state_inputs='0' THEN                   --根据外部的状态控制输入0
        NEXT_STATE<=ST0;                         --在下一时钟后,进程REG的状态将维持为ST0
        ELSE
        NEXT_STATE<=ST1;                         --否则,在下一时钟后,进程REG的状态将为ST1
      END IF;
      WHEN ST1=>LED<="00000001";                 --对应ST1,D1点亮
      IF STATE_INPUTS ='0' THEN                  --根据外部的状态控制输入0
        NEXT_STATE<=ST1;                         --在下一时钟后,进程REG的状态将维持为ST1
      ELSE
        NEXT_STATE<=ST2;                         --否则,在下一时钟后,进程REG的状态将为ST2
```

```
END IF;
WHEN ST2 = >LED< = " 00000010 " ;          - - 以下依次类推
IF STATE_INPUTS = '0' THEN
  NEXT_STATE< = ST2;
ELSE
  NEXT_STATE< = ST3;
END IF;
WHEN ST3 = >LED< = " 00000100 " ;
IF STATE_INPUTS = '0' THEN
  NEXT_STATE< = ST3;
ELSE
  NEXT_STATE< = ST4;                      - - 否则，在下一时钟后，进程 REG 的状态将为 ST4
END IF;
WHEN ST4 = >LED< = " 00001000 " ;
IF STATE_INPUTS = '0' THEN
  NEXT_STATE< = ST4;
ELSE
  NEXT_STATE< = ST5;                      - - 否则，在下一时钟后，进程 REG 的状态将为 ST5
END IF;
WHEN ST5 = >LED< = " 00010000 " ;
IF STATE_INPUTS = '0' THEN
  NEXT_STATE< = ST5;
ELSE
  NEXT_STATE< = ST6;                      - - 否则，在下一时钟后，进程 REG 的状态将为 ST6
END IF;
WHEN ST6 = >LED< = " 00100000 " ;
IF STATE_INPUTS = '0' THEN
  NEXT_STATE< = ST6;
ELSE
  NEXT_STATE< = ST7;                      - - 否则，在下一时钟后，进程 REG 的状态将为 ST7
END IF;
WHEN ST7 = >LED< = " 01000000 " ;
IF STATE_INPUTS = '0' THEN
  NEXT_STATE< = ST7;
ELSE
  NEXT_STATE< = ST8;                      - - 否则，在下一时钟后，进程 REG 的状态将为 ST8
END IF;
WHEN ST8 = >LED< = " 10000000 " ;
IF STATE_INPUTS = '0' THEN
  NEXT_STATE< = ST8;
ELSE
  NEXT_STATE< = ST0;                      - - 否则，在下一时钟后，进程 REG 的状态将为 ST0
END IF;
```

```
    END CASE;
  END PROCESS COM;                          --由信号 NEXT_STATE 将下一状态值带出此进程，进入进程 REG
end one;
```

8.1.3 流水灯显示控制的仿真波形

由于 50MHz 转换为 1Hz 时，分频系数为 50×10^6，如果在 Quartus Ⅱ中进行波形仿真，建议将程序中赋给 d 的数值改小，否则波形仿真时会耗费大量的编译时间。也可直接将程序中的 U1 进程删除，并在 REG 进程中将 full 改为 clk 即可。流水灯显示控制的仿真波形如图 8-4 所示。

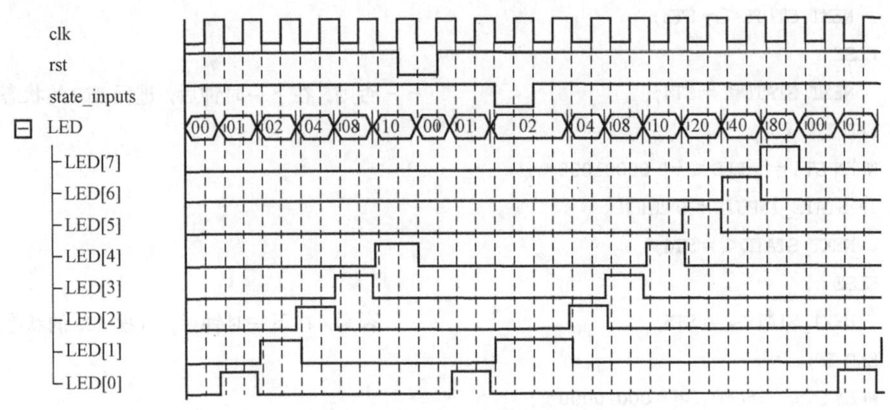

图 8-4 流水灯显示控制的仿真波形

从仿真波形中可以看出，当 rst 为低电平时，LED 输出为 00（在此为十六进制）；当 state _ inputs 为低电平时，LED 保持为前一状态。当 rst 和 state _ inputs 为高电平时，LED 输出的数值为 00→01→02→04→08→10→20→40→80。

8.1.4 流水灯显示控制的硬件验证

1. 硬件连接与引脚锁定

选用 FPGA 模块（主芯片 EP4CE30F23C8）、LED 模块（VD0～VD7）等，按图 8-5 所示进行连接。硬件连接好后，在 Quartus Ⅱ中，根据表 8-3 所示进行引脚锁定。

表 8-3 流水灯显示控制引脚锁定

信号名	FPGA 映射管脚	信号名	FPGA 映射管脚	信号名	FPGA 映射管脚
clk	PIN _ G1	LED（1）	PIN _ AA7	LED（5）	PIN _ U7
rst	PIN _ C13	LED（2）	PIN _ Y7	LED（6）	PIN _ AB8
state _ inputs	PIN _ D13	LED（3）	PIN _ W7	LED（7）	PIN _ U8
LED（0）	PIN _ AB7	LED（4）	PIN _ V7		

2. 硬件验证

锁定引脚后，在 Quartus Ⅱ中对项目重新全部编译，编译通过后将生成 LED _ water. sof 文件。用下载电缆将计算机与 FPGA 主板上的 JTAG 口连接，打开编程器窗口，将 LED _ water. sof 文件进行下载到目标芯片中。下载后，若复位按钮和暂停按钮没有按下时，VD0～VD7 这 8 个 LED 数码管每隔 1s 循环左移 1 位进行流水灯显示。按下复位按钮时，8

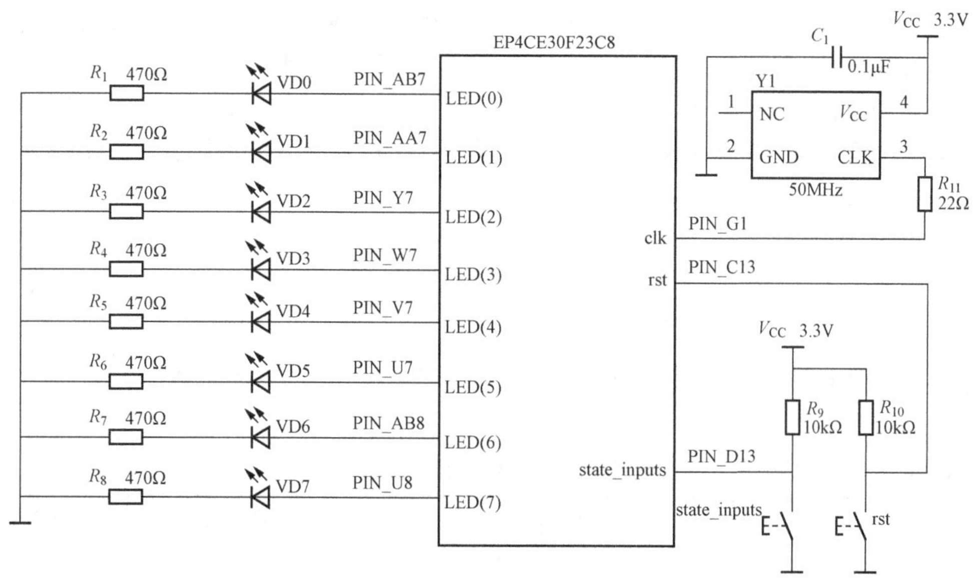

图 8-5　流水灯显示控制硬件电路连接示意图

个 LED 数码管全部熄灭，松开按钮后，从 VD0 开始左移 1 位点亮显示。在移位显示过程中，按下暂停按钮时，暂停移位保持前一个显示的状态，松开按钮后，继续移位点亮显示。

8.2　8 位数码管动态显示控制

使用 8 位共阴极数码管进行动态显示，要求每按一次左移按钮（key），数码管显示的内容循环左移 1 位。按下复位按钮（rst）时，数码管显示初始值为 87213649。

8.2.1　8 位数码管动态显示硬件电路设计

1. LED 数码管结构及字形代码

通常使用的 LED 数码管是 7 段 LED，它是由 7 个发光二极管组成。这 7 个发光二极管 a～g 呈“日”字形排列，其结构及连接如图 8-6 所示。当某一发光二极管导通时，相应地点亮某一点或某一段笔画，通过二极管不同的亮暗组合形成不同的数字、字母及其他符号。

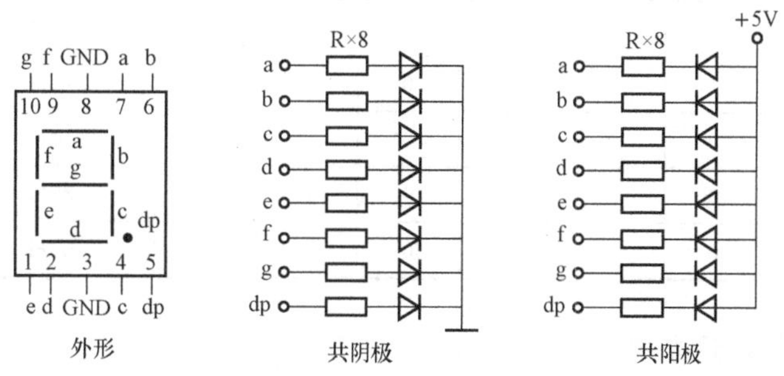

图 8-6　LED 数码管结构及连接

LED 数码管中发光二极管有两种接法：①所有发光二极管的阳极连接在一起，这种连接方法称为共阳极接法；②所有二极管的阴极连接在一起，这种连接方法称为共阴极接法。

共阳极的 LED 为低电平时对应的段码被点亮，共阴极的 LED 为高电平时对应段码被点亮。一般共阴极可以不外接电阻，但共阳极中的发光二极管一定要外接电阻。

LED 数码管的发光二极管亮暗组合实质上就是不同电平的组合，也就是为 LED 数码管提供不同的代码，这些代码称为字形代码，即段码。7 段发光二极管加上 1 个小数点 dp 共计 8 段，字形代码与这 8 段的关系如下。

数据字	VD7	VD6	VD5	VD4	VD3	VD2	VD1	VD0
LED 段	dp	g	f	e	d	c	b	a

字形代码与十六进制数的对应关系见表 8-4。从表中可以看出共阴极与共阳极的字形代码互为补数。

表 8-4　字形代码与十六进制数对应关系

字符	dp	g	f	e	d	c	b	a	段码（共阴）	段码（共阳）
0	0	0	1	1	1	1	1	1	3FH	C0H
1	0	0	0	0	0	1	1	0	06H	F9H
2	0	1	0	1	1	0	1	1	5BH	A4H
3	0	1	0	0	1	1	1	1	4FH	B0H
4	0	1	1	0	0	1	1	0	66H	99H
5	0	1	1	0	1	1	0	1	6DH	92H
6	0	1	1	1	1	1	0	1	7DH	82H
7	0	0	0	0	0	1	1	1	07H	F8H
8	0	1	1	1	1	1	1	1	7FH	80H
9	0	1	1	0	1	1	1	1	6FH	90H
A	0	1	1	1	0	1	1	1	77H	88H
B	0	1	1	1	1	1	0	0	7CH	83H
C	0	0	1	1	1	0	0	1	39H	C6H
D	0	1	0	1	1	1	1	0	5EH	A1H
E	0	1	1	1	1	0	0	1	79H	86H
F	0	1	1	1	0	0	0	1	71H	8EH
_	0	1	0	0	0	0	0	0	40H	BFH
.	1	0	0	0	0	0	0	0	80H	7FH
熄灭	0	0	0	0	0	0	0	0	00H	FFH

2. LED 数码管的显示方式

在 CPLD/FPGA 应用系统中一般需使用多个 LED 显示器，多个 LED 显示器是由 n 根位选线和 $8\times n$ 根段选线连接在一起的，根据显示方式不同，位选线与段选线的连接方法也不相同。段选线控制字符选择，位选线控制显示位的亮或暗。其连接方法如图 8-7 所示。

LED 显示器有静态显示和动态显示两种方式。

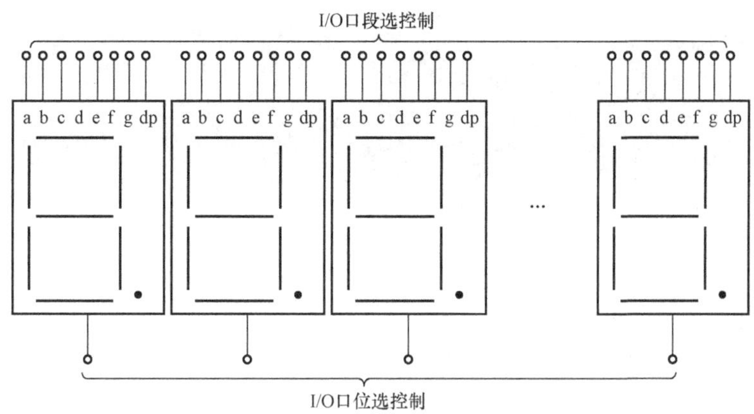

图 8-7 n 个 LED 显示器的连接

静态显示就是当 LED 显示器要显示某一个字符时，相应的发光二极管恒定地导通或截止。例如 LED 显示器要显示“0”时，a、b、c、d、e、f 导通，g、dp 截止。CPLD/FPGA 将所要显示的数据送出去后就不需再管，直到下一次显示数据需更新时再传送一次数据，显示数据稳定，占用 CPU 时间少。但这种显示方式，每一位都需要一个 8 位输出口控制，所以占用硬件多，如果 CPLD/FPGA 系统中有 n 个 LED 显示器时，需 $8\times n$ 根 I/O 口线，所占用的 I/O 资源较多，需进行扩展。

动态显示就是一位一位地轮流点亮各位显示器，对于每一位 LED 显示器来说，每隔一段时间点亮一次，即 CPU 需时刻对显示器进行刷新，显示数据有闪烁感，占用 CPU 时间较多。且显示器的点亮既跟点亮时的导通电流有关，也跟点亮时间和间隔时间的比例有关。调整电流和时间的参数，可实现亮度较高较稳定的显示。但是若显示器的位数不大于 8 位时，只需两个 8 位 I/O 口。有时为了进一步节约 I/O 口，可以将数码管的位选线由多路选择器来控制，比如 CD4051B 等。

CD4051B 是 8 选 1 模拟开关，用 3 个二进制输入信号控制 A、B、C 来选择 8 个模拟通道中的任一个为“ON”状态。若将 CD4051B 的输入控制端口 A、B、C 与 FPGA 的输出端口连接，CD4051B 的 8 个输出端子与共阴极数码管的 8 个位选线（CS0～CS7）连接时，ABC 为“000”时，CS0 有效；ABC 为“001”时，CS1 有效；ABC 为“111”时，CS7 有效。

3. 8 位数码管动态显示硬件电路

8 位共阴数码管动态显示的硬件电路截图如图 8-8 所示。图中 CD4051B 的 SGSEL0、SGSEL1、SGSEL2 与 FPGA 端口连接，作为数码管的位选控制；R1～R8 为各位数码管段选线的限流电阻，其中 SEGA、SEGB、SEGC、SEGD、SEGE、SEGF、SEGG、SEGDP 与 FPGA 端口连接。

8.2.2 8 位数码管动态显示的软件设计

根据动态显示原理可知，8 位数码管动态显示时，数码管是在位选信号的控制下逐个点亮。由于系统外接时钟频率为 50MHz，逐个点亮后相应的 LED 要保持相应的时间，所以在程序中还需要产生新的时钟信号（clk_new），该任务可由 P0 和 P1 进程来完成。由于是 8 位 LED 数码管动态显示控制，因此，可以定义 8 个状态元素 st0～st7。在 P2 进程中，clk_

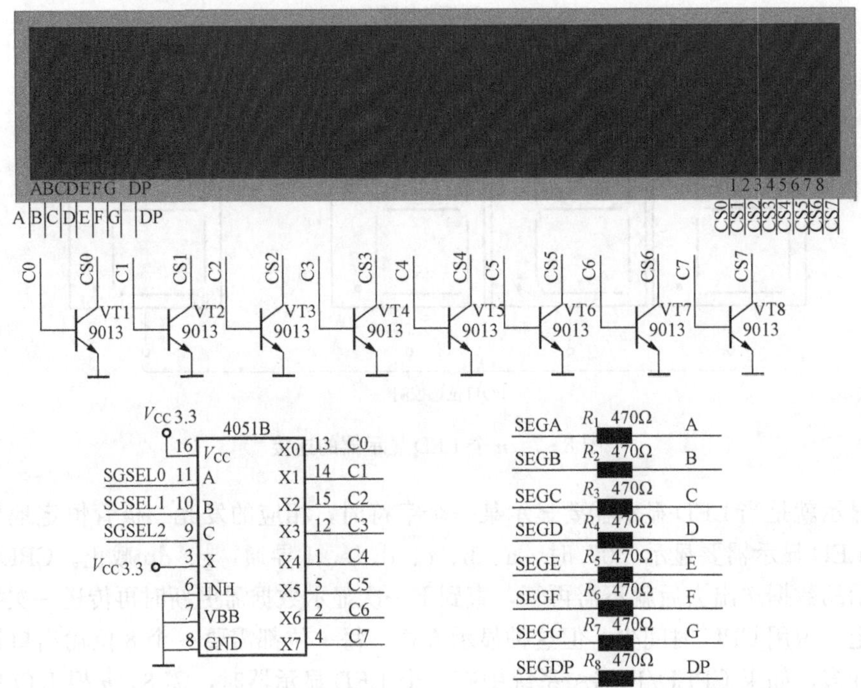

图 8-8　8 位数码管动态显示硬件电路截图

new 每发生上升沿跳变时，如果复位信号（rst）有效，则当前状态 current _ state 为 st0，否则将下一状态（next _ state）送入当前状态中（current _ state）中，并且判断移位按钮（key）是否按下，如果 key 按下了，则 cnl 统计 key 的按下次数。如果 cnl 等于 7，则 key 按下时，将 cnl 清零；如果 cnl 不等于 7，则 key 按下时，cnl 加 1。在 P3 进程中，clk _ new 每发生上升沿跳变时，根据 current _ state 的状态元素来决定 next _ state 的状态元素，例如 current _ state 的状态元素为 st3 时，则将 st4 送入 next _ state 中。在 P4 进程中，根据 cnl 的值来决定各位数码管的段码值。在 P5 进程中，根据 current _ state 的状态元素来决定某一位数码显示。编程的 VHDL 程序如下。

```
library ieee;
use ieee.std_logic_1164.all;
use ieee.std_logic_arith.all;
use ieee.std_logic_unsigned.all;
entity ex_led_disp is
  generic(n:integer: = 25000;
          m:integer: = 8);
  port(clk_sys:in std_logic;
       rst:in std_logic;
       key:in std_logic;
       cs:out std_logic_vector(2 downto 0);
       LED:out std_logic_vector(7 downto 0));
end ex_led_disp;
```

```
architecture one of ex_led_disp is
 type states is(st0,st1,st2,st3,st4,st5,st6,st7);
 signal current_state,next_state:states;
 signal full:std_logic;
 signal clk_new:std_logic;
 signal cnt:integer range 0 to n;
 signal cnm:integer range 0 to m;
 signal cnl:integer range 0 to 7;
 signal led1,led2,led3,led4:std_logic_vector(7 downto 0);
 signal led5,led6,led7,led8:std_logic_vector(7 downto 0);
 begin
   P0:process(clk_sys)
   begin
     if clk_sys'event and clk_sys = '1' then
       if cnt = n - 1 then
         cnt<= 0; full<= '1';
       else
         cnt<= cnt + 1; full<= '0';
       end if;
     end if;
 end process P0;
 P1:process(full)
   begin
     if full'event and full = '1' then
         clk_new<= not clk_new;
     end if;
 end process P1;
 P2:process(rst,clk_new,key)
   begin
     if rst = '0' then
       current_state<= st0; cnl<= 0;
     elsif clk_new'event and clk_new = '1' then
       current_state<= next_state;
       if key = '0' then
         if cnl = 7 then
           cnl<= 0;
         else
           cnl<= cnl + 1;
         end if;
       end if;
     end if;
 end process P2;
 P3:process(clk_new,current_state)
```

```
    begin
      if clk_new'event and clk_new = '1' then
        case current_state is
        when st0 = >next_state< = st1;
        when st1 = >next_state< = st2;
        when st2 = >next_state< = st3;
        when st3 = >next_state< = st4;
        when st4 = >next_state< = st5;
        when st5 = >next_state< = st6;
        when st6 = >next_state< = st7;
        when st7 = >next_state< = st0;
        when others = >null;
      end case;
    end if;
  end process P3;
  P4:process(cnl)                                        --初始显示 87213649
    begin
      case cnl is
        when 0 = >led8< = " 01111111" ; led7< = " 00000111" ;
                led6< = " 01011011" ; led5< = " 00000110" ;
                led4< = " 01001111" ; led3< = " 01111101" ;
                led2< = " 01100110" ; led1< = " 01101111" ;
        when 1 = >led7< = " 01111111" ; led6< = " 00000111" ;
                led5< = " 01011011" ; led4< = " 00000110" ;
                led3< = " 01001111" ; led2< = " 01111101" ;
                led1< = " 01100110" ; led8< = " 01101111" ;
        when 2 = >led6< = " 01111111" ; led5< = " 00000111" ;
                led4< = " 01011011" ; led3< = " 00000110" ;
                led2< = " 01001111" ; led1< = " 01111101" ;
                led8< = " 01100110" ; led7< = " 01101111" ;
        when 3 = >led5< = " 01111111" ; led4< = " 00000111" ;
                led3< = " 01011011" ; led2< = " 00000110" ;
                led1< = " 01001111" ; led8< = " 01111101" ;
                led7< = " 01100110" ; led6< = " 01101111" ;
        when 4 = >led4< = " 01111111" ; led3< = " 00000111" ;
                led2< = " 01011011" ; led1< = " 00000110" ;
                led8< = " 01001111" ; led7< = " 01111101" ;
                led6< = " 01100110" ; led5< = " 01101111" ;
        when 5 = >led3< = " 01111111" ; led2< = " 00000111" ;
                led1< = " 01011011" ; led8< = " 00000110" ;
                led7< = " 01001111" ; led6< = " 01111101" ;
                led5< = " 01100110" ; led4< = " 01101111" ;
        when 6 = >led2< = " 01111111" ; led1< = " 00000111" ;
```

```
                led8<="01011011";led7<="00000110";
                led6<="01001111";led5<="01111101";
                led4<="01100110";led3<="01101111";
        when 7=>led1<="01111111";led8<="00000111";
                led7<="01011011";led6<="00000110";
                led5<="01001111";led4<="01111101";
                led3<="01100110";led2<="01101111";
        when others=>null;
      end case;
  end process P4;
  P5:process(current_state)
    begin
      case current_state is
        when st0=>LED<=led1;cs<="000";
        when st1=>LED<=led2;cs<="001";
        when st2=>LED<=led3;cs<="010";
        when st3=>LED<=led4;cs<="011";
        when st4=>LED<=led5;cs<="100";
        when st5=>LED<=led6;cs<="101";
        when st6=>LED<=led7;cs<="110";
        when st7=>LED<=led8;cs<="111";
        when others=>null;
      end case;
  end process P5;
end one;
```

8.2.3 8 位数码管动态显示的仿真波形

由于系统时钟为 50MHz，如果在 Quartus Ⅱ 中进行波形仿真，建议将程序中 n 的数值改小，否则波形仿真时会耗费大量的编译时间。也可直接将程序中的 P0、P1 进程删除，并在 P2 进程中将 clk _ new 改为 clk _ sys 即可。8 位数码管动态显示的仿真波形如图 8 - 9 所示。

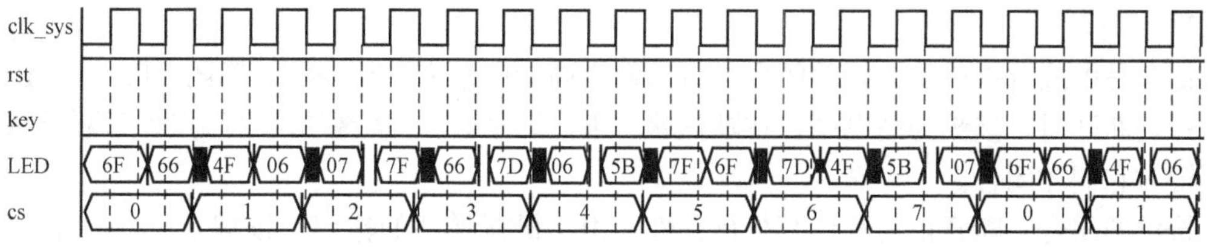

图 8 - 9 8 位数码管动态显示的仿真波形

8.2.4 8 位数码管动态显示的硬件验证

1. 硬件连接与引脚锁定

选用 FPGA 模块（主芯片 EP4CE30F23C8）、LED 数码管显示模块等进行硬件电路的连接。连接好后，在 Quartus Ⅱ 中，根据表 8 - 5 所示进行引脚锁定。

表 8-5　8 位数码管动态显示的引脚锁定

信号名	FPGA 映射管脚	信号名	FPGA 映射管脚	信号名	FPGA 映射管脚
clk _ sys	PIN _ G1	cs(2)	PIN _ AA8	LED(4)	PIN _ V11
rst	PIN _ C13	LED(0)	PIN _ W10	LED(5)	PIN _ U11
key	PIN _ D13	LED(1)	PIN _ V10	LED(6)	PIN _ T11
cs(0)	PIN _ AA10	LED(2)	PIN _ U10	LED(7)	PIN _ Y8
cs(1)	PIN _ Y10	LED(3)	PIN _ T10		

2. 硬件验证

锁定引脚后，在 Quartus Ⅱ 中对项目重新全部编译，编译通过后将生成 ex _ led _ disp. sof 文件。用下载电缆将计算机与 FPGA 主板上的 JTAG 口连接，打开编程器窗口，将 ex _ led _ disp. sof 文件进行下载到目标芯片中。下载后，若复位按钮和移位按钮没有按下时，8 位共阴极 LED 数码管显示为“87213649”。每按一次移位按钮时，显示的数字循环左移 1 位，例如第 2 次按下移位按钮时，显示内容为“21364987”。如果按下复位按钮时，数码管显示为“87213649”。

8.3 矩阵键盘控制

使用 CPLD/FPGA 外接一个 4×4 的矩阵键盘，要求对矩阵键盘每个按键进行编码、扫描判断出用户按下是哪个键，通过 LED 显示该键值，并将原来显示的数据依次左移 1 位。

8.3.1 矩阵键盘硬件电路设计

键盘是一组按键的集合，它是最常用的 CPLD/FPGA 输入设备。操作人员可以通过键盘输入数据或命令，实现简单的人一机通信。

键盘按其结构形式可分为编码键盘和非编码键盘两种方式。编码键盘通过硬件的方法产生键码，能自动识别按下的键并产生相应的键码值，以并行或串行的方式发送给 CPU，它接口简单，响应速度快，但需专用的硬件电路；非编码键盘通过软件的方法产生键码，它不需专用的硬件电路，结构简单成本低廉，但响应速度没有编码键盘快。为了减少电路的复杂程度，节省 CPU 的 I/O 口，因此非编码键盘在应用系统中使用得非常广泛。

1. 去抖动

键盘是由按键构成的，键的闭合与否通常用高低电平来进行检测，键闭合时，该键为低电平；键断开时，该键为高电平。在默认状态下（即平时），按键的两个触点处于断开状态，按下键时它们才闭合。

按键的闭合与断开都是利用其机械弹性，由于机械弹性的作用，按键（K）在闭合与断开的瞬间均有抖动过程，如图 8-10 所示。抖动的时间长短由按键的机械特性决定，一般为 5～10ms。

在触点抖动期间检测按键的通与断状态，可能导致判断出错，即按键一次按下或释放被错误地认为是多次操作，这种情况是不允许出现的。为了克服按键触点机械抖动所致的错误，使 CPU 对键的一次闭合仅作一次键输入处理，必须采取去抖动措施。

去抖动有用硬件的方法和软件的方法两种。比如采用 RS 触发器（双稳态触发器）构成

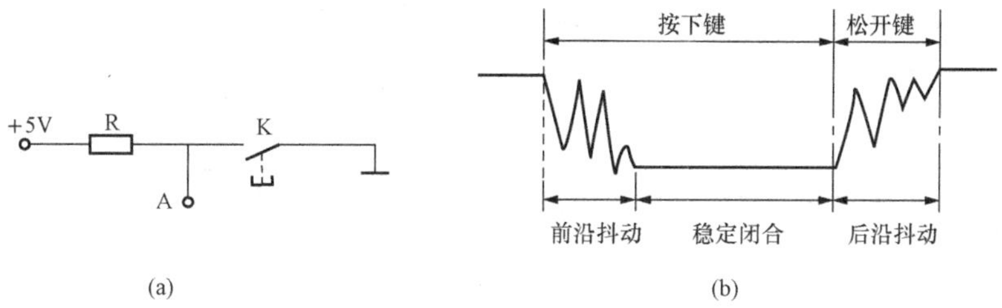

图 8-10 按键时的抖动

(a) 键输入；(b) 键抖动

的去抖电路、单稳态触发器构成的去抖电路、滤波电路防抖电路，这些是硬件去抖法，如图 8-11 所示。在图 8-11（a）中当按键 K 未按下时，输出为 1；当 K 按下时，输出为 0。此时即使用按键的机械性能，使按键因弹性抖动而产生瞬时断开（抖动跳开 B)，只要按键不返回原始状态 A，双稳态电路的状态不改变，输出保持为 0，不会产生抖动的波形。也就是说，即使 B 点的电压波形是抖动的，但经双稳态电路之后，其输出为正规的矩形波。

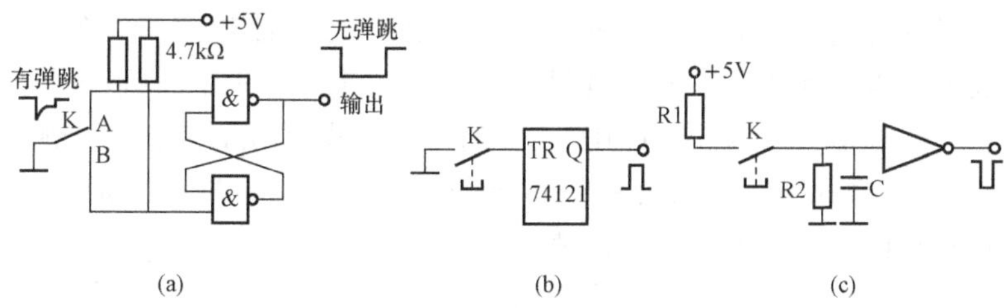

图 8-11 硬件去抖

(a) 双稳态去抖电路；(b) 单稳态去抖电路；(c) 滤波去抖电路

软件去抖法就是检测到有键按下时，执行一个 10～20ms 的延时子程序后，再确认该键是否仍保持闭合状态，若仍闭合则确认为此键按下，消除了抖动影响，其软件去抖流程图如图 8-12 所示。

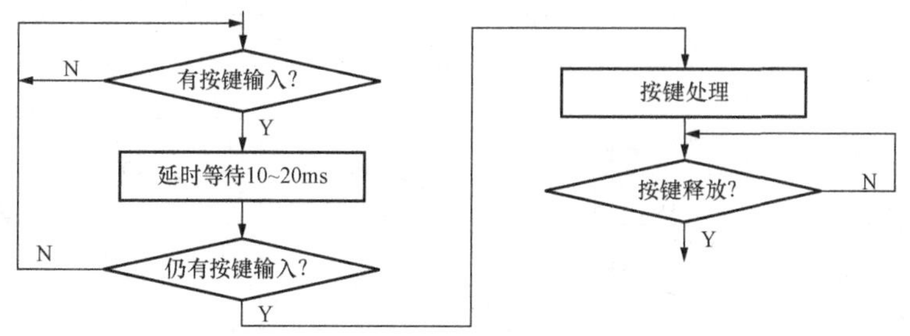

图 8-12 软件去抖流程图

2. 键盘结构

键盘可以分为独立连接式和矩阵式两类，每一类按其译码方法又都可以分为编码及非编码两种类型，本书所使用的键盘均为非编码键盘。

独立连接式键盘是直接用 I/O 口线构成的单个按键电路，其特点是每个按键接一根输入线，占用一根 I/O 口线，各键的工作状态互不影响。如图 8-13 所示。

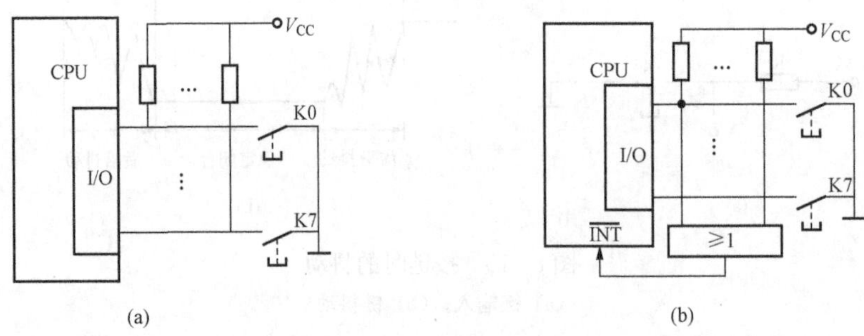

图 8-13 独立连接式键盘电路

(a) 查询方式；(b) 中断方式

独立连接式键盘电路配置灵活，软件结构简单，但每个按键必须占用一根 I/O 口线，所以在按键较多时，I/O 口线浪费较大，不宜采用。

3. 矩阵键盘硬件电路

矩阵式键盘又称行列式键盘。用 FPGA/CPLD 的 I/O 口线组成行、列结构，行列线分别连在按键开关的两端，列线通过上拉电阻接至电源，使无键按下时列线处于高电平状态。按键设置在行、列线的交叉点上。例如用 3×3 的行列结构可构成 9 个键的键盘，用 4×4 的行列结构可构成 16 个键的键盘。4×4 矩阵键盘的硬件电路如图 8-14 所示，在图中，假定已对每个按键进行编码，并标上相应的键值。

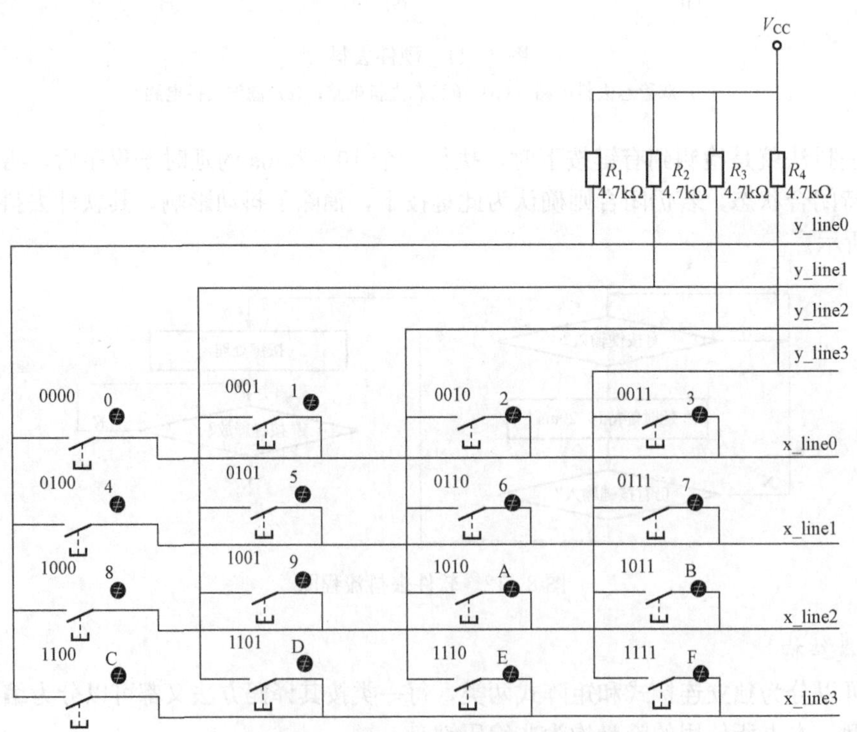

图 8-14 4×4 矩阵式键盘的硬件电路图

由于 y _ line（y _ line3～y _ line0）通过上拉电阻（R4～R1）接连到电源 V_{CC}，所以当没有键按下时，y _ line 的值应为“1111”；当有键按下（例如，被按下键的编码为 1001）时，FPGA 输出的行扫描信号 x _ line（x _ line3～x _ line0）连续为“1110”→“1101”→“1011”→“0111”。若 x _ line 等于“1011”，即 y _ line2 为低时，x _ line1 也为低，则表示 FPGA/CPLD 判断出编码为“1001”的按键被按下。

8.3.2 矩阵键盘的软件设计

使用 VHDL 设计一个 4×4 的矩阵键盘及显示电路时，由于系统外接时钟频率为 50MHz，需对此频率进行分频，因此矩阵键盘应由键盘扫描模块（key _ scan）、LED 键盘显示电路模块（ex _ led _ disp）和分频模块（freq）等模块构成，其系统的内部结构如图 8-15 所示。

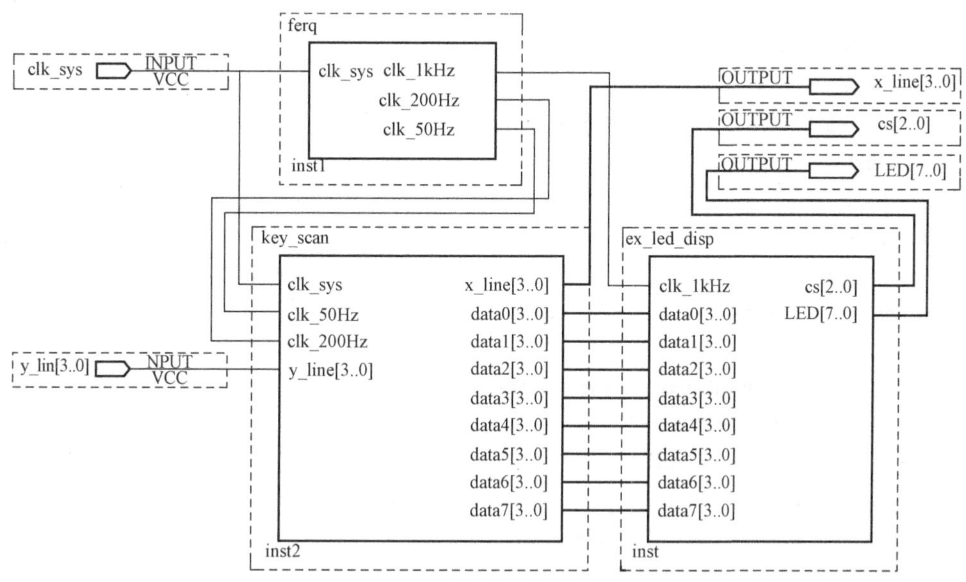

图 8-15 矩阵键盘的内部构成

1. 分频模块

由于系统外接时钟频率为 50MHz，在矩阵键盘中按键的扫描频率通常在 1～10kHz，按键的软件去抖动延时为 10～20ms，再加上 LED 数码管动态显示时，需要动态扫描显示时间，因此需对系统输入脉冲进行分频，使其产生合适的时钟频率。需要产生的时钟频率主要有 200Hz、50Hz 和 1kHz。其中 200Hz 时钟频率的脉冲信号作为按键去抖动使用；50Hz 时钟频率的脉冲信号作为按键扫描频率使用；1kHz 时钟频率的脉冲信号作为 LED 数码管动态显示使用。分频模块的程序编写如下。

```
library ieee;
use ieee.std_logic_1164.all;
use ieee.std_logic_arith.all;
use ieee.std_logic_unsigned.all;
entity freq is
  generic(clk1kHz:integer:=50000;                    --设置 1kHz 的分频系数
```

```
          clk200Hz:integer:= 250000;                    --设置 200Hz 的分频系数
          clk50Hz:integer:= 1000000);                   --设置 50Hz 的分频系数
    port(clk_sys:in std_logic;
        clk_1kHz,clk_200Hz,clk_50Hz:out std_logic);
  end freq;
  architecture one of freq is
    begin
      P1:process(clk_sys)                               --产生 1kHz 信号
      variable cnt1:integer range 0 to clk1kHz;
      begin
        if clk_sys'event and clk_sys = '1' then
          if cnt1 = clk1kHz - 1 then
              cnt1:= 0;   clk_1kHz <= '1';
            else
              cnt1:= cnt1 + 1;   clk_1kHz <= '0';
            end if;
        end if;
      end process P1;
      P2:process(clk_sys)                               --产生 200Hz 信号
      variable cnt2:integer range 0 to clk200Hz;
        begin
            if clk_sys'event and clk_sys = '1' then
              if cnt2 = clk200Hz - 1 then
                  cnt2:= 0;   clk_200Hz <= '1';
                else
                  cnt2:= cnt2 + 1;   clk_200Hz <= '0';
                end if;
            end if;
      end process P2;
      P3:process(clk_sys)                               --产生 50Hz 信号
      variable cnt3:integer range 0 to clk50Hz;
        begin
            if clk_sys'event and clk_sys = '1' then
              if cnt3 = clk50Hz - 1 then
                  cnt3:= 0;   clk_50Hz <= '1';
                else
                  cnt3:= cnt3 + 1;   clk_50Hz <= '0';
                end if;
          end if;
      end process P3;
  end one;
```

2. 键盘扫描模块

在扫描时，首先检测是否有键按下，如果有键按下再通过软件去抖动的方法来确认是否真的有键按下。如果确实有键按下，就采用扫描方式来判断是哪个键按下。假定FPGA的行扫描信号 x _ line（x _ line3～x _ line0）连续为“1110”→“1101”→“1011”→“0111”，然后在每个行描信号 x _ line 判断列信号 y _ line（y _ line～y _ line0）中看哪个 y _ line为低，若为低，表示该键按下。将行与列的状态并置可形成按键代码 kcode，根据 kcode 值使 dat 选择输出矩阵键盘编码 0000～1111。要实现左移1位，将 dat 值并置在 data _ r（27 downto 0）后面，形成32位矢量长度的 data _ r。然后将 data _ r 通过 data0～data7 输出即可。键盘扫描模块的程序编写如下。

```
library ieee;
use ieee.std_logic_1164.all;
use ieee.std_logic_arith.all;
use ieee.std_logic_unsigned.all;
entity key_scan is
  port(clk_sys:in std_logic;
        clk_50Hz:in std_logic;
        clk_200Hz:in std_logic;
            y_line:in std_logic_vector(3 downto 0);
            x_line:out std_logic_vector(3 downto 0);
            data0,data1,data2,data3:out std_logic_vector(3 downto 0);
        data4,data5,data6,data7:out std_logic_vector(3 downto 0));
end key_scan;
architecture two of key_scan is
  signal cnt:std_logic_vector(1 downto 0);                --行扫描计数器
  signal flag,flag_a,flag_b,flag_c:std_logic;             --按键输出标志
  signal x_reg:std_logic_vector(3 downto 0);              --行键译码
  signal y_reg:std_logic_vector(3 downto 0);              --列键译码
  signal key_disp: STD_LOGIC_VECTOR(31 downto 0);
  SIGNAL data_r: STD_LOGIC_VECTOR(31 downto 0);
  signal dat:std_logic_vector(3 downto 0);                --暂存键值
  signal kcode:std_logic_vector(7 downto 0);              --行列键码
  signal y_edg,y_r,y_a,y_b,y_c:std_logic_vector(3 downto 0);
  begin
    data0<=data_r(3 downto 0);  data1<=data_r(7 downto 4);
      data2<=data_r(11 downto 8);  data3<=data_r(15 downto 12);
      data4<=data_r(19 downto 16);  data5<=data_r(23 downto 20);
      data6<=data_r(27 downto 24);  data7<=data_r(31 downto 28);
  P1:process(clk_200Hz)                                   --200Hz时钟信号作为去抖动控制信号
     begin
        if clk_200Hz'event and clk_200Hz='1' then
            y_a<=y_line;
            y_b<=y_a;
            y_c<=y_b;
          end if;
```

```
end process P1;
P2:process(clk_sys)                                   --按键去抖动输出信号(低电平有效)
  begin
    if clk_sys'event and clk_sys = '1' then
       y_r<= y_a or y_b or y_c;
       y_reg<= y_r;
     end if;
     y_edg<= (not y_r)and y_reg;                      --按键下降沿检测
end process P2;
P3:process(y_edg)                                     --有键按下标志
  begin
    if y_edg = "0000" then flag_a<= '0';
     else flag_a<= '1';
     end if;
end process P3;
P4:process(clk_sys)                                   --有键按下处理
  begin
   if clk_sys'event and clk_sys = '1' then
       flag_b<= flag_a;
       flag_c<= flag_b;
       flag<= flag_c;
   end if;
end process P4;
P5:process(clk_sys)
  begin
   if clk_sys'event and clk_sys = '1' then
      x_line<= x_reg;
      if flag_b = '1' then
         kcode<= x_reg & y_reg;                       --扫描该行有键按下,将行列状态送 kcode
       elsif clk_50Hz = '1' then                      --扫描该行无键按下,等待 0.02s
         cnt<= cnt + 1;                               --扫描下一行
       end if;
   end if;
end process P5;
P6:process(cnt)                                       --行扫描
  begin
     case cnt is
       when "00" =>x_reg<= "1110";
       when "01" =>x_reg<= "1101";
       when "10" =>x_reg<= "1011";
       when "11" =>x_reg<= "0111";
       when others =>x_reg<= "1111";
     end case;
```

```
end process P6;
P7:process(clk_sys,kcode)
   begin
      if clk_sys'event and clk_sys = '1' then
         case kcode is
           when "11101110" =>dat<="0001"; when "11101101" =>dat<="0010";
           when "11101011" =>dat<="0011"; when "11100111" =>dat<="1010";
           when "11011110" =>dat<="0100"; when "11011101" =>dat<="0101";
           when "11011011" =>dat<="0110"; when "11010111" =>dat<="1011";
           when "10111110" =>dat<="0111"; when "10111101" =>dat<="1000";
           when "10111011" =>dat<="1001"; when "10110111" =>dat<="1100";
           when "01111110" =>dat<="1110"; when "01111101" =>dat<="0000";
           when "01111011" =>dat<="1111"; when "01110111" =>dat<="1101";
           when others =>dat<= null;
         end case;
       end if;
end process P7;
  P8:process(clk_sys,flag)                          --按键值移位
  begin
    if clk_sys'event and clk_sys = '1' then
      if flag = '1' then
        data_r<= data_r(27 downto 0)& dat;           --存储键值
        end if;
    end if;
  end process P8;
end two;
```

3. LED 键盘显示电路模块

LED 键盘显示电路模块实质上就是 8 位 LED 数码管的动态显示模块。在 8.2.2 节中讲述了 LED 数码管动态显示控制，只不过在 8.2.2 中 LED 数码管是根据要求实现移位动态显示，并且显示数据在程序中给定了，而在本设计中 LED 数码管是根据 data0～data7 输入的内容进行显示，因此本设计的 LED 动态显示程序与 8.2.2 中的程序是不同的。设计的 LED 数码管动态显示模块的程序编写如下。

```
library ieee;
use ieee.std_logic_1164.all;
use ieee.std_logic_arith.all;
use ieee.std_logic_unsigned.all;
entity ex_led_disp is
  port(clk_1kHz:in std_logic;
        data0,data1,data2,data3:in std_logic_vector(3 downto 0);
        data4,data5,data6,data7:in std_logic_vector(3 downto 0);
        cs:out std_logic_vector(2 downto 0);
        LED:out std_logic_vector(7 downto 0));
```

```
end ex_led_disp;
architecture three of ex_led_disp is
  type states is(st0,st1,st2,st3,st4,st5,st6,st7);
  signal current_state,next_state:states;
  signal data:std_logic_vector(3 downto 0);
  begin
  P1:process(clk_1kHz)
    begin
    if clk_1kHz'event and clk_1kHz = '1' then
        current_state< = next_state;
    end if;
  end process P1;
  P2:process(clk_1kHz,current_state)
     begin
       if clk_1kHz'event and clk_1kHz = '1' then
         case current_state is
           when st0 = >next_state< = st1;
           when st1 = >next_state< = st2;
           when st2 = >next_state< = st3;
           when st3 = >next_state< = st4;
           when st4 = >next_state< = st5;
           when st5 = >next_state< = st6;
           when st6 = >next_state< = st7;
           when st7 = >next_state< = st0;
           when others = >null;
       end case;
     end if;
  end process P2;
  P3:process(data)
     begin
     case data is
         when "0000" = >LED< = "00111111";          --0
         when "0001" = >LED< = "00000110";          --1
         when "0010" = >LED< = "01011011";          --2
         when "0011" = >LED< = "01001111";          --3
         when "0100" = >LED< = "01100110";          --4
         when "0101" = >LED< = "01101101";          --5
         when "0110" = >LED< = "01111101";          --6
         when "0111" = >LED< = "00000111";          --7
         when "1000" = >LED< = "01111111";          --8
         when "1001" = >LED< = "01101111";          --9
         when "1010" = >LED< = "01110111";          --A
         when "1011" = >LED< = "01111100";          --B
```

```
        when "1100" =>LED<="00111001";          --C
        when "1101" =>LED<="01011110";          --D
        when "1110" =>LED<="01111001";          --E
        when "1111" =>LED<="01110001";          --F
        when others=>null;
    end case;
  end process P3;
  P4:process(current_state)
    begin
     case current_state is
        when st0=>cs<="000";data<=data0;
        when st1=>cs<="001";data<=data1;
        when st2=>cs<="010";data<=data2;
        when st3=>cs<="011";data<=data3;
        when st4=>cs<="100";data<=data4;
        when st5=>cs<="101";data<=data5;
        when st6=>cs<="110";data<=data6;
        when st7=>cs<="111";data<=data7;
        when others=>null;
    end case;
  end process P4;
end three;
```

8.3.3 矩阵键盘的仿真波形

由于系统时钟为 50MHz，如果在 Quartus Ⅱ中进行波形仿真，建议将分频器模块程序中 clk1Hz、clk200Hz、clk50Hz 的数值改小，否则波形仿真时会耗费大量的编译时间。分频器模块的仿真波形如图 8-16 所示。各模块在同一项目中输入完毕后，生成相应的元件符号，然后按照图 8-15 所示，将相应模块连接好，并保存设置为当前顶层模块文件。然后对顶层模块文件可以进行波形仿真，其的仿真波形如图 8-17 所示。

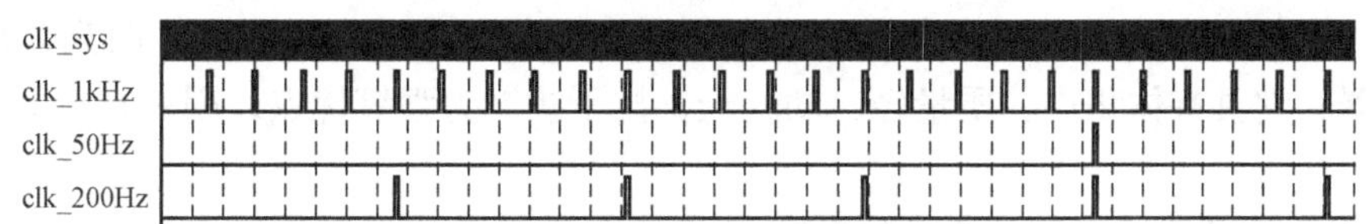

图 8-16　分频器模块的仿真波形图

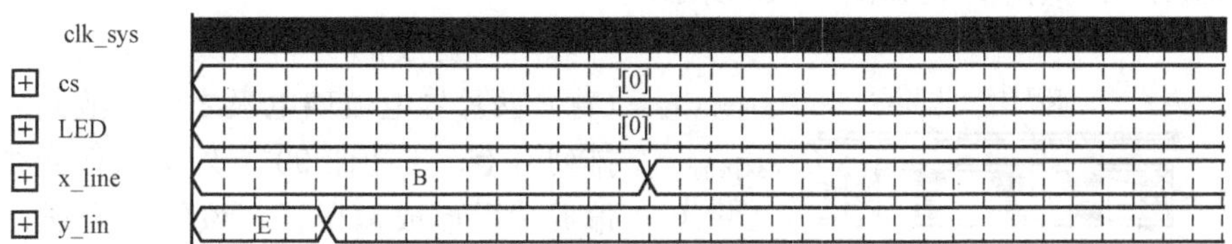

图 8-17　矩阵键盘的仿真波形图

8.3.4　矩阵键盘的硬件验证

1. 硬件连接与引脚锁定

选用 FPGA 模块（主芯片 EP4CE30F23C8）、LED 数码管显示模块、矩阵键盘扫描模块等进行硬件电路的连接。连接好后，在 Quartus Ⅱ中，根据表 8 - 6 所示进行引脚锁定。

表 8 - 6　　矩阵键盘的引脚锁定

信号名	FPGA 映射管脚	信号名	FPGA 映射管脚	信号名	FPGA 映射管脚
clk _ sys	PIN _ G1	LED(3)	PIN _ T10	x _ line(2)	PIN _ E21
cs(0)	PIN _ AA10	LED(4)	PIN _ V11	x _ line(3)	PIN _ F17
cs(1)	PIN _ Y10	LED(5)	PIN _ U11	y _ line(0)	PIN _ F20
cs(2)	PIN _ AA8	LED(6)	PIN _ T11	y _ line(1)	PIN _ F22
LED(0)	PIN _ W10	LED(7)	PIN _ Y8	y _ line(2)	PIN _ G18
LED(1)	PIN _ V10	x _ line(0)	PIN _ C22	y _ line(3)	PIN _ H18
LED(2)	PIN _ U10	x _ line(1)	PIN _ D21		

2. 硬件验证

锁定引脚后，在 Quartus Ⅱ中对项目重新全部编译，编译通过后将生成 ex _ key. sof 文件。用下载电缆将计算机与 FPGA 主板上的 JTAG 口连接，打开编程器窗口，将 ex _ key. sof 文件进行下载到目标芯片中。下载后，若没有按下任何按键时，8 位共阴极数码管显示为“00000000”。每按一次任意按键时，8 位数码管的最右边显示该按键的字符代码，并且原显示内容左 1 位。

8.4　LCD1602 液晶显示控制

在 SMC1602A 液晶上左移显示字符串，第一行显示字符串为“czpmcu@126. com”；第二行显示字符串为“QQ：769879416”。

8.4.1　LCD 液晶显示原理

LCD（Liquid Crystal Display，液晶显示器）是一种利用液晶的扭曲/向列效应制成的新型显示器。它具有体积小、质量轻、功耗低、抗干扰能力强等优点，因而在控制系统中被广泛应用。

1. LCD 液晶显示器的结构及工作原理

LCD 本身不发光，是通过借助外界光线照射液晶材料而实现显示的被动显示器件。LCD 液晶显示器的基本结构如图 8 - 18 所示。

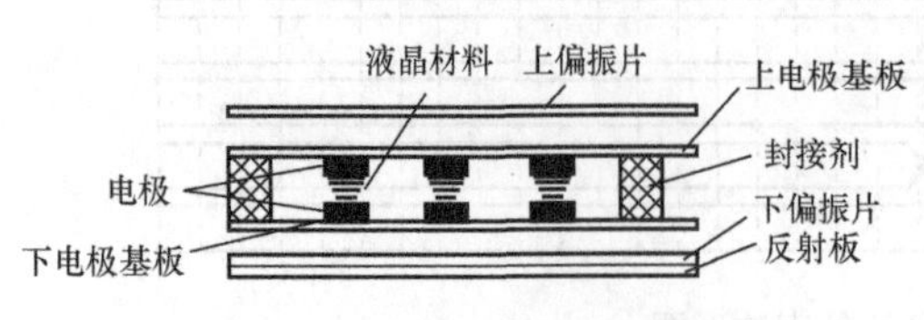

图 8 - 18　LCD 液晶显示基本结构

向列型液晶材料被封装在上（正）、下（背）两片导电玻璃电极之间。液晶分子垂直排列，上、下扭曲 90°。外部入射光线通过上偏振片后形成偏振光，该偏振光通过平行排列的液晶材料后被旋转 90°，再通过与上偏振片垂直的下偏振片，被反射板反射过来，呈透明状态。若在其上、下电极上加上一定的电压，在电场的作用下迫使加在电极部分的液晶分子转成垂直排列，其旋光作用也随之消失，致使从上偏振片入射的偏振光不被旋转，光无法通过下偏振片返回，呈黑色。当去掉电压后，液晶分子又恢复其扭转结构。因此可以根据需要将电极做成各种形状，用以显示各种文字、数字、图形。

2. LCD 液晶显示器的分类

LCD 液晶显示器分类的方法有多种。

(1) 按电光效应分类。电光效应是指在电的作用下，液晶分子的初始排列改变为其他的排列形式，使液晶盒的光学性质发生变化，即以电通过液晶分子对光进行了调制。

LCD 液晶显示器按电光效应的不同，可分为电场效应类、电流效应类、电热效应类三种。电场效应类又可分为扭曲向列效应 TN（Twisted Nematic）型、宾主效应 GH 型和超扭曲效应 STN（Super Twisted）型等。

目前在 CPLD/FPGA 应用系统中广泛应用 TN 型和 STN 型液晶显示器。

(2) 按显示内容分类。LCD 液晶显示器按其显示的内容不同，可分为字段式（又称笔画式）、点阵字符式和点阵图三种。

字段式 LCD 是以长条笔画状显示像素组成的液晶显示器。

点阵字符式有 192 种内置字符，包括数字、字母、常用标点符号等。另外用户可以自定义 5×7 点阵字符或其他点阵字符等。根据 LCD 型号的不同，每屏显示的行数有 1 行、2 行、4 行三种，每行可显示 8 个、16 个、20 个、24 个、32 个和 40 个字符等。

点阵图形式的 LCD 液晶显示器除可以显示字符外，还可显示各种图形信息、汉字等。

(3) 按采光方式分类。LCD 液晶显示器按采光方式的不同，可分为带背光源和不带背光源两类。

不带背光源 LCD 是靠显示器背面的反射膜将射入的自然光从下面反射出来完成的。大部分设备的 LCD 显示器是用自然光的光源，可选用不带背光的 LCD 器件。

若产品工作在弱光或黑暗条件下时，就选择带背光的 LCD 显示器。

3. LCD 液晶显示器的驱动方式

LCD 液晶显示器两极间不允许施加恒定直流电压，驱动电压直流成分越小越好，最好不超过 50mV。为了得到 LCD 亮、灭所需的两倍幅值及零电压，常给 LCD 的背极通以固定的交变电压，通过控制前极电压值的改变实现对 LCD 显示的控制。

LCD 液晶显示器的驱动方式由电极引线的选择方式确定。其驱动方式有静态驱动（直接驱动）和时分割驱动（也称多极驱动或动态驱动）两种。

(1) 静态驱动方式。静态驱动是把所有段电极逐个驱动，所有段电极和公共电极之间仅在要显示时才施加电压。静态驱动是液晶显示器最基本的驱动方式，其驱动原理电路及波形如图 8-19 所示。

图中 LCD 表示某个液晶显示字段。字段波形 C 与公用波形 B 不是同相就是反相。当此字段上两个电极电压相位相同时，两电极的相对电压为零，液晶上无电场，该字段不显示；当此字段上两个电极的电压相位相反时，两电极的相对电压为两倍幅值方波电压，该字段呈黑色显示。

在静态驱动方式下，若 LCD 有 n 个字段，则需 $n+1$ 条引线，其驱动电路也需要 $n+1$ 条引线。当显示字段较多时，驱动电路的引线数将需更多。所以当显示字段较少时，一般采

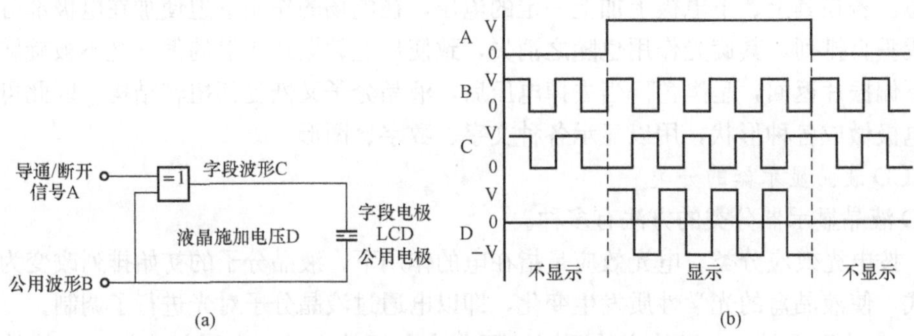

图 8-19 LCD 静态驱动原理电路及波形

(a) 驱动电路；(b) 波形

用静态驱动方式。当显示字段较多时，一般采用时分割驱动方式。

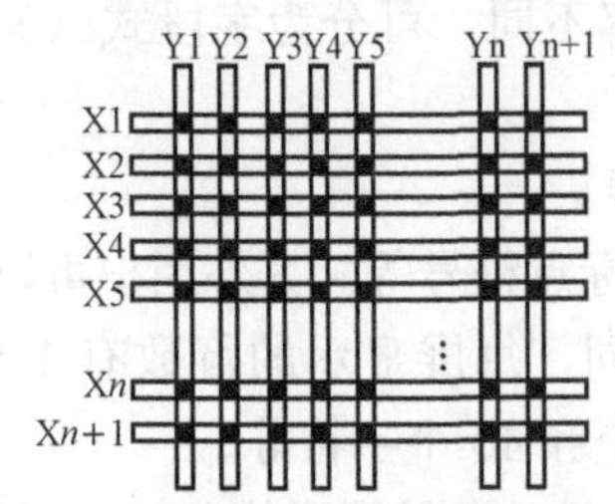

图 8-20 LCD 时分割驱动原理

(2) 时分割驱动方式。时分割驱动是把全段电极集分为数组，将它们分时驱动，即采用逐行扫描的方法显示所需要的内容。时分割驱动原理如图 8-20 所示。

从图 8-20 中可以看出，电极沿 X、Y 方向排列成矩阵形式，按顺序给 X 电极施加选通波形，给 Y 电极施加与 X 电极同步的选通或非选通波形，如此周而复始。在 X 电极与 Y 电极交叉的段点被点亮或熄灭，达到 LCD 显示的目的。

驱动 X 电极从第一行到最后一行所需时间为帧周期 T_f，驱动每一行所需时间 T_r 与帧周期 T_f 的比值为占空比 Duty。

时分割的占空为：Duty $= T_r/T_f = 1/n$。其占空比有 1/2、1/8、1/11、1/16、1/32、1/64等。非选通时波形电压与选通时波形电压的比值称为偏比 Bias，Bias$=1/a$（a 为 Duty 的平方根加 1）。其偏比有 1/2、1/3、1/4、1/5、1/7、1/9 等。

图 8-21 所示为一位 8 段 1/3 偏比的 LCD 数码管各字段与背极的排列、等效电路。

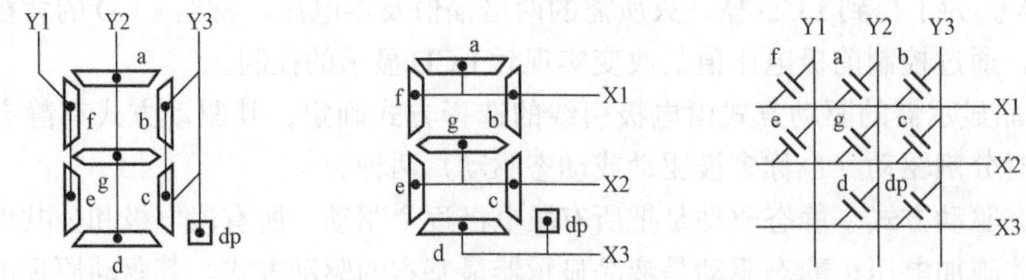

图 8-21 一位 LCD 数码管各字段与背极的排列、等效电路图

从图 8-21 中可以看出，三根公共电极 X1、X2、X3 分别与所有字符的 a、b、f；c、e、g；d、dp 相连，而 Y1、Y2、Y3 是每个字符的单独电极，分别与 f、e；a、d、g；b、c、dp 相连。通过这种分组的方法可使具有 m 个字符段的 LCD 的引脚数为$\frac{m}{n}+n$（n 为背极数），减少了驱动电路的引线数。所以当显示像素众多时，如点阵型 LCD，为节省驱动电路，多

采用时分割驱动方式。

8.4.2　LCD1602 基础知识

SMC1602A 属于 LCD1602 显示器，它可以显示两行字符，每行 16 个，显示容量为 16×2字符。它带有背光源，采用时分割驱动的形式。通过并行接口，可与 CPLD/FPGA 的 I/O 口直接相连。

1. SMC1602A 的引脚及其功能

SMC1602A 采用并行接口方式，有 16 根引线，各线的功能及使用方法如下。

（1）Vss（1）：电源地。

（2）VDD（2）：电源正极，接＋5V 电源。

（3）VEE（3）：液晶显示偏压信号。

（4）RS（4）：数据/指令寄存器选择端。高电平时选择数据寄存器，低电平时选择指令寄存器。

（5）R/W（5）：读/写选择端。高电平时为读操作，低电平时为写操作。

（6）E（6）：使能信号，下降沿触发。

（7）D0～D7（7～14）：I/O 数据传输线。

（8）BLA（15）：背光源正极。

（9）BLK（16）：背光源负极。

2. SMC1602A 内部结构及工作原理

SMC1602A LCD 内部主要由日立公司的 HD44780、HD44100（或兼容电路）和几个电阻电容等部分组成。

HD44780 是用低功耗 CMOS 技术制造的大规模点阵 LCD 控制器，具有简单而功能较强的指令集，可实现字符移动、闪烁等功能，与微处理相连能使 LCD 显示大小英文字母、数字和符号。HD44780 控制电路主要由 DDRAM、CGROM、CGRAM、IR、DR、BF、AC 等大规模集成电路组成。

DDRAM 为数据显示用的 RAM（Data Display RAM，DDRAM），用以存放要 LCD 显示的数据，能存储 80 个，只要将标准的 ASCII 码放入 DDRAM，内部控制线路就会自动将数据传送到显示器上，并显示出该 ASCII 码对应的字符。

CGROM 为字符产生器 ROM（Character Generator ROM，CGROM），它存储了由 8 位字符码生成的 192 个 5×7 点阵字型和 32 种 5×10 点阵字符，8 位字符编码和字符的对应关系，即内置字符集，见表 8 - 7。

表 8 - 7　HD44780 内置字符集

高 4 位 / 低 4 位	0000	0001	0010	0011	0100	0101	0110	0111	1010	1011	1100	1101	1110	1111
xxxx0000	CGRA	`		0	@	P		p		ー	タ	ミ	α	P
xxxx0001	(2)		!	1	A	Q	a	q	。	ア	チ	ム	ä	q
xxxx0010	(3)		"	2	B	R	b	r	r	イ	ツ	メ	β	θ
xxxx0011	(4)		#	3	C	S	c	s	」	ウ	テ	モ	ε	∞

续表

低4位 \ 高4位	0000	0001	0010	0011	0100	0101	0110	0111	1010	1011	1100	1101	1110	1111
xxxx0100	(5)		$	4	D	T	d	t	、	エ	ト	ヤ	μ	Ω
xxxx0101	(6)		%	5	E	U	e	u	。	オ	ナ	ユ	B	0
xxxx0110	(7)		&	6	F	V	f	v	ヲ	カ	ニ	ヨ	ρ	Σ
xxxx0111	(8)		'	7	G	W	g	w	ア	キ	ヌ	ラ	g	π
xxxx1000	(1)		(	8	H	X	h	x	イ	ク	ネ	リ	√	x̄
xxxx1001	(2)		)	9	I	Y	i	y	ウ	ケ	ノ	ル	-1	y
xxxx1010	(3)		*	:	J	Z	j	z	エ	コ	ハ	レ	j	千
xxxx1011	(4)		+	;	K	[	k	(	オ	サ	ヒ	ロ	x	万
xxxx1100	(5)		,	<	L	¥	l	|	ヤ	シ	フ	ワ	¢	円
xxxx1101	(6)		—	=	M	]	m	)	ユ	ス	ヘ	ン	£	÷
xxxx1110	(7)		.	>	N	^	n	→	ヨ	セ	ホ	゛	ñ	
xxxx1111	(8)		/	?	O	_	o	←	ツ	ソ	マ	。	ö	█

CGRAM 为字型、字符产生器（Character Generator RAM，CGRAM），可供使用者存储特殊造型的造型码，CGRAM 最多可存 8 个造型。

IR 为指令寄存器（Instruction Register，IR），负责存储 MCU 要写给 LCD 的指令码，当 RS 及 R/W 引脚信号为 0 且 E［Enable］引脚信号由 1 变为 0 时，D0～D7 引脚上的数据便会存入到 IR 寄存器中。

DR 为数据寄存器（Data Register，DR），它们负责存储计算机要写到 CGRAM 或 DDRAM 的数据，或者存储 MCU 要从 CGRAM 或 DDRAM 读出的数据。因此，可将 DR 视为一个数据缓冲区，当 RS 及 R/W 引脚信号为 1 且 E［Enable］引脚信号由 1 变为 0 时，读取数据；当 RS 引脚信号为 1，R/W 引脚信号为 0 且 E［Enable］引脚信号由 1 变为 0 时，存入数据。

BF 为忙碌信号（Busy Flag，BF），当 BF 为 1 时，不接收计算机送来的数据或指令；当 BR 为 0 时，接收外部数据或指令，所以，在写数据或指令到 LCD 之前，必须查看 BF 是否为 0。

AC 为地址计数器（Address Counter，AC），负责计数写入/读出 CGRAM 或 DDRAM 的数据地址，AC 依照 MCU 对 LCD 的设置值而自动修改它本身的内容。

HD44100 也是采用 CMOS 技术制造的大规模 LCD 驱动 IC，既可当行驱动，又可当列驱动用，由 20×2Bit 二进制移位寄存器、20×2Bit 数据锁存器、20×2Bit 驱动器组成，主要用于 LCD 时分割驱动。

3. 显示位与 RAM 的对应关系（地址映射）

SMC1602A 内部带有 80×8Bit 的 RAM 缓冲区，显示位与 RAM 的对应关系见表 8－8。

表 8－8　显示位与 RAM 地址的对应关系

显示位序号		1	2	3	4	5	6	…	40
RAM 地址（HEX）	第一行	00	01	02	03	04	05	…	27
	第二行	40	41	42	43	44	06	…	67

4. 指令操作

指令操作包括清屏、回车、输入模式控制、显示开关控制、移位控制、显示模式控制等，见表 8－9，各指令功能如下。

表 8－9　指令系统

指令名称	控制信号		指令代码								功能
	RS	R/W	D7	D6	D5	D4	D3	D2	D1	D0	
清屏	0	0	0	0	0	0	0	0	0	1	显示清屏：1. 数据指针清零，2. 所有显示清除
回车	0	0	0	0	0	0	0	0	1	0	显示回车，数据指针清零
输入模式控制	0	0	0	0	0	0	0	1	N	S	设置光标、显示画面移动方向
显示开关控制	0	0	0	0	0	0	D/L	D	C	B	设置显示、光标、闪烁开关
移位控制	0	0	0	0	0	1	S/C	R/L	×	×	使光标或显示画面移位
显示模式控制	0	0	0	0	1	D/L	N	F	×	×	设置数据总线位数、点阵方式
CGRAM 地址设置	0	0	0	1	ACG						
DDRAM 地址指针设置	0	0	1	ADD							
忙状态检查	0	1	BF	AC							
读数据	1	1	数据								从 RAM 中读取数据
写数据	1	0	数据								对 RAM 进行写数据
数据指针设置	0	0	80H＋地址码（0～27H，40～47H）								设置数据地址指针

注　表中的“×”表示“0”或“1”，下同。

（1）清屏指令。设置清屏指令，使 DDRAM 的显示内容清零、数据指针 AC 清零，光标回到左上角的原点。

（2）回车指令。设置回车指令，显示回车，数据指针 AC 清零，使光标和光标所在的字符回到原点，使 DDRAM 单元的内容不变。

（3）输入模式控制指令。输入模式控制指令，用于设置光标、显示画面移动方向。当数据写入 DDRAM（CGRAM）或从 DDRAM（CGRAM）读取数据时，N 控制 AC 自动加 1 或自动减 1。若 N 为 1 时，AC 加 1；N 为 0 时，AC 减 1。S 控制显示内容左移或右移，S=1且数据写入 DDRAM 时，显示将全部左移（N=1）或右移（N=0），此时光标看上去未动，仅仅显示内容移动，但读出时显示内容不移动；当 S=0 时，显示不移动，光标左移或右移。

（4）显示开关控制指令。显示开关控制指令，用于设置显示、光标、闪烁开关。D 为显示控制位，当 D=1 时，开显示；当 D=0 时，关显示，此时 DDRAM 的内容保持不变。C 为光标控制位，当 C=1 时，开光标显示；C=0 时，关光标显示。B 为闪烁控制位，当B=1 时，当光标和光标所指的字符共同以 1.25Hz 速率闪烁；B=0 时，不闪烁。

（5）移位控制指令。移位控制指令，使光标或显示画面在没有对 DDRAM 进行读、写操作时被左移或右移。该指令每执行 1 次，屏蔽字符与光标即移动 1 次。在两行显示方式下，光标为闪烁的位置从第 1 行移到第 2 行。移位控制指令的设置见表 8-10。

表 8-10　　移位控制指令的设置

D7～D4	D3	D2	D1	D0	指令设置含义
	S/C	R/L			
0001	0	0	×	×	光标左移，AC 自动减 1
0001	0	1	×	×	光标移位，光标和显示一起右移
0001	1	0	×	×	显示移位，光标左移，AC 自动加 1
0001	1	1	×	×	光标和显示一起右移

（6）显示模式控制指令。显示模式控制指令，用来设置数据总线位数、点阵方式等操作，见表 8-11。

表 8-11　　显示模式控制指令的设置

D7～D5	D4	D3	D2	D1	D0	指令设置含义
	D/L	N	F			
001	1	1	1	×	×	DL=1 选择 8 位数据总线；N=1 两行显示；F=1 为 5×10 点阵
001	1	1	0	×	×	DL=1 选择 8 位数据总线；N=1 两行显示；F=0 为 5×7 点阵
001	1	0	1	×	×	DL=1 选择 8 位数据总线；N=0 一行显示；F=1 为 5×10 点阵
001	1	0	0	×	×	DL=1 选择 8 位数据总线；N=0 一行显示；F=0 为 5×7 点阵
001	0	1	1	×	×	DL=0 选择 4 位数据总线；N=1 两行显示；F=1 为 5×10 点阵
001	0	0	1	×	×	DL=0 选择 4 位数据总线；N=0 一行显示；F=1 为 5×10 点阵
001	0	0	0	×	×	DL=0 选择 4 位数据总线；N=0 一行显示；F=0 为 5×7 点阵

（7）CGRAM 地址设置指令。CGRAM 地址设置指令，用于设置 CGRAM 地址指针，地址码 D5～D7 被送入 AC。设置此指令后，就可以将用户自己定义的显示字符数据写入 CGRAM 或从 CGRAM 中读出。

（8）DDRAM 地址指针设置指令。DDRAM 地址指针设置指令用于设置两行字符显示的起始地址。为 10000000（0x80）时，设置第一行字符的显示位置为第 1 行第 0 列，为 0x81～0x8F 时，为第 1 行第 1 列～第 1 行第 15 列。为 11000000（0xC0）时，设置第二行字符的显示位置为第 2 行第 0 列，为 0xC1～0xCF 时，为第 2 行第 1 列～第 2 行第 15 列。

此指令设置 DDRAM 地址指针的值，此后就可以将要显示的数据写入到 DDRAM 中。在 HD44780 控制器中，由于内嵌大量的常用字符，这些字符都集成在 CGROM 中，当要显示这些点阵时，只需将该字符所对应的字符代码送给指定的 DDRAM 中即可。

(9) 忙状态检查指令。忙状态检查指令是通过读取数据的 D7 位是否为 1，若为 1 表示总线正在忙碌。

8.4.3　LCD1602 硬件电路设计

LCD1602 的硬件接口电路如图 8-22 所示。

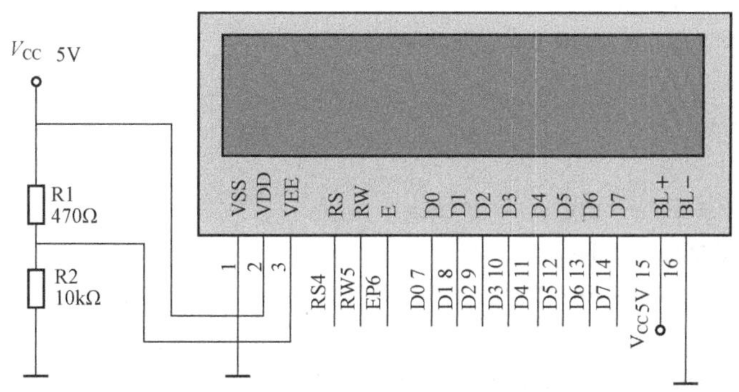

图 8-22　LCD1602 的硬件接口电路

8.4.4　LCD1602 的软件设计

使用 VHDL 实现 LCD 液晶显示控制时，由于系统外接时钟频率为 50MHz，与 LCD 内部的工作时序频率不一致，需要对 50MHz 的信号进行分频。LCD1602 的显示控制可由专门的显示驱动模块完成，其显示内容可以由专门的 RAM 显示模块实现，因此 LCD1602 的显示控制应由 3 个基本模块构成，但其系统结构如图 8-23 所示。

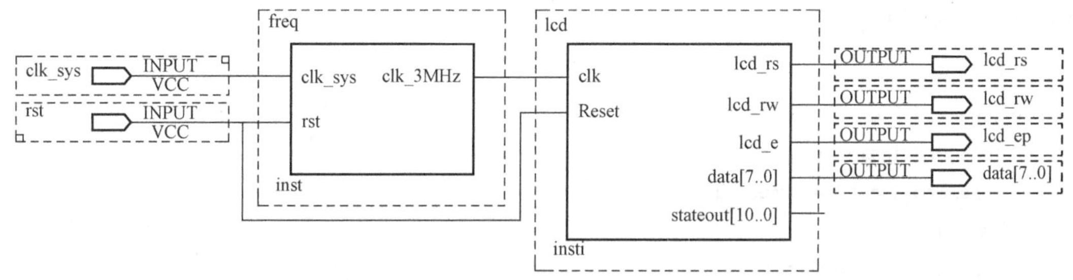

图 8-23　LCD1602 显示控制内部构成

1. 分频模块

LCD1602 工作时，需要 3.125MHz 的时钟，而系统外接频率为 50MHz，因此其分频模块程序编写如下。

```
library ieee;
use ieee.std_logic_1164.all;
use ieee.std_logic_arith.all;
use ieee.std_logic_unsigned.all;
entity freq  is
  generic(clk3MHz:integer:=16);                    --设置 3.125MHz 的分频系数
  port(clk_sys:in std_logic;
        rst:in std_logic;
```

```
        clk_3MHz:out std_logic);
end freq;
architecture one of freq is
  begin
  P1:process(clk_sys)
    variable cnt1:integer range 0 to clk3MHz;
    begin
    if rst = '0' then
      cnt1: = 0;
    elsif clk_sys'event and clk_sys = '1' then
      if cnt1 = clk3MHz - 1 then
          cnt1: = 0;   clk_3MHz< = '1';
        else
          cnt1: = cnt1 + 1;   clk_3MHz< = '0';
        end if;
    end if;
  end process P1;
end one;
```

2. LCD 显示驱动模块

LCD1602 显示字符串时，首先要对 LCD 进行初始化，再分别确定第 1 行的显示起始坐标和第 2 行的显示起始坐标，最后分别将显示内容送到第 1 行和第 2 行即可。LCD 显示驱动模块程序编写如下。

```
library ieee;
use ieee. std_logic_1164. all;
use ieee. std_logic_arith. all;
use ieee. std_logic_unsigned. all;
entity lcd is
    Port(clk : in std_logic;                              - - 3. 125MHz
            Reset : in std_logic;
            lcd_rs : out std_logic;
            lcd_rw : out std_logic;
        lcd_e  : buffer std_logic;
        data : out std_logic_vector(7 downto 0);
        stateout: out std_logic_vector(10 downto 0));
end lcd;
architecture three of lcd is
constant IDLE:              std_logic_vector(10 downto 0): = " 00000000000 " ;
constant CLEAR:             std_logic_vector(10 downto 0): = " 00000000001 " ;
constant RETURNCURSOR       : std_logic_vector(10 downto 0): = " 00000000010 " ;
constant SETMODE            : std_logic_vector(10 downto 0): = " 00000000100 " ;
constant SWITCHMODE         : std_logic_vector(10 downto 0): = " 00000001000 " ;
constant SHIFT              : std_logic_vector(10 downto 0): = " 00000010000 " ;
```

```
constant SETFUNCTION     : std_logic_vector(10 downto 0):=" 00000100000" ;
constant SETCGRAM        : std_logic_vector(10 downto 0):=" 00001000000" ;
constant SETDDRAM        : std_logic_vector(10 downto 0):=" 00010000000" ;
constant READFLAG        : std_logic_vector(10 downto 0):=" 00100000000" ;
constant WRITERAM        : std_logic_vector(10 downto 0):=" 01000000000" ;
constant READRAM         : std_logic_vector(10 downto 0):=" 10000000000" ;
constant cur_inc         : std_logic :='1';
constant cur_dec         : std_logic :='0';
constant cur_shift       : std_logic :='1';
constant cur_noshift     : std_logic :='0';
constant open_display    : std_logic :='1';
constant open_cur        : std_logic :='0';
constant blank_cur       : std_logic :='0';
constant shift_display   : std_logic :='1';
constant shift_cur       : std_logic :='0';
constant right_shift     : std_logic :='1';
constant left_shift      : std_logic :='0';
constant datawidth8      : std_logic :='1';
constant datawidth4      : std_logic :='0';
constant twoline         : std_logic :='1';
constant oneline         : std_logic :='0';
constant font5x10        : std_logic :='1';
constant font5x7         : std_logic :='0';
signal state : std_logic_vector(10 downto 0);
signal counter : integer range 0 to 127;
signal div_counter       : integer range 0 to 15;
signal flag              : std_logic;
constant DIVSS           : integer :=15;
signal char_addr         : std_logic_vector(5 downto 0);
signal data_in           : std_logic_vector(7 downto 0);
component char_ram
  port(address           : in std_logic_vector(5 downto 0);
      data               : out std_logic_vector(7 downto 0));
end component;
signal clk_int: std_logic;
signal  clkcnt:         std_logic_vector(15 downto 0);
constant divcnt:        std_logic_vector(15 downto 0):=" 1001110001000000" ;
signal  clkdiv:         std_logic;
signal  tc_clkcnt:      std_logic;
begin
process(clk,reset)
begin
  if(reset='0')then
```

```
    clkcnt<="0000000000000000";
    elsif(clk'event and clk='1')then
        if(clkcnt=divcnt)then
        clkcnt<="0000000000000000";
        else
        clkcnt<=clkcnt+1;
        end if;
    end if;
  end process;
  tc_clkcnt<='1' when clkcnt=divcnt else  '0';
  process(tc_clkcnt,reset)
  begin
      if(reset='0')then
      clkdiv<='0';
      elsif(tc_clkcnt'event and tc_clkcnt='1')then
      clkdiv<=not clkdiv;
      end if;
  end process;
  process(clkdiv,reset)
  begin
    if(reset='0')then
       clk_int<='0';
    elsif(clkdiv'event and clkdiv='1')then
       clk_int<= not clk_int;
    end if;
  end process;
  process(clkdiv,reset)
  begin
    if(reset='0')then
       lcd_e<='0';
    elsif(clkdiv'event and clkdiv='0')then
       lcd_e<= not lcd_e;
    end if;
  end process;
  aa:char_ram
     port map(address=>char_addr,data=>data_in);
     lcd_rs <= '1' when state =WRITERAM or state = READRAM else '0';
  lcd_rw <= '0' when state =CLEAR or state = RETURNCURSOR or state=SETMODE
  or state=SWITCHMODE or state=SHIFT or state= SETFUNCTION
  or state=SETCGRAM or state =SETDDRAM or state =WRITERAM else '1';
    data <="00000001" when state =CLEAR else
          "00000010" when state =RETURNCURSOR else
            "000001"&cur_inc&cur_noshift  when state = SETMODE else
```

```
        "00001" & open_display &open_cur & blank_cur when state = SWITCHMODE else
        "0001" & shift_display &left_shift &"00" when state = SHIFT else
        "001" & datawidth8 & twoline &font5x10 &"00" when state = SETFUNCTION else
        "01000000" when state = SETCGRAM else
        "10000000" when state = SETDDRAM and counter = 0 else
        "11000000" when state = SETDDRAM and counter /= 0 else
        data_in when state = WRITERAM else "ZZZZZZZZ";
char_addr <= conv_std_logic_vector(counter,6)
              when state = WRITERAM and counter<40 else
          conv_std_logic_vector(counter - 41 + 8,6)
              when state = WRITERAM and counter>40 and counter<81 - 8 else
          conv_std_logic_vector(counter - 81 + 8,6)
              when state = WRITERAM and counter>81 - 8 and counter<81 else
            "000000";
stateout<= state;
process(clk_int,Reset)
begin
    if(Reset = '0')then
       state<= IDLE;  counter<= 0;
       flag<= '0';     div_counter<= 0;
    elsif(clk_int'event and clk_int = '1')then
     case state is
        when IDLE =>
              if(flag = '0')then
                      state<= SETFUNCTION;  flag<= '1';
                      counter<= 0; div_counter<= 0;
              else
                      if(div_counter<DIVSS)then
                        div_counter<= div_counter +1; state<= IDLE;
                      else
                        div_counter<= 0; state <= SHIFT;
                end if;
              end if;
        when CLEAR          =>state<= SETMODE;
        when SETMODE        =>state<= WRITERAM;
        when RETURNCURSOR   => state<= WRITERAM;
        when SWITCHMODE     => state<= CLEAR;
        when SHIFT          => state<= IDLE;
        when SETFUNCTION    => state<= SWITCHMODE;
        when SETCGRAM       => state<= IDLE;
        when SETDDRAM       => state<= WRITERAM;
        when READFLAG       => state<= IDLE;
        when WRITERAM       =>
```

```
                if(counter = 40)then
                    state<= SETDDRAM;   counter<= counter + 1;
                elsif(counter/= 40 and counter<81)then
                    state<= WRITERAM;   counter<= counter + 1;
                else
                    state<= SHIFT;
               end if;
          when READRAM        => state<= IDLE;
          when others         => state<= IDLE;
      end case;
    end if;
  end process;
end three;
```

3. RAM 显示模块

在 RAM 显示模块中首先定义函数，并将字符代码的 ASCII 码值送入 result 中，然后根据地址指出显示内容。其编写代码如下。

```
library ieee;
use ieee.std_logic_1164.all;
use ieee.std_logic_arith.all;
use ieee.std_logic_unsigned.all;
entity char_ram is
port(address : in std_logic_vector(5 downto 0);
      data    : out std_logic_vector(7 downto 0));
end char_ram;
architecture two of char_ram is
function char_to_integer(indata :character)return integer is
variable result : integer range 0 to 16#7F#;
begin
 case indata is
  when ' ' =>          result := 32;        when '!' =>          result := 33;
  when '"' =>          result := 34;        when '#' =>          result := 35;
  when '$' =>          result := 36;        when '%' =>          result := 37;
  when '&' =>          result := 38;        when ''' =>          result := 39;
  when '(' =>          result := 40;        when ')' =>          result := 41;
  when '*' =>          result := 42;        when '+' =>          result := 43;
  when ',' =>          result := 44;        when '-' =>          result := 45;
  when '.' =>          result := 46;        when '/' =>          result := 47;
  when '0' =>          result := 48;        when '1' =>          result := 49;
  when '2' =>          result := 50;        when '3' =>          result := 51;
  when '4' =>          result := 52;        when '5' =>          result := 53;
  when '6' =>          result := 54;        when '7' =>          result := 55;
  when '8' =>          result := 56;        when '9' =>          result := 57;
```

```
        when ':' =>          result := 58;         when ';' =>          result := 59;
        when '<' =>          result := 60;         when '=' =>          result := 61;
        when '>' =>          result := 62;         when '?' =>          result := 63;
        when '@' =>          result := 64;         when 'A' =>          result := 65;
        when 'B' =>          result := 66;         when 'C' =>          result := 67;
        when 'D' =>          result := 68;         when 'E' =>          result := 69;
        when 'F' =>          result := 70;         when 'G' =>          result := 71;
        when 'H' =>          result := 72;         when 'I' =>          result := 73;
        when 'J' =>          result := 74;         when 'K' =>          result := 75;
        when 'L' =>          result := 76;         when 'M' =>          result := 77;
        when 'N' =>          result := 78;         when 'O' =>          result := 79;
        when 'P' =>          result := 80;         when 'Q' =>          result := 81;
        when 'R' =>          result := 82;         when 'S' =>          result := 83;
        when 'T' =>          result := 84;         when 'U' =>          result := 85;
        when 'V' =>          result := 86;         when 'W' =>          result := 87;
        when 'X' =>          result := 88;         when 'Y' =>          result := 89;
        when 'Z' =>          result := 90;         when '[' =>          result := 91;
        when '\' =>          result := 92;         when ']' =>          result := 93;
        when '^' =>          result := 94;         when '_' =>          result := 95;
        when '`' =>          result := 96;         when 'a' =>          result := 97;
        when 'b' =>          result := 98;         when 'c' =>          result := 99;
        when 'd' =>          result := 100;        when 'e' =>          result := 101;
        when 'f' =>          result := 102;        when 'g' =>          result := 103;
        when 'h' =>          result := 104;        when 'i' =>          result := 105;
        when 'j' =>          result := 106;        when 'k' =>          result := 107;
        when 'l' =>          result := 108;        when 'm' =>          result := 109;
        when 'n' =>          result := 110;        when 'o' =>          result := 111;
        when 'p' =>          result := 112;        when 'q' =>          result := 113;
        when 'r' =>          result := 114;        when 's' =>          result := 115;
        when 't' =>          result := 116;        when 'u' =>          result := 117;
        when 'v' =>          result := 118;        when 'w' =>          result := 119;
        when 'x' =>          result := 120;        when 'y' =>          result := 121;
        when 'z' =>          result := 122;        when '{' =>          result := 123;
        when '|' =>          result := 124;        when '}' =>          result := 125;
        when '~' =>          result := 126;        when  others => result := 32;
      end case;
      return result;
    end function;
    begin
    process(address)
    begin
      case address is
      when "000000"  =>data<=conv_std_logic_vector(char_to_integer(''),8);
```

```
when "000001" =>data<=conv_std_logic_vector(char_to_integer('c'),8);
when "000010" =>data<=conv_std_logic_vector(char_to_integer('z'),8);
when "000011" =>data<=conv_std_logic_vector(char_to_integer('p'),8);
when "000100" =>data<=conv_std_logic_vector(char_to_integer('m'),8);
when "000101" =>data<=conv_std_logic_vector(char_to_integer('c'),8);
when "000110" =>data<=conv_std_logic_vector(char_to_integer('u'),8);
when "000111" =>data<=conv_std_logic_vector(char_to_integer('@'),8);
when "001000" =>data<=conv_std_logic_vector(char_to_integer('1'),8);
when "001001" =>data<=conv_std_logic_vector(char_to_integer('2'),8);
when "001010" =>data<=conv_std_logic_vector(char_to_integer('6'),8);
when "001011" =>data<=conv_std_logic_vector(char_to_integer('.'),8);
when "001100" =>data<=conv_std_logic_vector(char_to_integer('c'),8);
when "001101" =>data<=conv_std_logic_vector(char_to_integer('o'),8);
when "001110" =>data<=conv_std_logic_vector(char_to_integer('m'),8);
when "001111" =>data<=conv_std_logic_vector(char_to_integer(' '),8);
when "010000" =>data<=conv_std_logic_vector(char_to_integer(' '),8);
when "010001" =>data<=conv_std_logic_vector(char_to_integer(' '),8);
when "010010" =>data<=conv_std_logic_vector(char_to_integer('Q'),8);
when "010011" =>data<=conv_std_logic_vector(char_to_integer('Q'),8);
when "010100" =>data<=conv_std_logic_vector(char_to_integer(':'),8);
when "010101" =>data<=conv_std_logic_vector(char_to_integer('7'),8);
when "010110" =>data<=conv_std_logic_vector(char_to_integer('6'),8);
when "010111" =>data<=conv_std_logic_vector(char_to_integer('9'),8);
when "011000" =>data<=conv_std_logic_vector(char_to_integer('8'),8);
when "011001" =>data<=conv_std_logic_vector(char_to_integer('7'),8);
when "011010" =>data<=conv_std_logic_vector(char_to_integer('9'),8);
when "011011" =>data<=conv_std_logic_vector(char_to_integer('4'),8);
when "011100" =>data<=conv_std_logic_vector(char_to_integer('1'),8);
when "011101" =>data<=conv_std_logic_vector(char_to_integer('6'),8);
when others =>data<=conv_std_logic_vector(char_to_integer(' '),8);
end case;
end process;
end two;
```

8.4.5 LCD1602 的仿真波形

各模块在同一项目中输入完毕后，生成相应的元件符号，然后按照图 8-23 所示，将相应模块连接好，并保存设置为当前顶层模块文件。然后对顶层模块文件可以进行波形仿真，其仿真波形如图 8-24 所示。

8.4.6 LCD1602 的硬件验证

1. 硬件连接与引脚锁定

选用 FPGA 模块（主芯片 EP4CE30F23C8），将 LCD1602 显示模块进行硬件电路的连接。连接好后，在 Quartus Ⅱ 中，根据表 8-12 所示进行引脚锁定。

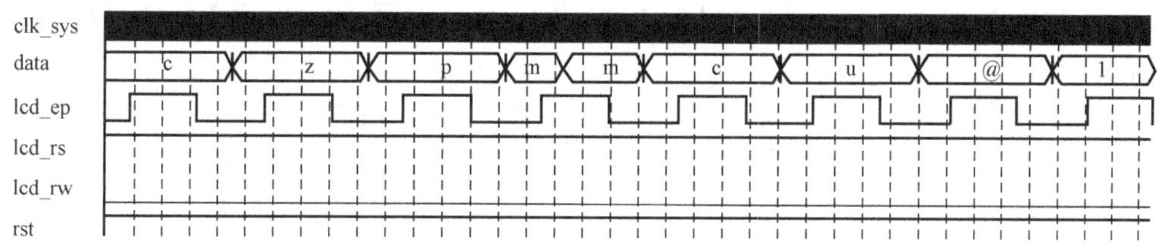

图 8-24　LCD1602 液晶显示控制

表 8-12　LCD1602 液晶显示控制的引脚锁定

信号名	FPGA 映射管脚	信号名	FPGA 映射管脚	信号名	FPGA 映射管脚
clk _ sys	PIN _ G1	data(0)	PIN _ AB13	data(5)	PIN _ V15
rst	PIN _ C13	data(1)	PIN _ AA13	data(6)	PIN _ V16
lcd _ ep	PIN _ U13	data(2)	PIN _ Y13	data(7)	PIN _ U16
lcd _ rs	PIN _ V12	data(3)	PIN _ W13		
lcd _ rw	PIN _ T12	data(4)	PIN _ V13		

2. 硬件验证

锁定引脚后，在 Quartus Ⅱ 中对项目重新全部编译，编译通过后将生成 ex _ LCD. sof 文件。用下载电缆将计算机与 FPGA 主板上的 JTAG 口连接，打开编程器窗口，将 ex _ LCD. sof 文件进行下载到目标芯片中。下载后，LCD1602 液晶显示器第一行显示的内容为 czpmcu@126. com；第二行显示的内容为 QQ：769879416，几秒后，这两行的字符串开始左移显示。

小　　结

在 FPGA 系统中，显示及键盘控制属于典型的人机界面控制。显示控制通常包括发光二极管显示控制、LED 数码管显示控制、LCD 液晶显示控制等。其中流水灯显示控制是典型的发光二极管显示控制；LED 数码管显示方式包括动态显示与静态显示两种，为节约硬件资源以及降低成本，LED 数码管通常采用动态显示方式；LCD 液晶显示包括字符显示、汉字显示及图形显示，而 LCD1602 属于最常见的字符式 LCD 液晶显示。键盘可以分为独立连接式和矩阵式两类，其中矩阵式键盘又称为行列式键盘，它是用 I/O 端口线组成的行、列结构。

习　　题

8-1　FPGA 的端口外接 8 只发光二极管（D0～D7），要求编写 VHDL 程序以实现发光二极管的拉幕式与闭幕式显示控制。

8-2　FPGA 的端口外接 8 只发光二极管（D0～D7），要求编写 VHDL 程序以实现发光二极管的复杂广告灯显示控制。其显示规律为：正向流水→反向流水→隔灯闪烁 3 次→高四盏、低四盏闪烁 2 次→隔两盏闪烁 3 次，再重复循环。

8-3　FPGA 外接一只 8 位共阴极 LED 数码管，编写 VHDL 程序，使数码管显示“872AF635”。

8-4　FPGA 外接一只 8 位共阴极 LED 数码管，编写 VHDL 程序，要求每按一次 K1 按钮，数码管显示的内容加 1；每按一次 K2 按钮，数码管显示的内容减 1。

8-5　FPGA 外接 4×4 矩阵键盘和 4 只发光二极管，编写 VHDL 程序，要求按下任意键后，发光二极管显示相应的十六进制代码。

8-6　FPGA 外接 4×4 矩阵键盘和 1 位 LED 共阴极数码管，编写 VHDL 程序，要求未按下按键时，LED 数码管显示“-”；按下某按键时，在数码管上显示相应的键值。

8-7　FPGA 外接 LCD1602，编写 VHDL 程序，要求在 LCD1602 液晶上静态显示字符串，第 1 行显示“FPGA&CPLD”；第 2 行显示 www.cepp.sgcc。

8-8　FPGA 外接 4×4 矩阵键盘和 LCD1602，编写 VHDL 程序，要求按下某按键时，在 LCD1602 液晶上显示相应的键值。

9　FPGA 的应用设计实例

在掌握了 EDA 技术的基础知识和基本操作后，学习 EDA 技术最有效的方法就是进行以 FPGA 为核心的应用系统的设计。本章以实际应用项目为例，介绍 FPGA 系统的软、硬件设计方法。

9.1　模拟交通信号灯控制设计

假设一个十字路口为东西南北走向，东西、南北两个方向分别用红、绿、黄三种颜色的 LED 来指示交通状态。LED 的显示规律如下：东西方向的直行绿灯亮，而南北方向的直行红灯亮→东西直行绿灯灭后，黄灯亮，南北仍然直行红灯→南北方向的直行绿灯亮，而东西方向的直行红灯亮→南北直行绿灯灭后亮黄灯，东西方向仍然直行红灯亮→东西方向的直行绿灯亮，而南北方向的直行红灯亮……，如此循环。

东西方向是主干道，南北方向是支干道，要求两条交叉道路上的车辆交替运行。要求主干道每次通行时间为 55s，支干道每次通行时间为 45s。在绿灯转为红灯时，要求黄灯先亮 3s，方可变换运行车道。在主干道有支干道上还具有左转指示，主干道直行 40s 以内，其左转红灯亮，左转绿灯灭；40s 后至 55s 内，其左转红灯灭，左转绿灯亮。支道直行 30s 以内，其左转红灯亮，左转绿灯灭；30s 后至 45s 内，其左转红灯灭，左转绿灯亮。

当有紧急车到达时，东西、南北两向的交通信号全闪，以便让紧急车通过。急救车通过后，交通灯恢复中断前的状态。交通灯具有复位功能，在复位信号有效的情况下，将交通灯的运行状态复位。

9.1.1　模拟交通信号灯的硬件电路设计

根据设计要求可知，模拟交通信号灯的硬件电路主要由 FPGA 最小系统电路、8 位 LED 数码管显示电路和发光二极管指示电路构成。东西方向或南北方向的发光二极管指示电路均可以用 5 只发光二极管构成：东西方向的直行指示绿灯 ew _ led0、直行指示红灯 ew _ led1、黄灯 ew _ led2、左转红灯 ew _ led3、左转绿灯 ew _ led4；南北方向的直行指示绿灯 sn _ led0、直行指示红灯 sn _ led1、黄灯 sn _ led2、左转红灯 sn _ led3、左转绿灯 sn _ led4。发光二极管指示电路可参考图 8 - 5 进行连接、8 位 LED 数码管显示电路可参考图 8 - 8 所示进行连接。

9.1.2　模拟交通信号灯的软件设计

模拟交通信号灯可由分频模块、交通信号灯控制模块和 LED 数码管显示模块构成，其系统结构如图 9 - 1 所示。

1. 分频模块

由于系统外接时钟频率为 50MHz，红、绿信号指示灯的时基为 1s，信号灯闪烁时基为 0.5s，8 个 LED 数码管动态扫描显示频率为 1kHz，因此分频模块需产生 3 个时钟脉冲，编写的 VHDL 程序如下。

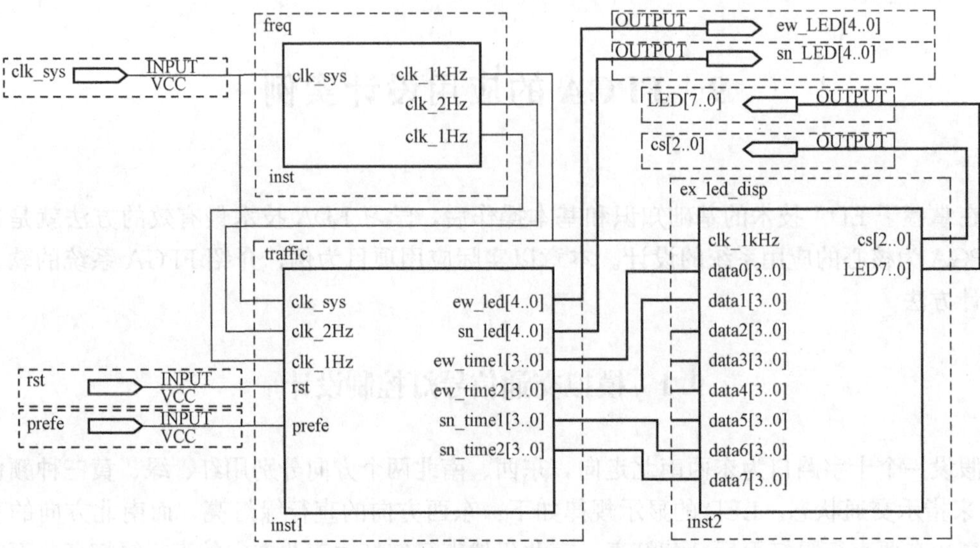

图 9-1 模拟交通信号灯系统结构图

```
library ieee;
use ieee.std_logic_1164.all;
use ieee.std_logic_unsigned.all;
use ieee.std_logic_arith.all;
entity freq is
generic(clk1kHz:integer:=50000;                 --设置 1kHz 的分频系数
      clk2Hz:integer:=25000000;                 --设置 2Hz 的分频系数
      clk1Hz:integer:=50000000);                --设置 1Hz 的分频系数
  port(clk_sys:in std_logic;
      clk_1kHz,clk_2Hz,clk_1Hz:out std_logic);
end freq;
architecture one of freq is
  begin
  P1:process(clk_sys)
  variable cnt1:integer range 0 to clk1kHz;
    begin
      if clk_sys'event and clk_sys='1' then
        if cnt1=clk1kHz-1 then
          cnt1:=0;
        else
        cnt1:=cnt1+1;
        end if;
      if cnt1<integer(clk1kHz/2)then clk_1kHz<='1';
      else clk_1kHz<='0';
      end if;
    end if;
```

```
    end process P1;
    P2:process(clk_sys)
    variable cnt2:integer range 0 to clk2Hz;
        begin
            if clk_sys'event and clk_sys = '1' then
              if cnt2 = clk2Hz - 1 then
                cnt2: = 0;
              else
              cnt2: = cnt2 + 1;
              end if;
              if cnt2<integer(clk2Hz/2)then clk_2Hz< = '1';
              else clk_2Hz< = '0';
              end if;
            end if;
    end process P2;
    P3:process(clk_sys)
    variable cnt3:integer range 0 to clk1Hz;
        begin
          if clk_sys'event and clk_sys = '1' then
            if cnt3 = clk1Hz - 1 then
              cnt3: = 0;
            else
              cnt3: = cnt3 + 1;
            end if;
          if cnt3<integer(clk1Hz/2)then clk_1Hz< = '1';
          else clk_1Hz< = '0';
          end if;
      end if;
    end process P3;
  end one;
```

2. 交通信号灯控制模块

根据交通信号灯的设计要求可知，可以用一个含有5种状态的有限状态机来实现交通信号灯的控制，其状态分配见表9-1。在表中，“0”表示发光二极管熄灭，“1”表示发光二极管点亮。

当按下复位键（rst=0）时，当前状态（current _ state）进入，并给东西方向和南北方向的倒计时赋值，其中ew _ times（东西方向）赋初值为“00110101”（即35s）；sn _ times（南北方向）赋初值为“01010101”（即55s）。当急救车（优先通过）到来时（prefe=0），东西方向的信号指示灯ew _ led和南北方向的信号指示灯sn _ led均置入2Hz的脉冲，以进行闪烁显示。

在每个状态下，一方面给交通信号灯赋值，另一方面需要进行倒计时控制。如果时间未到，则继续倒计时；如果时间到，则当前状态切换到下一个状态，并给下一状态赋倒计时初值。

表 9-1　　交通信号灯控制状态分配

<table>
<tr><th rowspan="2">状态</th><th colspan="4">东西方向</th><th colspan="4">南北方向</th><th rowspan="2">功能</th></tr>
<tr><th>直行
绿红</th><th>停行
黄灯</th><th>左转
红绿</th><th>数码管</th><th>直行
绿红</th><th>停行
黄灯</th><th>左转
红绿</th><th>数码管</th></tr>
<tr><td>St0</td><td>10</td><td>0</td><td>10</td><td>35 秒
倒计时</td><td>01</td><td>0</td><td>10</td><td rowspan="3">55 秒
倒计时</td><td>东西直行
南北禁行</td></tr>
<tr><td>St1</td><td>00</td><td>1</td><td>10</td><td>3 秒
倒计时</td><td>01</td><td>0</td><td>10</td><td>东西停行
南北禁行</td></tr>
<tr><td>St2</td><td>01</td><td>0</td><td>01</td><td>15 秒
倒计时</td><td>01</td><td>0</td><td>10</td><td>东西左转
南北禁行</td></tr>
<tr><td>St3</td><td>01</td><td>0</td><td>10</td><td rowspan="3">45 秒
倒计时</td><td>10</td><td>0</td><td>10</td><td>25 秒
倒计时</td><td>南北直行
东西禁行</td></tr>
<tr><td>St4</td><td>01</td><td>0</td><td>10</td><td>00</td><td>1</td><td>10</td><td>3 秒
倒计时</td><td>南北停行
东西禁行</td></tr>
<tr><td>St5</td><td>01</td><td>0</td><td>10</td><td>01</td><td>0</td><td>01</td><td>15 秒
倒计时</td><td>南北左转
东西禁行</td></tr>
</table>

由于 LED 数码管显示的时间为十进制数值，因此需对倒计时值进行 8421 BCD 转换。其转换方法时，若计时值为“0001”～“1001”之间时，进行正常的二进制减“1”操作；当计时值为“0000”时，则通过减“7”计数来调整。交通信号灯控制模块的 VHDL 程序编写如下。

```
library ieee;
use ieee.std_logic_1164.all;
use ieee.std_logic_arith.all;
use ieee.std_logic_unsigned.all;
entity traffic is
  generic(times:integer: = 10);
  port(clk_sys,clk_2Hz,clk_1Hz:in std_logic;
        rst:in std_logic;
           prefe:in std_logic;                --优先通过按钮
           ew_led:out std_logic_vector(4 downto 0);
           sn_led:out std_logic_vector(4 downto 0);
           ew_time1:out std_logic_vector(3 downto 0);
           ew_time2:out std_logic_vector(3 downto 0);
           sn_time1:out std_logic_vector(3 downto 0);
           sn_time2:out std_logic_vector(3 downto 0));
end traffic;
architecture two of traffic is
  type states is(st0,st1,st2,st3,st4,st5,st6,st7);
  signal current_state,next_state:states;
```

```
  signal ew_q:std_logic_vector(4 downto 0);
  signal sn_q:std_logic_vector(4 downto 0);
  signal ew_times:std_logic_vector(7 downto 0);
  signal sn_times:std_logic_vector(7 downto 0);
begin
  P1:process(clk_1Hz)
  variable cnt:integer range times downto 0;
    begin
      if rst = '0' then
        current_state<= st0;
          ew_times<=" 00110101 " ;
          sn_times<=" 01010101 " ;
          elsif prefe = '0' then
            for i in times downto 0 loop
                ew_q(0)<= clk_2Hz;  ew_q(1)<= clk_2Hz;
                ew_q(2)<= clk_2Hz;  ew_q(3)<= clk_2Hz;
                sn_q(0)<= clk_2Hz;  sn_q(1)<= clk_2Hz;
                sn_q(2)<= clk_2Hz;  sn_q(3)<= clk_2Hz;
                ew_q(4)<= clk_2Hz;  sn_q(4)<= clk_2Hz;
            end loop;
        elsif clk_1Hz'event and clk_1Hz = '1' then
          case current_state is
            when st0 =>
                    ew_q(3 downto 0)<=" 1101 " ;
                      sn_q<=" 01101 " ;
                      ew_times<=" 00110101 " ;
                  sn_times<=" 01010101 " ;
                      if ew_times<4 then
                        ew_q(4)<= clk_2Hz;
                      else
                      ew_q(4)<= '0';
                    end if;
                    if ew_times = 0 then
                        current_state<= st1;
                        ew_times<=" 00000011 " ;
                    else
                        current_state<= st0;
                        if ew_times(3 downto 0) = 0 then
                          ew_times<= ew_times - 7;
                        else
                          ew_times<= ew_times - 1;
                        end if;
                    end if;
```

```
            if sn_times(3 downto 0) = 0 then
              sn_times<= sn_times - 7;
            else
              sn_times<= sn_times - 1;
            end if;
      when st1 =>
          ew_q<=" 11001 " ;
            sn_q<=" 01101 " ;
            if ew_times = 0 then
              current_state<= st2;
              ew_times<=" 00010101 " ;
            else
              current_state<= st1;
              if ew_times(3 downto 0) = 0 then
                  ew_times<= ew_times - 7;
                else
                  ew_times<= ew_times - 1;
              end if;
            end if;
          if sn_times(3 downto 0) = 0 then
                sn_times<= sn_times - 7;
              else
                sn_times<= sn_times - 1;
            end if;
      when st2 =>
          ew_q<=" 10110 " ;
            sn_q<=" 01101 " ;
            if ew_times = 0 then
              current_state<= st3;
              sn_times<=" 00100101 " ;
          ew_times<=" 01000101 " ;
            else
              current_state<= st2;
              if ew_times(3 downto 0) = 0 then
                  ew_times<= ew_times - 7;
                else
                  ew_times<= ew_times - 1;
              end if;
              if sn_times(3 downto 0) = 0 then
                sn_times<= sn_times - 7;
              else
                sn_times<= sn_times - 1;
              end if;
```

```
  end if;
when st3 =>
    ew_q<=" 00110" ;
      sn_q(3 downto 0)<=" 1101" ;
      if sn_times<4 then
        sn_q(4)<=clk_2Hz;
      else
        sn_q(4)<='0';
      end if;
      if sn_times=0 then
        current_state<=st4;
        sn_times<=" 00000011" ;
      else
        current_state<=st3;
        if sn_times(3 downto 0) = 0 then
              sn_times<=sn_times-7;
            else
              sn_times<=sn_times-1;
        end if;
    end if;
    if ew_times(3 downto 0) = 0 then
        ew_times<=ew_times-7;
      else
        ew_times<=ew_times-1;
  end if;
when st4 =>
  ew_q<=" 01101" ;
    sn_q<=" 11001" ;
    if sn_times=0 then
      current_state<=st5;
      sn_times<=" 00010101" ;
    else
      current_state<=st4;
      if sn_times(3 downto 0) = 0 then
            sn_times<=sn_times-7;
          else
            sn_times<=sn_times-1;
      end if;
    end if;
    if ew_times(3 downto 0) = 0 then
        ew_times<=ew_times-7;
      else
        ew_times<=ew_times-1;
```

```
            end if;
          when st5 =>
              ew_q<="01101";
                sn_q<="10110";
                if sn_times = 0 then
                  current_state<= st0;
            ew_times<="00110101";
              sn_times<="01010101";
                else
                  current_state<= st5;
                  if sn_times(3 downto 0) = 0 then
                        sn_times<= sn_times - 7;
                      else
                        sn_times<= sn_times - 1;
                  end if;
              if ew_times(3 downto 0) = 0 then
                    ew_times<= ew_times - 7;
                  else
                    ew_times<= ew_times - 1;
              end if;
                end if;
            when others => null;
        end case;
      end if;
  end process P1;
  ew_time1<= ew_times(3 downto 0);
  ew_time2<= ew_times(7 downto 4);
  sn_time1<= sn_times(3 downto 0);
  sn_time2<= sn_times(7 downto 4);
  ew_led<= ew_q;
  sn_led<= sn_q;
end two;
```

3. LED 数码管显示模块

LED 数码管显示模块程序请参考 8.3.2 节中 LED 键盘显示电路模块程序。

9.1.3 模拟交通信号灯的仿真波形

由于系统时钟为 50MHz，如果在 Quartus Ⅱ 中进行波形仿真，建议将分频器模块程序中 clk1Hz、clk2Hz、clk1Hz 的数值改小，否则波形仿真时会耗费大量的编译时间。分频器模块的仿真波形如图 9 - 2 所示。各模块在同一项目中输入完毕后，生成相应的元件符号，然后按照图 9 - 1 所示，将相应模块连接好，并保存设置为当前顶层模块文件。然后对顶层模块文件可以进行波形仿真，其仿真波形如图 9 - 3 所示。

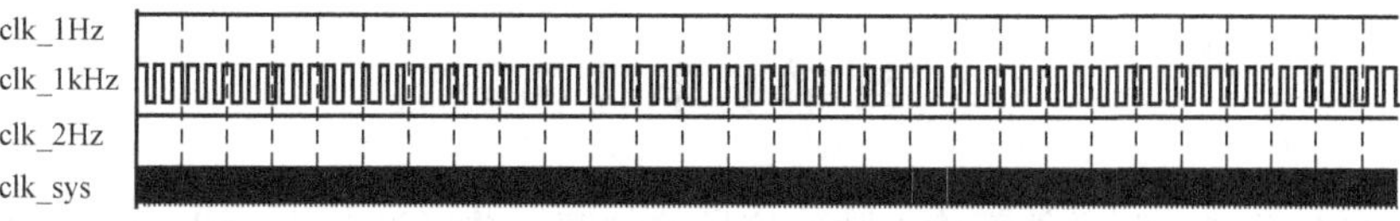

图 9 - 2 分频器模块的仿真波形图

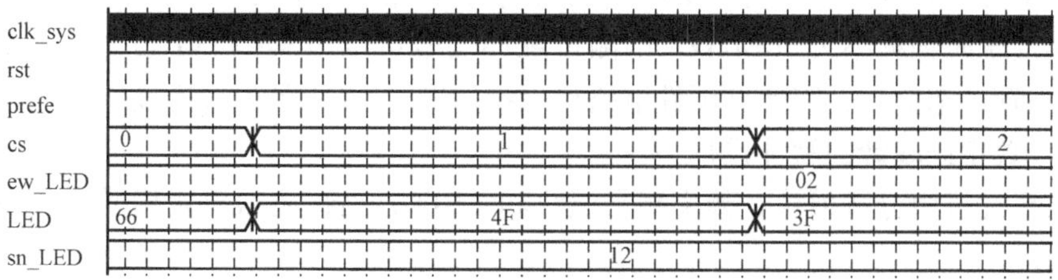

图 9 - 3 模拟交通信号灯的仿真波形图

9.1.4 模拟交通信号灯的硬件验证

1. 硬件连接与引脚锁定

选用 FPGA 模块（主芯片 EP4CE30F23C8）、LED 数码管显示模块、发光二极管指示电路模块等进行硬件电路的连接。连接好后，在 Quartus Ⅱ 中，根据表 9 - 2 所示进行引脚锁定。

表 9 - 2 模拟交通信号灯的引脚锁定

信号名	FPGA 映射管脚	信号名	FPGA 映射管脚	信号名	FPGA 映射管脚
clk _ sys	PIN _ G1	sn _ LED0	PIN _ AB7	LED(0)	PIN _ W10
prefe	PIN _ D13	sn _ LED1	PIN _ AB14	LED(1)	PIN _ V10
rst	PIN _ C13	sn _ LED2	PIN _ AA14	LED(2)	PIN _ U10
ew _ LED0	PIN _ W7	sn _ LED3	PIN _ W14	LED(3)	PIN _ T10
ew _ LED1	PIN _ V7	sn _ LED4	PIN _ V14	LED(4)	PIN _ V11
ew _ LED2	PIN _ U7	cs(0)	PIN _ AA10	LED(5)	PIN _ U11
ew _ LED3	PIN _ AB8	cs(1)	PIN _ Y10	LED(6)	PIN _ T11
ew _ LED4	PIN _ U8	cs(2)	PIN _ AA8	LED(7)	PIN _ Y8

2. 硬件验证

锁定引脚后，在 Quartus Ⅱ 中对项目重新全部编译，编译通过后将生成 ex _ traffic. sof 文件。用下载电缆将计算机与 FPGA 主板上的 JTAG 口连接，打开编程器窗口，将 ex _ traffic. sof 文件进行下载到目标芯片中。下载后，若没有按下任何按键时，8 位共阴极数码管和 10 只发光二极管按照 st0～st5 的状态进行相应的显示。若急救车到时，按下优先通过按钮 prefe 时，10 只发光二极管闪烁显示，而 LED 数码管显示内容保持不变。当松开按钮 prefe 时，10 只发光二极管和 LED 数码管恢复急救车到来前的状态，继续进行相应显示。若按下复位按钮 rst 时，8 位共阴极数码管和 10 只发光二极管从 st0 状态开始进行显示。

9.2 数字频率计的设计

使用 FPGA 系统，测量外部输入脉冲信号的频率，并通过 8 位 LED 数码管将其显示。

9.2.1 数字频率计的硬件电路设计

数字频率计的硬件电路主要由 FPGA 最小系统电路和 8 位 LED 数码管显示电路构成。FPGA 外接系统时钟频率为 50MHz，待测量脉冲信号可以由某一个 I/O 输入，频率值由 8 位 LED 数码管动态显示，因此其硬件电路可以参照图 8 - 8 所示进行连接。

9.2.2 数字频率计的软件设计

数字频率计可由分频模块、频率测量模块和 LED 数码管显示模块构成，其系统结构如图 9 - 4 所示。

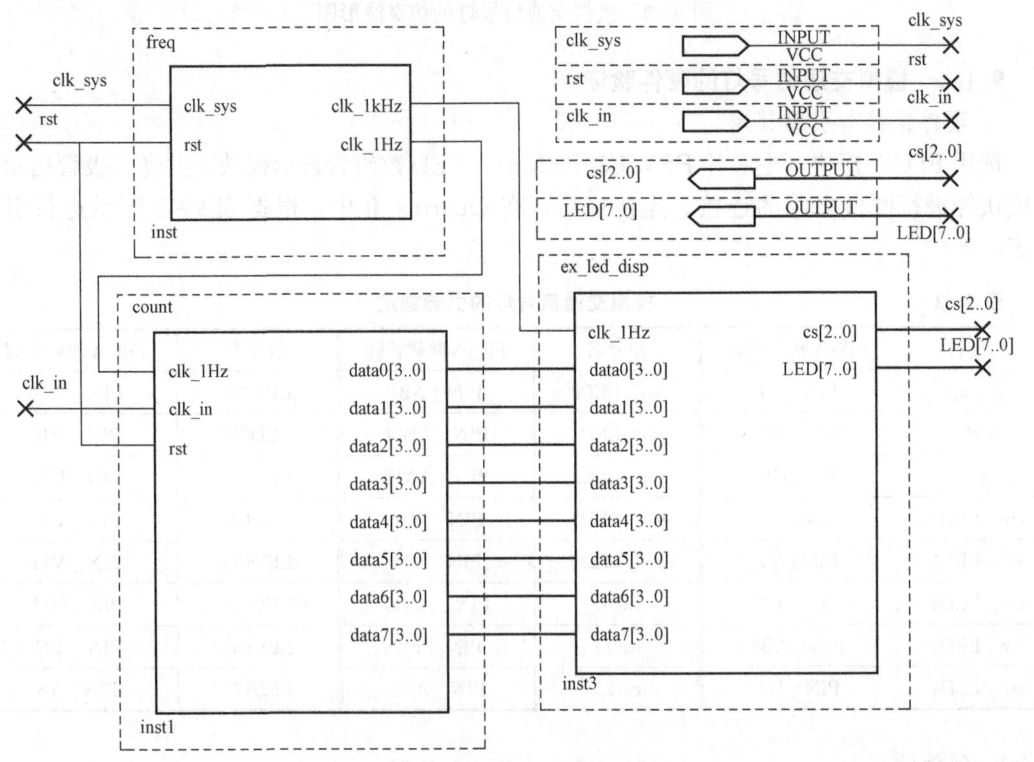

图 9 - 4 数字频率计系统结构图

1. 分频模块

在频率计中，必须要有 1 个同期为 1s 的输入信号脉冲作为测频时的计数允许信号。而 LED 数码管动态显示需要 1 个 1kHz 的脉冲信号，因此需对 50MHz 的系统时钟信号进行分频，产生信号 clk _ 1Hz 和 clk _ 1kHz，编写的 VHDL 程序如下。

```
library ieee;
use ieee.std_logic_1164.all;
use ieee.std_logic_arith.all;
```

```
use ieee.std_logic_unsigned.all;
entity freq is
  generic(clk1kHz:integer:=50000;                    --设置1kHz的分频系数
          clk1Hz:integer:=50000000);                 --设置1s信号的分频系数
  port(clk_sys:in std_logic;
       rst:in std_logic;
       clk_1kHz,clk_1Hz:out std_logic);
end freq;
architecture one of freq is
  begin
      P1:process(clk_sys)                            --产生1kHz信号
        variable cnt1:integer range 0 to clk1kHz;
        begin
            if clk_sys'event and clk_sys='1' then
              if cnt1=clk1kHz-1 then
                 cnt1:=0;  clk_1kHz<='1';
               else
                 cnt1:=cnt1+1;  clk_1kHz<='0';
               end if;
            end if;
      end process P1;
      P2:process(clk_sys)
      variable cnt2:integer range 0 to clk1Hz;
        begin
            if rst='0' then
              cnt2:=0;
            elsif clk_sys'event and clk_sys='1' then
              if cnt2=clk1Hz-1 then
                cnt2:=0;
              else
                cnt2:=cnt2+1;
              end if;
            if cnt2<clk1Hz and rst='1' then clk_1Hz<='1';
            else clk_1Hz<='0';
            end if;
        end if;
    end process P2;
end one;
```

2. 测频模块

在测频模块中，首先对输入的1Hz信号进行二分频，以产生脉宽为1s的测频计数允许信号clr_cnt。当clr_cnt为0时，被测信号发生上升沿跳变时，对输入脉冲clk_in进行测频计数操作，并将计数结果输出。测频模块的VHDL程序编写如下。

```
library ieee;
use ieee.std_logic_1164.all;
use ieee.std_logic_arith.all;
use ieee.std_logic_unsigned.all;
entity count is
  port(clk_1Hz:in std_logic;
       clk_in:in std_logic;
       rst:in std_logic;
       data0,data1,data2,data3:out std_logic_vector(3 downto 0);
           data4,data5,data6,data7:out std_logic_vector(3 downto 0));
end count;
architecture two of count is
 signal bclk:std_logic;
 signal div2clk:std_logic;
 signal clr_cnt:std_logic;
 signal d0,d1,d2,d3,d4,d5,d6,d7:std_logic_vector(3 downto 0);
begin
  P1:process(clk_1Hz)
  begin
    if clk_1Hz'event and clk_1Hz = '1' then
        div2clk<= not div2clk;
      end if;
  end process P1;
  P2:process(clk_1Hz,div2clk)
  begin
    if clk_1Hz = '0' and div2clk = '1' then
        clr_cnt<='1';
      else
        clr_cnt<='0';
      end if;
  end process P2;
  P3:process(bclk)
    begin
        if(rst = '0' or clr_cnt = '1')then
          d0<="0000";  d1<="0000";
            d2<="0000";  d3<="0000";
            d4<="0000";  d5<="0000";
            d6<="0000";  d7<="0000";
        elsif clk_in'event and clk_in = '1' then
          if clr_cnt = '0' then
          if d0 = "1001" then d0<="0000";
          if d1 = "1001" then d1<="0000";
            if d2 = "1001" then d2<="0000";
```

```
                    if d3 = "1001" then d3<= "0000";
                      if d4 = "1001" THEN d4<= "0000";
                        if d5 = "1001" then d5<= "0000";
                          if d6 = "1001" then d6<= "0000";
                            if d7 = "1001" then d7<= "0000";
                            else d7<= d7 + 1;
                            end if;
                          else d6<= d6 + 1;
                          end if;
                        else d5<= d5 + 1;
                        end if;
                      else d4<= d4 + 1;
                      end if;
                    else d3<= d3 + 1;
                    end if;
                  else d2<= d2 + 1;
                  end if;
                else d1<= d1 + 1;
                end if;
              else d0<= d0 + 1;
              end if;
            end if;
          end if;
        end process P3;
          data0<= d7;  data1<= d6;
          data2<= d5;  data3<= d4;
          data4<= d3;  data5<= d2;
          data6<= d1;  data7<= d0;
      end two;
```

3. LED数码管显示模块

LED数码管显示模块程序请参考8.3.2中LED键盘显示电路模块程序。

9.2.3 数字频率计的仿真波形

在数字频率计中可以先对各底层模块进行波形仿真，例如测频模块的仿真波形如图9-5所示。然后各模块在同一项目中输入完毕，生成相应的元件符号，并按照图9-4所示，将相应模块连接好，且保存设置为当前顶层模块文件，就可以对顶层模块文件可以进行波形仿真。

9.2.4 数字频率计的硬件验证

1. 硬件连接与引脚锁定

选用FPGA模块（主芯片EP4CE30F23C8）、LED数码管显示模块进行硬件电路的连接。连接好后，在Quartus Ⅱ中，根据表9-3所示进行引脚锁定。

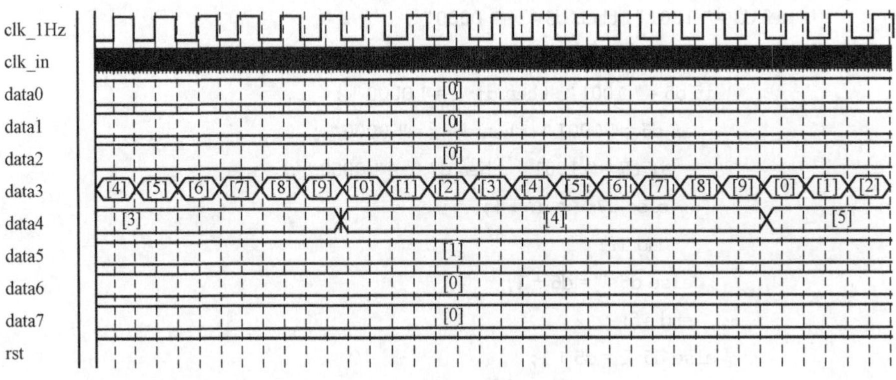

图 9-5 测量模块的仿真波形

表 9-3 **数字频率计的引脚锁定**

信号名	FPGA 映射管脚	信号名	FPGA 映射管脚	信号名	FPGA 映射管脚
clk _ sys	PIN _ G1	cs (2)	PIN _ AA8	LED (4)	PIN _ V11
clk _ in	PIN _ G22	LED (0)	PIN _ W10	LED (5)	PIN _ U11
rst	PIN _ C13	LED (1)	PIN _ V10	LED (6)	PIN _ T11
cs (0)	PIN _ AA10	LED (2)	PIN _ U10	LED (7)	PIN _ Y8
cs (1)	PIN _ Y10	LED (3)	PIN _ T10		

2. 硬件验证

锁定引脚后，在 Quartus Ⅱ中对项目重新全部编译，编译通过后将生成 ex _ freq. sof 文件。用下载电缆将计算机与 FPGA 主板上的 JTAG 口连接，打开编程器窗口，将 ex _ freq. sof 文件进行下载到目标芯片中。下载后，8 位共阴极数码管将显示外界被测脉冲的频率值。若按下复位按钮 rst 时，8 位共阴极数码管均显示为 0。

9.3 数字秒表的设计

使用 FPGA 设计一个数字秒表，其计时范围为 0.01s～1h，精度为 0.01 秒。数字秒表的度量单位有 0.01 秒、0.1 秒、秒、分等挡位，并且各度量单位可以进位。

数字秒表具有异步清零功能，当按下清零按键时，秒表的计数内容无条件地清零。该表还有启动/暂停键。松开该键时，秒表即刻开始计时，并得到计时结果；按下该键，暂停计时。

9.3.1 数字秒表的硬件电路设计

数字频率计的硬件电路主要由 FPGA 最小系统电路和 8 位 LED 数码管显示电路构成。FPGA 外接系统时钟频率为 50MHz，通过分频器将其产生 0.01s 的时基脉冲，然后对该时基脉冲计数即可实现秒表计时，计时值由 8 位 LED 数码管动态显示即可，因此其硬件电路可以参照图 8-8 所示进行连接。

9.3.2 数字秒表的软件设计

数字秒表可以使用多个不同的计数器单元模块，并通过有机的组合来得到数字秒表系统。

要满足数字秒表的精度，首先应获得精确的计时基准信号，这里的系统精度要求为 0.01s，因此必须设置周期为 0.01s 的时钟脉冲。由于数字秒表输入的脉冲为 50MHz，因此每来 500000 个外界输入脉冲就输出一个频率，该频率的时间周期正好为 0.01s，即先将外界脉冲进行 50MHz→100Hz 的分频。

0.1 秒、秒、分等计时单位之间的进位转换可以通过十进制与六进制计数器来实现。每位计数器均能输出相应计时单位计数结果，其中，十进制计数器可以实现 0.01 秒、0.1 秒、1 秒和 1 分单位单元的计数；六进制可以实现 10 秒、10 分为单位的计数。由于秒表需要具有异步清零和启动/暂停功能，因此可以将每个计数器都设置异步清零（rst）和启动/暂停（EN）输入端口，再将各级计数器进行级联，即可同时显示不同度量单位的计时内容。因此，数字秒表主要由分频模块、十进制计数模块、六进制计数模块和 LED 数码管显示模块构成，其系统结构如图 9-6 所示。

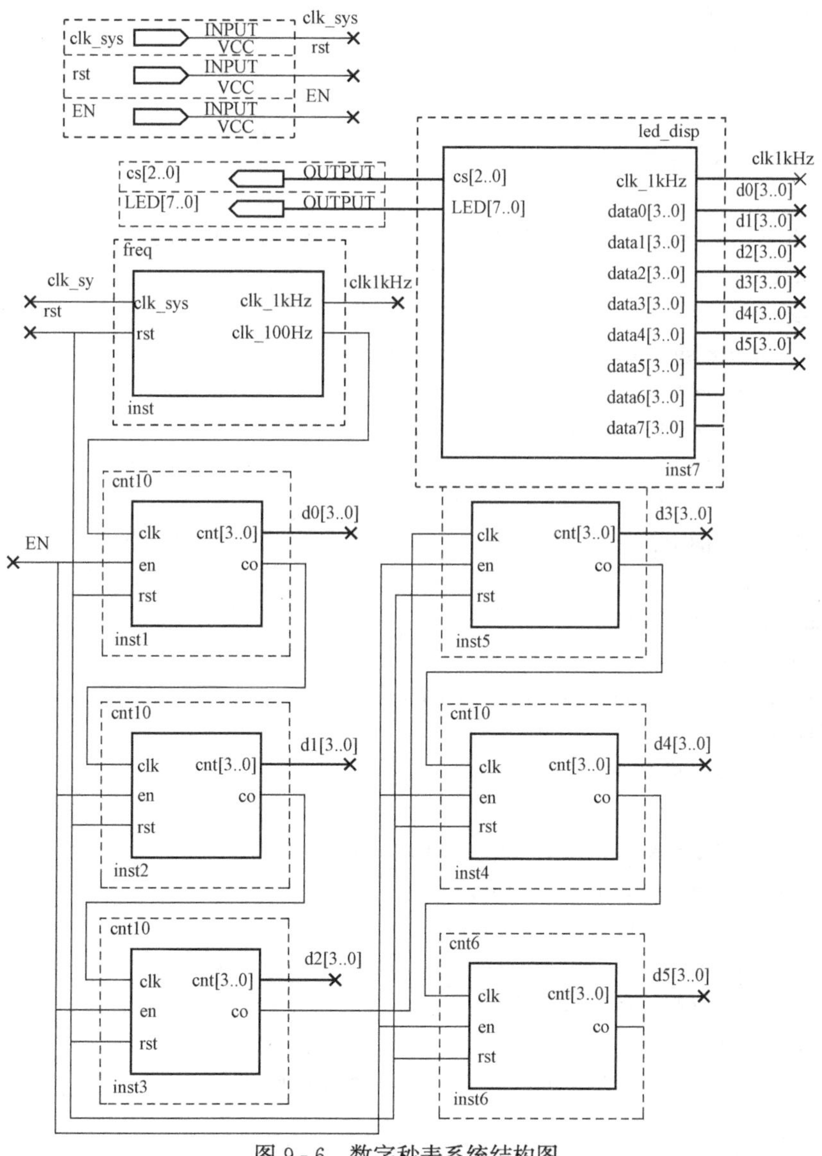

图 9-6　数字秒表系统结构图

1. 分频模块

在数字秒表中，必须要有1个0.01s的时基脉冲信号作为数字秒表的计时信号，而LED数码管动态显示需要1个1kHz的脉冲信号，因此需对50MHz的系统时钟信号进行分频，产生信号clk _ 1kHz和clk100Hz，编写的VHDL程序如下。

```
library ieee;
use ieee.std_logic_1164.all;
use ieee.std_logic_arith.all;
use ieee.std_logic_unsigned.all;
entity freq  is
  generic(clk1kHz:integer: = 50000;                          - - 设置 1kHz 的分频系数
          clk100Hz:integer: = 500000);                       - - 设置 100Hz 的分频系数
  port(clk_sys:in std_logic;
       rst:in std_logic;
       clk_1kHz,clk_100Hz:out std_logic);
end freq;
architecture three of freq is
  begin
      P1:process(clk_sys)                                    - - 产生 1kHz 信号
        variable cnt1:integer range 0 to clk1kHz;
        begin
            if clk_sys'event and clk_sys = '1' then
              if cnt1 = clk1kHz - 1 then
                cnt1: = 0;   clk_1kHz< = '1';
              else
                cnt1: = cnt1 + 1;   clk_1kHz< = '0';
              end if;
            end if;
      end process P1;
      P2:process(clk_sys)
      variable cnt2:integer range 0 to clk100Hz;
        begin
            if rst = '0' then
              cnt2: = 0;
            elsif clk_sys'event and clk_sys = '1' then
              if cnt2 = clk100Hz - 1 then
                cnt2: = 0;
              else
                cnt2: = cnt2 + 1;
              end if;
            if cnt2<clk100Hz - 1 and rst = '1' then clk_100Hz< = '1';
            else clk_100Hz< = '0';
            end if;
```

```
            end if;
        end process P2;
end three;
```

2. 十进制计数模块

十进制计数模块的计数范围为 0～9（即二进制的 0000～1001），若 rst（复位键）有效时，计数值 cnm 清零，否则 clk 信号每发生一次上升沿跳变，且 EN（允许计数）有效时，计数值 cnm 加 1 计数。cnt 在加 1 之前判断是否为“1001”，如果是“1001”，则 cnt 清零，且计数溢出信号 co 输出为高电平；否则，cnm 加 1 且 con 输出为低电平。在程序中，应将 cnm 的值由 cnt 输出。编写的 VHDL 程序如下。

```
library ieee;
use ieee.std_logic_1164.all;
use ieee.std_logic_arith.all;
use ieee.std_logic_unsigned.all;
entity cnt10 is
  port(clk:in std_logic;
        en:in std_logic;
            rst:in std_logic;
            cnt:out std_logic_vector(3 downto 0);
            co:out std_logic);
end cnt10;
architecture one of cnt10 is
  signal cnm:std_logic_vector(3 downto 0);
  begin
    process(clk,en,rst)
        begin
          if rst = '0' then
              cnm<= " 0000 " ;
            elsif clk'event and clk = '1' then
             if en = '1' then
              if cnm = " 1001 "  then                    --判断计数值是否为 1001
                  cnm<= " 0000 " ; co<= '1';             --若是,则计数值清零,溢出信号为高电平
                else
                  cnm<= cnm + 1;   co<= '0';             --若不是,则计数值加 1,溢出信号为低电平
                end if;
              end if;
            end if;
    end process;
    cnt<= cnm;
end one;
```

3. 六进制计数模块

六进制计数器模块的程序编写思路与十进制计数器模块类似，只不过将 cnm 的判断值

由“1001”改为“0101”即可。六进制计数器模块程序编写如下。

```
library ieee;
use ieee.std_logic_1164.all;
use ieee.std_logic_arith.all;
use ieee.std_logic_unsigned.all;
entity cnt6 is
  port(clk:in std_logic;
       en:in std_logic;
          rst:in std_logic;
          cnt:out std_logic_vector(3 downto 0);
          co:out std_logic);
end cnt6;
architecture two of cnt6 is
  signal cnm:std_logic_vector(3 downto 0);
  begin
    process(clk,en,rst)
      begin
        if rst='0' then
            cnm<="0000";
          elsif clk'event and clk='1' then
            if en='1' then
              if cnm="0101" then
                 cnm<="0000"; co<='1';
              else
                 cnm<=cnm+1;  co<='0';
              end if;
            end if;
          end if;
    end process;
    cnt<=cnm;
end two;
```

4. LED 数码管显示模块

LED 数码管显示模块程序请参考 8.3.2 节中 LED 键盘显示电路模块程序。

9.3.3 数字秒表的仿真波形

数字秒表中，十进制计数模块的仿真波形如图 9-7 所示；六进制计数模块的仿真如图 9-8所示。各模块在同一项目中输入完毕，生成相应的元件符号，并按照图 9-6 所示，将相应模块连接好，且保存设置为当前顶层模块文件，就可以对顶层模块文件可以进行波形仿真，其仿真波形如图 9-9 所示。

9.3.4 数字秒表的硬件验证

1. 硬件连接与引脚锁定

选用 FPGA 模块（主芯片 EP4CE30F23C8）、LED 数码管显示模块并进行硬件电路的连

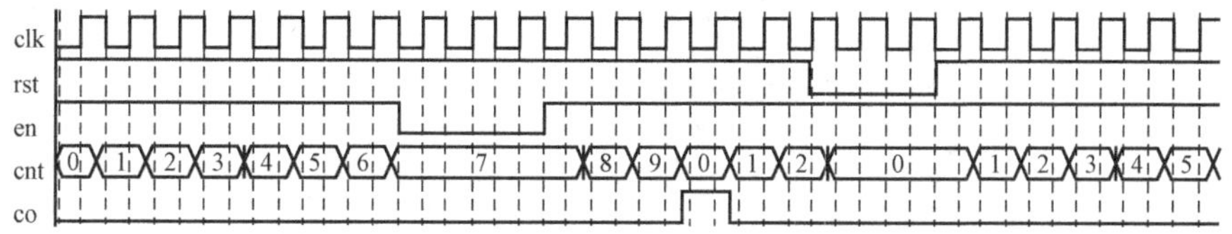

图 9-7 十进制计数模块的仿真波形图

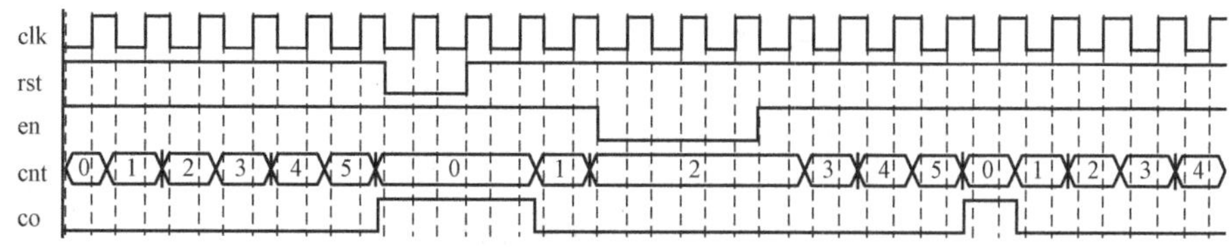

图 9-8 六进制计数模块的仿真波形图

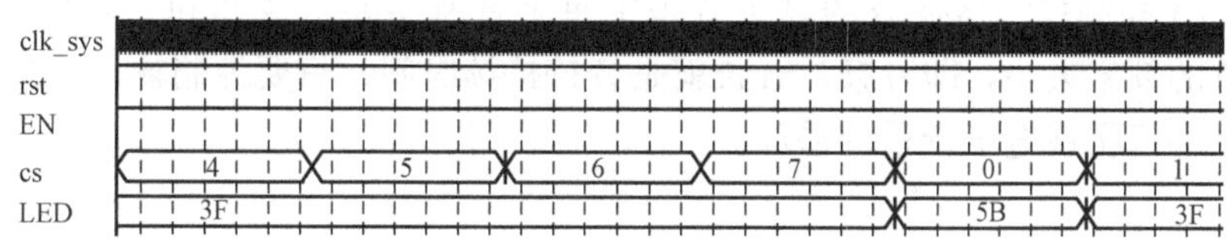

图 9-9 数字秒表的仿真波形图

接。连接好后，在 Quartus Ⅱ中，根据表 9-4 所示进行引脚锁定。

表 9-4　　数字秒表的引脚锁定

信号名	FPGA 映射管脚	信号名	FPGA 映射管脚	信号名	FPGA 映射管脚
clk _ sys	PIN _ G1	cs(2)	PIN _ AA8	LED(4)	PIN _ V11
EN	PIN _ D13	LED(0)	PIN _ W10	LED(5)	PIN _ U11
rst	PIN _ C13	LED(1)	PIN _ V10	LED(6)	PIN _ T11
cs(0)	PIN _ AA10	LED(2)	PIN _ U10	LED(7)	PIN _ Y8
cs(1)	PIN _ Y10	LED(3)	PIN _ T10		

2. 硬件验证

锁定引脚后，在 Quartus Ⅱ中对项目重新全部编译，编译通过后将生成 ex _ clock. sof 文件。用下载电缆将计算机与 FPGA 主板上的 JTAG 口连接，打开编程器窗口，将 ex _ clock. sof 文件进行下载到目标芯片中。下载后，未按下任何按键时数字秒表实时显示相应时间。按下暂停键，暂停计时；松开该键后，继续计时。按下复位键时，数字秒表显示数字清零。

9.4 音乐播放器的设计

由 FPGA 控制蜂鸣器播放电子音乐《送别》，该音乐的乐谱如图 9-10 所示。

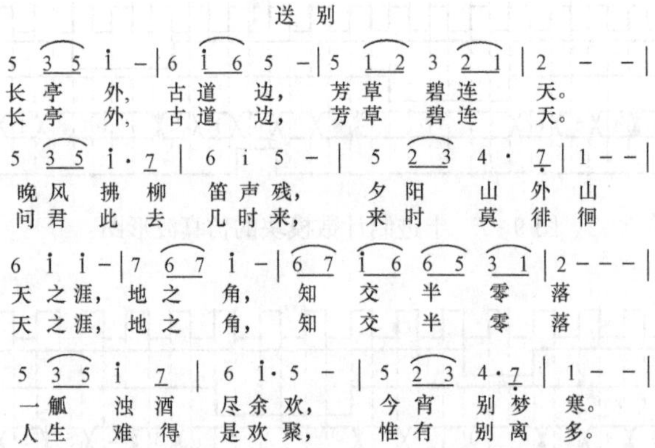

送别

5 3 5 1̇ − | 6 1̇ 6 5 − | 5 1 2 3 2 1 | 2 − − |
长 亭 外，古 道 边，芳 草 碧 连 天。
长 亭 外，古 道 边，芳 草 碧 连 天。

5 3 5 1̇ · 7 | 6 1̇ 5 − | 5 2 3 4 · 7 | 1 − − |
晚 风 拂 柳 笛 声 残，夕 阳 山 外 山
问 君 此 去 几 时 来，来 时 莫 徘 徊

6 1̇ 1̇ − | 7 6 7 1̇ − | 6 7 1̇ 6 6 5 3 1 | 2 − − − |
天 之 涯，地 之 角，知 交 半 零 落
天 之 涯，地 之 角，知 交 半 零 落

5 3 5 1̇ 7 | 6 1̇ · 5 − | 5 2 3 4 · 7 | 1 − − |
一 瓠 浊 酒 尽 余 欢，今 宵 别 梦 寒。
人 生 难 得 是 欢 聚，惟 有 别 离 多。

图 9-10 《送别》乐谱

9.4.1 电子音乐播放的原理

使用 FPGA 控制蜂鸣器播放的电子音乐中每个音符主要由音调和音长两个参数决定，音调就是音符的频率大小，即音频；音长就是音符持续时间。只要控制输出到蜂鸣器的信号频率与节拍，即可实现电子音乐的播放。

1. 音调

电子音乐中每个音符的音调高低是由该音名的频率值大小决定的。音乐的十二平均率规定：每两个八度音（如简谱中的中间 1 与高音 1）之间的频率相差一倍。在两个八度音之间，又可分为十二个半音，每两个半音的频率比为 $\sqrt[12]{2}\approx1.122\,46$。另外，音名 A（简谱中的低音 6）的频率为 440Hz，音名 B 到 C 之间、E 到 F 之间为半音，其余为全音。由此可以计算出简谱中从低音 1 至高音 1 之间每个音名的频率，见表 9-5。由于音阶频率多为非整数，而分频系数过小，四舍五入取整后的误差较大。用 VHDL 设计分频器比较容易，所以选取的基准频率越高，分频后的频率与理论频率之间的误码就越小。

表 9-5　简谱中各音名与频率的关系

音名	频率（Hz）	音名	频率（Hz）	音名	频率（Hz）
低音 1	261.63	中音 1	523.25	高音 1	1045.5
低音 2	293.67	中音 2	587.33	高音 2	1174.66
低音 3	329.63	中音 3	659.25	高音 3	1318.51
低音 4	349.23	中音 4	698.46	高音 4	1396.92
低音 5	391.99	中音 5	783.99	高音 5	1567.98
低音 6	440.00	中音 6	880.00	高音 6	1760.00
低音 7	493.88	中音 7	987.76	高音 7	1975.52

2. 音长

音长就是该音符的持续时间，是电子音乐能连续播放所需的另一个基本要素。若将 1 节拍的时间长度为 1s，则 1/4 拍的时间为 250ms，即需要一个 4Hz 的时钟频率即产生音谱节拍。电子音乐播放的时间控制通过记录音调来完成，对于占用时间较长的节拍（一定时 1/4

拍的整数倍，如 2/4 拍)，只需将该音符连续记录多次即可。节拍与对应的持续时间关系见表 9-6。

表 9-6　音谱节拍与对应的持续时间关系

音谱	节拍	时间/ms	音谱	节拍	时间/ms
$\underline{\underline{N}}$	一拍	250×1	N	四拍	250×4
$\underline{N}$	两拍	250×2	$N\cdot$	六拍	250×6
$\underline{N\cdot}$	三拍	250×3	N—	八拍	250×8

3. 移调

一般的歌曲，有 3/8、2/4、3/4、4/4 等节拍类型，但不管有几拍，基本上是在 C 调下演奏的。如果是 C 调，则音名 C 唱 Do，音名 D 唱 Re，音名 E 唱 Mi，音名 F 唱 Fa，音名 G 唱 So，音名 A 唱 La，音名 B 唱 Ti 等。但并不是所有的歌曲都是在 C 调下演奏的，还有 D 调、E 调、F 调、G 调等。D 调是将 C 调各音符上升一个频率实现的，即 C 调下的音名 D 在 D 调下唱 Do，C 调下的音名 E 在 D 调下唱 Re，C 大调的音名 F 在 D 调下升高半音符 F# 唱 Mi，C 调下的音名 G 在 D 调下唱 Fa，C 调下的音名 A 在 D 调下唱 So，C 调下的音名 B 在 D 调下唱 La，C 调下的音名 C 在 D 调下升高半音 C# 符唱 Ti。这种改变唱法称为移调。

E 调是在 D 调的基础上进行移调的，而 F 调是在 E 调的基础上进行移调的……。各调音符与音名的关系见表 9-7。

表 9-7　各大调的音符与音名的关系

调 \ 音名	Do	Re	Mi	Fa	So	La	Ti
C 调	C	D	E	F	G	A	B
D 调	D	E	F#	G	A	B	C
E 调	E	F#	G#	A	B	C	D
F 调	F	G	A	B	C	D	E
G 调	G	A	B	C	D	E	F#
A 调	A	B	C#	D	E	F#	G#
B 调	B	C	D	E	F	G	A

9.4.2　音乐播放器的硬件电路设计

音乐播放器的硬件电路主要由 FPGA 最小系统、发光二极管指示灯电路和蜂鸣器电路构成，其电路结构如图 9-11 所示。

9.4.3　音乐播放器的软件设计

音乐播放器的顶层由两大模块构成：分频模块（freq）和电子音乐播放模块（Songer）构成，如图 9-12 所示。其中电子音乐播放模块又由 NoteTabs、ToneTaba 和 Speakera 模块构成，如图 9-13 所示。因此，音乐播放器可由 5 个 VHDL 程序模块构成。

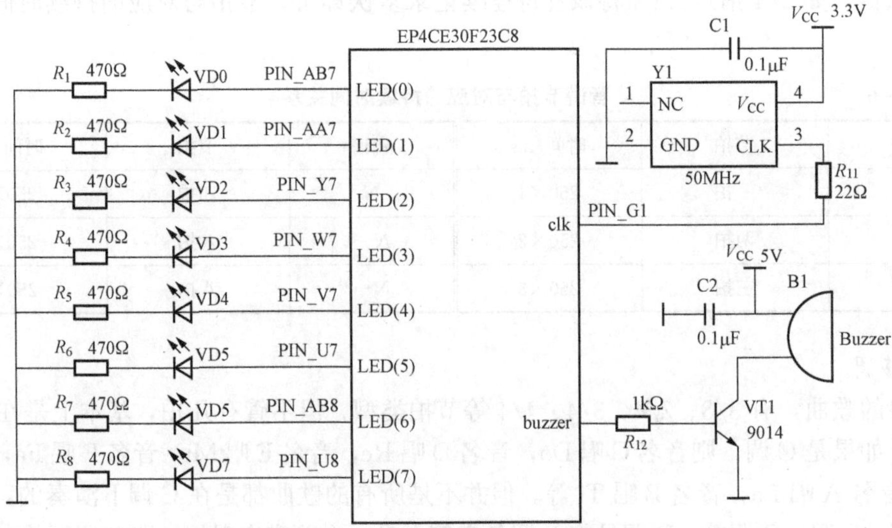

图 9-11 音乐播放硬件电路图

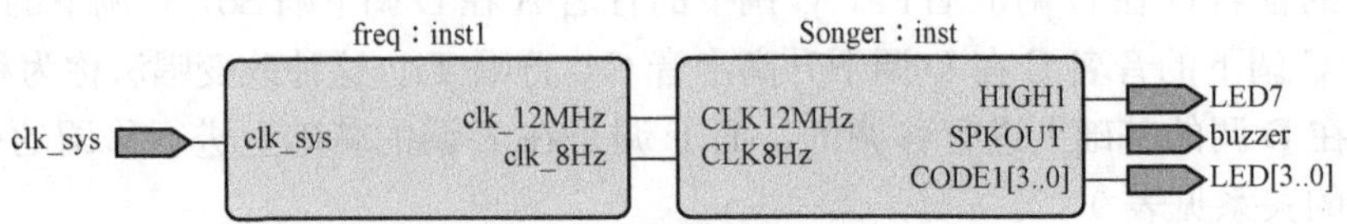

图 9-12 音乐播放器的顶层结构图

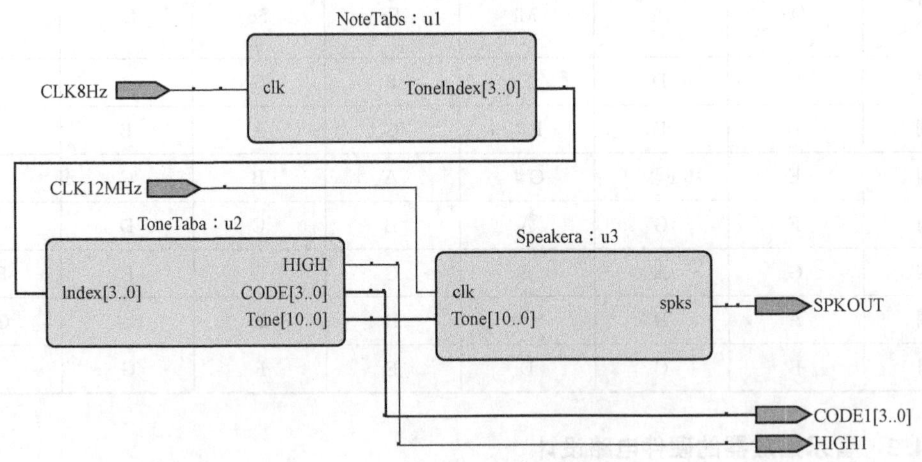

图 9-13 电子音乐播放模块的结构图

1. 分频模块

```
library ieee;
use ieee.std_logic_1164.all;
use ieee.std_logic_arith.all;
use ieee.std_logic_unsigned.all;
```

```
entity freq is
  port(clk_sys    : in std_logic;
       clk_12MHz,clk_8Hz: out std_logic);
end freq;
architecture one of freq is
  signal  set:  std_logic;
  signal  cnt:  std_logic_vector(23 DOWNTO 0);
begin
  process(clk_sys)
    begin
      if set = '1' then
          cnt< = " 011111111111111111111111 " ;
      elsif clk_sys'event and clk_sys = '1' then
        cnt< = cnt - 1;
      end if;
  end process;
  set< = cnt(23);
  clk_8Hz< = cnt(22);
  clk_12MHz< = cnt(1);
end one;
```

2. 电子音乐播放模块

```
library ieee;
use ieee. std_logic_1164. all;
use ieee. std_logic_arith. all;
use ieee. std_logic_unsigned. all;
entity Songer is                                    - - 顶层设计
  port(CLK12MHz    : in   std_logic;
        CLK8Hz     : in   std_logic;
          CODE1    : out integer range 0 to 15;     - - 音调指示输出
          HIGH1    : out std_logic;
        SPKOUT     : out std_logic);                - - 声音输出,用以驱动蜂鸣器
end Songer;
architecture top OF Songer IS
  component NoteTabs
    port(clk        : in std_logic;
            ToneIndex : OUT INTEGER RANGE 0 TO 15);
  end component;
  component ToneTaba
    port(Index     : in   integer range 0 to 15;
          CODE     : OUT integer range 0 to 15;
          HIGH     : OUT std_logic;
            Tone   : OUT integer range 0 to 2047);
```

```
end component;
component Speakera
  port(clk      : in   std_logic;
       Tone     : in   integer range 0 TO 2047;
       SpkS     : out std_logic);
end component;
  signal Tone : integer range 0 to 2047;
  signal ToneIndex : integer range 0 to 15;
begin
  u1 : NoteTabs port map(clk => CLK8Hz, ToneIndex => ToneIndex);     --元件例化
  u2 : ToneTaba port map(Index => ToneIndex, Tone => Tone, CODE => CODE1, HIGH => HIGH1);
  u3 : Speakera port map(clk => CLK12MHz, Tone => Tone, SpkS => SPKOUT);
end top;
```

3. NoteTabs 模块

NoteTabs 模块中存放《送别》乐谱所需的音符及每个音符持续节拍数。该模块在输入时钟 clk（外接 CLK8Hz）的作用下，地址不断加 1 并能依次取出对应地址单元的音符数据，若要实现不断演奏，则要求地址计数器加到某个值时应能复位成 0，再从头开始计数。编写的 VHDL 如下。

```
library ieee;
use ieee.std_logic_1164.all;
use ieee.std_logic_arith.all;
use ieee.std_logic_unsigned.all;
entity NoteTabs is
  port(clk:in std_logic;
       ToneIndex:out integer range 0 to 15);
end NoteTabs;
architecture two of NoteTabs is
  signal cnt:integer range 0 to 255;
  begin
    cnt8:process(clk)
      begin
      --«送别»有 254 个乐谱节拍,演奏完一遍后需将计数值清零
      if cnt = 254 then cnt<= 0;
          elsif clk'event and clk = '1' then
            cnt<= cnt + 1;
          end if;
    end process cnt8;
      search:process(cnt)
        begin
          case cnt is       --译码器,查歌曲的乐谱表,查表结果为音调表的索引值
            when 0  to  3   =>ToneIndex<= 5;        --中音 5,节拍数为 4
            when 4  to  5   =>ToneIndex<= 3;        --中音 3,节拍数为 2
```

```
when 6   to  7    =>ToneIndex <= 5;       --中音 5,节拍数为 2
when 8   to  15   =>ToneIndex <= 8;       --高音 1,节拍数为 8
when 16  to  19   =>ToneIndex <= 6;       --中音 6,节拍数为 4
when 20  to  21   =>ToneIndex <= 8;       --高音 1,节拍数为 2
when 22  to  23   =>ToneIndex <= 6;       --中音 6,节拍数为 2
when 24  to  31   =>ToneIndex <= 5;       --中音 5,节拍数为 8
when 32  to  35   =>ToneIndex <= 5;       --中音 5,节拍数为 4
when 36  to  37   =>ToneIndex <= 1;       --中音 1,节拍数为 2
when 38  to  39   =>ToneIndex <= 2;       --中音 2,节拍数为 2
when 40  to  43   =>ToneIndex <= 3;       --中音 3,节拍数为 4
when 44  to  45   =>ToneIndex <= 2;       --中音 2,节拍数为 2
when 46  to  47   =>ToneIndex <= 1;       --中音 1,节拍数为 2
when 48  to  59   =>ToneIndex <= 2;       --中音 2,节拍数为 12
when 60  to  63   =>ToneIndex <= 5;
when 64  to  65   =>ToneIndex <= 3;
when 66  to  67   =>ToneIndex <= 5;
when 68  to  73   =>ToneIndex <= 8;
when 74  to  75   =>ToneIndex <= 7;
when 76  to  79   =>ToneIndex <= 6;
when 80  to  83   =>ToneIndex <= 8;
when 84  to  91   =>ToneIndex <= 5;
when 92  to  95   =>ToneIndex <= 5;
when 96  to  97   =>ToneIndex <= 2;
when 98  to  99   =>ToneIndex <= 3;
when 100 to 105   =>ToneIndex <= 4;
when 106 to 107   =>ToneIndex <= 7;
when 108 to 119   =>ToneIndex <= 1;
when 120 to 123   =>ToneIndex <= 6;
when 124 to 127   =>ToneIndex <= 8;
when 128 to 135   =>ToneIndex <= 8;
when 136 to 139   =>ToneIndex <= 7;
when 140 to 141   =>ToneIndex <= 6;
when 142 to 143   =>ToneIndex <= 7;
when 144 to 151   =>ToneIndex <= 8;
when 152 to 153   =>ToneIndex <= 6;
when 154 to 155   =>ToneIndex <= 7;
when 156 to 157   =>ToneIndex <= 8;
when 158 to 159   =>ToneIndex <= 6;
when 160 to 161   =>ToneIndex <= 6;
when 162 to 163   =>ToneIndex <= 5;
when 164 to 165   =>ToneIndex <= 3;
when 166 to 167   =>ToneIndex <= 1;
when 168 to 183   =>ToneIndex <= 2;
```

```
          when 184 to 187  =>ToneIndex<=5;
          when 188 to 189  =>ToneIndex<=3;
          when 190 to 191  =>ToneIndex<=5;
          when 192 to 193  =>ToneIndex<=8;
          when 194 to 195  =>ToneIndex<=7;
          when 196 to 199  =>ToneIndex<=6;
          when 200 to 205  =>ToneIndex<=8;
          when 206 to 213  =>ToneIndex<=5;
          when 214 to 217  =>ToneIndex<=5;
          when 218 to 219  =>ToneIndex<=2;
          when 220 to 221  =>ToneIndex<=3;
          when 222 to 227  =>ToneIndex<=4;
          when 228 to 231  =>ToneIndex<=7;
          when 232 to 247  =>ToneIndex<=1;
          when 248 to 254  =>ToneIndex<=0;        --频率为零
          when others=>null;
        end case;
    end process search;
end two;
```

4. ToneTaba 模块

NoteTabs 模块输出的音符数据必须转换成某个值时能发出该音符对应的频率，所以 ToneTaba 模块完成将输入的音符数据转化成对应的频率所需的分频系数值，这实质上就是完成查表。ToneTaba 模块的 VHDL 程序编写如下。

```
library ieee;
use ieee.std_logic_1164.all;
use ieee.std_logic_arith.all;
use ieee.std_logic_unsigned.all;
entity ToneTaba IS
    port(    Index : in   integer range 0 to 15;
             CODE  : out integer range 0 to 15;
             HIGH  : out std_logic;
             Tone  : out integer range 0 to 2047  );
end ToneTaba;
architecture three of ToneTaba IS
  begin
    Search: process(Index)
      begin
        case Index IS        --译码电路,查表方式,控制音调的预置数
          when 0   => Tone <= 2047; CODE <= 0; HIGH <= '0';
          when 1   => Tone <= 773;  CODE <= 1; HIGH <= '0';
          when 2   => Tone <= 912;  CODE <= 2; HIGH <= '0';
          when 3   => Tone <= 1036; CODE <= 3; HIGH <= '0';
```

```
            when 5  => Tone <= 1197; CODE <= 5; HIGH <= '0';
            when 6  => Tone <= 1290; CODE <= 6; HIGH <= '0';
            when 7  => Tone <= 1372; CODE <= 7; HIGH <= '0';
            when 8  => Tone <= 1410; CODE <= 1; HIGH <= '1';
            when 9  => Tone <= 1480; CODE <= 2; HIGH <= '1';
            when 10 => Tone <= 1542; CODE <= 3; HIGH <= '1';
            when 12 => Tone <= 1622; CODE <= 5; HIGH <= '1';
            when 13 => Tone <= 1668; CODE <= 6; HIGH <= '1';
            when 15 => Tone <= 1728; CODE <= 1; HIGH <= '1';
            when others => null;
          end case;
      end process Search;
end three;
```

5. Speakera 模块

Speakera 模块是根据输入的基准频率 CLK12MHz 和模块 ToneTaba 输出的分频值产生所需要的音调频率，以驱动蜂鸣器发声。Speakera 模块的 VHDL 程序编写如下。

```
library ieee;
use ieee.std_logic_1164.all;
use ieee.std_logic_arith.all;
use ieee.std_logic_unsigned.all;
entity Speakera IS
  port(  clk   : in   std_logic;
         Tone  : in   integer range 0 to 2047;
         SpkS  : out  std_logic);
end Speakera;
architecture   four OF Speakera IS
  signal   clk1      : std_logic;
  signal   QN        : std_logic_vector(3 downto 0);
  signal PreCLK      : std_logic;
  signal FullSpkS    : std_logic;
begin
  process(clk)
      begin
        if clk1 = '1' then
          QN <= "0101";
        elsif clk'event and clk = '1' then
          QN <= QN - 1;
        end if;
  end process;
  clk1 <= QN(1);
DivideCLK : process(clk1)                     --对 clk1 进行预分频
  variable Count4 : integer range 0 to 15;
```

```
      begin
        PreCLK <= '0';                        -- 将clk1进行16分频,PreCLK为clk1的16分频
        if Count4 > 11 then
          PreCLK <= '1';  Count4 := 0;
        elsif clk1'event and clk1 = '1' then
          Count4 := Count4 + 1;
        end if;
    end process;
  GenSpkS : process(PreCLK, Tone)              --11位可预置计数器
    variable Count11 : integer range 0 to 2047;
    begin
      if PreCLK'event and PreCLK = '1' then
        --预置11位的分频值,FullSpkS的频率=PreCLK的频率/(2047-Tone)
        --但如果Tone=2047,则FullSpkS在一个节拍的时间内始终输出1
        --可以看出是直流,频率为0,但不满足上面的公式
        if Count11 = 2047 then
          Count11 := Tone;  FullSpkS <= '1';
        else
          Count11 := Count11 + 1;  FullSpkS <= '0';
        end if;
      end if;
    end process;
  DelaySpkS : process(FullSpkS)
    variable Count2 : std_logic;
      begin
      --将占空比极窄的FullSpkS再进行2分频,变成占空比为50%的脉冲
        --使扬声器有足够功率发音
        if FullSpkS'event and FullSpkS = '1' then
          Count2 := not Count2;
          if Count2 = '1' then  SpkS <= '1';
          else SpkS <= '0';
          end if;
        end if;
      end process;
  end four;
```

9.4.4 音乐播放器的仿真波形

音乐播放器中，分频器模块的仿真波形如图 9-14 所示；NoteTabs 模块的仿真波形如图 9-15 所示；ToneTaba 模块的仿真波形如图 9-16 所示。由于音乐播放器使用了 3 个层次进行程序设计，因此先在同一项目输入 NoteTabs、ToneTaba 和 Speakera 这 3 个模块的 VHDL 程序，然后再输入 Songer 模块的 VHDL 程序，通过 Songer 模块的 VHDL 调用这 3 个模块，并生成 Songer 元件符号。在同一项目中输入 freq 模块的 VHDL 程序，并生成 freq 元件符号。最后在原理图编辑环境下，将 Songer 和 freq 元件符号按图 9-12 所示进行连接，

且保存设置为当前顶层模块文件，就可以对顶层模块文件可以进行波形仿真，其仿真波形如图 9 - 17 所示。

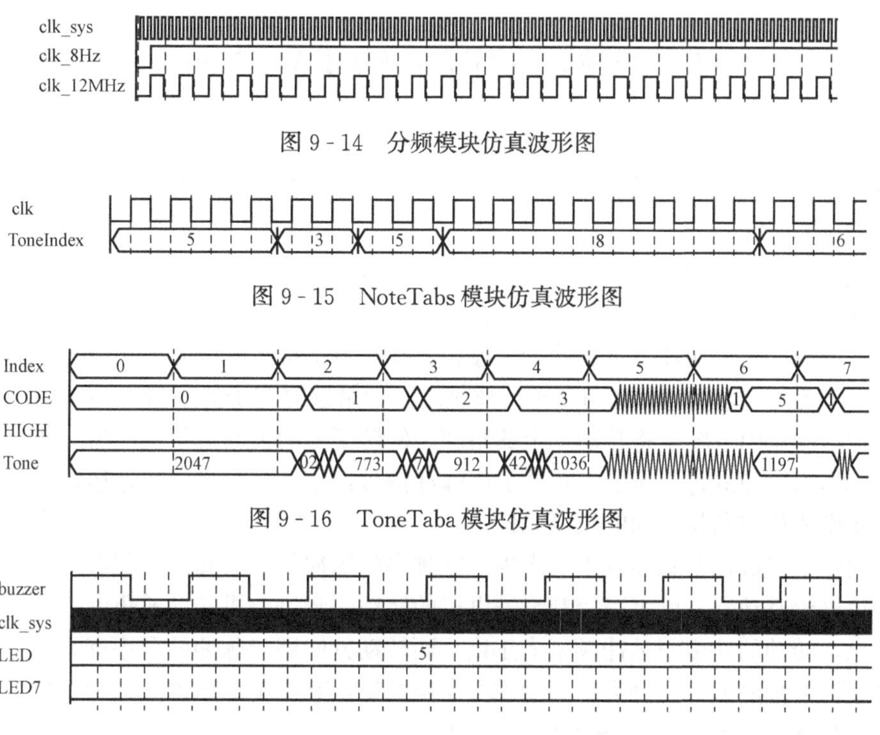

图 9 - 14 分频模块仿真波形图

图 9 - 15 NoteTabs 模块仿真波形图

图 9 - 16 ToneTaba 模块仿真波形图

图 9 - 17 音乐播放器的仿真波形图

9.4.5 音乐播放器的硬件验证

1. 硬件连接与引脚锁定

选用 FPGA 模块（主芯片 EP4CE30F23C8）、发光二极管指示灯电路和蜂鸣器电路并进行硬件电路的连接。连接好后，在 Quartus Ⅱ 中，根据表 9 - 8 所示进行引脚锁定。

表 9 - 8 音乐播放器的引脚锁定

信号名	FPGA 映射管脚	信号名	FPGA 映射管脚	信号名	FPGA 映射管脚
clk _ sys	PIN _ G1	LED(1)	PIN _ AA14	LED7	PIN _ AB7
buzzer	PIN _ A20	LED(2)	PIN _ W14		
LED LED(0)	PIN _ AB14	LED(3)	PIN _ V14		

2. 硬件验证

锁定引脚后，在 Quartus Ⅱ 中对项目重新全部编译，编译通过后将生成 ex _ music. sof 文件。用下载电缆将计算机与 FPGA 主板上的 JTAG 口连接，打开编程器窗口，将 ex _ music. sof 文件进行下载到目标芯片中。下载后，蜂鸣器将发出播放《送别》的声音。

9.5 步进电动机控制设计

使用1相步进电动机，要求奇数次按下启动/停止按钮（StarStop）时，启动步进电动机运行；偶数次按下启动/停止按钮时，步进电动机停止运行。步进电动机在运行过程中，每次按下 ForRev 按钮时，将改变步进电动机的运转方向，并通过 ForLED 或 RevLED 显示步进电动机的转动方向。步进电动机在运行过程中，通过 Speed0 和 Speed1 按钮，可改变步进电动机的运转速度。

9.5.1 步进电动机的控制原理

步进电动机如同普通电机一样，也有转子、定子和定子绕组。定子绕组分若干相，每相的磁极上有极齿，转子在轴上也有若干个齿。当某相定子绕组通电时，相应的两个磁极就分别形成 N—S 极，产生磁场，并与转子形成磁路。如果这时定子的小齿与转子的小齿没有对齐，则在磁场的作用下转子将转动一定的角度，使转子上的齿与定子的极齿对齐。因此它是按电磁铁的作用原理进行工作的，在外加电脉冲信号作用下，一步一步地运转，是一种将电脉冲信号转换成相应角位移动的机电元件。

如果利用单片机控制脉冲发生器产生一定频率的脉冲信号，脉冲分配器将产生一定规律的电脉冲输出给驱动器，就可以控制步进电机的转动。步进电机转动的角度大小与施加的脉冲数成正比，转动的速度与脉冲频率成正比，而转动方向则与脉冲的顺序有关。

步进电机的励磁方式可分为全部励磁及半步励磁，其中全部励磁又分为1相励磁及2相励磁，而半步励磁又称为1～2相励磁。

1相励磁法，是在每一瞬间只有一个线圈导通。其特点是消耗电力小，精确度较好，但是其转矩小，振动较大，每送一励磁信号可走18°。若以1相励磁法控制步进电机正转，则励磁顺序为 A→B→C→D→A；若反转，则励磁顺序为 D→C→B→A→D。

2相励磁法，是在每一瞬间有2个线圈同时导通。其特点是转矩大，振动小，每送一励磁信号可走18°。若以2相励磁法控制步进电机正转，则励磁顺序为 AB→BC→CD→DA→AB；若反转，则励磁顺序为 DA→CD→BC→AB→DA。

1～2相励磁法为1相与2相轮流交替导通。其特点是分辨率高，运转平滑，每送一励磁信号可走9°。若以1～2相励磁法控制步进电机正转，则励磁顺序为 A→AB→B→BC→C→CD→D→DA→A；若反转，则励磁顺序为 A→DA→D→CD→C→BC→B→AB→A。

小型步进电动机对电压的电流要求不是很高，可采用简单的驱动电路，如图 9-18 所示。在实际应用中驱动路数一般不止一路，用分立电路体积大，因此很多场合用现成的集成电路作为多路驱动。常用的小型步进电动机驱动电路可以用 ULN2003A 或 ULN2803。

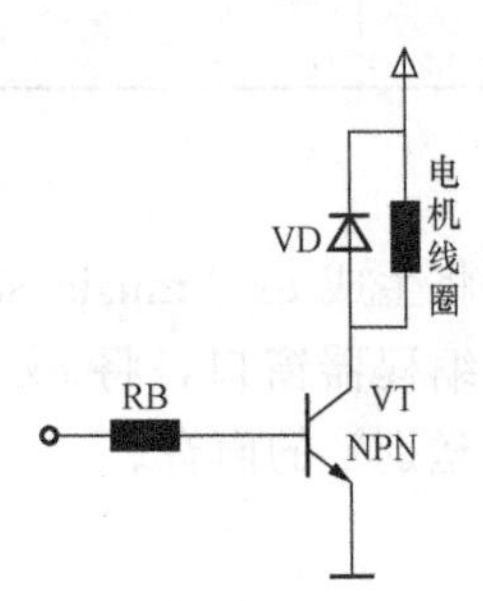

图 9-18 一般驱动电路

ULN2003A 是高电压大电流达林顿晶体管阵列系列产品，具有电流增益高（灌电流可达 500mA）、工作电压高（可承受 50V 的电压）、温度范围宽、带负载能力强等特点，适用于各类要求高速大功率驱动的系统。ULN2003A 的输出端允许通过 IC 电流 200mA，饱和压降 V_{CE} 约为 1V，耐压 BV_{CEO} 约为 36V。输出电流大，故可以直接驱动继电器或固体继电器（SSR）等外接控制器件，也可直接驱动低压灯泡。ULN2003A 由 7 组达林顿晶体管阵列、相应的电阻网络以及钳位二极管网络构成，具有同时驱动 7 组负载的能力，为单片双极型大功率高速集成电路，其内部结构如图 9 - 19 所示。

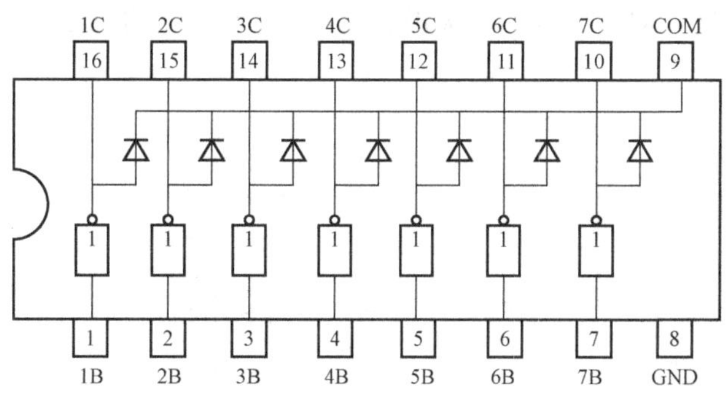

图 9 - 19　ULN2003A 内部结构图

ULN2003A 的每一对达林顿管都串联一个 2.7kΩ 的基极电阻，在 5V 的工作电压下它能与 TTL 和 CMOS 电路直接相连，可以直接处理原先需要标准逻辑缓冲器来处理的数据。

ULN2003A 可以并联使用，在相应的 OC 输出管脚上串联几个欧姆的限流电阻后再并联使用，防止阵列电流不平衡。ULN2003A 的输出结构是集电极开路的，所以要在输出端接一个上拉电阻，在输入低电平的时候输出才是高电平。在用它驱动负载的时候，电流是由电源通过负载灌入 ULN2003A 的。

9.5.2　步进电动机控制的硬件电路设计

步进电动机控制的硬件电路主要由 FPGA 最小系统、发光二极管指示灯电路和步进电动机驱动电路构成，其电路结构如图 9 - 20 所示。

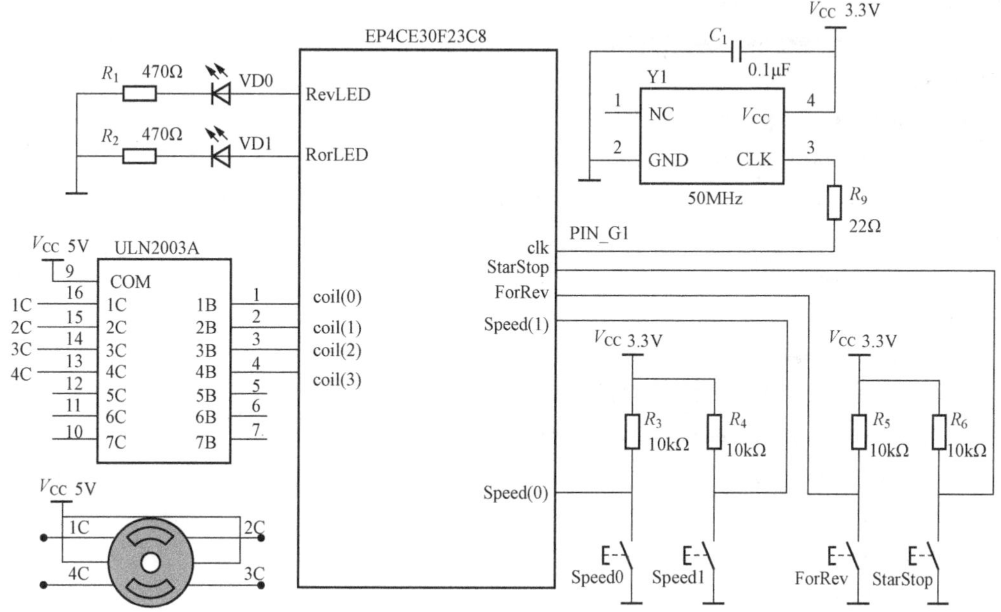

图 9 - 20　步进电动机控制的硬件电路图

9.5.3 步进电动机控制的软件设计

步进电动机控制的顶层设计主要由两个模块构成：分频模块和步进电动机控制模块，如图 9-21 所示。分频模块是对外接的 50MHz 系统时钟进行分频，产生适用步进电动机运行所需的时钟信号；步进电动机控制模块实现启动/停止步进电动机运行、改变步进电动机的运行方向以及调整步进电动机的转速。

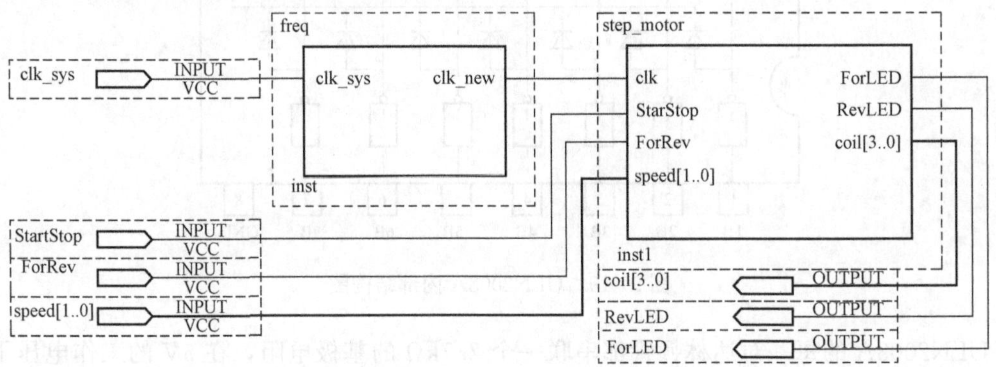

图 9-21 步进电动机顶层的结构图

1. 分频器模块

```
library ieee;
use ieee.std_logic_1164.all;
use ieee.std_logic_arith.all;
use ieee.std_logic_unsigned.all;
entity freq is
  port(clk_sys: in std_logic;
          clk_new: out std_logic);
end freq;
architecture one of freq is
  signal  set:  std_logic;
  signal  cnt:  std_logic_vector(17 downto 0);
begin
  process(clk_sys)
    begin
      if set = '1' then
          cnt<=" 011111111111111111 " ;
      elsif clk_sys'event and clk_sys = '1' then
         cnt<= cnt - 1;
      end if;
  end process;
  set<= cnt(17);
  clk_new<= cnt(16);
end one;
```

2. 步进电动机控制模块

1 相步进电动机，正转的励磁顺序为 A→B→C→D→A。如果使用 FPGA 的 I/O 端口控制，可以理解为：正转方向运行时，t_0 时刻由 coil(0) 控制 A 运行；t_1 时刻由 coil(1) 控制 B 运行；t_2 时刻由 coil(2) 控制 C 运行；t_3 时刻由 coil(3) 控制 D 运行；t_5 时刻再由 coil(0) 控制 A 运行……；反转方向运行时，t_0 时刻由 coil(3) 控制 A 运行；t_1 时刻由 coil(2) 控制 B 运行；t_2 时刻由 coil(1) 控制 C 运行；t_3 时刻由 coil(0) 控制 D 运行；t_5 时刻再由 coil(3) 控制 A 运行……。因此 1 相步进电动机的正反转控制就是通过时间的变化，而控制步进电动机的相应线圈通电即可。步进电动机的速度控制是通过改变时间来实现的。步进电动机控制模块的 VHDL 程序编写如下。

```
library ieee;
use ieee.std_logic_1164.all;
use ieee.std_logic_arith.all;
use ieee.std_logic_unsigned.all;
entity step_motor IS
  port(      clk: in   std_logic;
        StarStop: in   std_logic;                         --启动/停止控制
          ForRev: in   std_logic: = '0';                  --正反转控制
           speed: in   std_logic_vector(1 downto 0);      --速度调节控制
          ForLED: out  std_logic;
          RevLED: out  std_logic;
            coil: out  std_logic_vector(3 downto 0));     --步进电动驱动输出
end step_motor;
architecture two OF step_motor IS
  signal ind_coil: std_logic_vector(3 downto 0): = " 0001 " ;
  signal clk_scan: STD_LOGIC;
  signal PHASE,DIRECTION:STD_LOGIC;
  signal moto:std_logic_vector(3 downto 0);
  signal comp:integer range 0 to 2500;
  signal osc:std_logic;
begin
  coil <= moto;
  P1:process(clk,osc)
    variable delay:integer range 0 to 50;
  begin
    if(clk'event and clk = '1')then
      if delay> = 50 then
            delay: = 0;osc< = not osc;
      else delay: = delay + 1;
      end if;
    end if;
    if(osc'event and osc = '1')then
      case speed is
```

```
        when "10"  => if comp<2500 then comp<=comp+1;
                      else comp<=comp;
                    end if;
        when "01"  => if comp>2 then comp<=comp-1;
                      else comp<=comp;
                    end if;
        when others =>if comp<2 then comp<=2;
                        else comp<=comp;
                    end if;
      end case;
    end if;
  end process P1;
  P2:process(clk)
    variable d_ff: integer range 0 to 2500;
  begin
    if clk'event and  clk = '1' then
      if d_ff >= comp then
          d_ff := 0; clk_scan <= not CLK_SCAN;
      else
          d_ff := d_ff + 1;
      end if;
    end if;
  end process P2;
  P3:process(clk)                                         --启/停控制
    variable state:std_logic;
  begin
    if clk'event and clk='1' then
      state:=(StarStop and(state and StarStop));
      if state='1' then
          PHASE<=not PHASE;      state:='0';
      elsif StarStop='0' THEN
          PHASE<=PHASE;           state:='1';
      end if;
    end if;
  end process P3;
  P4:process(clk)
    variable dire:std_logic;
  begin
    if clk'event and clk='1' then
        dire:=(ForRev and(dire and ForRev));
      if dire='1' then
          DIRECTION<=not DIRECTION;     dire:='0';
          ForLED<='0';                 RevLED<='1';
```

```
        elsif ForRev = '0' then
          DIRECTION <= DIRECTION;      dire: = '1';
            ForLED <= '1';             RevLED <= '0';
        end if;
      end if;
    end process P4;
    motor:process(clk_scan)
      begin
        if(clk_scan'event and clk_scan = '0')then
            case PHASE IS
                when '1' =>
                  if direction = '0' then
                    if((ind_coil = "1001")or(ind_coil = "0000"))then
                      ind_coil <= "0001";
                    else
                    ind_coil <= (ind_coil(2 downto 0)& ind_coil(3));
                  end if;
                else
                  if((ind_coil = "1001")or(ind_coil = "0000"))then
                      ind_coil <= "1000";
                  else
                      ind_coil <= (ind_coil(0)& ind_coil(3 downto 1));
                end if;
              end if;
            when others => ind_coil <= ind_coil;
          end case;
        end if;
      moto <= not ind_coil;
    end process motor;
  end two;
```

9.5.4 步进电动机控制的仿真波形

在同一项目中分别输入分频模块和步进电动机控制模块的 VHDL 程序，并生成相应元件符号后，再在原理图编辑界面中将这两个元件符号按图 9-21 所示进行连接，且进行编译后，即可进行波形仿真。步进电动机控制的仿真波形如图 9-22 所示。

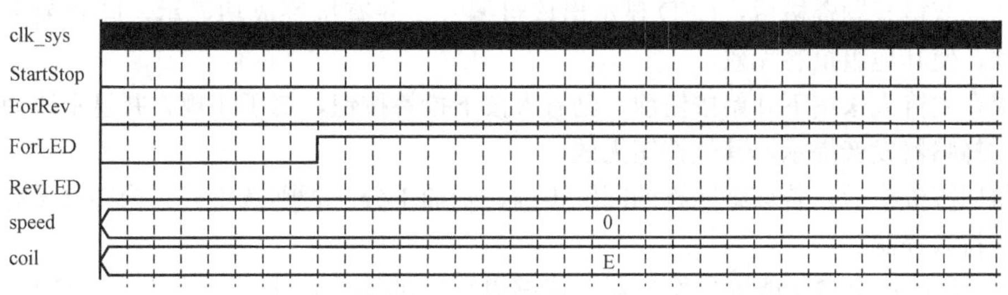

图 9-22 步进电动机控制的仿真波形图

9.5.5 步进电动机控制的硬件验证

1. 硬件连接与引脚锁定

选用 FPGA 模块（主芯片 EP4CE30F23C8）、发光二极管指示灯电路和步进电动机驱动电路并进行硬件电路的连接。连接好后，在 Quartus Ⅱ中，根据表 9-9 所示进行引脚锁定。

表 9-9　步进电动机控制的引脚锁定

信号名	FPGA 映射管脚	信号名	FPGA 映射管脚	信号名	FPGA 映射管脚
clk_sys	PIN_G1	speed(0)	PIN_E4	coil(0)	PIN_B15
ForRev	PIN_T2	speed(1)	PIN_Y3	coil(1)	PIN_C15
StarStop	PIN_T1	ForLED	PIN_AB14	coil(2)	PIN_D15
		RevLED	PIN_V14	coil(3)	PIN_E15

2. 硬件验证

锁定引脚后，在 Quartus Ⅱ中对项目重新全部编译，编译通过后将生成 ex_StepMoto.sof 文件。用下载电缆将计算机与 FPGA 主板上的 JTAG 口连接，打开编程器窗口，将 ex_StepMoto.sof 文件进行下载到目标芯片中。下载后，奇数次按下启动/停止按钮（StarStop）时，步进电动机启动并运行；偶数次按下启动/停止按钮时，步进电动机停止运行。步进电动机在运行过程中，每次按下 ForRev 按钮时，将改变步进电动机的运转方向，并通过 ForLED 或 RevLED 显示步进电动机的转动方向。步进电动机在运行过程中，通过 Speed0 和 Speed1 按钮，可改变步进电动机的运转速度。

小　　结

本章以综合实践项目形式，介绍了模拟交通信号灯、数字频率计、数字秒表、音乐播放器和步进电动机控制等电路的硬件结构原理和 FPGA 内部功能模块电路的设计原理与 VHDL 程序设计。通过这些实例的讲解，目的是使读者进一步掌握利用 CPLD/FPGA 器件设计制作综合电子系统电路的实用开发技术。

习　　题

9-1　设计一个四组人构成的竞争抢答器系统，每组有 1 个对应的按钮，编号分别为 A、B、C、D。在主持人的主持下，参赛者通过抢先按下抢答按钮获得答题资格。当某一组按下按钮并获得答题资格后，LED 显示出该组编号，并有抢答成功显示，同时锁定其他组的抢答器，使其他组抢答无效。

如果在主持人未按下开始按钮前，已有人按下抢答按钮，属于违规，并显示违规组的编号，同时蜂鸣器发音提示，其他按钮无效。

获得回答资格后，若该组回答的问题正确，则加 1 分，否则减 1 分。抢答器设有复位开关，由主持人控制。

9-2　设计一个多功能信号发生器，能够以稳定的频率产生递增锯齿波、增减锯齿波、三角波、阶梯波、正弦波和方波 6 种信号。系统有 3 个波形选择开关和 1 个复位开关，当按下设置波形选择开关时，通过此开关可以选择以上各种不同种类的输出波形。按下复位开关时，系统将复位。

9-3 使用FPGA控制ADC0809，设计一个量程为5V的数字电压表。要求采用3位数码管显示电压值，可以显示小数点的后两位。

9-4 设计一个出租车计费器。某城市的出租车的收费标准如下：出租车白天的起步价为2公里范围内6元，晚上（21时至次日5时）的起步价为2公里范围内7元。白天2公里以上续程单价每公里为1.8元，按化零为整的等价计费方式跳表，即每计满1元跳表一次。晚上2公里以上续程单价每公里为2.00元，按化零为整的等价计费方式跳表，即每计满1元跳表一次。当所计费用等于或超过50元时，不管白天或晚上，超出部分按每公里2.5元计费。出租车在行驶过程中，当遇到红灯或乘客需要暂停车时，则按时间计费，累计每满1分钟计费1元。

当按下复位键时，出租车计费器恢复为初始状态，若为白天则显示的费用为6元，晚上显示的费用为7元，同时其他计数器、寄存器等全部清零。

当按下开始键时，出租车将按上述收费标准进行计费。

出租车计费器能够显示车费与行驶里程。

10 EDA 技术实验

EDA 技术实验是学习 EDA 技术非常重要的一个环节。EDA 技术的有关概念要通过实践才能真正理解；有关操作要通过实践才能熟悉；有关技巧要通过实践才能积累。本章提供了大量的基于 VHDL 的设计实验，读者可以根据实际情况选做一些实验操作，以便很好地掌握 EDA 的开发设计方法及相关工具软件的使用技能。

10.1 门电路及触发器实验

逻辑门电路和触发器电路是构成数字电路的基本器件，虽然门电路及触发器电路功能简单，但是掌握它们的 VHDL 程序设计是非常重要的。

10.1.1 实验一：基本门电路

1. 实验目的

(1) 学习基本门电路的设计。

(2) 了解 VHDL 语言的基本设计思想。

2. 实验内容

在数字电路中，已熟悉了“与”“或”“非”等逻辑功能的实现方法。其常用的逻辑符号如图 10-1 所示。使用 VHDL 语言实现各种门电路的逻辑功能。

3. 实验原理

常用的逻辑门电路功能可以在一个 VHDL 程序中实现，其实现的系统符号如图 10-2 所示。在图 10-2 中，a、b 作为逻辑门的两个输入端；c 作为门电路的输出端；key [5..0] 作为 6 个门电路的选择输出端；clk 为系统时钟输入端。

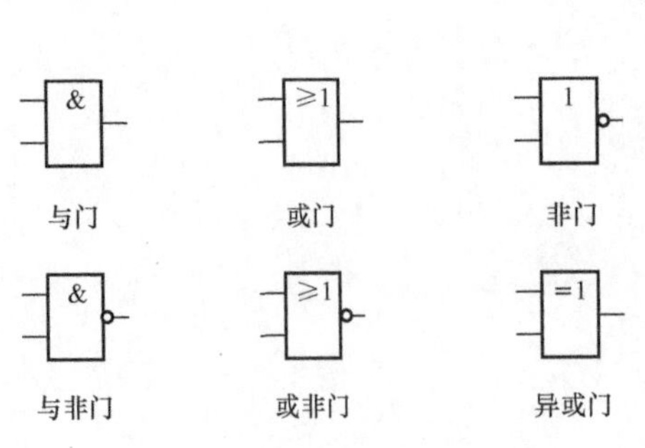

图 10-1 常用的逻辑门符号

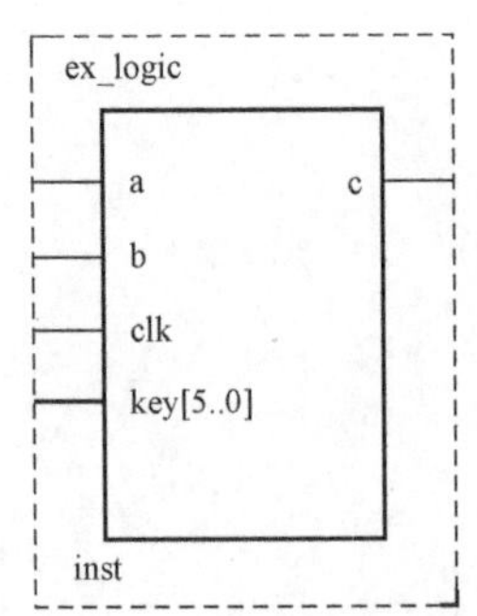

图 10-2 逻辑门系统符号

4. 实验步骤

(1) 启动 Quartus Ⅱ，在编程界面中建立项目，编写好 VHDL 实验程序。

(2) 对项目进行编译，然后执行命令 Assignment→pins 分配引脚，再次编译项目生成可执行文件（*.sof）。

(3) 连接好硬件，将 .sof 文件下载到 FPGA 目标芯片中。

(4) 先按键选择一种门电路（按键 0～5，分别代表与门，或门，非门，与非门，或非门，异或门），再设置 a、b 输入状态，观察并验证 LED 发光二极管的显示状态。

10.1.2 实验二：组合逻辑电路

1. 实验目的

(1) 学习组合逻辑电路的设计。

(2) 了解原理图输入方式的设计思想。

2. 实验内容

(1) 使用原理图输入方式设计一个四舍五入判断电路，其输入为 8421BCD 码，要求当输入大于或等于 5 时，判断电路输出为 1，反之为 0。

(2) 设计 4 按键控制一盏灯的逻辑电路，要求改变任意开关的状态能够引起灯亮灭状态的改变（即任意一开关的合断改变原来灯亮灭的状态）。

3. 实验原理

四舍五入判断电路原理图如图 10-3 所示，图中 D0～D3 为数据输入端，其中 D3 为最高位，D2 为次高位，D0 为最低位，D1 为次低位，Dout 为数据输出端。4 按键控制一盏灯的逻辑电路原理图如图 10-4 所示，图中 K0～K3 为输入端，分别与 4 个按键连接，LED 为输出端，与发光二极管连接。

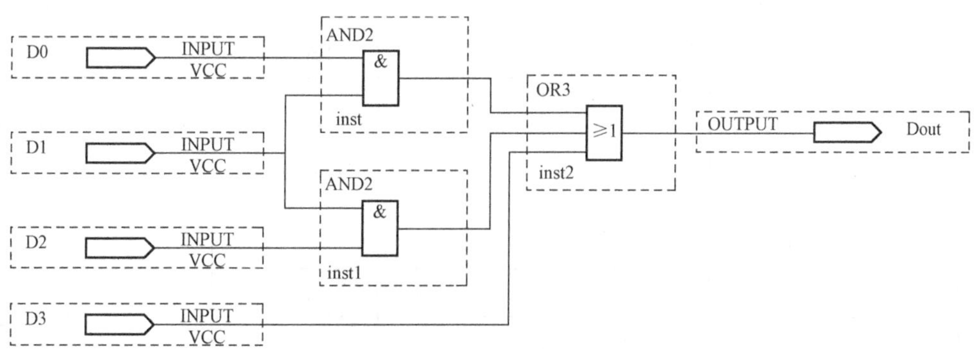

图 10-3　四舍五入判断电路原理图

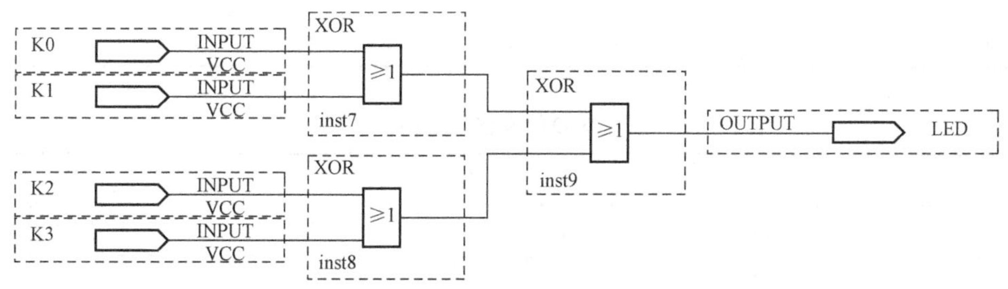

图 10-4　4 按键控制一盏灯的逻辑电路原理图

4. 实验步骤

(1) 启动 Quartus Ⅱ，在编程界面中建立项目，绘制好原理图程序。

(2) 对项目进行编译，然后执行命令 Assignment→pins 分配引脚，再次编译项目生成可执行文件（*.sof）。

（3）连接好硬件，将.sof文件下载到FPGA目标芯片中。

（4）先设定D3～D0的状态，观察Dout的显示效果；然后再设定K3～K0的状态，观察LED的输出结果。

（5）试用VHDL文本完成以上两个电路的功能。

10.1.3 实验三：基本触发器

1. 实验目的

（1）掌握触发器功能的测试方法。

（2）掌握几种主要触发器之间相互转换的方法。

（3）进一步加强原理图的绘制方法。

2. 实验内容

（1）将上升沿RS触发器、基本D触发器、带异步复位功能的JK触发器同时集成在一个CPLD/FPGA芯片中。

（2）分别测试各触发器的功能，分别填入表10-1～表10-3中。

（3）分析各触发器的仿真波形。

表10-1 上升沿RS触发器的功能

输入			输出		说明
CP	S	R	RS_Q	RS_QB	
0	×	×			
↑	1	1			
↑	1	1			
↑	1	0			
↑	1	0			
↑	0	1			
↑	0	1			
↑	0	0			
↑	0	0			

表10-2 基本D触发器的功能

输入		输出		说明
CP1	D	D_Q	D_QB	
0	×			
1	×			
↑	0			
↑	1			

表 10-3　　带异步复位的 JK 触发器的功能

输　　入					输　　出	说　　明
SET	RESET	CLK	J	K	JK_Q	
0	1	×	×	×		
1	0	×	×	×		
0	0	×	×	×		
1	1	↑	0	0		
1	1	↑	0	1		
1	1	↑	1	0		
1	1	↑	1	1		
1	1	0	×	×		

3. 实验原理

上升沿 RS 触发器、基本 D 触发器、带异步复位功能的 JK 触发器的原理如图 10-5 所示。

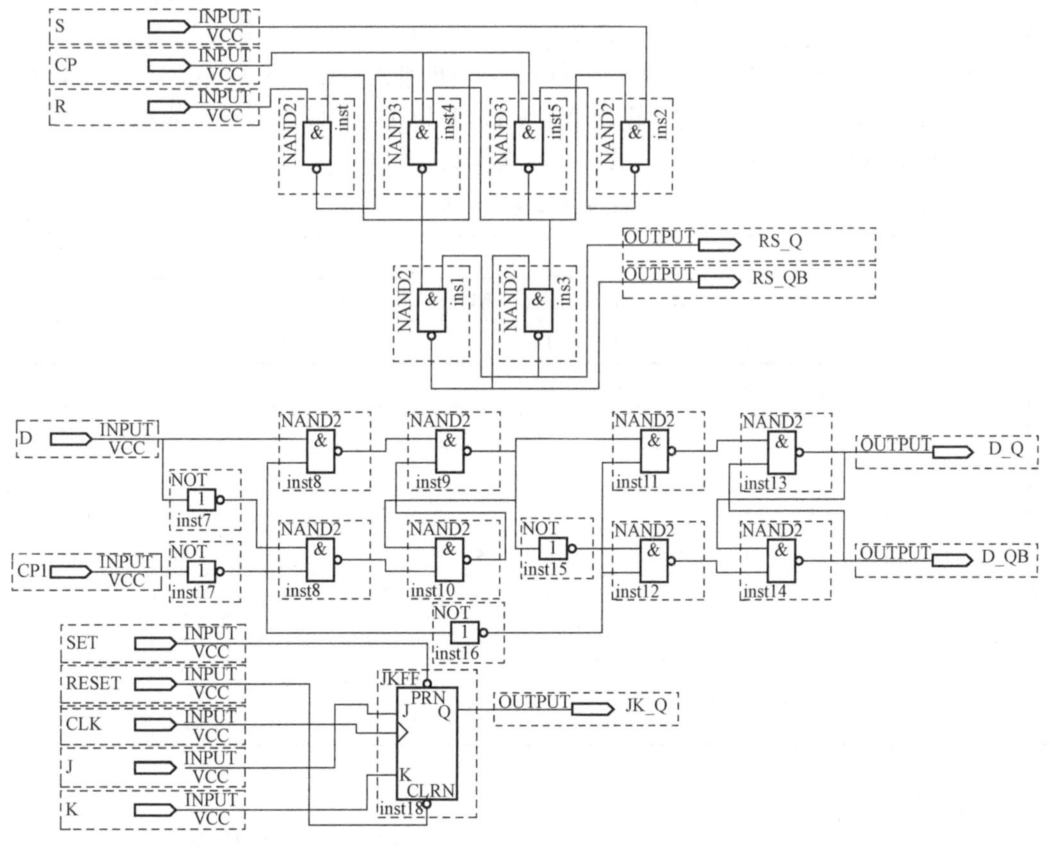

图 10-5　触发器原理图

4. 实验步骤

（1）启动 Quartus Ⅱ，在编程界面中建立项目，绘制好原理图程序。

（2）对项目进行编译，然后执行命令 Assignment→pins 分配引脚，再次编译项目生成可执行文件（*.sof）。

（3）生成波形仿真文件，对波形进行仿真分析。

（4）连接好硬件，将.sof 文件下载到 FPGA 目标芯片中。

（5）将各触发器的状态填入表中。

（6）试用 VHDL 文本完成以上触发器的功能。

10.1.4 实验四：二进制—十进制优先编译器

1. 实验目的

（1）学习 if 语句的用法。

（2）掌握编码器程序的编写方法。

2. 实验内容

二—十进制编码器是将代表十进制数的 10 个输入信号转换成对应的 BCD 码并输出，使用 VHDL 语言编写其程序。

3. 实验原理

74147 是典型的二—十进制优先编码器，它允许同时有多个信号输入编码器，且只对优先级最高的输入信号进行编码。74147 有 9 个输入端 A9～A1 和 4 个输出端 Y3～Y0，其中 A9 的级别最高，A1 的级别最低。输入为低电平，输出编码为反码形式。由于 A9～A1 各输入均为高电平的无效编码信号时，输出 Y3～Y0 都为 1，正好是对 A0 的编码，因此在 74147 中省略了 A0 的输入线。74147 的符号与真值表见表 10-4。

表 10-4　　74147 的符号与真值表

符　号	输　入									输　出			
	A9	A8	A7	A6	A5	A4	A3	A2	A1	Y3	Y2	Y1	Y0
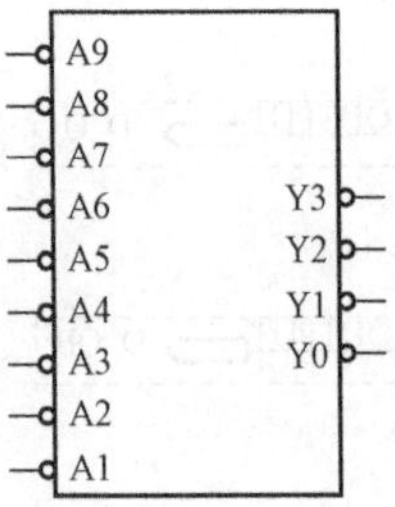 A9 A8 A7 A6 A5 A4 A3 A2 A1 / Y3 Y2 Y1 Y0	1	1	1	1	1	1	1	1	1	1	1	1	1
	0	×	×	×	×	×	×	×	×	0	1	1	0
	1	0	×	×	×	×	×	×	×	0	1	1	1
	1	1	0	×	×	×	×	×	×	1	0	0	0
	1	1	1	0	×	×	×	×	×	1	0	0	1
	1	1	1	1	0	×	×	×	×	1	0	1	0
	1	1	1	1	1	0	×	×	×	1	0	1	1
	1	1	1	1	1	1	0	×	×	1	1	0	0
	1	1	1	1	1	1	1	0	×	1	1	0	1
	1	1	1	1	1	1	1	1	0	1	1	1	0

4. 实验步骤

（1）启动 Quartus Ⅱ，在编程界面中建立项目，编写好 VHDL 实验程序。

（2）对项目进行编译，然后执行命令 Assignment→pins 分配引脚，再次编译项目生成可执行文件（*.sof）。

（3）连接好硬件，将 .sof 文件下载到 FPGA 目标芯片中。

（4）拨动拨码开关，观察验证 LED 发光二极管显示的二进制数（拨码开关和 LED 发光二极管都是右端为二进制数高位）。

10.1.5 实验五：4 线-16 线译码器

1. 实验目的

（1）学习 if、case 语句的用法。

（2）掌握译码器程序的编写方法。

2. 实验内容

以 4 个拨码开关作为数据输入，用 16 个发光二极管表示译码后的信息。

3. 实验原理

二进制译码器的输入是一组二进制代码，输出是一组与输入代码一一对应的高、低电平信号。4 位二进制共有 8 种状态，所以对应的输出有 16 种状态，而每个状态的具体信息可由读者自行设置。另外，还可以加控制电路，如“片选”、“异步复位”等。4 线-16 线译码器的符号与真值表见表 10 - 5。

表 10 - 5　　4 线-16 线译码器的符号与真值表

符号	输入					输出															
	G	A3	A2	A1	A0	Y15	Y14	Y13	Y12	Y11	Y10	Y9	Y8	Y7	Y6	Y5	Y4	Y3	Y2	Y1	Y0
A0 A1 A2 A3 G; Y0 Y1 Y2 Y3 Y4 Y5 Y6 Y7 Y8 Y9 Y10 Y11 Y12 Y13 Y14 Y15	1	0	0	0	0	1	1	1	1	1	1	1	1	1	1	1	1	1	1	1	0
	1	0	0	0	1	1	1	1	1	1	1	1	1	1	1	1	1	1	1	0	1
	1	0	0	1	0	1	1	1	1	1	1	1	1	1	1	1	1	1	0	1	1
	1	0	0	1	1	1	1	1	1	1	1	1	1	1	1	1	1	0	1	1	1
	1	0	1	0	0	1	1	1	1	1	1	1	1	1	1	1	0	1	1	1	1
	1	0	1	0	1	1	1	1	1	1	1	1	1	1	1	0	1	1	1	1	1
	1	0	1	1	0	1	1	1	1	1	1	1	1	1	0	1	1	1	1	1	1
	1	0	1	1	1	1	1	1	1	1	1	1	1	0	1	1	1	1	1	1	1
	1	1	0	0	0	1	1	1	1	1	1	1	0	1	1	1	1	1	1	1	1
	1	1	0	0	1	1	1	1	1	1	1	0	1	1	1	1	1	1	1	1	1
	1	1	0	1	0	1	1	1	1	1	0	1	1	1	1	1	1	1	1	1	1
	1	1	0	1	1	1	1	1	1	0	1	1	1	1	1	1	1	1	1	1	1
	1	1	1	0	0	1	1	1	0	1	1	1	1	1	1	1	1	1	1	1	1
	1	1	1	0	1	1	1	0	1	1	1	1	1	1	1	1	1	1	1	1	1
	1	1	1	1	0	1	0	1	1	1	1	1	1	1	1	1	1	1	1	1	1
	1	1	1	1	1	0	1	1	1	1	1	1	1	1	1	1	1	1	1	1	1
	0	×	×	×	×	1	1	1	1	1	1	1	1	1	1	1	1	1	1	1	1

4. 实验步骤

（1）启动 Quartus Ⅱ，在编程界面中建立项目，编写好 VHDL 实验程序。

（2）对项目进行编译，然后执行命令 Assignment→pins 分配引脚，再次编译项目生成可执行文件（*.sof）。

（3）连接好硬件，将.sof文件下载到FPGA目标芯片中。

（4）拨码开关作为输入，用LED发光二极管显示译码后的信息。

10.1.6 实验六：七段显示译码器

1. 实验目的

（1）掌握数码管七段显示器显示数字0～9的编码规律，以及它们的显示特性（共阳数码管低电平点亮LED段）。

（2）了解数字（0～9）按键的编码表（显示代码）。

2. 实验内容

通过按键控制将数码管七段分别显示出来。

3. 实验原理

数码管分共阴极和共阳极连接，分别对应高电平有效和低电平有效。这里数码管采用共阳连接。七段数码管有七个LED段组成。可以分别对每一段进行置数以显示不同的数。

当数码管的位选信号选通后，给任意的数码管七段（点位不算上）输入低电平时，将会点亮相对应的段显示器。

4. 实验步骤

（1）启动Quartus Ⅱ，在编程界面中建立项目，编写好VHDL实验程序。

（2）对项目进行编译，然后执行命令Assignment→pins分配引脚，再次编译项目生成可执行文件（*.sof）。

（3）连接好硬件，将.sof文件下载到FPGA目标芯片中。

（4）按键键盘输入（KEY0～KEY6），每按一个键点亮对应的段显示器。

10.1.7 实验七：4选1数据选择器

1. 实验目的

（1）用原理图输入法或VHDL文本输入法设计4选1数据选择器电路，建立4选1数据选择器的实验模式。

（2）通过电路仿真和硬件验证，进一步了解4选1数据选择器的功能。

2. 实验内容

用拨码开关作四位数据及两位控制端的输入，LED作输出，通过拨码开关组成控制输入端B和A不同组合，观察LED与数据输入端D3、D2、D1、D0的关系，验证4选1数据选择器设计的正确性。

3. 实验原理

4选1选择器有4个数据输入端、2个输入控制端和1个数据输出端。4选1选择器的符号及真值表见表10-6。

4. 实验步骤

（1）启动Quartus Ⅱ，在编程界面中建立项目，编写好VHDL实验程序。

（2）对项目进行编译，然后执行命令Assignment→pins分配引脚，再次编译项目生成可执行文件（*.sof）。

（3）连接好硬件，将.sof文件下载到FPGA目标芯片中。

表 10 - 6　　4 选 1 选择器的符号和真值表

符号	输入						输出	
	B	A	D3	D2	D1	D0	Y	
D3 D2 D1 D0 A B Y	0	0	×	×	×	0	0	D0
			×	×	×	1	1	
	0	1	×	×	0	×	0	D1
			×	×	1	×	1	
	1	0	×	0	×	×	0	D2
			×	1	×	×	1	
	1	1	0	×	×	×	0	D3
			1	×	×	×	1	

(4) 拨动拨码开关（SW0，SW1），并按键使输入 D3、D2、D1、D0 变化，KEY0、KEY1、KEY2、KEY3 分别代表 D3、D2、D1、D0；SW1 为 B，SW0 为 A。观察并验证 LED 发光二极管上显示的结果。

10.1.8　实验八：4 位数值比较器

1. 实验目的

(1) 学习 VHDL 中 IF _ THEN 条件语句的使用。

(2) 理解 IF _ THEN 语句结构对电路综合结果的影响，学会用行为描述语句编写可正确综合的 VHDL 代码。

2. 实验内容

用拨码开关输入两个四位二进制数，比较结果在 LED 上显示出来。

3. 实验原理

4 位数值比较器是用来比较两个 4 位二进制数 A 和 B 的大小，而 A3、A2、A1、A0 和 B3、B2、B1、B0 是两个比较数据的输入端，Y2 (A>B)、Y1 (A=B) 和 Y0 (A<B) 为比较输出端。进行比较时，首先进行最高位即 A3 与 B3 的比较，若 A3>B3 时，说明 A>B；A3<B3 时，说明 A<B。当 A3=B3 时，再进行 A2 与 B2 的比较，依此方法比较下去，就可得到 A 与 B 的比较结果。4 位比较器的真值表见表 10 - 7。

表 10 - 7　　4 位比较器的真值表

比较输入												比较输出		
A3		B3	A2		B2	A1		B1	A0		B0	Y2	Y1	Y0
A3	>	B3	×		×	×		×	×		×	1	0	0
A3	<	B3	×		×	×		×	×		×	0	0	1
A3	=	B3	A2	>	B2	×		×	×		×	1	0	0
A3	=	B3	A2	<	B2	×		×	×		×	0	0	1
A3	=	B3	A2	=	B2	A1	>	B1	×		×	1	0	0
A3	=	B3	A2	=	B2	A1	<	B1	×		×	0	0	1
A3	=	B3	A2	=	B2	A1	=	B1	A0	>	B0	1	0	0
A3	=	B3	A2	=	B2	A1	=	B1	A0	<	B0	0	0	1
A3	=	B3	A2	=	B2	A1	=	B1	A0	=	B0	0	1	0

4. 实验步骤

(1) 启动 Quartus Ⅱ，在编程界面中建立项目，编写好 VHDL 实验程序。

(2) 对项目进行编译，然后执行命令 Assignment→pins 分配引脚，再次编译项目生成可执行文件（*.sof）。

(3) 连接好硬件，将 .sof 文件下载到 FPGA 目标芯片中。

(4) 拨动拨码开关（SW0～SW3 代表 A0～A3，SW4～SW7 代表 B0～B3），观察并验证 LED 发光二极管显示的结果（Y2，Y1，Y0 分别表示大于、等于、小于关系）。

10.1.9 实验九：4 位全加器

1. 实验目的

(1) 学习用门电路组成全加器的方法。

(2) 学会元件例化语句和生成语句的使用。

(3) 了解模块化设计的基本思想。

2. 实验内容

用拨码开关控制输入的两个四位二进制数。用 LED 灯把结果以二进制方式在 LED 灯上显示出来。

3. 实验原理

加法器是运算电路的核心。计算机中实现减法、乘法和除法都要最终转化成加法来运算。

本实验没有用 VHDL 语言中的加法运算符，而是用基本门电路来实现的。一方面可以提高运算速度，另一方面可以使我们加深对数字电路的认识。4 位全加器的 RTL 电路如图 10-6 所示。

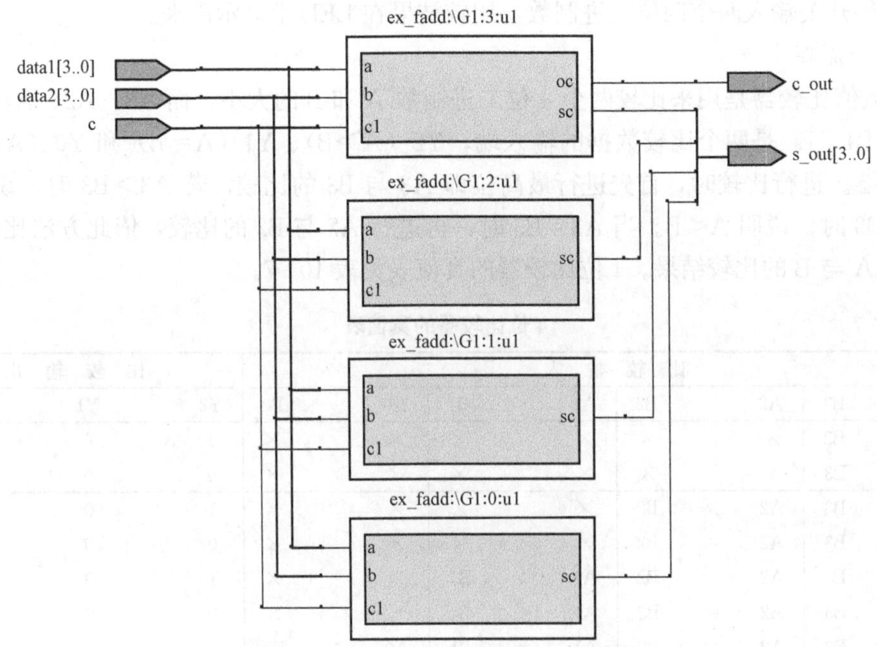

图 10-6 4 位全加器的 RTL 电路图

4. 实验步骤

(1) 启动 Quartus Ⅱ，在编程界面中建立项目，编写好 VHDL 实验程序。

(2) 对项目进行编译，然后执行命令 Assignment→pins 分配引脚，再次编译项目生成可执行文件（*.sof）。

(3) 连接好硬件，将.sof 文件下载到 FPGA 目标芯片中。

(4) 拨动拨码开关（SW0～SW3 代表 data1，SW4～SW7 代表 data2），观察并验证 LED 发光二极管显示的结果。

10.2 逻辑电路实验

10.2.1 实验十：串行-并行转换

1. 实验目的

(1) 掌握用 VHDL 语言描述分频器的方法。

(2) 掌握实现移位寄存器的方法。

2. 实验内容

用拨码开关 SW0、SW1 作串行数据的输入，SW2 作为复位端，8 位 LED 发光二极管作并行输出，通过拨码开关 SW0、SW1 的 8 次输入组成串行输入数据，观察 LED 发光二极管与数据输入端的关系，验证串行输入并行输出移位寄存器设计的正确性。

3. 实验原理

74164 是 8 位上升沿触发的串入-并出转换移位寄存器，它由两个数据输入端 A 和 B、复位端 CLK、时钟输入端 CLK 及 8 位数据输出端 Q7～Q0 构成，其电路原理如图 10-7 所示。当 CLR 端为低电平时，Q7～Q0 输出为低电平；当 CLR 为“1”且在 CLK 端时钟脉冲的作用下，每来一个上升沿时钟脉冲，数据就实现一次移位。

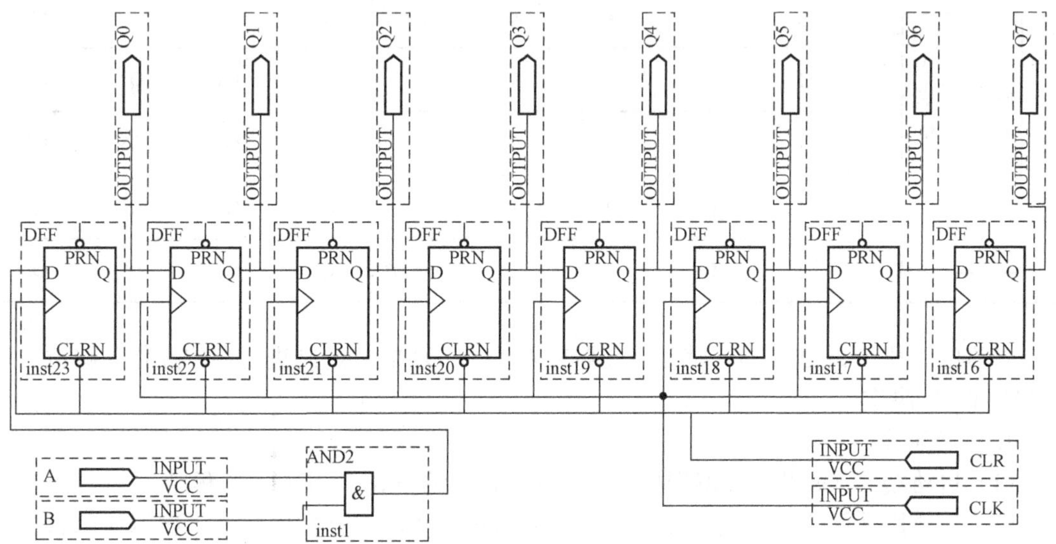

图 10-7 74164 移位寄存器的电路原理图

4. 实验步骤

（1）启动 Quartus Ⅱ，在编程界面中建立项目，编写好 VHDL 实验程序。

（2）对项目进行编译，然后执行命令 Assignment→pins 分配引脚，再次编译项目生成可执行文件（*.sof）。

（3）连接好硬件，将.sof 文件下载到 FPGA 目标芯片中。

（4）拨动拨码开关，观察并验证 LED 发光二极管显示的结果。

10.2.2 实验十一：循环移位寄存器

1. 实验目的

（1）掌握用 VHDL 语言描述分频器的方法。

（2）掌握实现循环移位寄存器的方法。

2. 实验内容

本实验设计了一个位宽为 4 位的移位寄存器。数据为 4 位二进制，由拨码开关输入，输入结果由按键 KEY 确定，移位结果由 LED 发光二极管显示出来。

3. 实验原理

用 VHDL 语言描述任意分频数的分频器，并实现占空比任意设置。每当系统时钟上升沿到来时，计数器就加计数一位（可任意设置为 *N* 位），当计数值到达预定值时就对分频时钟翻转，这样就会得到一个连续的时钟脉冲 CLK。

4 位循环移位寄存器由并行数据输入端 D0～D3、并行数据输出端 Q0～Q3、数据清零端 CLR、工作方式控制端 M1 和 M2、移位时钟脉冲 CLK 组成，其逻辑符号与真值表见表 10-8。

表 10-8　4 位循环移位寄存器的逻辑符号与真值表

符　号	CLR	CLK	M1	M0	D0…D3	Q0	Q1	Q2	Q3
CLR Q0 CLK Q1 M1 Q2 M0 Q3 D0 D1 D2 D3	0	×	×	×	×	0	0	0	0
	1	×	0	0	×	Q0	Q1	Q2	Q3
	1	↑	1	0	×	Q1	Q2	Q3	Q0
	1	↑	0	1	×	Q3	Q0	Q1	Q2
	1	↑	1	1	D0…D3	Q0	Q1	Q2	Q3

当移位信号 CLK 到来时，移位寄存器就对 D0～D3 的二进制进行移位操作，移位方向由 M1 和 M2 决定。

4. 实验步骤

（1）启动 Quartus Ⅱ，在编程界面中建立项目，编写好 VHDL 实验程序。

（2）对项目进行编译，然后执行命令 Assignment→pins 分配引脚，再次编译项目生成可执行文件（*.sof）。

（3）连接好硬件，将.sof 文件下载到 FPGA 目标芯片中。

（4）拨动拨码开关（SW0～SW3 代表 D0～D3，SW4～SW6 分别代表 CLR、M1 和

M0)，改变 SW4～SW6 的状态，观察并验证 LED 发光二极管显示的结果。

10.2.3 实验十二：单时钟 4 位二进制同步可逆计数器

1. 实验目的

(1) 用 VHDL 文本输入法设计单时钟同步可逆计数器，建立单时钟同步可逆计数器的实验模式。通过电路仿真和硬件验证，进一步了解单时钟同步可逆计数器的功能。

(2) 进一步了解 IF-THEN 语句的使用。

2. 实验内容

拨码开关 SW1、SW2 分别为 RESET、DIR 输入，LED 作输出。当 DIR=0 时，计数器进行加 1 操作，当 DIR=1 时，计数器就进行减 1 操作。观察 LED 数码管与输入端的关系，验证单时钟同步可逆计数器设计的正确性。

3. 实验原理

4 位同步二进制可逆计数器由时钟输入端 CP、复位端 RESET、加/减计数控制端 DIR、数据输出端 Q3～Q0 组成，其逻辑符号及真值表见表 10-9。

表 10-9　4 位同步二进制可逆计数器的逻辑符号与真值表

符　号	RESET	CP	DIR	Q3	Q2	Q1	Q0
CP　Q[3..0] RESET DIR	0	×	×	0	0	0	0
	1	↑	0	加 1 操作			
	1	↑	1	减 1 操作			

当 RESET 为“0”时，Q3～Q0 输出为“0”。RESET 为“1”且 DIR 为“0”时，CP 每发生一次上升沿跳变时，计数器进行加 1 操作；RESET 为“1”且 DIR 为“0”时，CP 每发生一次上升沿跳变时，计数器进行减 1 操作。

4. 实验步骤

(1) 启动 Quartus Ⅱ，在编程界面中建立项目，编写好 VHDL 实验程序。

(2) 对项目进行编译，然后执行命令 Assignment→pins 分配引脚，再次编译项目生成可执行文件（*.sof）。

(3) 连接好硬件，将 .sof 文件下载到 FPGA 目标芯片中。

(4) 拨动拨码开关，按照实验内容的相关说明，观察并验证 LED 数码管上显示的结果。

10.2.4 实验十三：8 位序列检测器

1. 实验目的

(1) 学会序列检测器的设计。

(2) 学会用 CASE 语句描述序列检测器。

2. 实验内容

信号检测器检测接收到的信号是否为设置的信号，如果是则数码管输出“A”，否则数码管输出“B”。

3. 实验原理

序列检测器可用于检测一组或多组由二进制码组成的脉冲序列信号，这在数字通信领域有广泛的应用。当序列检测器连续收到一组串行二进制码后，如果这组码与检测器中预先设置的码相同，则输出 1，否则输出 0。由于这种检测的关键在于正确码的接收必须是连续的，就要求检测器必须记住前一次的正确码及正确序列，直到在连续的检测中所收到的每一位码都与预置数的对应码相同。在检测过程中，任何一位不相等都将回到初始状态重新开始检测。如图 10-8 所示，当一串等检测的串行数据进入检测器后，若此数在每一位的连续检测中都与预置的密码数相同，则输出“A”，否则仍然输出“B”。

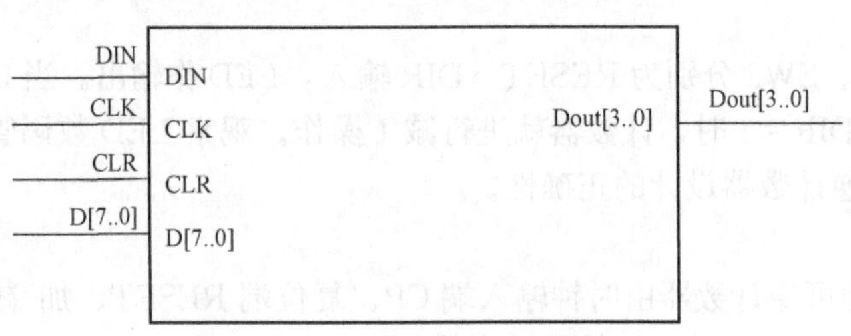

图 10-8 8 位序列检测器逻辑图

4. 实验步骤

(1) 启动 Quartus Ⅱ，在编程界面中建立项目，编写好 VHDL 实验程序。

(2) 对项目进行编译，然后执行命令 Assignment→pins 分配引脚，再次编译项目生成可执行文件（*.sof）。

(3) 连接好硬件，将 .sof 文件下载到 FPGA 目标芯片中。

(4) 拨动拨码开关，按照实验内容的相关说明，观察并验证数码管上显示的结果。

10.2.5 实验十四：简易彩灯控制器

1. 实验目的

(1) 学会用状态机结构设计循环彩灯控制器。

(2) 进一步掌握状态机的 VHDL 描述方法。

2. 实验内容

有 3 只 LED 发光二极管，分别为红、绿、黄 3 种不同颜色。假设输入脉冲为 50MHz，要求彩灯循环显示，其规律为：红色 LED 显示 2s→绿色 LED 显示 3s→黄色 LED 显示 1s→红色 LED 显示 2s……，如果按下复位键时，3 只 LED 均熄灭 1s，然后再重新按规律显示。

3. 实验原理

根据彩灯控制系统的设计要求可知，可以用一个有限状态机来实现彩灯控制器。由于输入的脉冲为 50MHz，所以在此需要分频电路，先将 50MHz 分频产生 1Hz 的信号，即时间周期为 1s。3 种颜色的 LED 显示的时间为 1s 的倍数，假定每 1s 为对应一种状态，那么本系统需要 7 种状态，分别用 s0、s1、s2、s3、s4、s5、s6 来表示：

s0、s1 分别表示红色 LED 显示 1s，而其他颜色的 LED 熄灭；

s2、s3、s4 分别表示绿色 LED 显示 1s，而其他颜色的 LED 熄灭；

s5 表示黄色 LED 显示 1s，而其他颜色的 LED 熄灭；

s6 表示 3 种颜色的 LED 熄灭 1s。

4. 实验步骤

(1) 启动 Quartus Ⅱ，在编程界面中建立项目，编写好 VHDL 实验程序。

(2) 对项目进行编译，然后执行命令 Assignment→pins 分配引脚，再次编译项目生成可执行文件（*.sof）。

(3) 连接好硬件，将.sof 文件下载到 FPGA 目标芯片中。

(4) 拨动拨码开关，按照实验内容的相关说明，观察并验证 LED 发光二极管显示的结果。

10.2.6 实验十五：花样灯控制

1. 实验目的

(1) 学习按键产生控制信号的方法。

(2) 学习理解 VHDL 信号控制过程的方法。

(3) 学习计数器和花样灯的 VHDL 设计。

2. 实验内容

假设输入脉冲为 50MHz，控制 8 只 LED 发光二极管每隔 1s 或者 2s 显示一种花样。要求显示的花样如下：闪烁两次→从 LED（0）移位点亮到 LED（7）一次→全部点亮一次→从 LED（7）逐个熄灭至 LED（0）一次→隔 1 个 LED 交替点亮一次→隔 2 个 LED 交替点亮 2 个 LED 一次→隔 3 个 LED 点亮 1 个 LED 一次→闪烁两次……。如果按下清零键时，8 只 LED 均熄灭一次，然后再重新按规律显示。如果没有按下快/慢选择控制键时，8 只 LED 发光二极管是以每隔 1s 进行花样显示，否则按下快/慢选择控制键时，8 只 LED 发光二极管是以每隔 2s 进行花样显示的。

3. 实验原理

花样灯控制系统也可以用一个有限状态机来实现。系统中有快/慢选择控制键，该键没有按下时的时钟为 1s，按下时的时钟为 2s。由于外部输入脉冲为 50MHz，所以需要相关程序对外部脉冲进行分频。假设对外部分频后得到的时钟脉冲为 1Hz，即 1s，要实现快/慢控制，在程序中需再定义 1 个计数信号。没有按下快/慢选择控制键时该计数信号为 0，按下时计数脉冲为 1，然后根据计数脉冲的个数输出相应的时钟脉冲。

4. 实验步骤

(1) 启动 Quartus Ⅱ，在编程界面中建立项目，编写好 VHDL 实验程序。

(2) 对项目进行编译，然后执行命令 Assignment→pins 分配引脚，再次编译项目生成可执行文件（*.sof）。

(3) 连接好硬件，将.sof 文件下载到 FPGA 目标芯片中。

(4) 拨动拨码开关，按照实验内容的相关说明，观察并验证 LED 发光二极管显示的结果。

10.2.7 实验十六：矩阵键盘扫描控制

1. 实验目的

(1) 了解矩阵键盘工作原理。

(2) 学会软件处理按键弹跳消抖动方法。

(3) 掌握键盘扫描程序的编程方法。

2. 实验内容

用 FPGA/CPLD 的 I/O 口线组成行、列结构的矩阵键盘。在矩阵键盘上按下某个按键时，LED 发光二极管显示其按键代码。

3. 实验原理

矩阵键盘中行线连接的接口为输入口，用于输入按键的行位置信息；列线连接的接口为输出口，用于输出扫描电平。如果通过列线接口输出低电平，则当有任何一键闭合时，该键所对应的行线和列线被接通，当某键所对应的行线出现低电平时，就可判断出该行的按键被按下。

对于矩阵键盘要确定哪一个键被按下时，可以采用逐行或逐列扫描法，即行（或列）扫描法。

（1）先将全部列（或行）置为低电平，然后通过行线（或列线）接口读取线电平，判断键盘中是否有按键被按下。

（2）在确认键盘中有按键被按下后，依次将列线（或行线）置为低电平，再逐行（或逐列）检测各行（或列）的电平状态。若某行（或列）为低电平时，则该行（或列）与置为低电平的列线（或行线）相交处的按键即为闭合按键。根据上述两步即可确定出闭合按键所在的行和列，从而识别出所按下的键。

4. 实验步骤

（1）启动 Quartus Ⅱ，在编程界面中建立项目，编写好 VHDL 实验程序。

（2）对项目进行编译，然后执行命令 Assignment→pins 分配引脚，再次编译项目生成可执行文件（*.sof）。

（3）连接好硬件，将 .sof 文件下载到 FPGA 目标芯片中。

（4）按下矩阵键盘中某个按键（KEY0～KEY15），观察并验证 LED 发光二极管的显示结果。

10.2.8 实验十七：数码管动态显示控制

1. 实验目的

（1）掌握共阴极性数码管七段显示器显示十六进制数的编码规律。

（2）了解按键数码管循环左移显示的实现方法。

（3）进一步掌握矩阵键盘的编程方法。

2. 实验内容

实现按键在数码管上左移显示，并可清除。

3. 实验原理

本实验使用的是共阴性数码管，当使能端为低电平时，七段显示器的每一段才会亮。将十六进制数 0～F 分别编码，并能在数码管识别出来。当键盘扫描电路扫描键盘时，若任意按下一个按键，将会产生一个低电平信号，通过判断低电平的位置来识别按下的键，并相应地显示出键盘信息。

4. 实验步骤

（1）启动 Quartus Ⅱ，在编程界面中建立项目，编写好 VHDL 实验程序。

（2）对项目进行编译，然后执行命令 Assignment→pins 分配引脚，再次编译项目生成可执行文件（*.sof）。

（3）连接好硬件，将 .sof 文件下载到 FPGA 目标芯片中。

（4）按下矩阵键盘中某个按键（KEY0～KEY9），观察数字在数码管上左移显示情况。按 KEY15 可清 0。

10.2.9 实验十八：字符式 LCD 显示控制

1. 实验目的

(1) 掌握利用 FPGA 控制 LCD 显示控制的原理与方法。

(2) 熟悉 LCD 模块的指令系统与控制方法。

2. 实验内容

利用 FPGA 的 I/O 口作为输出口，控制 LCD1602 显示字符与数字。要求第一行显示“FPGA-Cyclone”，第二行显示“EP4CE30F23C8N”。

3. 实验原理

通常情况下，目前常用的字符或点阵型液晶都是使用单片机控制的。为了提高自主控制创新能力和自主知识产权系统设计水平和提高 VHDL 设计的能力，本实验中希望全部用 VHDL 来设计并控制，不用任何 CPU。LCD 控制资料可参照本书 8.4 节的内容。

4. 实验步骤

(1) 启动 Quartus Ⅱ，在编程界面中建立项目，编写好 VHDL 实验程序。

(2) 对项目进行编译，然后执行命令 Assignment→pins 分配引脚，再次编译项目生成可执行文件（*.sof）。

(3) 连接好硬件，将 .sof 文件下载到 FPGA 目标芯片中。

(4) 观察 LCD 显示情况。

10.3 宏功能块与 SOPC 技术实验

10.3.1 实验十九：基于 LPM _ ROM 的 4 位乘法器

1. 实验目的

(1) 了解宏功能模块的调用。

(2) 熟悉 .mif 文件的绘制。

2. 实验内容

设计一个基于 LPM _ ROM 宏功能模块的 4 位乘法器。

3. 实验原理

基于 LPM _ ROM 的 4 位乘法器的原理如图 10-9 所示，它是先将一切可能出现的且需要计算的数据都计算好，装入 ROM 中，然后将 ROM 的地址线作为测量数据的输入口，测控系统一旦得到所测的数据，并将数据作为地址信号输入 ROM 后，即获得答案。举例如下。

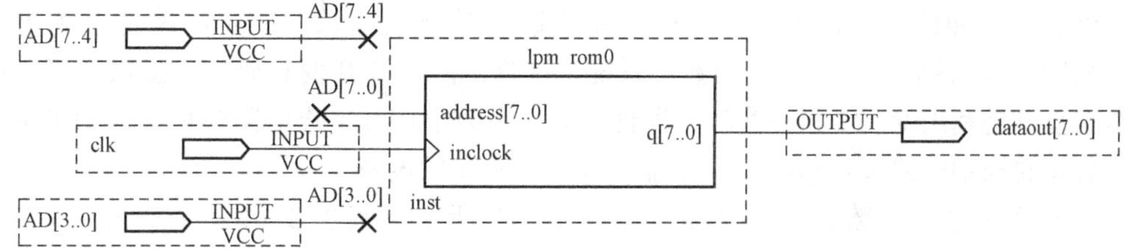

图 10-9 基于 LPM _ ROM 宏功能模块的 4 位乘法器原理图

```
WIDTH = 8;
DEPTH = 256;
ADDRESS_RADIX = HEX;
DATA_RADIX = HEX;
CONTENT  BEGIN
  00:00; 01:00; 02:00; 03:00; 04:00; 05:00; 06:00; 07:00; 08:00; 09:00;
  10:00; 11:01; 12:02; 13:03; 14:04; 15:05; 16:06; 17:07; 18:08; 19:09;
  20:00; 21:02; 22:04; 23:06; 24:08; 25:10; 26:12; 27:14; 28:16; 29:18;
  30:00; 31:03; 32:06; 33:09; 34:12; 35:15; 36:18; 37:21; 38:24; 39:27;
  40:00; 41:04; 42:08; 43:12; 44:16; 45:20; 46:24; 47:28; 48:32; 49:36;
  50:00; 51:05; 52:10; 53:15; 54:20; 55:25; 56:30; 57:35; 58:40; 59:45;
  60:00; 61:06; 62:12; 63:18; 64:24; 65:30; 66:36; 67:42; 68:48; 69:54;
  70:00; 71:07; 72:14; 73:21; 74:28; 75:35; 76:42; 77:49; 78:56; 79:63;
  80:00; 81:08; 82:16; 83:24; 84:32; 85:40; 86:48; 87:56; 88:64; 89:72;
  90:00; 91:09; 92:18; 93:27; 94:36; 95:45; 96:54; 97:63; 98:72; 99:81;
END;
```

4. 实验步骤

(1) 启动 Quartus Ⅱ，在编程界面中建立项目，按要求调用并设置 LPM_ROM 宏模块。

(2) 编制 .mif 文件。

(3) 对项目进行编译，然后执行命令 Assignment→pins 分配引脚，再次编译项目生成可执行文件（*.sof）。

(4) 生成波形仿真文件，对波形进行仿真分析。

(5) 连接好硬件，将 .sof 文件下载到 FPGA 目标芯片中。

(6) 拨动拨码开关，按照实验内容的相关说明，观察并验证数码管上显示的结果。

10.3.2 实验二十：简易逻辑分析仪

1. 实验目的

(1) 进一步了解宏功能模块的调用及设置。

(2) 熟悉逻辑分析仪的设计，并能对波形分析。

2. 实验内容

使用逻辑分析仪对 8 路逻辑信号进行简单分析。

3. 实验原理

逻辑分析仪就是一个多通道逻辑信号和逻辑数据采样、显示与分析的电子设备，可以将数字系统中的脉冲信号、逻辑控制信号、总线数据乃至毛刺脉冲同步高速地采集进高速 RAM 中暂存，以备显示和分析，为数字系统、计算机的设计开发和研究，提供了极大的帮助。本实验只是利用 RAM 和一些辅助器件设计一个数字信号采集电路模块，但如果进一步配置好必须的控制电路和通信接口，就能构成一台实用的设备。

一个 8 通道的逻辑数据采集电路如图 10-10 所示，其主要由 3 个功能模块构成：LPM_RAM、10 位计数器 LPM_COUNTER 和一个锁存器 74244。RAM0 是一个 8 位 RAM，存储 1024 字节，有 10 根地址线 address [9..0]，其 data [7..0] 和 q [7..0] 分别是 8 位数据输入和输出总线口；wren 是写入允许控制，高电平有效；inclock 是数据输入锁存时钟；inclocken 是此时钟的使能控制线，高电平有效。

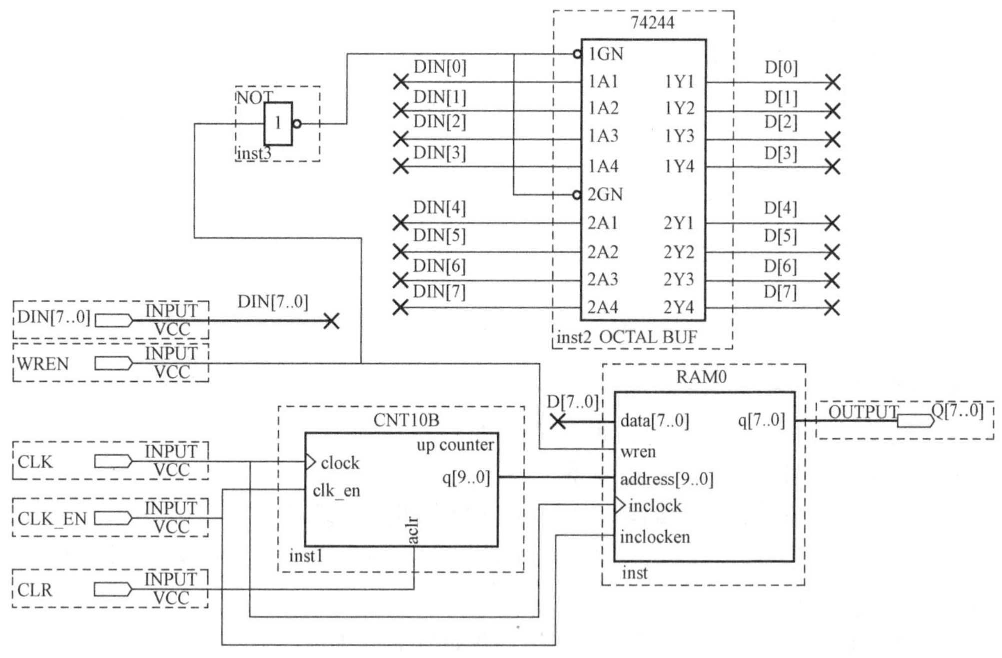

图 10-10 逻辑数据采样电路顶层设计

4. 实验步骤

(1) 启动 Quartus Ⅱ，在编程界面中建立项目，按要求调用并设置 LPM _ RAM、LPM _ COUNTER 宏模块。

(2) 按图 10-10 所示，连接其电路原理图。

(3) 对项目进行编译，然后执行命令 Assignment→pins 分配引脚，再次编译项目生成可执行文件（*.sof）。

(4) 生成波形仿真文件，对波形进行仿真分析。

10.3.3 实验二十一：基于 SOPC 的流水灯控制

1. 实验目的

(1) 学习 SOPC 的基本开发流程。

(2) 熟悉 Nios Ⅱ IDE 开发环境。

2. 实验内容

使用 SOPC 技术，将 8 位 LED 灯点亮，并进行流水控制。

3. 实验原理

基于 SOPC 的流水灯控制主要由硬件设置及软件编程两部分完成，其中硬件设置部分主要是在 SOPC Builder 中建立 Nios Ⅱ系统模块，然后在 Quartus Ⅱ中完成其电路连接，如图 10-11 所示。在 SOPC Builder 中建立 Nios Ⅱ系统模块主要包括 Nios Ⅱ处理器核、片内存储器、JATG UART、PIO、锁相环等。

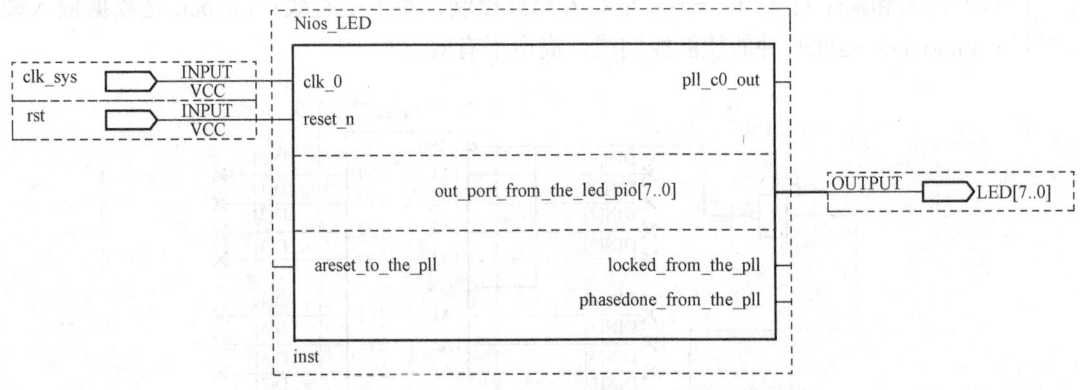

图 10-11 基于 SOPC 的流水灯控制顶层电路图

4. 实验步骤

(1) 启动 Quartus Ⅱ，在编程界面中建立项目。

(2) 用 SOPC Builder 建立 Nios Ⅱ系统模块。

(3) 在 Quastus Ⅱ中的图形编辑界面中进行管脚连接与锁定。

(4) 对项目进行编译，然后执行命令 Assignment→pins 分配引脚，再次编译项目生成可执行文件（*.sof）。

(5) 连接好硬件，将.sof 文件下载到 FPGA 目标芯片中。

(6) 在 Nios Ⅱ IDE 中根据硬件建立软件项目。

(7) 编译后，经过简单设置下载到 FPGA 中进行调试和验证。

10.3.4 实验二十二：基于 SOPC 的 JTAG UART 通信

1. 实验目的

(1) 巩固 SOPC 的基本开发流程。

(2) 进一步熟悉 Nios Ⅱ IDE 开发环境。

2. 实验内容

实现计算机和 Nios Ⅱ系统通信。

3. 实验原理

计算机和 Nios Ⅱ系统通信有多种方式，而 JTAG UART 通信是在 Nios Ⅱ系统中非常容易使用的一种方式。因为 JTAG UART 在 Nios Ⅱ系统中是一种标准的输入输出设备，这为调试设备提供了极大的方便。通常在调试 Nios Ⅱ系统时使用 JTAG UART 通信方式，而系统间使用 RS-232 方式。

可以使用 ANSI C 标准库函数 printf（）和 getchar（）来访问 UART、JTAG UART、LCD 等。下面的代码说明了 UART 核的一个简单的应用，使用 printf（）显示一个字符到 UART。在例子中，SOPC Builder 系统中包含一个 UART 核，并且 HAL 系统库将该设备作为 stdout。

```
# include<stdio.h>
  int main()
   {
    printf("Hello world!");
```

```
    return 0;
}
```

4. 实验步骤

(1) 启动 Quartus Ⅱ，在编程界面中建立项目。

(2) 在实验二十一的基础上，在 SOPC Builder 中再加入 SDRAM 作为系统程序运行空间。这里选择 SDRAM Controller，DATA With=16 Bits；Chip Selects 选 1；Banks 选 4；ROW 选 12，Colunm 选 8。

(3) 在 Quastus Ⅱ 中的图形编辑界面中进行管脚连接与锁定。

(4) 对项目进行编译，然后执行命令 Assignment→pins 分配引脚，再次编译项目生成可执行文件（*.sof）。

(5) 连接好硬件，将 .sof 文件下载到 FPGA 目标芯片中。

(6) 在 Nios Ⅱ IDE 中根据硬件建立软件项目。

(7) 编译后，经过简单设置下载到 FPGA 中进行调试和验证。

10.4 FPGA 综合应用实验

10.4.1 实验二十三：简易数字钟

1. 实验目的

(1) 掌握十进制、六进制和二十四进制计数器的设计方法。

(2) 掌握多位计数器相连的设计方法。

(3) 掌握 FPGA 技术的层次化设计方法。

2. 实验内容

假设外部输入脉冲为 50MHz，要求使用该频率设计一个简易数字钟，并通过 LED 七段共阴数码管显示时、分、秒。

3. 实验原理

一天等于 24h，1h 等于 60min，1min 等于 60s。进行设计数字钟的设计时，先对将 50MHz 进行分频，以产生 1s 的时基脉冲，然后再对 1s 的时钟脉冲进行计数，当计为 60 次时，输出 1min 的脉冲输出。当 1min 的时钟计数达到 60 次时，输出 1h 脉冲。若 1h 的时钟计数达到 23 次时，并且 1min 的计数到 59 次、1s 的计数也达到 59 次，再来 1 个 1s 的脉冲，数字钟就自己复位，从零开始计时。

综上所述，数字钟由 3 个计数模块（二十四进制计数器、十进制计数器和六进制计数器）、七段 LED 驱动显示模块和分频器模块构成，如图 10 - 12 所示。

4. 实验步骤

(1) 启动 Quartus Ⅱ，在编程界面中建立项目，编写好 VHDL 实验程序。

(2) 对项目进行编译，然后执行命令 Assignment→pins 分配引脚，再次编译项目生成可执行文件（*.sof）。

(3) 连接好硬件，将 .sof 文件下载到 FPGA 目标芯片中。

(4) 观察 LED 数码管的显示情况。

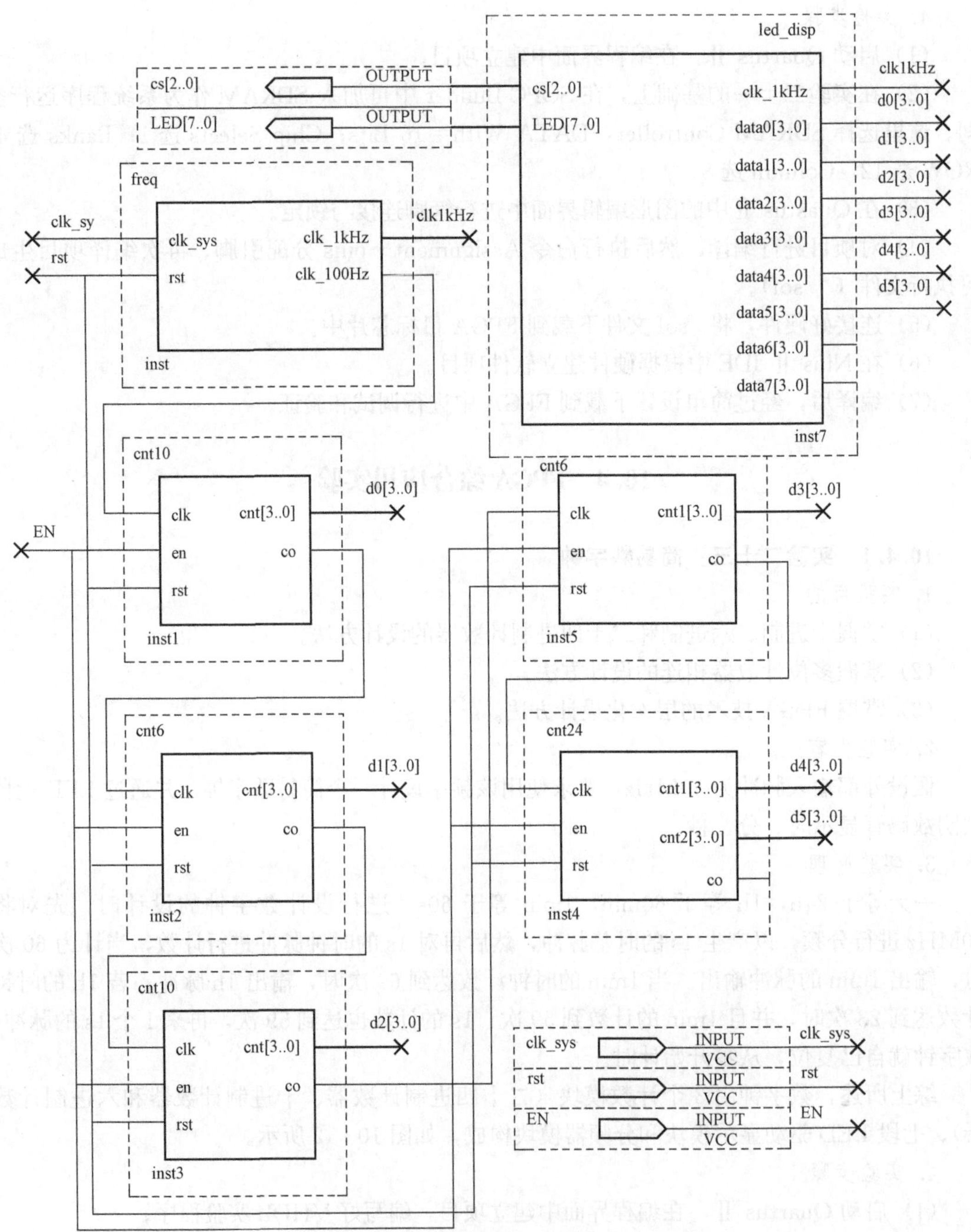

图 10-12　简易数字钟顶层原理图

10.4.2 实验二十四：四组抢答器

1. 实验目的

(1) 掌握 VHDL 中时序的设计方法。

(2) 理解异步复位和同步复位的实现方法的不同。

2. 实验内容

本实验设计了一个可容纳四组参赛者的数字智力抢答器，每组有 1 个对应的按钮，编号分别为 A、B、C、D。在主持人的主持下，参赛者通过抢先按下抢答按钮获得答题资格。当某一组按下按钮并获得答题资格后，LED 显示出该组编号，并有抢答成功显示，同时锁定其他组的抢答器，使其他组抢答无效。

如果在主持人未按下开始按钮前，已有人按下抢答按钮，属于违规，并显示违规组的编号，同时蜂鸣器发音提示，其他按钮无效。

获得回答资格后，若该组回答的问题正确，则加 1 分，否则减 1 分。抢答器设有复位开关，由主持人控制。

3. 实验原理

根据系统设计要求可知，系统的输入信号有：各组的抢答按钮 A、B、C、D，系统清零信号 CLR，系统时钟信号 CLK，计分复位端 RST，加分按钮端 ADD，计时使能端 EN；系统的输出信号有：四个组抢答成功与否的指示灯控制信号输出口 LEDA、LEDB、LEDC、LEDD，四个组抢答时的计时数码显示控制信号若干，抢答成功组别显示的控制信号若干，各组计分动态显示的控制信号若干。

根据以上的分析，可将整个系统分为三个主要模块：抢答鉴别模块 QDJB；抢答计时模块 JSQ；抢答计分模块 JFQ。对于需显示的信息，接译码器，进行显示译码。

4. 实验步骤

(1) 启动 Quartus Ⅱ，在编程界面中建立项目，编写好 VHDL 实验程序。

(2) 对项目进行编译，然后执行命令 Assignment→pins 分配引脚，再次编译项目生成可执行文件（*.sof）。

(3) 连接好硬件，将 .sof 文件下载到 FPGA 目标芯片中。

(4) 拨动拨码开关，按照实验内容的相关说明，观察并验证 LED 数码管显示的结果。

10.4.3 实验二十五：数字电压表

1. 实验目的

(1) 了解 ADC0809 的控制原理。

(2) 学会用 FPGA 控制 ADC0809 实现 A/D 转换。

2. 实验内容

使用 FPGA 控制 ADC0809，设计一个量程为 5V 的数字电压表。要求采用 3 位数码管显示电压值，可以显示小数点的后两位。

3. 实验原理

(1) ADC0809 内部结构。ADC0809 的内部结构如图 10-13 所示，它由 8 路模拟开关、地址锁存与译码器、比较器、控制/定时、8 位树状开关、逐次逼近寄存器、寄存单元、三态输出锁存器等电路组成。因此，ADC0809 可处理 8 路模拟量输入，且有三态输出能力，既可与各种微处理器相连，也可单独工作。输入输出与 TTL 兼容。

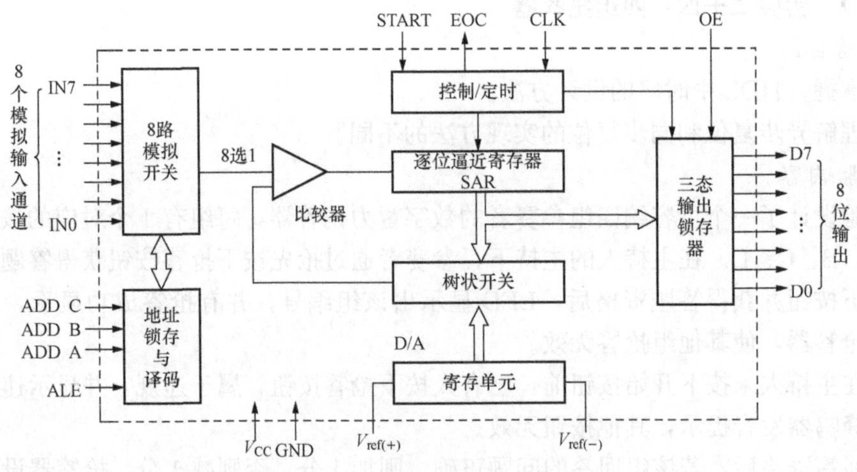

图 10 - 13　ADC0809 内部结构框图

（2）ADC0809 引脚功能。ADC0809 采用 DIP 封装形式，如图 10 - 14 所示。各引脚功能如下。

IN7～IN0：模拟量输入通道。

ALE：地址锁存允许信号。ALE 信号为上升沿时，将 ADD A、ADD B、ADD C 通道地址选择线的地址状态送入地址锁存器中。

START：转换启动信号。START 上升沿时，复位 ADC0809；START 下降沿时启动芯片，开始进行 A/D 转换；在 A/D 转换期间，START 应保持低电平。

ADD A、ADD B、ADD C：通道地址选择线。通道端口选择线，ADD A 为低地址，ADD C 为高地址，其地址状态与通道对应关系见表 10 - 10。

引脚	名称	名称	引脚
1	IN3	IN2	28
2	IN4	IN1	27
3	IN5	IN0	26
4	IN6	ADD A	25
5	IN7	ADD B	24
6	START	ADD C	23
7	EOC	ALE	22
8	D3	D7	21
9	OE	D6	20
10	CLOCK	D5	19
11	V_{CC}	D4	18
12	$V_{ref}(+)$	D0	17
13	GND	$V_{ref}(-)$	16
14	D1	D2	15

ADC0809

图 10 - 14　ADC0809 封装形式

表 10 - 10　ADC0809 地址状态与通道对应关系

地址选择线			被选择的模拟通道
ADD C	ADD B	ADD A	
0	0	0	IN0
0	0	1	IN1
0	1	0	IN2
0	1	1	IN3
1	0	0	IN4
1	0	1	IN5
1	1	0	IN6
1	1	1	IN7

CLK：时钟信号。ADC0809 的内部没有时钟电路，所需时钟信号由外界提供，因此通过此时钟信号引脚，为 ADC0809 提供时钟。通常该引脚外接频率不能超过 640kHz 的时钟信号。

EOC：转换结束信号。EOC＝0，正在进行转换；EOC＝1，转换结束。

D7～D0：数据输出线。为三态缓冲输出形式，D0 为最低位（LSB），D7 为最高位（MSB）。

OE：输出允许信号。用于控制三态输出锁存器向单片机输出转换得到的数据。OE=0，输出数据线呈高阻；OE=1，输出转换得到的数据。

V_{CC}：+5V 电源。

V_{ref}：参考电压输入线，参考电压用来与输入的模拟信号进行比较，作为逐次逼近的基准。其典型值为+5V($V_{ref(+)}$=+5V，$V_{ref(-)}$=−5V)。

(3) ADC0809 工作时序。ADC0809 的工作时序如图 10-15 所示。START 是转换启动信号，高电平有效，一个正脉冲过后 A/D 开始转换；ALE 是 3 位通道选择地址（ADD C、ADD B、ADD A）信号的锁存信号，当模拟量送至某一输入端时（如 IN0 或 IN1），由 3 位地址信号选择，而地址信号由 ALE 锁存；EOC 是转换情况状态信号，当启动转换时间约为 100μs 后，EOC 产生一个负脉冲，以示转换结束；在 EOC 的上升沿后，且输出使能信号 OE 为高电平，则控制打开三态缓冲器，把转换好的 8 位数据送至数据总线。至此，ADC0809 的一次转换结束。

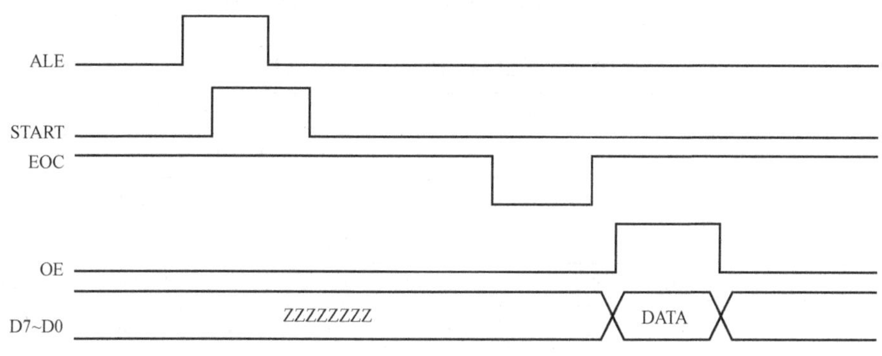

图 10-15 ADC0809 的工作时序

(4) 系统实现原理。使用 FPGA 控制 ADC0809，设计一个量程为 5V 的数字电压表时，首先通过 FPGA 的相关端子控制 ADC0809 将外部输入电压转换成 8 位数字量，再将 8 位数字量返回到 FPGA 中进行相关处理，最后将处理好的数据通过 LED 数码管显示相应的电压值即可。由于在此系统中只需对 1 路模拟电压进行测量，因此可将 ADD C、ADD B、ADD A这 3 根地址选择线进行接地。FPGA 与 ADC0809 的接口电路原理图如图 10-16 所示，图中 FGPA 的 CLK 接系统时钟脉冲，DATA _ DISP2[7..0]、DATA _ DISP1[6..0]、DATA _ DISP0[6..0] 分别与共阴极 LED 数码管进行连接。

从图 10-15 中可以看出，在 FPGA 中需设计相应的控制电路。这些控制电路主要由 A/D转换模块和转换成数字电压值模块构成。

1) A/D 转换控制模块。A/D 转换控制模块可用 3 个进程（U1、U2 和 U3）来描述。U1 用来将系统时钟脉冲分频，使其输出的脉冲作为 ADC0809 所需的 CLOCK 信号。U2 控制 ADC0809 进行 A/D 转换。要实现这些控制功能，可用有限状态机（ST0～ST6）来描述，各状态功能及转换见表 10-11。U3 用于控制 FPGA 输出 ADC0809 转换后的数字信号。

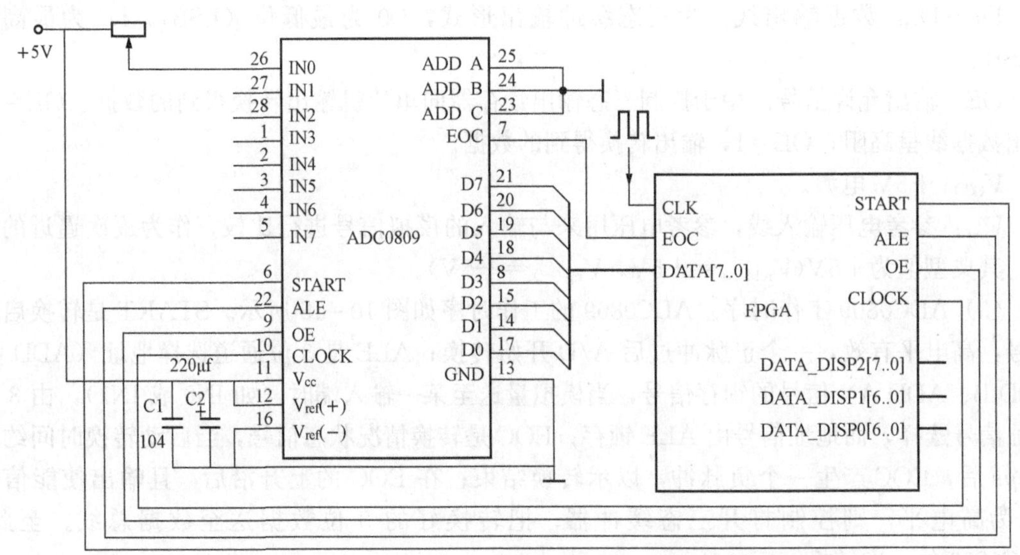

图 10-16 FPGA 与 ADC0809 的接口电路原理图

表 10-11 A/D 转换控制模块的状态功能及转换

当前状态	下一状态	状态功能
ST0	ST1	ALE<='0'; OE<='0'; START<='0'; LOCK<='0'
ST1	ST2	ALE<='1'; OE<='0'; START<='0'; LOCK<='0'
ST2	ST3	ALE<='0'; OE<='0'; START<='1'; LOCK<='0'
ST3	ST3（条件：EOC='1'）或 ST4（条件：EOC='0'）	ALE<='0'; OE<='0'; START<='0'; LOCK<='0'
ST4	ST4（条件：EOC='0'）或 ST5（条件：EOC='1'）	ALE<='0'; OE<='0'; START<='0'; LOCK<='0'
ST5	ST6	ALE<='0'; OE<='1'; START<='0'; LOCK<='0'
ST6	ST0	ALE<='0'; OE<='0'; START<='0'; LOCK<='1'

2）转换成数字电压值模块。转换成数字电压值模块可用 2 个进程（U1 和 U2）来描述。其中，U1 用于数字电压值的转换；U2 用于 LED 数码管驱动控制。

在 U1 中，由于 ADC0809 芯片的 V_{ref}（+）和+5V 相连，且该芯片为 8 位 A/D 转换，其最大输出数字量为 255，这样 ADC0809 的最小输出单位为 5V/255≈0.02V，所以可采用 3 位 LED 数码管显示比较合适，可以显示小数点后两位。要得到输出单位为 0.01V，需将 8 位二进制数转换成的电压值经过乘以 2，然后再将该数据进行百位、十位、个位的数据分离。

在 U2 中，根据 U1 中的百位、十位和个位数，分别驱动相应的共阴极 LED 数码管。由于百位显示的是以 V 为单位的电压，因此需采用 8 位（即 7 DOWNTO 0），而十位和个位则采用 7 位（即 6 DOWNTO 0）即可。

4. 实验步骤

(1) 启动 Quartus Ⅱ，在编程界面中建立项目，编写好 VHDL 实验程序。

(2) 对项目进行编译，然后执行命令 Assignment→pins 分配引脚，再次编译项目生成可执行文件（*.sof）。

(3) 连接好硬件，将.sof 文件下载到 FPGA 目标芯片中。

(4) 调节可变电阻，观察和检验 LED 数码管显示的电压值。

10.4.4 实验二十六：VGA 彩条信号发生器

1. 实验目的

(1) 了解 VGA 显示器的控制原理。

(2) 学会用 FPGA 实现 VGA 的彩条控制。

2. 实验内容

利用 CPLD/FPGA 实现 VGA 彩条信号控制器功能，要求通过模块开关的选择使 VGA 彩条信号控制器能够输出横条、竖条和棋盘 3 种不同的测试信号。

3. 实验原理

(1) VGA 显示原理。VGA 在任何时刻都必须工作在某一显示模式下，其显示模式分为字符显示模式和图形显示模式。VGA 的图形模式分为三类：标准 VGA（640×480 像素）图形模式；高级 VGA 图形模式（SVGA，800×600 像素）；VGA 可扩展图形模式（XGA，1024×768 像素）。工业标准的 VGA 显示模式为：640×480 像素×16 色×60Hz。

常见的彩色显示器一般由阴极射线管（CRT）构成，彩色由 GRB（Green Red Blue）基色组成。显示采用逐行扫描的方式解决，阴极射线枪发出电子束打在涂有荧光粉的荧光屏上，产生 RGB 基色，合成一个彩色像素。扫描从屏幕的左上方开始，从左到右，从上到下，逐行扫描，每扫完一行，电子束回到屏幕的左边下一行的起始位置，在这期间，CRT、对电子束进行消隐，每行结束时，用行同步信号进行行同步；扫描完所有行，用场同步信号进行场同步，并使扫描回到屏幕的左上方，同时进行场消隐，并预备进行下一次的扫描。VGA 显示控制器控制 CRT 显示图像的过程如图 10-17 所示。

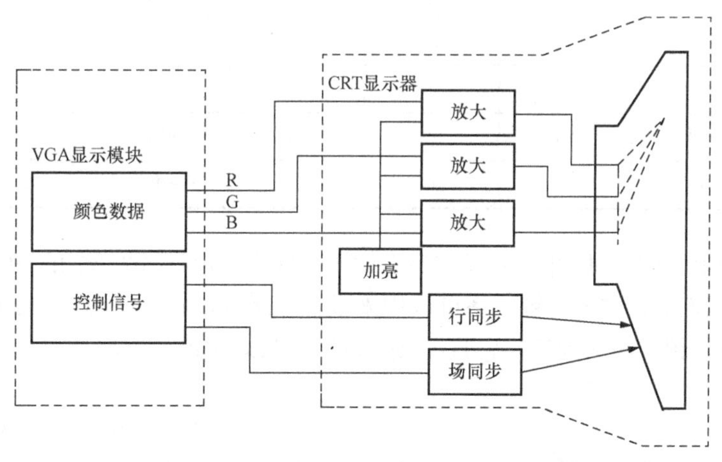

图 10-17 VGA 显示控制器控制 CRT 显示器

(2) VGA 信号时序。在 VGA 中，水平同步脉冲在光栅扫描线需要回到水平开始位置也就是屏幕的左边的时候插入，垂直同步脉冲在光栅扫描线需要回到垂直开始位置也就是屏幕的上方的时候插入。复合同步脉冲是水平同步脉冲与垂直同步信号的组合。RGB 为像素数据，在没有图像投射到屏幕时插入消隐信号，当消隐有效时，RGB 信号无效。

1) 水平时序。在水平时序中，包括以下几个时序参数：水平（又称为“行”）同步脉冲宽度；水平同步脉冲结束到水平门的开始之间的宽度；一个视频行可视区域的宽度；一个完整的视频行的宽度，从水平同步脉冲的开始到下一个水平同步脉冲的开始。

2）垂直时序。垂直时序与水平时序类似，包括以下几个不同的时序参数：垂直（又称为“场”）同步脉冲宽度；垂直同步结束到垂直门的开始之间的宽度；一个视频帧可视区域的宽度；一个完整视频帧的宽度，从垂直同步脉冲到下一个垂直同步脉冲的开始。

3）组合视频帧时序。视频帧由 vlen 个视频行组成，每一行有 hlen 像素，水平门与垂直门的“与”函数即为可视区域，图像的其他区域为消隐区。目前存在很多种不同 VGA 模式，以下就常见的各种模式和参数进行说明，给出 VGA 模式中各种时序参数，水平时序参数表见表 10-12，垂直时序参数表见表 10-13。

表 10-12 水平时序参数表

分辨率	刷新频率	像素频率	同步脉冲	后沿	有效时间	前沿	帧长
640×480	60	25	96	45	646	13	800
640×480	72	31	40	125	646	21	832
800×600	56	36	72	125	806	21	1024
800×600	60	40	128	85	806	37	1056
800×600	72	50	120	611	806	53	1040

表 10-13 垂直时序参数表

分辨率	刷新频率	行宽	同步脉冲	后沿	有效时间	前沿	帧长
640×480	60	31	2	30	484	9	525
640×480	72	26	3	26	484	7	520
800×600	56	28	1	20	604	−1	625
800×600	60	26	4	21	604	−1	628
800×600	72	20	6	21	604	35	666

在实际设计中如何通过不同的系统频率确定适当的显示模式？例如 CPLD/FPGA 的系统时钟频率为 50MHz，这个时钟频率可以用来设计显示 800×600 模式，为了提高显示器的显示效果，采用场频（刷新频率）75Hz，那么帧长可以确定为 666，而行总长设计为 1000 像素。

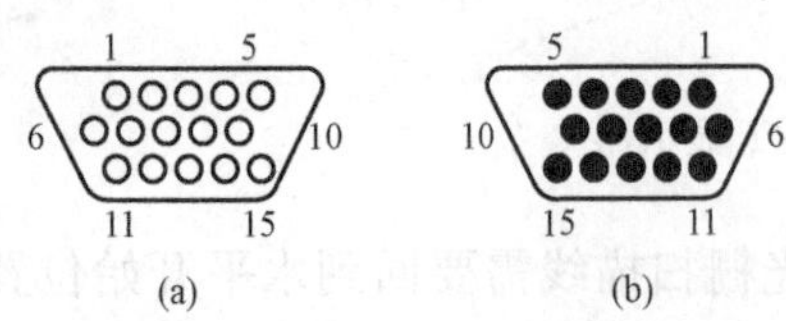

图 10-18 VGA 接口引脚信号图
（a）公插头；（b）母插座

（3）VGA 接口。VGA 接口，即视频图形阵列，也称为 D-Sub 接口。虽然液晶显示器可以直接接收数字信号，但很多低端产品为了与 VGA 接口显卡相匹配，而采用 VGA 接口。VGA 接口是一种具有 15 针的梯形接口，分成 3 排，每排 5 个，如图 10-18 所示。

目前大多数计算机与外部显示设备之间是通过模拟 VGA 接口连接，计算机内部以数字方式生成的显示图像信息，在显卡中被 D/A 转换器转变为 R、G、B 三原色信号和行、场同步信号，信号通过电缆传输到显示设备中。对于模拟显示设备，如模拟 CRT 显示器，信号被直接送到相应的处理电路，驱动控制显像管生成图像。而对于 LCD、DLP 等数字显示设备，需配置相应的 A/D 转换器，将模拟信号转换成数字信号。在经过 D/A 和 A/D 两次转换后，不可避免地造成了一些图像细节的损失，则会使显示效果略微下降。

（4）VGA 显示的电路设计。VGA 显示的控制电路如图 10-19 所示。

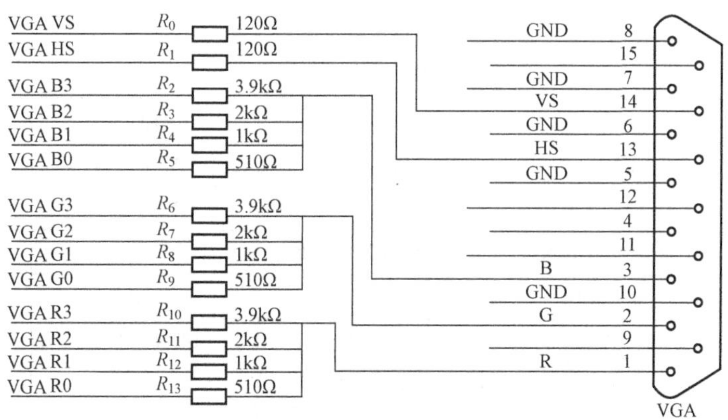

图 10-19 VGA 显示的控制电路

（5）系统实现原理。编写 VGA 彩条信号发生器（640×480 像素/60Hz 刷新频率）电路程序时，在实体中除了将 R、G、B 信号分别定义 4 根信号线外，还需定义行同步信号 HS 和场同步信号 VS，此外，为了显示不同的效果，在实体中可定义 S1 和 S0 进行显示效果的选择。

由 VGA 显示原理可知，在程序中需对行、场的周期进行计数，根据行、场的周期产生行、场同步信号和行、场消隐信号，最后根据这些信号控制 VGA 输出相应的 R、G、B 信号。

4. 实验步骤

（1）启动 Quartus Ⅱ，在编程界面中建立项目，编写好 VHDL 实验程序。

（2）对项目进行编译，然后执行命令 Assignment→pins 分配引脚，再次编译项目生成可执行文件（*.sof）。

（3）连接好硬件，将 .sof 文件下载到 FPGA 目标芯片中。

（4）观察 VGA 显示器的显示情况。

附录 VHDL 保留字

附表 1 列出 VHDL 语言中常用的保留字，这些字不能用于定义其他对象，用户在定义标识符时应注意。

附表 1　　VHDL 保留字

ABS	ACCESS	AFTER	ALIAS	ALL
AND	ARCHITECTURE	ARRAY	ASSERT	ATTRIBUTE
BEGIN	BLOCK	BODY	BUFFER	BUS
CASE	COMPONENT	CONFIGURATIO	CONSTANT	DISCONNECT
DOWNTO	ELSE	ELSIF	END	ENTITY
EXIT	FTLE	FOR	FUNCTION	GENERATE
GENERIC	GROUP	GUARDED	IF	IMPURE
IN	INERTIAL	INOUT	IS	LABEL
LIBRARY	LINKAGE	LITERAL	LOOP	MAP
MOD	NAND	NEW	NEXT	NOR
NOT	NULL	OF	ON	OPEN
OR	OTHERS	OUT	PACKAGE	PORT
POSTPONEP	PROCEDURE	PROCESS	PURE	RANGE
RECORD	REGISTER	REJECT	REM	REPORT
RETURN	ROL	ROR	SELECT	SEVERITY
SIGNAL	SHARED	SLA	SLL	SRA
SRL	SUBTYPE	THEN	TO	TRANSPORT
TYPE	UNAFFECTED	UNITS	UNTIL	USE
WARTIABLE	WAIT	WHEN	WHILE	WITH
XNOR	XOR			

参 考 文 献

[1] 陈忠平，高金定，高见芳．基于 Quartus Ⅱ的 FPGA/CPLD 设计与实践［M］．北京：电子工业出版社，2010.

[2] 李秀霞，李兴保，王心水．电子系统 EDA 设计实训［M］．北京：北京航空航天大学出版社，2011.

[3] 谭会生，张昌凡．EDA 技术及应用［M］．3 版．西安：西安电子科技大学出版社，2011.

[4] 王彦．基于 FPGA 的工程设计与应用［M］．西安：西安电子科技大学出版社，2007.

[5] 潘松，黄继业，陈龙．EDA 技术与 Verilog HDL［M］．北京：清华大学出版社，2010.

[6] 徐飞．EDA 技术与实践［M］．北京：清华大学出版社，2011.

[7] 汤书森，张北斗，安红心，等．嵌入式 FPGA/SoPC 技术实验与实践教程［M］．北京：清华大学出版社，2011.

[8] 刘欲晓，方强，黄宛宁．EDA 技术与 VHDL 电路开发应用实践［M］．北京：电子工业出版社，2009.

[9] 刘福奇．FPGA 嵌入式项目开发实践［M］．北京：电子工业出版社，2009.

[10] 罗苑棠．CPLD/FPGA 常用模块与综合系统设计实例精讲［M］．北京：电子工业出版社，2007.